ÉCOLE DU GÉNIE CIVIL

POUR L'INDUSTRIE, LA MARINE, L'ARMÉE, LES ADMINISTRATIONS & LES GRANDES ÉCOLES

Enseignement sur place et par correspondance

Directeur : **M. J. GALOPIN**, O, *Ingénieur*

152, avenue de Wagram, PARIS

COURS

DE

CHIMIE AGRICOLE

Professeur : **M. E. DE CAREFFE**

LICENCIÉ ÈS-SCIENCES — INGÉNIEUR AGRICOLE

EXAMENS SPÉCIAUX

ÉTUDES PRÉPARÉES PAR CORRESPONDANCE (ÉCOLE CHEZ SOI)

Écoles Spéciales et Examens particuliers

[illegible body text] ... Écoles spéciales militaires ... Écoles de Brest, Flotte et d'Ingénieurs-Mécaniciens, techniques spéciaux ... École supérieure d'Aéronautique, École ... École de Musique et de ... Tous les examens des Journaux, des Postes, des Syndicats ... supérieur de l'Enseignement primaire ... études diverses.

Industrie

Préparation à toutes les grades (Contremaîtres, Conducteurs, ...) pour l'avancement rapide des élèves, les Travaux Publics, etc.

Manœuvres pour Usines et Ateliers d'Électricité ... Concours ... Syndicats ... Associations bénéficiaires, Coopératives de Chemins ...

... préparé ... Contrôleurs, Dessinateurs et Ingénieurs des Ponts et Chaussées.

Marine de Guerre

[illegible body text]

Marine de Commerce

[illegible body text]

Armée

[illegible body text]

Administration

[illegible body text]

Professions libérales

[illegible body text]

Cours de Vacances, Congé des Adultes, Baccalauréat, etc.

[illegible body text]

Ecole du Génie Civil et de Navigation

152 Avenue Wagram, à Paris (17e)

Cours

de

Chimie Agricole

Tome premier

Étude des gaz de l'atmosphère – Chimie agricole – Étude des eaux –
Étude chimique du végétal – Étude chimique du sol – Amendements et engrais –
Emploi et application des engrais – Analyses agricoles –

Préface

La Chimie agricole est une science d'importance primordiale. C'est elle qui étudie les phénomènes chimiques dont certains éléments du Sol sont l'objet ainsi que le Végétal, depuis la naissance de celui-ci jusqu'à sa mort. Là, d'ailleurs, ne se borne pas son investigation et elle touche également à la connaissance des gaz de l'atmosphère, des eaux, de différentes substances utilisées en agriculture, comme aussi à celle d'un nombre élevé d'industries agricoles dont la production est devenue indispensable à la vie moderne.

C'est la Chimie Agricole qui a établi les règles scientifiques de la culture à grands rendements, essentiellement rémunératrice lorsqu'elle est pratiquée avec la compétence nécessaire.

Cette Science si vaste et si utile doit donc être considérée en ce moment plus que jamais comme devant contribuer dans la plus large mesure à la prospérité nationale et sa diffusion s'impose dans tous les milieux enseignants et agricoles de notre pays.

Pour mieux se convaincre des bienfaits de la Chimie Agricole et des progrès que la France doit réaliser pour se mettre au niveau des nations étrangères qui ont tout fait pour répandre chez elles l'instruction professionnelle agricole, il suffira de consulter le tableau ci-dessous, dû à M. Tisserand:

Pays et Surface Cultivée	Blé (Froment)		Seigle		Avoine		Pommes de Terre	
	Surface ensemencée	Rendement par hectare	Surface ensemencée	Rendement par hectare	Surface ensemencée	Rendement par hectare	Surface ensemencée	Rendement par hectare
	Hectares	Quintaux	Hectares	Quintaux	Hectares	Quintaux	Hectares	Quintaux
France (année 1913) 35.582.254 hectares	6.539.500	13,50	1.175.100	10,85	3.979.270	13,02	1.548.070	87,64
Belgique (année 1913) 1.916.700 hectares	153.494	25,70	259.091	20,90	271.694	23,92	153.871	216
Danemark (année 1912) 2.503.721 hectares	54.043	29,60	245.800	17,50	304.925	19,9	61.141	175,20

C'est pour aider à la connaissance de cette science précieuse, qui devrait mettre en œuvre, chez nous, un capital de 100 milliards par l'action raisonnée de 6 millions de travailleurs, que ce cours a été rédigé pour les élèves de l'École du Génie Civil et de Navigation.

Il s'adresse d'une manière générale aux futurs agronomes qui voudront faire prospérer leurs exploitations rurales par la culture rationnelle et intensive ; aux Industriels de demain qui désireront accroître le rendement de leur fabrication et spécialement à ceux qui se destinent aux fonctions suivantes :

- Ingénieur agronome - Ingénieur chimiste.
- Chimiste des stations agronomiques et œnologiques.
- Chimiste des douanes, des laboratoires municipaux ou des industries agricoles.
- Professeur d'agriculture - Inspecteur foncier.
- Sous-Ingénieur agronome & Sous-Ingénieur chimiste.
- Régisseur domanial.
- Employés technique des fabriques d'engrais.

aux élèves qui préparent :

- l'Institut national agronomique.
- et les Écoles Nationales d'agriculture.

Le Cours comprend deux tomes principaux et un tome complémentaire.

Tome premier (Sommaire)

Étude des gaz de l'atmosphère. Étude des eaux - Microbie agricole - Chimie des végétaux - Chimie du sol - Chimie des engrais naturels et artificiels - Industrie et commerce des engrais - Emploi des engrais - Législation des engrais - Analyses chimiques agricoles.

Tome II (Sommaire)

Maladies de la vigne - Traitements - Fermentation alcoolique. Moûts et vins. Fabrication des vins - Maladies du vin. Traitements Conservation des vins. Pasteurisation - Vins mousseux et autres. Classification des vins. Eaux de vie. Alcools - Vinaigre - Bière - Cidre - Poiré - Hydromel - Falsification et analyse chimique des boissons fermentées.

Tome III (Sommaire)

Complément du Cours de Chimie agricole

Substances alimentaires - Industries agricoles - Analyses et falsifications.

Première Partie

Chapitre I

Étude des gaz de l'atmosphère

L'étude des gaz de l'atmosphère s'impose en Chimie Agricole parce que c'est dans ce milieu que la plante puise une grande partie de la nourriture qui lui est nécessaire. Tous les végétaux en effet sont composés de carbone, d'hydrogène, d'oxygène et d'azote. corps qui sont tous contenus dans l'air. D'autres substances sont aussi indispensables à la plante pour vivre et se développer — mais celles là, elle les puise dans le sol à l'aide de ses racines. Le tableau suivant montre quels sont les corps utiles à la végétation, sous quels états et dans quel milieu, la plante les rencontre :

Noms des corps simples	États sous lesquels la plante les absorbe
1°. Corps ayant l'air pour origine :	
Carbone	Acide carbonique
Oxygène	Acide carbonique, eau, nitrates, oxygène gazeux, etc...
Hydrogène	Eau
2°. Corps ayant l'air et le sol pour origine :	
Azote	Azote de l'atmosphère, Matières organiques minéralisées, sels ammoniacaux, nitrates.
3°. Corps ayant le sol pour origine	
Potassium	Carbonate, sulfate, nitrate, phosphate, silicate, chlorure
Calcium	Carbonate, sulfate, nitrate, phosphate, silicate
Phosphore	Phosphates (chaux, magnésie, alumine, fer)
Soufre	Sulfates.

Magnésium	Carbonate, sulfate, nitrate, phosphate, silicate.
Chlore	Chlorure de potassium ou de sodium.
Fer	Oxydes

Indépendamment des corps précédents on trouve souvent, mais en petite quantité, des combinaisons de fluor, d'iode, de cuivre, de zinc, de bore, etc.... On n'a aucune indication sur leur rôle en agriculture sauf pour le manganèse qui a été reconnu comme nécessaire à la formation des oxydases (ferments oxydants), et le fluor qui semble être un sérieux élément d'assimilation chez la plante.

Air
—

L'air est un gaz formé principalement par un mélange de deux corps gazeux : l'oxygène et l'azote. Il est incolore sous une petite épaisseur et bleu dans le cas contraire. Sa composition est la suivante :

en volume	oxygène	21,00	
	azote	78,00	100
	argon, krypton		
	néon, xénon, etc	1,00	

en poids	oxygène	23,2	
	azote	75,5	100
	argon, krypton		
	néon, xénon, etc...	1,3	

On ignore si les gaz : argon, krypton, néon et xénon jouent un rôle en agriculture ; ils existent mélangés à l'oxygène et à l'azote de l'air. La densité de l'air est $\frac{1}{775}$ et un litre pèse à 0° et à la pression de 760 ^{mm}, 1^{gr},293. On liquéfie industriellement l'air dans l'appareil Linde ; Dewar est même parvenu à le solidifier. L'azote et l'oxygène ne bouillant pas à la même température, on est arrivé à préparer industriellement l'oxygène et l'azote par la distillation fractionnée de l'air liquide.

Expérience de Lavoisier —
Cette expérience célèbre est à citer, car c'est elle qui permit de déterminer la composition de l'

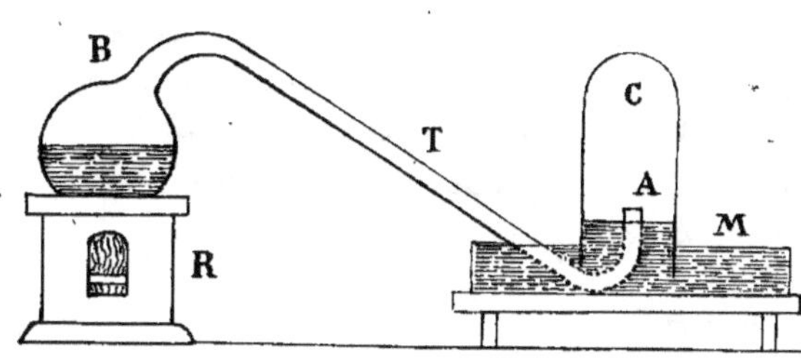

fig.1

air. Dans un ballon à col deux fois recourbé BTA (fig. 1) Lavoisier mit du mercure qu'il fit chauffer pendant douze jours sur un fourneau à charbon R. Le col débouchait sous une cloche C reposant sur une cuve à mercure M.

Pour permettre au mercure de la cloche de s'élever à un niveau plus haut que celui de la cuve, Lavoisier avait au préalable enlevé un peu d'air de la cloche, à l'aide d'une pipette recourbée. Dès le second jour, des pellicules rouges se formèrent à la surface du mercure contenu dans le ballon et leur nombre augmenta jusque vers le huitième jour. L'expérience fut arrêtée à ce point. L'appareil se refroidit et on vit le mercure monter dans la cloche C. Le gaz restant était impropre à la combustion et à la respiration, c'était de l'azote. Quant aux pellicules rouges, elles furent décomposées par la chaleur dans une toute petite cornue munie d'un tube à dégagement. Un gaz s'en échappa auquel on reconnut toutes les propriétés de l'oxygène. Le mélange des deux gaz reproduisit de l'air ordinaire. Celui-ci fut reconnu en conséquence comme étant un mélange d'oxygène et d'azote.

<u>Autres matières contenues dans l'air</u> — L'air contient normalement un certain nombre d'autres corps que les précédents, ce sont : la vapeur d'eau, l'acide carbonique, l'ozone et l'ammoniaque.

Quelquefois on y trouve de l'azotate d'ammonium, voir même des traces d'azotite.

<u>Propriétés agricoles et physiologiques</u> — L'azote et l'acide carbonique de l'air interviennent dans la végétation et sa vapeur d'eau est nécessaire à la vie des plantes et des animaux. Quant à l'air lui-même, il sert de véhicule aux germes de toutes sortes qu'

il tient en suspension dont les uns, nuisibles, occasionnent les maladies (microbes pathogènes); les autres sont au contraire utiles, comme
ceux des fermentations qui décomposent les matières organiques en eau,
acide carbonique et ammoniaque. L'air permet aussi au pollen,
agent essentiel de la fécondation de se répandre sur les fleurs en
l'emportant dans ses remous qui le transportent et le distribuent en
tous sens.

Analyse chimique de l'air

Méthode de Dumas et Boussingault - On procède à l'ana-

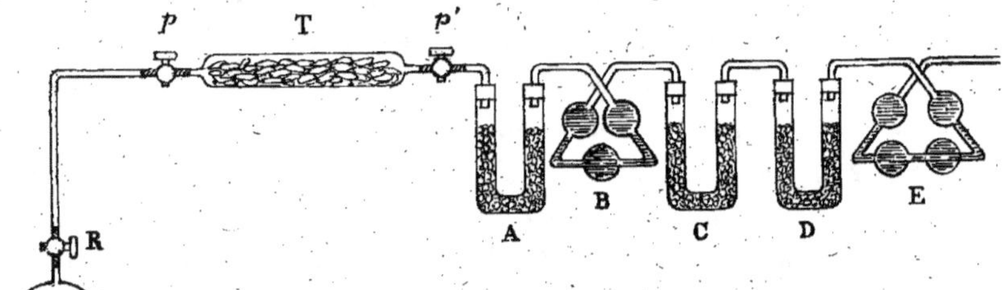

fig. 2

Schéma de l'appareil de M.M. Dumas et Boussingault

lyse de l'air dans cette méthode, à l'aide de l'appareil de la fig. 2
qui se compose d'un tube en verre T contenant de la tournure de
cuivre et portant à chacune de ses deux extrémités p et p' un robinet,
ce qui permet d'y faire le vide.

Pour donner une plus grande porosité à la tournure de
cuivre employée, on l'oxyde au préalable puis on la réduit par l'hydrogène.

Le vide fait dans le tube T, on adapte celui-ci d'une
part à un ballon B, porteur d'un robinet R, et d'autre part
à une série d'autres tubes en V et à des tubes Liebig qui sont représentés en A, C, D, B et E.

Le tube de Liebig E contient une dissolution de potasse,
le tube D de la pierre ponce imbibée d'une dissolution concentrée
de potasse et le tube E, des fragments de potasse caustique.

Le tube de Liebig B renferme de l'acide sulfurique concentré et le dernier tube A, de la pierre ponce imbibée du même acide.

Avant de monter l'appareil comme le représente la fig. 2, on a fait le vide dans le ballon A et on a pris son poids P. De même on a déterminé le poids p du tube T contenant la tournure de cuivre. On chauffe au rouge cette tournure de cuivre et on ouvre lentement le premier robinet p'. L'air, qui a cédé sa vapeur d'eau et son gaz carbonique aux tubes en U et aux tubes Liebig, arrive sur la tournure rougie et lui abandonne son oxygène.

On ouvre alors successivement le second robinet p et le troisième R de manière à produire une lente rentrée d'air, ce que l'on reconnaît aux bulles qui se produisent dans les tubes Liebig ; elles doivent être espacées. Quand ces tubes ne donnent plus lieu à une formation de bulles, l'expérience est terminée.

Les trois robinets sont fermés et, quand ils sont refroidis, on pèse de nouveau le ballon et le tube à tournure de cuivre. On obtient ainsi deux poids différents des premiers, soient P et p'.

L'augmentation du poids du ballon B : $P'-P$ représente le poids du mélange d'azote, d'argon, néon, etc... L'augmentation du tube T : $p'-p$, représente le poids d'oxygène qui s'est fixé sur la tournure de cuivre, augmenté du poids de l'azote atmosphérique qui remplit ce tube.

On y pratique le vide pour en extraire ce dernier gaz. Soit p'' le poids obtenu après cette dernière opération :

$p-p'$ est le poids d'azote atmosphérique du tube T. En conséquence le poids total d'azote contenu, partie dans le ballon B et partie dans le tube T est :

$$P'-P + p'-p''$$

Quand au poids de l'oxygène, il est donné par l'expression :

$$p''-p$$

C'est ainsi que l'on a trouvé que l'air était formé, en poids, de 23,2 % d'oxygène et 75,5 % d'azote. L'argon et les autres gaz représentent 1,3 % seulement.

Oxygène

O = 16. Poids moléculaire : $O^2 = 32$

L'oxygène est un gaz incolore, sans odeur, ni saveur; il forme environ le cinquième de l'air. Sa densité est de : 1,1053. Il faut 20 litres d'eau pour dissoudre 1 litre d'oxygène à l'état gazeux. L'oxygène a pu être liquéfié et il est alors bleuâtre. M. Dewar l'a obtenu à l'état solide.

L'oxygène est très répandu dans la nature; il se trouve chez les animaux, chez les végétaux et dans les minéraux.

Sa propriété dominante est d'être un corps propre à la combustion. Il oxyde tous les métaux, sauf les métaux précieux, en dégageant de la chaleur. Cette oxydation est souvent lente et dans ce cas l'élévation de température est à peine sensible. C'est ce qui se produit lorsque le fer, au contact de l'air humide, donne de la rouille ($2 Fe^2 O^3, 3 H^2 0$). L'oxygène agit également sur les matières organiques et c'est à une oxydation qu'est due la coloration en bleu des tissus préalablement trempés dans de l'indigo blanc en dissolution.

Les plantes utilisent l'oxygène qu'elles prennent à l'acide carbonique de l'air, à l'eau ou aux nitrates. C'est au moment de leur germination qu'elles en ont besoin; plus tard, dès qu'elles ont poussé des feuilles, elles le séparent et le déplacent, au contraire, de ses combinaisons organiques.

On avait autrefois réservé l'expression de combustion aux oxydations vives, comme par exemple à celle qui se produit quand du charbon brûle au contact de l'air, mais aujourd'hui, par une extension parfaitement justifiée, on l'applique également aux oxydations lentes, comme l'est le phénomène de la respiration chez les animaux ou chez les plantes, de même qu'aux oxydations lentes des métaux qui ont lieu à froid.

Réactifs de l'oxygène

On peut absorber l'oxygène d'un mélange de gaz, soit par le phosphore, soit par la potasse et l'acide pyrogallique. Ces absorptions caractérisent la présence de l'oxygène.

Préparation de l'oxygène

On prépare aujourd'hui industriellement l'oxygène en laissant évaporer l'air liquide. L'azote se dégage le premier. Dans ce procédé, rendu pratique par les perfectionnements de M. Claude, on est arrivé, par la distillation fractionnée à séparer complètement l'oxygène et l'azote, de l'air liquide.

L'électrolyse d'une solution alcaline fournit aussi industriellement l'oxygène. Dans ces deux procédés l'oxygène est livré au commerce ou aux laboratoires dans des bouteilles en fer de 8 à 15 litres, sous une pression de 120 atmosphères. Les chimistes utilisent l'oxylithe (peroxydes de sodium et de potassium) qui donne ce gaz quand ces peroxydes sont mis au contact de l'eau contenant comme catalisateur, c'est-à-dire comme corps amorçant la réaction, un peu de sulfate de cuivre. L'opération s'effectue, ainsi

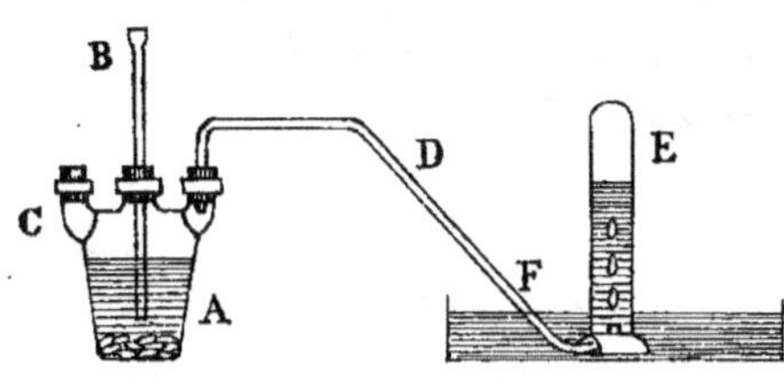

fig.3

que l'indique la fig. 3, à l'aide d'un flacon à 3 tubulures portant un tube à dégagement D qui aboutit à une cuve à eau F, sur laquelle repose l'éprouvette E. Le flacon A contient l'eau et le sulfate de cuivre. On y introduit peu à peu l'oxylithe et l'oxygène dégagé est recueilli dans l'éprouvette E.

Ozone
$$O^3 = 48$$

L'ozone est une modification allotropique de l'oxygène. Il se forme sous l'influence de l'étincelle électrique dans l'appareil Berthelot. C'est un corps gazeux incolore sous une petite épaisseur et bleu de ciel sous une grande. Il se produit dans l'atmosphère pendant les orages. Comme c'est un oxydant très énergique, il détruit les mauvais germes de l'air et le purifie.

On l'utilise industriellement pour la stérilisation des eaux et le blanchiment des toiles, ainsi que pour le vieillissement artificiel des eaux-de-vie. On fabrique également avec lui des huiles siccatives et de la vaniline par l'oxydation de l'isoeugénol. La présence de l'ozone est trahie par le bleuissement de feuilles de papier filtre trempées au préalable dans une solution d'iodure de potassium additionnée d'amidon.

On dose l'ozone en faisant barboter un volume connu d'air dans une solution titrée d'arsénite de sodium contenant 4^{gr} 95 d'acide arsénieux pur par litre. Au moyen d'une solution titrée d'iode on évalue ensuite l'arsénite de soude restant (A. Lévy).

Hydrogène
H = 1 - Poids moléculaire : H² = 2

L'hydrogène est un gaz incolore et sans saveur. C'est le plus léger de tous ; sa densité est de 0,06948. Il pèse 14 fois et demie moins que l'air.

Ce corps se rencontre dans le tissu de toutes les plantes qui le puisent dans l'atmosphère où il existe à l'état de vapeur d'eau. L'hydrogène est essentiellement combustible. Il brûle au contact de l'air en produisant de l'eau.

On le prépare industriellement en électrolysant de l'eau alcaline et on le livre au commerce dans des bouteilles en fer de 8 à 15 litres, comprimé à 120 atmosphères.

Dans les laboratoires on se sert de l'appareil classique désigné sous le nom d'appareil continu, pour l'obtenir.

Acide carbonique - Carbone

Acide carbonique ou Anhydride carbonique
$$CO_2 = 44$$

Formule développée : $C \overset{O}{\underset{O}{\|}} = 44$

L'acide carbonique est un gaz incolore, d'une odeur piquante et d'une saveur aigrelette. Sa densité est 1,529 ; il est donc 22 fois plus lourd que l'hydrogène. Il est également plus lourd que l'air. L'eau dissout son volume d'anhydride carbonique à 15°. À la température de 0°, un litre d'eau en dissout 1^l,97.

Lorsque l'eau contient en dissolution de l'acide carbonique, elle possède la propriété importante, en agriculture, de dissoudre le phosphate et le carbonate de calcium. Elle agit de même sur la silice qui est, comme les corps précédents, insoluble dans l'eau.

L'anhydride carbonique est impropre à la combustion et une bougie allumée plongée dans ce gaz s'éteint immédiatement. De même, il est impropre à la respiration, de sorte qu'il est dangereux de rester auprès d'une cuve où le vin est en fermentation, dans un local insuffisamment aéré.

Une proportion de 30 pour cent d'acide carbonique dans l'air asphyxie un chien. Il est prouvé que ce corps pénètre dans le sang par la peau comme par les poumons, ce qui peut rendre le voisinage des fours à chaux ou de toute autre source abondante d'acide carbonique dangereux, si on y séjourne trop longtemps.

L'acide carbonique joue un rôle bien important en chimie agricole, car c'est un des principaux aliments des végétaux qui l'absorbent à l'aide de leurs feuilles et de leurs parties vertes, sous l'influence des radiations solaires. La décomposition de toute matière vivante aboutit à une formation de ce gaz ce qui explique son dégagement de l'humus du sol.

Les animaux rejettent une quantité très grande d'acide carbonique pendant la respiration et il en est de même des plantes, dans une proportion, il est vrai bien plus restreinte, mais cependant considérable pour l'ensemble des végétaux. Toutes les combustions de nos foyers, celles de nos moyens d'éclairage à flamme, les fermentations et la décomposition des matières organiques en fournissent en grande quantité. Il en sort souvent, d'une façon intense, des volcans en activité.

En France, en Italie, en Allemagne, etc... certaines fissures du sol en laissent dégager et beaucoup d'eaux, dites gazeuses, en renferment à l'état naturel.

La propriété que possède l'eau contenant de l'acide carbonique en dissolution de rendre soluble le carbonate de calcium est à retenir. C'est ainsi que l'eau de pluie qui emprunte son acide carbonique à l'air peut enlever de la chaux aux terrains calcaires pour la déposer, souvent plus loin, sous forme de tuf.

C'est à cette action qu'est due chaque année la perte par entraînement d'une partie de la chaux qu'un sol peut contenir. L'anhydride carbonique existe dans l'atmosphère dans la proportion d'environ 3 dix millièmes. Une des causes qui maintiennent la proportion de ce gaz sensiblement constante à la surface du sol, est la tension de dissociation que possède le bicarbonate de calcium, formé par l'acide carbonique au contact du carbonate de calcium des terres, que l'on rencontre dans l'eau des mers et dans les eaux courantes.

En effet quand la quantité d'acide carbonique de l'air diminue, une portion de bicarbonate se décompose et cède de l'acide carbonique qui tend à rétablir l'équilibre.

Inversement, s'il y a trop de gaz carbonique dans l'air, sa tension devient supérieure à la tension de dissociation du bicarbonate de calcium ; celui-ci reste non décomposé et l'anhydride en excès se dissout dans les eaux de rivières et des mers où il se combine aux calcaires des fonds.

L'insalubrité de l'air confiné est due à la présence de l'acide carbonique dégagé par les combustions ; dès que sa proportion atteint dans l'atmosphère un pour cent, l'homme y respire péniblement. Pour une respiration normale d'adulte, il faut une ventilation par heure, de 10 mètres cubes d'air. On purifie l'air chargé d'acide carbonique à l'aide du bioxyde de sodium qui, au contact de l'eau, dégage à froid de l'oxygène et absorbe l'acide carbonique pour donner lieu à du carbonate de sodium. L'oxylithe jouit de la même propriété purifiante.

Il ne faut jamais pénétrer dans un puits, une cuve où a fermenté un liquide, dans une grotte, dans une cave, sans se faire précéder d'une bougie allumée. Si elle s'éteint, il y a lieu de procéder à une ventilation préalable avant de s'aventurer plus loin.

L'acide carbonique a la propriété de communiquer aux boissons une saveur agréable et piquante ; c'est ce gaz qui produit la mousse de la bière et du cidre.

On l'utilise pour rendre les vins mousseux et fabriquer artificiellement l'eau de Seltz.

Pour cette dernière préparation on se sert de l'anhydride carbonique qui a été renfermé sous pression dans de petites ampoules en acier dont une des extrémités peut être perforée par la pointe d'acier d'un siphon spécial. Le gaz s'échappe par cette ouverture et se répand, grâce à un tube de verre qui le conduit, dans l'eau contenue dans le siphon où grâce à sa propre pression il se dissout peu-à-peu, mais cependant assez vite. Ces petites ampoules d'acier sont désignées sous le nom de sparklets.

Liquéfaction industrielle de l'anhydride carbonique

L'acide carbonique peut être liquéfié à 0° sous la pression de 36 atmosphères. On obtient un liquide incolore, mauvais conducteur de la chaleur et de l'électricité.

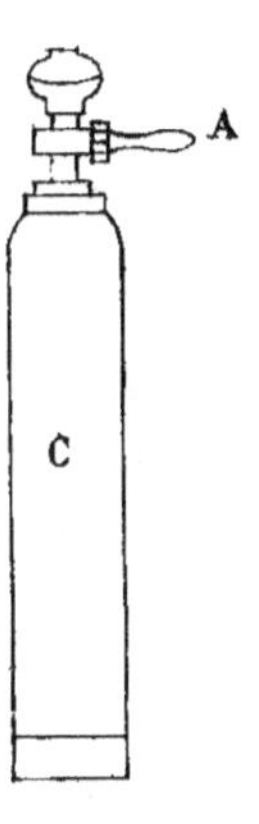

On livre actuellement au commerce de l'anhydride carbonique liquéfié dans des cylindres en acier de la contenance de 2, 4 ou 8 kilos de gaz liquéfié. A ce sujet il est bon de se rappeler que la tension de l'anhydride liquéfié croît rapidement avec la température. Le tableau ci-dessous en fournit la preuve.

Tension de l'acide carbonique liquéfié

à 0°	34 atmosphères 3	
à 15°	50	d°
à 20°	56	d°
à 30°	70	d°

Il est donc prudent de conserver les cylindres d'acide liquéfié loin des foyers de chaleur ou même de l'action solaire trop intense.

Pour remplir ces cylindres on emploie des pompes à compression qui recueillent au préalable le gaz carbonique de l'appareil qui le produit.

On prépare industriellement l'anhydrique carbonique soit en faisant réagir l'acide sulfurique sur de la craie, ce qui donne lieu à l'équation :

$$\underset{\text{craie}}{CO^3Ca} + \underset{\substack{\text{acide}\\\text{sulfurique}}}{SO^4H^2} = \underset{\substack{\text{acide}\\\text{carbonique}}}{CO^2} + \underset{\substack{\text{sulfate de}\\\text{calcium}}}{SO^4Ca} + \underset{\text{eau}}{H^2O}$$

soit encore en décomposant par la chaleur, dans des cornues cylindriques en acier, le carbonate naturel de magnésium. La calcination des calcaires dans les fours à chaux donne également de l'acide carbonique.

Dans les laboratoires, on utilise beaucoup, pour sa production, l'appareil classique connu sous le nom d'appareil continu, semblable à celui que l'on emploie pour préparer l'hydrogène. La figure ci-dessous représente un appareil continu.

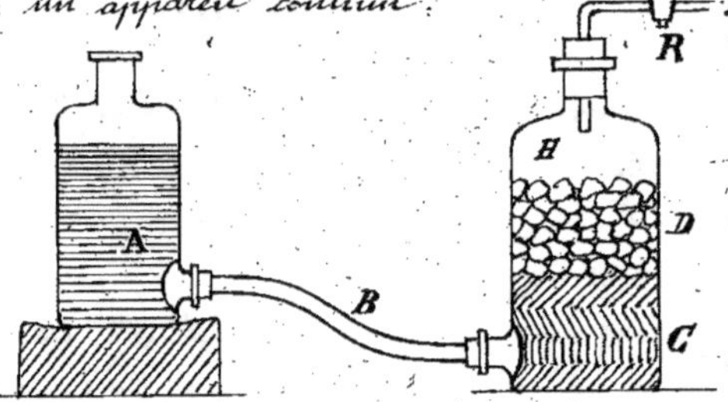

fig. 5

Il se compose de deux flacons reliés par un tube de caoutchouc B. Le premier, A, contient de l'acide chlorhydrique étendu de son volume d'eau ; le second renferme une couche C de morceaux de verre, corps inattaquable aux acides et au-dessous, des fragments de marbre ; il est fermé à l'aide d'un bouchon de caoutchouc traversé par un tube à dégagement E, portant un robinet R.

Supposons ce robinet ouvert : l'eau acidulée du flacon A se répand dans le second et, obéissant à la loi des vases communicants, s'arrête quand le niveau est le même dans les deux flacons.

Cette eau est alors en contact avec les fragments de marbre et donne lieu à la production du gaz carbonique qui s'échappe par le tube E. Fermons maintenant le robinet R ; le gaz carbonique produit s'accumule dans l'espace H du flacon et sa pression refoule l'eau acidulée qui remonte alors dans le flacon A. Ce mouvement de l'eau met à sec les fragments de marbre qui, n'étant plus attaqués, ne fournissent plus d'acide carbonique. L'appareil est alors au repos. Il suffira de tourner le robinet R pour le remettre en marche.

<u>Utilisation de l'anhydride carbonique liquéfié</u> — En plaçant à l'extrêmité A du cylindre C (fig. 4) un sac poreux, une serviette par exemple, et en ouvrant le robinet dudit cylindre, l'anhydrique liquide qui s'y écoule s'évapore dans la proportion des 2/3 tiers, et le troisième tiers, sous l'action du froid produit par l'évaporation se solidifie sous forme de neige avec laquelle on peut produire de très grands froids capables de durcir rapidement les sols.

L'anhydride liquide des cylindres permet d'obtenir rapidement de l'eau de seltz, et aujourd'hui il est utilisé par les brasseurs pour faire monter la bière des tonneaux placés dans les caves fraiches qui la contiennent, jusqu'aux siffons de consommation. C'est la pression du gaz liquéfié qui produit le mouvement ascensionnel et il a été reconnu qu'ainsi la bière conservait son bon goût alors qu'il n'en est pas toujours de même quand la pression nécessaire est obtenue à l'aide d'une pompe à air. Au contact de ce dernier, la bière en effet s'altère rapidement.

Dérivés de l'anhydride carbonique

Carbonates

L'acide carbonique entre dans la composition des carbonates, corps extrêmement répandus dans la nature. Ils sont ou <u>cristallisés</u> comme le spath d'Islande, l'aragonite, le marbre blanc saccharoïde ou <u>amorphes</u>, comme la craie, les marbres compacts et les divers calcaires.

Carbonate de Calcium
CO_3Ca
Synonyme : Carbonate de Chaux

Certains calcaires, très denses, sont susceptibles d'un beau poli. Ils servent pour la litographie. On écrit sur ces pierres avec un crayon gras et on mouille ensuite la pierre sur laquelle on passe un rouleau à encre grasse. Cette encre ne prend que sur les caractères tracés par le crayon gras. On peut alors tirer les épreuves sur papier.

La __craie__ est un calcaire blanc, à grains fins, très friable. C'est avec la craie que l'on prépare le blanc d'Espagne, appelé encore blanc de Meudon. Cette poudre convient pour le nettoyage du verre, des métaux et s'emploie pour la préparation des peintures à la colle, désignées encore sous le nom de peintures à la détrempe.

Les __calcaires ordinaires__ sont employés comme pierre à bâtir. Les fragments irréguliers de calcaire ayant environ 20 à 30 centimètres de côté se désignent sous le nom de __moellons__ et de __pierre de taille__, s'ils sont plus gros. Les calcaires amorphes constituent la plus grande partie des terrains sédimentaires; ils sont formés par les débris de têts d'animaux qui vivaient au fond des masses liquides.

Les __tufs__ et les __travertins__ sont des calcaires déposés par des eaux chargées d'acide carbonique et qui, grâce à la présence de ce corps, avaient pu dissoudre du carbonate de calcium en s'écoulant sur des terrains calcaires. L'évaporation de l'acide produisait la formation des dépôts calcaires.

__Stalactites et Stalagmites__ - C'est un phénomène analogue au précédent qui donne naissance, dans les grottes, aux stalactites et aux stalagmites.

__Albâtre calcaire__ - C'est un carbonate de calcium cristallin employé pour faire des objets d'ornements.

__Silicate de calcium__ - Ce silicate, uni aux silicates alcalins, forme le verre.

Carbone $C = 12$

Le carbone utilisé par les plantes pour leur nourriture provient de l'acide carbonique de l'air. Le carbone pur peut être défini par ce caractère essentiel : que 12 grammes de ce corps en se combinant avec 32 grammes d'oxygène donnent 44 grammes d'anhydride carbonique.

Cette réaction est exothermique, c'est-à-dire qu'elle donne lieu à un dégagement de chaleur. Avec du carbone amorphe, on a :

$$\underset{\text{charbon}}{C} + \underset{\text{oxygène}}{O_2} = \underset{\substack{\text{anhydride} \\ \text{carbonique}}}{CO_2} + 97^{\text{calories}},6$$

Le carbone est l'élément caractéristique des êtres organisés chez lesquels on le trouve combiné à l'hydrogène, à l'oxygène, à l'azote, à deux de ces corps ou bien à tous les trois.

Les couches de houilles, les immenses dépôts de lignite et d'anthracite que l'on rencontre dans les profondeurs du sol sont formés de carbone, produit de la lente décomposition des végétaux des générations passées.

Dans les lignites, il est même facile de reconnaître la structure des végétaux qui ont servi à leur formation.

L'origine de ces dépôts souterrains est due, tout au moins pour les lignites, à l'enfoncement de forêts dans le sol et ce qui incite à cette supposition c'est que sur la côte Balte, par exemple, on rencontre au-dessous du sol de vastes forêts d'un pin d'espèce perdue, sur le tronc duquel on trouve une résine désignée sous le nom de succin, ou d'ambre jaune.

Quant à la houille, elle a été formé probablement par la décomposition, au sein des eaux salées, de ces vastes agglomérations de plantes marines que l'on rencontre dans les bas-fonds des mers ; au voisinage du cap Vert, par exemple, il y en a de véritables forêts.

Moyens de reconnaître la présence de l'anhydride carbonique et du carbonate de calcium

----

On reconnait la présence d'anhydride carbonique aux deux faits suivants :

1º - il éteint une bougie allumée ;

2º - il trouble l'eau de chaux en donnant lieu à un dépôt de carbonate de calcium insoluble.

Dans les recherches pratiquées en Chimie Agricole, on utilise fréquemment ces deux propriétés.

En ce qui concerne le carbonate de calcium, on le reconnaît aux caractères suivants :

1º - Un acide minéral (azotique, chlorhydrique, sulfurique) versé sur lui, donne lieu à un dégagement d'anhydride carbonique, avec effervescence.

2º - L'oxalate d'ammonium donne, même si les liqueurs sont étendues, un précipité d'oxalate de calcium insoluble dans l'acide acétique et surtout dans l'acide oxalique. Cet oxalate de calcium est soluble dans les acides forts, même étendus.

3º - Un sel de calcium colore la flamme de l'alcool en rouge orangé.

Dosage de l'acide carbonique et de la vapeur d'eau contenus dans l'air

Méthode de Boussaingault

Pour effectuer le dosage de

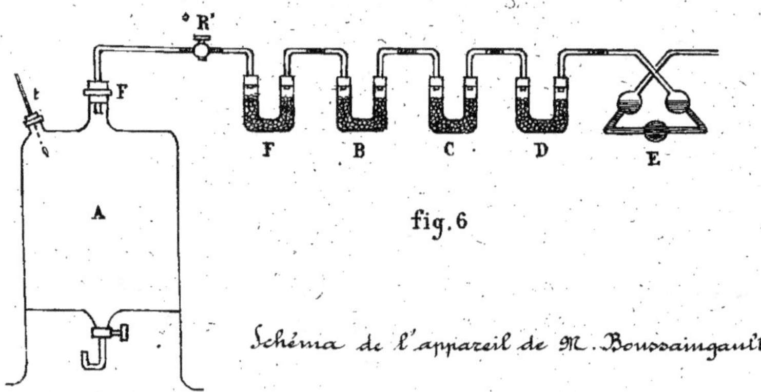

Schéma de l'appareil de M. Boussaingault

l'acide carbonique et de la vapeur d'eau contenus dans l'air, on se sert d'un appareil composé d'un récipient A (fig. 6) d'une cinquantaine de litres de capacité, portant à sa partie supérieure deux tubulures, l'une, F, qui lui permet de se mettre en communication avec une série de tubes en U et un tube de Liebig, l'autre destinée à recevoir un ther-momètre, t. À sa partie inférieure, ce récipient porte un tube d'é-coulement à robinet R. terminé en forme courbe de manière à ne pas permettre de rentrée d'air lors de l'expérience.

Le tube en U désigné par la lettre F est rempli aux trois quarts de pierre ponce imbibée d'acide sulfurique ; son but est de retenir la vapeur d'eau qui pourrait s'évaporer du récipient A. Ce dernier sert d'aspirateur et doit être rempli de liquide au com-mencement de l'opération.

Les tubes B et C, contiennent, l'un de la pierre ponce imbibée d'une solution concentrée de potasse, l'autre des fragments de potasse fondue ; ils sont destinés à retenir l'acide carbonique de l'air sous forme de carbonate de potassium. Quant au tube D et au tube de Liebig E. le premier renferme de la pierre ponce imbibée d'acide sulfurique concentré, et le second de l'acide sulfurique liquide également concentré ; ils ont la mission d'absorber la vapeur d'eau contenue dans l'air à analyser.

On ouvre le robinet R après avoir établi la communication par le robinet R' du récipient avec la série des tubes en U ; l'eau s'écoule peu à peu. Le vide qui en résulte est immédiatement comblé par l'air qui arrive de l'extérieur après avoir traversé les tubes E et D où il a laissé sa vapeur d'eau, et les tubes E et B qui ont retenu son acide carbonique. Désignons par V le volume du récipient A, par t la température de l'air. H la pression atmosphérique et par F la force élastique maximum de la vapeur d'eau, à la température t.

Déterminons d'autre part le poids p de l'acide carboni-que recueilli dans l'expérience, ce qui est obtenu en retranchant du poids des tubes B et C, après l'opération, le poids qu'ils avaient au début de celle-ci.

Calculons de même le poids p' de vapeur d'eau, en re-tranchant du poids des tubes D et E, celui qu'ils avaient au commencement de l'expérience. D'autre part, soit P le poids d'air sec qui a pénétré dans le récipient A, poids calculé à l'aide de l'expression :

$$P = V \times 1,293 \times \frac{1}{1 + 0,00367\,t} \times \frac{H - F}{760}$$

Ayant obtenu le poids P de l'air qui a pénétré dans le

récipient et qui contenait un poids p d'acide carbonique et un poids p' de vapeur d'eau ; il est facile de déterminer le pourcentage de ces deux corps.

Pour l'acide carbonique, on a en effet :

$$\text{poids pour cent} : = \frac{p \times 100}{P}$$

Pour la vapeur d'eau, on a :

$$\text{poids pour cent} : = \frac{p' \times 100}{P}$$

Cette expérience plusieurs fois répétée a conduit aux deux conclusions suivantes :

1°. - la quantité d'eau contenu dans l'atmosphère est très variable.

2°. - la proportion d'acide carbonique de l'air est sensiblement constante et reste voisine de 3 dix millièmes, en volume.

Azote
Az ou $N = 14$
Poids moléculaire Az^2 ou $N^2 = 28$

L'azote est un gaz incolore, inodore et sans saveur, qui a pu être liquéfié et même solidifié ; sa densité est égale à 0,967. A zéro degré, son coefficient de solubilité est 0,0235, autrement dit à cette température, il peut se dissoudre $23^{cc}5$ d'azote dans un litre d'eau.

L'azote se trouve dans toutes les parties nutritives des végétaux des végétaux et il leur est indispensable comme le carbone. Cet élément peut être puisé par eux dans l'air sous forme d'azote gazeux ou de carbonate d'ammonium.

Mais là n'est pas pour les végétaux la source principale de l'azote et c'est surtout sous forme de matières organiques minéralisées, de sels ammoniacaux et de nitrates que leurs racines l'absorbent, dans le sol.

L'azote forme la plus grande partie de l'atmosphère où il constitue, en volume, les 78 centièmes ; il y est mélangé à l'oxygène et, à l'inverse de ce gaz, l'azote, comme l'acide carbonique, n'entretient pas la combustion. On le distingue de ce dernier en ce qu'il ne produit pas de trouble dans l'eau de chaux. Il n'entretient pas non plus la respiration et peut occasionner l'asphyxie. Dans l'air on considère qui tempère les propriétés trop vives de l'oxygène, vis-à-vis de l'homme et des animaux.

L'azote atmosphérique est absorbé par les feuilles des plantes sous forme ammoniacale, mais leurs racines peuvent, dans certains cas le fixer à l'état de gaz simple par l'intermédiaire d'organismes microscopiques se développant soit dans le sol lui-même, soit sur les racines (légumineuses).

Malgré que l'absorption de l'azote atmosphérique soit un phénomène limité puisqu'un million de mètres cubes d'air ne contient que 10 à 20 grammes d'ammoniaque, en raison de l'énorme circulation qui se produit à la surface du sol, il a été prouvé qu'un hectare de feuilles de topinambours, par exemple, assimile en un an, 160 kilogrammes d'azote sous cette forme.

A Paris, Schlœsing a trouvé par cent mètres cubes d'air, $2^{mg}2$ d'azote, à l'état d'ammoniaque.

L'azote se combine directement à l'oxygène de l'air sous l'influence des décharges électriques pour donner, avec la vapeur d'eau, de l'acide nitrique qui s'unit à l'ammoniaque ; c'est ce qui explique la présence de l'azotate d'ammonium dans les pluies d'orage qui deviennent, de ce fait, fertilisantes pour le sol. Ce phénomène est assez intense dans les pays chauds, mais sous notre climat, il ne donne guère que 3 kilogs. environ d'azote combiné, par hectare et par an.

De ce qui précède, il résulte que l'atmosphère apporte constamment au sol de l'azote, mais comme les récoltes lui en enlèvent des quantités de beaucoup supérieures, il y a lieu de rétablir l'équilibre par l'apport de matières fertilisantes azotées.

Dosage de l'azote atmosphérique.

La méthode de Dumas et Boussaingault décrite au chapitre de l'air est une de celles qui permettent de doser l'azote atmosphérique avec précision. Il existe d'autres procédés (phosphore - cuivre au rouge, cuivre et ammoniaque à froid) qui donnent aussi le moyen de le doser en volume en enlevant à l'air l'oxygène qu'il contient.

Production industrielle — Ainsi qu'il a été dit à l'étude de l'air, on obtient l'azote par la distillation fractionnée de l'air liquide. On le livre comprimé dans des tubes d'acier, à 120 atmosphères.

Dans les laboratoires on prépare de l'azote pur dans un appareil continu comme celui de la figure 3, en faisant agir une dissolution alcaline d'hypobromite de sodium sur des fragments de chlorure d'ammonium. L'azote se dégage conformément à l'équation,

$$3\,BrONa + 2\,Az\,H^4\,Cl + 2\,Na\,OH = 2\,Az + 3\,Na\,Br + 2\,Na\,Cl + 5H^2O$$

hypobromite de sodium — chlorure d'ammonium — Soude — Azote — Bromure de Sodium — Chlorure de sodium — Eau

---

Azotite d'ammonium
$Az\,O^2\,Az\,H^4$
Azotate d'ammonium
$Az\,O^3\,Az\,H^4$

Ces deux corps se désignent encore sous les noms de nitrite d'ammonium, pour le premier, et de nitrate d'ammonium pour le second. Ils existent l'un et l'autre en très petites quantités dans l'atmosphère.

Il est probable que l'azotite d'ammonium est engendré par la réaction de l'azote sur l'eau, sous l'influence de certaines oxydations de quelques substances végétales, au contact de l'air.

Quant à l'azotate d'ammonium, il est produit, ainsi qu'il a été dit précédemment, pendant les orages, par l'effet des décharges électriques.

Ammoniaque $Az\,H^3 = 17$

La synthèse de l'ammoniaque, corps tant utile aux végétaux a été réalisé dernièrement d'une façon pratique par M. Cr. Claude. Son procédé consiste à liquéfier de l'air, à en séparer l'azote par distillation fractionnée et à unir cet azote à de l'hydrogène dans la proportion voulue pour constituer de l'ammoniaque qui servira ensuite à la fabrication des engrais. Cette synthèse se produit sous la pression de 1.000 atmosphères (Voir au chapitre des engrais, aux minéraux).

Deuxième Partie

Microbie agricole

Chapitre I

Le rôle des microorganismes est si considérable en Chimie agricole que leur étude est nécessaire pour en bien comprendre toutes les parties. Ce sont eux en effet qui, dans la plante, transforment les produits élaborés ; ce sont eux, encore, qui donnent lieu dans le sol à la fermentation du fumier, à la nitrification et à toutes les décompositions organiques, en rétablissant l'équilibre entre la création et la destruction des matières animales et végétales.

Leur activité ne se borne pas d'ailleurs là : ils interviennent encore dans la fixation de l'azote de l'air par les plantes, dans la décomposition des roches, la formation des sulfates et des nitrates, dans les fermentations (vinification, cidrerie, distillerie, laiterie, fromagerie, boulangerie, etc...). C'est un facteur des plus importants des transformations organiques.

Généralités sur les microbes

Les microbes sont des petits organismes invisibles à l'œil nu, visibles seulement au microscope ; il en est même de si petits qu'on ne peut pas les voir avec cet instrument. Les dimensions des microbes se mesurent en millièmes de millimètres ; leur mesure est le micron qui se désigne ainsi : μ. Beaucoup de bactéries ont moins de 1 μ ; les bacilles de 3 à 6 μ.

La plupart des microbes appartiennent au règne végétal.

Les uns sont des ferments figurés ; vivant en parasites sur l'être vivant, sur les objets morts, dans la terre, dans l'eau ; ce sont les microbes _saprophytes_. Les autres sont les agents des maladies infectueuses de l'homme et des animaux et se désignent sous le nom de microbes _pathogènes_. Sous l'influence de certaines conditions, comme la chaleur, l'humidité, l'obscurité, les microbes saprophytes peuvent se changer en microbes pathogènes.

Presque tous les microbes sont incolores, mais il en est cependant de colorés par des granulations métachromatiques ou qui peuvent l'être par des colorants tels que la fuchsine phéniquée ou le violet de méthyle. Ils se multiplient avec une extrême rapidité comme le montre le tableau ci-dessous de M. _de Frendenreich_, établi pour du lait qui, à la traite, présentait 9.000 germes au cent. cube :

par cent. cube	à 15°	à 25°	à 35°
Après 3 heures	10.000 germes	18.000 germes	30.000 germes
, 6 ,	25.000 "	172.000 "	12.000.000 ,
, 24 ,	5.700.000 ,		50.000.000 "

Structure des microbes

Grâce au microscope et à son perfectionnement qui a donné l'ultramicroscope, on est arrivé à établir que les microbes sont des êtres mono ou unicellulaires, sans chlorophylle, qui ne peuvent généralement pas assimiler le carbone directement.

Leur cellule est comparable aux cellules des animaux et des végétaux et on y rencontre, comme dans ces dernières, un _protoplasma, une membrane et un noyau_.

La membrane est le plus souvent de nature protéique, mais elle est quelquefois remplacée par une couche gélatineuse que l'on désigne sous le nom de _capsule_.

Reproduction des microbes et Classification.

Les microbes ont été rangés en trois classes, suivant leur forme ou leur ténuité : ce sont les microbes à formes _rondes_, ceux à formes _allongées_ et les microbes _filtrants_ ou _invisibles_.

Les microbes à formes rondes s'appellent encore des _coccus_ ou des _coccacées_ et se divisent en _micrococcus_, en _streptococcus_ et en _sarcina_.

Les coccacées se multiplient en s'allongeant et en se coupant en deux, comme l'indique la figure schématique ci-dessous (fig. 7).

fig. 7

Schéma de la reproduction par scissiparité (très grossie)

Si les deux cellules restent réunies, l'arrangement des deux microbes est dit en _diplocoque_. Les divers diplocoques peuvent, ou se séparer ou rester soudés à la suite les uns des autres en forme de chaîne; ce sont des _streptocoques_.

Si le diplocoque se produit en deux sens perpendiculaires, les microbes sont en _tétrade_ (fig. 8).

fig. 8

Reproduction en tétrades (très grossie)

Si la multiplication se fait sous forme cuboïde, on a une _sarcine_ (fig. 9)

fig. 9

Paquet de sarcines (très grossie)

D'autrefois, les microbes affectent, en se produisant, la forme de grappe, tel le _staphylocoque_.

Les microbes à forme allongée se divisent en : _bacillées, spirobactéries et bactéries filamenteuses._

Les bacillées et les spirobactéries se produisent comme les coccacés, par scissiparité, autrement dit par séparation, mais celle-ci est toujours précédée d'un allongement en bâtonnet.

Si le microbe est droit, c'est un bacille ; il s'appelle _clostridium_, s'il est en forme de bâtonnet fusiforme, et _plectridium_, s'il s'allonge en bâtonnet en tambour. Quand les bacilles sont arrangés en chaînettes, on les appelle des _streptobacilles_. Les vibrions sont des microbes en spirale courbée et les _spirilles_ sont plusieurs fois recourbés sur eux-mêmes.

Certaines sources d'eaux sulfureuses ou ferrugineuses renferment des microbes filamenteux, clairsemés, qui se fixent par un de leurs bouts et celui qui reste libre sert à la reproduction.

C'est par là que se forme, puis se détache un autre filament qui va se fixer, quelque part, à l'aide d'un petit amas muqueux. Chez les microbes des sources ferrugineuses (ferrobactéries), les filaments restent englobés dans une gaine muqueuse, ce qui fait croire quelquefois à une dichotomie qui n'est qu'apparente. —

Les bactéries peuvent encore se reproduire par endospores, c'est-à-dire à l'aide de petits corpuscules que l'on appelle des spores. Chaque bactérie ne donne naissance qu'à une spore qui, presque toujours, est incolore.

Leur but est la conservation de l'espèce et elles apparaissent lorsque les conditions ne sont pas favorables au développement du microbe ; par exemple, lorsque le milieu nutritif est altéré par la sécrétion trop abondante des microbes qui s'y sont développés, que la température ne leur convient pas, etc...

La spore ayant quitté le microbe producteur, elle germe si elle rencontre un milieu convenable pour sa nourriture et une température propice.

En raison de la grande plasticité du protoplasma chez les microbes, ceux-ci peuvent affecter des formes différentes, selon les conditions où on les cultive. On donne le nom de _formes d'involution_ à ces changements microbiens qui n'affectent que leur forme physique et non l'unité d'espèce.

Classement des microbes (Hueppe)

Formes arrondies — **Coccus ou Coccacées**
- Micrococcus simples
- Diplococcus (groupés 2 par 2)
- Micrococcus en tétrades (groupés 4 par 4, en cube)
- Sarcina (groupés en cube)
- Micrococcus en zooglée (arrangement irrégulier)
- Streptococcus ou Torula (groupés en grappe de raisin)

Formes allongées

Bacilles ou Bacillées
- Bacillus droit
- " à espace clair
- " en fuseau (clostridium)
- " en lanterne
- " en battant de cloche
- " en tambour (Plectridium)

Spirobactéries
- Spirochæta - spirale élastique
- Vibrion - en virgule
- Spirillum - spirale rigide

Bactéries
- Leptothrix - à base et à sommet
- Cladopthrix - filament ramifié à gaine
- Phragmidiothrix - filament cylindrique court
- Crenothrix - filament à gaine

Espèces non visibles au microscope.

Action de la chaleur, de la lumière et de l'électricité sur le développement microbien

---

<u>Chaleur</u>. Comme pour les végétaux, il existe trois températures

pour les microbes : une température _maxima_, une température optima et l'autre _minima_, mais ces températures varient avec chaque espèce.

La température maximum est celle au delà de laquelle le protoplasma du microbe se coagule et où sa vie cesse, tout au moins est compromise.

La température minimum correspond au point à partir duquel le microbe entre en état de vie latente, favorable à sa conservation.

C'est lorsque la température optima est atteinte que le développement microbien est le plus intense. Rien n'est variable comme cette température et si les bactéries pathogènes de l'homme sont surtout favorisées par une température de 37° environ, il est d'autres microbes dont la température optima est bien inférieure, comme chez les bactéries _cryophiles_ (microbes des glaciers) ou supérieure, comme chez les bactéries thermophiles (50 à 70°).

Les températures basses n'ont qu'une action passagère sur les microorganismes qui se développent de nouveau lorsqu'on les ramène aux températures qui leur sont favorables; c'est ainsi qu'on a vu des levures supporter sans périr - 200°.

__Butjagin__ a constaté que les alternatives de froid et de dégel nuisaient seulement aux microbes, ne les détruisant qu'à la longue.

Beaucoup de bactéries restent vivaces après plusieurs mois passés sous la neige, et, il y a même des espèces qui se multiplient surtout en hiver.

Cependant, on peut dire d'une façon générale, qu'avec le froid, le taux microbien diminue en proportion de l'abaissement de température, jusqu'à congélation du sol, point à partir duquel ce taux remonte ; ce fait s'explique par l'existence d'espèces microbiennes cryophiles qui sont alors favorisées.

La destruction des microbes aux températures dépassant les températures maxima est d'autant plus rapide que l'on s'éloigne davantage de ces dernières ; quant à leurs spores elles sont plus facilement tuées si elles sont riches en eau de constitution que si elles sont sèches.

Les microbes sont un peu comme les graines ; nous savons, par exemple, que le blé sec résiste à 105° sans perdre ses facultés germinatives, il en est de même des microbes secs qui ne sont pas détruits à 110°, 125° et même souvent au-delà.

Les milieux acides favorisent leur destruction et ils périssent plus rapidement dans de tels milieux que dans ceux qui sont neutres ou très peu acide (bière).

Ces considérations expliquent pourquoi, à l'état sec, il faut stériliser les ustensiles à 170°, dans un four à flamber.

Les liquides sont portés dans des autoclaves Chamberland où, sous pression, la stérilisation se produit à 110° - 120°.

Quand le milieu à stériliser renferme de l'huile ou de la glycérine, il est prudent de porter la température de l'autoclave à 170°.

Certaines bactéries du sol, du lait, des pommes de terre ne périssent qu'à une chaleur humide de 105° à 120°, tandis que les levures alcooliques sont détruites vers 50 - 55° ; il faut donc que la température de stérilisation corresponde à la résistance du microbe à la chaleur.

Action de la lumière
sur le Développement microbien.

La lumière a une action prononcée sur le développement microbien ; d'une manière générale, on peut dire qu'elle diminue la virulence des microbes pathogènes et retarde la croissance des infiniment petits.

L'oxygène renforce l'action de la lumière. Quand elle est colorée, celle-ci n'agit pas de la même façon que la lumière blanche, c'est ainsi que la lumière rouge peut favoriser la pullulation microbienne, alors que les rayons ultra violets, au contraire, sont nettement bactéricides. Les rayons à faible longueur d'ondes détruisent la matière vivante, et c'est sur ce principe qu'a été établie la lampe en quartz à vapeur de mercure. En deux minutes, elle stérilise l'eau.

Dornic et Daire ont remarqué que l'eau ainsi traitée, dans le lavage du beurre, évitait le rancissement ultérieur de cette substance. Ce procédé de stérilisation, quand les liquides ne sont pas limpides, ne réussit bien que si on opère sur des couches minces de liquides. Pour le lait, la couche ne doit pas dépasser 2 millimètres d'épaisseur.

Les rayons ultra violets agissent sur le vin dont ils empêchent l'acétification ou l'arrête ; à 4 centimètres de la lampe, le vin en couche de 1 millimètre 7 d'épaisseur ne fermente plus au bout de 60 secondes.

On a remarqué que la motilité de certaines espèces microbiennes augmentait avec la lumière et diminuait de plus en plus aux approches de l'obscurité. Son action est donc, dans ce cas, très marquée.

La lumière solaire est un agent des plus actifs, dans un sol bien isolé, elle peut agir sur les germes microbiens jusqu'à un mètre de profondeur, et dans les fleuves, elle se conduit comme un assainissant très puissant.

Action de l'électricité sur le Développement microbien

L'électricité n'agit guère que par les actions chimiques ou calorifiques que les courants peuvent déterminer ; cependant il nous paraît utile de signaler la production d'ozone, soit pendant les orages, soit par certaines machines électriques, ce qui donne lieu à une action stérilisante qui n'est pas négligeable, quoique limitée.

Actions des agents chimiques

Un microbe, pour vivre, a besoin d'aliments, c'est-à-dire des matières qui lui permettront de fabriquer ses tissus et à son protoplasma de dégager la chaleur nécessaire à son existence.

La cellule du microbe est formée de 9 à 14 % de matières azotées (albuminoïdes) et de 82 à 85 % d'eau ; il lui faut donc, pour se nourrir, des aliments azotés, carbonés et minéraux. Si on admet qu'un milligramme de bactéries représente 25 milliards d'êtres organisés, on conçoit que les bouillons de culture seront suffisamment nutritifs avec des proportions de sels variant entre 0ᵍ 10 et 0ᵍ 15 %.

Parmi les aliments les plus utiles, il faut citer : le magnésium, le potassium, le sodium, le calcium, le soufre, le phosphore, le chlore et le fer, à l'état de combinaisons.

Chaque espèce a un bouillon de culture dont la composition est la plus convenable à sa nutrition et l'absence d'un seul élément reconnu nécessaire, ou la diminution dans les quantités d'aliments, agit défavorablement sur le développement du microbe.

Exemples de liquides nutritifs :

Liquide Pasteur.

Eau distillée 100
Sucre candi 10
Cendres de levures .. 0,075

Liquides de Cohn.

Eau distillée 100
Tartrate d'ammoniaque . 1
Cendres de levures 1

Eau distillée 200
Tartrate d'ammoniaque . 20
Phosphate de potassium . 20
Sulfate de magnésium . 10
Phosphate de calcium
Tricalcique 0,1

Liquide Raulin (aspergillus niger)

Eau distillée .... 1 litre
Sucre candi 46, 66
Acide tartrique 2, 66
Nitrate d'ammonium . 2, 66
Phosphate d'ammonium . 0, 40
Carbonate de potassium ... 0, 40
Carbonate de magnésium . 0, 26
Sulfate d'ammonium 0, 16
Sulfate de zinc 0, 046
Sulfate de fer 0, 046
Silicate de potassium 0, 046

Influence du fer et du zinc dans le développement de l'aspergillus niger dans une même quantité de liquide Raulin.

En milieu complet ...... 18ᵍʳ,4 de plante
Si on supprime le fer .... 11, 70   d°
Si on supprime le zinc ... 6, 00   d°

Parmi les métaux, les uns, comme le fer, le zinc, le cadmium, le glucinium, l'uranium, le calcium, peuvent favoriser le développement microbien, alors que d'autres nuisent, ou sont sans action sur lui.

Dans une cuvette en argent, par exemple, l'aspergillus niger ne pousse pas malgré la présence d'un milieu nutritif approprié.

Parmi les aliments hydrocarbonés que la plupart des microbes utilisent pour leur nourriture, on peut citer : les sucres, la glycérine, les alcools, l'acide tartrique, l'acide lactique, etc... Les milieux neutres alcalins sont les plus favorables aux microbes. La fécule et l'amidon ne nourrissent les microorganismes qu'après avoir été dédoublés par une _diastase_.

Quant aux aliments azotés, selon les espèces, on emploie pour leur nutrition : l'albumine, la caséine, la peptone, les nitrates, les sels ammoniacaux, l'urée ou l'asparagine.

Il n'est pas indifférent de fournir au microbe un aliment quelconque, car il possède des facultés chimiotactiques, c'est-à-dire qu' il peut délaisser les uns pour choisir les autres. Il ne faut pas non plus les donner à des doses trop fortes, parce que beaucoup d'aliments se comportent comme des toxiques, quand ils dépassent certaines proportions ; cependant dans beaucoup de cas, les microorganismes s'accoutument peu à peu aux antiseptiques et par conséquent à certains excès d'alimentation.

La constitution chimique d'un milieu nutritif n'est pas le seul facteur à considérer dans le développement microbien et il faut aussi tenir compte que la durée du contact avec le liquide de culture et la température ambiante interviennent à un degré important.

Microbes aérobies et anaérobies

Les microorganismes qui absorbent l'oxygène de l'air portent le nom de _microbes aérobies_, et ceux qui vivent de l'oxygène de la substance décomposée s'appellent des _microbes anaérobies_. Avec les premiers, les combustions auxquelles ils donnent lieu sont complètes, alors qu'elles ne sont que partielles avec les seconds.

À côté de ces microbes _stricts_, il y en a qui sont facultativement aérobies ou anaérobies. Suivant que l'on aura à faire à des microbes de la première ou de la seconde catégorie, on diminuera ou on augmentera la proportion d'oxygène alimentaire dans les milieux de culture à leur fournir.

Certains microbes ne peuvent passer d'un de ces états à l'autre qu'en présence d'hydrates de carbone spéciaux, tels que les sucres, les alcools, les acides organiques étendus d'eau. Ces composés non hydroxylés ne sont pas favorables à cette modification d'état. Les nitrates de sodium ou de potassium favorisent au contraire ce passage encore appelé _anaérobiose facultative_.

Pouvoir ferment

On appelle pouvoir ferment le rapport $\dfrac{P}{p}$, dans lequel P représente le poids de matière transformée et p celui du microbe transformateur, ou d'un corps produit par son action.

Le pouvoir ferment est _élevé_ quand il s'agit de microbes anaérobies, et _faible_ pour les microbes aérobies.

Le _Clostridium butyricum_, qui fixe l'azote anaérobie du sol, a donné comme rapport ferment, à _Winogradsky_ :

$$\frac{\text{Sucre consommé}}{\text{Azote fixé}} = 89,1$$

Pour la _Bacillus radicicola_, M. Mazé a obtenu :

$$\frac{100}{6,25} = 16$$

Avec le ferment alcoolique, Pasteur a constaté des rapports

variables à mesure que les conditions de cultures devenaient de plus en plus anaérobies :

$$\frac{\text{Sucre consommé}}{\text{Poids de levure engendrée}} = \begin{cases} 4 \ (\text{aérobie}) \\ 25,\ 100,\ 150 \\ \text{ou } 175 \ (\text{conditions anaérobies}) \end{cases}$$

Comment on cultive les microbes à l'état pur

Comme les microbes sont toujours mélangés entre eux, il peut être nécessaire de les isoler, puis de les cultiver, pour connaître d'une façon précise la nature de chaque espèce.

La culture des microbes à l'état pur comporte quatre opérations :

- la stérilisation des ustensiles.
- la préparation du milieu nutritif.
- la stérilisation de ce milieu.
- l'ensemencement.

La stérilisation des instruments se fait à 170°, dans le four à flamber.

Comme milieu nutritif, on emploie soit des liquides artificiels ou naturels, des supports solides constitués par des pommes de terre, des carottes ou des milieux gélosés (agar-agar) ou gélatinisés (gélatine).

Ces milieux de culture sont stérilisés à l'autoclave, à 120°, dans une atmosphère de vapeur d'eau, après que l'on a chassé l'air de l'appareil.

Quelquefois, on emploie l'ébullition prolongée pendant un quart d'heure et, pour les milieux gélatinisés, on chauffe à 100° pendant trois jours de rang et à 24 heures d'intervalle. Dans ce cas, en abandonnant à eux-mêmes ces milieux pendant quelques jours, on se rend compte si ce mode de stérilisation a été suffisant.

Koch a indiqué un autre mode de stérilisation très pratique, c'est de stériliser à part le milieu liquide nutritif à l'autoclave et la gélatine par ébullition intermittente, puis de les mélanger.

Il existe un dernier mode de stérilisation précieux, c'est l'emploi des bougies filtrantes de porcelaine ou d'amiante qui empêchent les altérations de la chaleur, l'inversion des sucres et permettent d'obtenir des liquides contenant les diastases, purs de microbes.

Ce n'est que pour les microbes invisibles, et encore pour certains d'entre eux seulement, que ce mode de stérilisation est insuffisant. On peut d'ailleurs combiner ces divers modes de stérilisation suivant les cas.

On emploie beaucoup, comme milieu de culture, un bouillon artificiel formé avec de la peptone, puis trop fortement salée, ou bien du bouillon ordinaire de bœuf ou de veau.

Les liqueurs de _Pasteur_, dites minérales, à base de sucre candi et cendres de levure, sont bonnes, mais peu favorables à la culture quand il s'agit de microbes atmosphériques, tout au moins.

On peut avoir à cultiver deux sortes de microbes : les _aérobies et les anaérobies_. Pour la culture des premiers on emploie des vases pouvant affecter les formes indiquées par les figures 10, 11, 12,

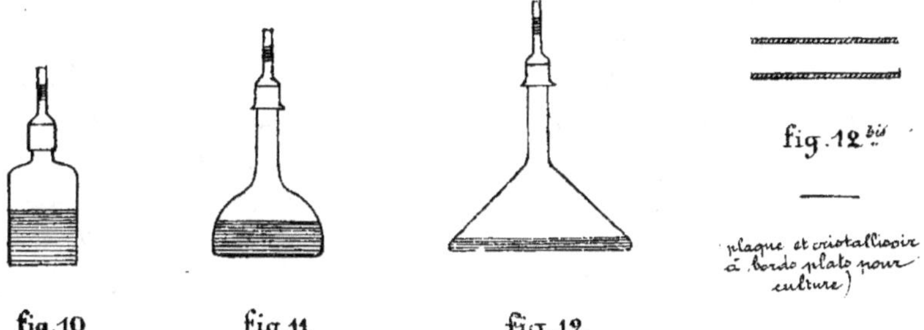

fig. 10   fig. 11   fig. 12

dans lesquels on introduit les bouillons de culture gélatinés ou non. Les microbes peuvent bien s'y développer au contact de l'air, surtout dans le vase étalé que représente la figure 12. Ces vases peuvent être stérilisés à l'autoclave, car ils supportent bien la température de 110 - 120°.

Supposons que nous voulions isoler et purifier un microbe trouvé sur un morceau de pain, sur une pomme de terre, ou sur tout milieu putrescible. Il suffira de toucher avec une baguette stérilisée, en platine, un point où se trouve le microbe à étudier et d'ensemencer le liquide stérilisé en portant la baguette au contact du bouillon de culture. On rebouchera ensuite le vase et on l'abandonnera à l'étuve, à une température convenable. Si nous voulons avoir une idée approchée du nombre des microbes aérobies qu'il y a par exemple dans une terre, nous prendrons un échantillon moyen du sol et nous en verserons une petite quantité de poids connu dans un volume déterminé d'eau distillée.

C'est dans le liquide que nous prendrons avec une petite pipette graduée quelques gouttes du liquide à essayer, dont on connaîtra le volume, que nous ajouterons au milieu nutritif d'un matras (figure 12), à fond étalé où, au préalable, le bouillon gélatiné aura été liquéfié en le portant à une température de 20°.

Connaissant le volume du liquide pris avec la pipette, qui correspond à un certain poids de la terre expérimentée, nous déterminerons le nombre de germes du sol, d'après le nombre des colonies de même espèce que la culture sur gélatine nous donnera, chaque colonie représentant vraisemblablement un microbe initial.

Pour la culture des microbes anaérobies, on emploie des tubes dans lesquels on peut retirer l'air ou le remplacer par un autre gaz, l'hydrogène par exemple.

Le tube de Roux (fig. 13), celui de Fraenkel (fig. 14) permettent très bien, par leur disposition, la culture anaérobie.

À cet effet, on fait le vide en mettant en communication une des deux branches, avec un générateur d'hydrogène ou d'azote et l'autre avec une trompe. Quand l'air a été remplacé par un de ces gaz, on ferme à la lampe les deux tubes et on solidifie la gélatine qui a été au préalable ensemencée comme il a été dit plus haut.

La solidification a lieu rapidement en faisant tourner le tube sur lui-même, sous un courant d'eau froide. Les colonies se développent et comme le milieu gélatineux est transparent, on les compte facilement.

Le tube de la figure 15 est le dispositif de Roux, qui est un perfectionnement du tube à 2 branches de Pasteur ; il a l'avantage, par une simple inclinaison des branches, le passage d'une culture A, et cela à l'abri de l'air, dans une autre culture B non ensemencée.

La prise des bouillons de culture et même l'ensemencement peuvent être faits par l'une des branches a ou b, suivant que l'on veut ensemencer en premier lieu la branche A ou la branche B.

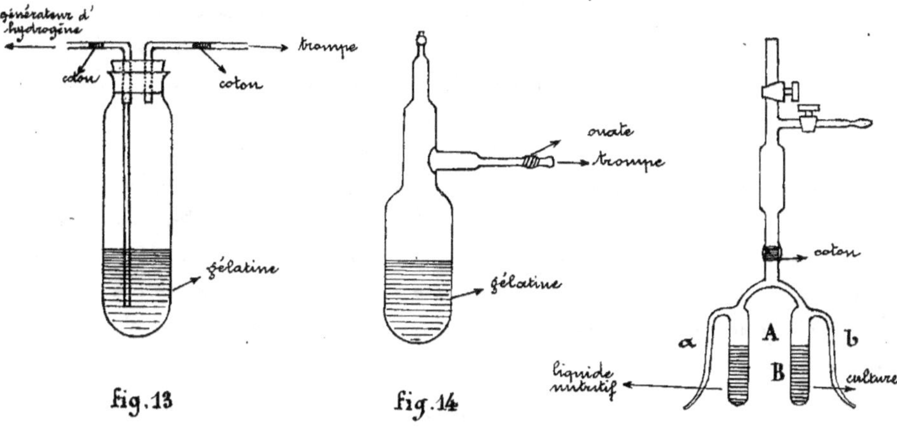

Buchner a indiqué un autre procédé très simple qui consiste à placer le tube de culture dans un autre tube plus grand (fig. 16), contenant au fond du pyrogallate de potassium qui absorbe l'oxygène de l'air. On pourrait aussi bien boucher le tube de culture avec un tampon de ouate surmonté d'un second tampon trempé dans une solution composée d'un mélange à parties égales des deux liquides suivants :

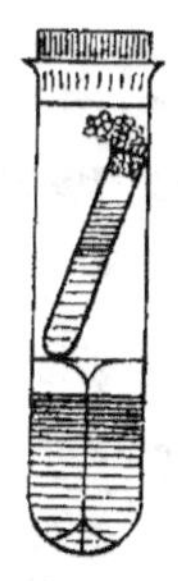

A { Eau distillée - 50
    Potasse ...... - 12

B { Eau distillée - 50
    Acide pyrogallique - 12

D'après les modifications apportées aux liquides ou aux solides utilisés par la culture des microbes, on peut arriver souvent à différencier ceux-ci au simple aspect.

C'est ainsi qu'il est des microbes qui rendent les liquides où ils se développent glaireux ou troubles ; d'autres fois ils donnent lieu à des dégagements gazeux ; ou bien encore, s'ils sont cultivés par piqûre des milieux gélatineux ou en surface, ils présentent souvent des agglomérations de teintes ou de formes caractéristiques.

Veillin et Mazé pour éviter les fendillements que l'on constate quelquefois dans la masse gélatineuse, après la culture de certains anaérobies ont proposé d'ajouter à ces masses des traces de nitrate de potassium.

Beijerinck a fait connaître une méthode de différentiation très utile : elle consiste à faire multiplier d'une façon intensive l'espèce à isoler en plaçant le milieu nutritif à la température optima et en choisissant ce milieu de manière à ce qu'il contienne les éléments nutritifs préférés du microbe et au besoin en y ajoutant d'autres substances sans action sur celui-ci, mais nuisibles aux autres espèces à éliminer.

Coloration des microorganismes

La différentiation par l'aspect peut être une chose précieuse, mais quelquefois insuffisante et l'emploi du microscope suivi au besoin de l'étude des réactions chimiques est souvent indispensable. Parmi les réactions ou les moyens employés pour caractériser un microbe, sa coloration artificielle est un des plus recommandables.

Dans la coloration des microbes, il faut se rappeler que certains colorants réduisent leurs dimensions et que d'autres, au contraire les exagèrent. On emploie, pour cette opération, surtout des corps basiques comme la fuchsine, le bleu de méthylène, le violet de gentiane, etc... ; quelquefois des corps acides, comme l'éosine.

Ces matières s'utilisent en solution, dans l'eau, additionnées fréquemment d'alcool ; on empêche leur altération en y ajoutant un fragment de thymol.

Pour colorer un microbe on fait une préparation qui consiste en un étalement, sur une plaque de verre, d'une goutte du liquide renfermant le microorganisme à étudier, suivie d'une fixation qui s'opère ainsi :

On laisse dessécher la préparation au contact de l'air ou bien on fait agir sur elle une température de 120 à 130°.

On peut utiliser également les fixateurs chimiques comme l'éther, l'alcool, l'acide phénique, le sublimé, etc...

La fixation obtenue, on fait tomber sur la préparation quelques gouttes de la matière colorante. La technique de la coloration des microbes est complexe et délicate, mais elle a l'avantage de permettre non seulement la coloration des microorganismes proprement dits mais, le cas échéant, de leurs cils, de leurs spores ou de leurs capsules.

Voici la composition de quelques colorants (Thoinot et Masselin)

Pour les Microbes
- Bleu de méthylène ..... 1 gr.
- Alcool absolu .... 10 cent. cubes
- Eau phéniquée à 1p.100 .. 90 d°

Pour les Cils
- Tannin à 2 p.8 .... 10 cent. cubes
- Solution saturée de sulfate de fer..5 d°
- Solution alcoolique saturée de fuchsine 1

Pour les Spores
- Fuchsine .... 1 gr.
- Alcool absolu .... 10 cent. cubes
- Solution aqueuse .... 90 gr.
- Acide phénique à 5% .....

Pour les Capsules
- Acide acétique .... 12 gr.
- Alcool .... 50 gr.
- Eau .... 100 gr.
- Violet dahlia .... jusqu'à satur.on

Oméliansky a indiqué le procédé suivant pour colorer le ferment nitrique : on dessèche à l'air la préparation et on la met dans une solution à 1% de chlorure de platine. On lave 5 minutes et on fait agir le liquide colorant de Czaplewski ainsi composé : on mélange 1 gr. de fuchsine à 5 cent. cubes d'acide phénique, puis on ajoute 50 cent. cubes de glycérine et 100 cent. cubes d'eau distillée.

Diastases ou Enzymes

Les _diastases_ sont des produits de la vie cellulaire. Les cellules des êtres appartenant au règne animal ou au règne végétal secrètent des diastases que l'on appelle encore des _enzymes_.

Les microbes qui, au fond, ne sont que des cellules, ne font pas exception et donnent naissance, eux aussi, à des diastases, substances colloïdales, qui ne traversent pas les membranes végétales ou animales, sauf quand elles sont pures, car elles acquièrent alors la propriété de dialyser.

Ce sont des corps solubles dans l'eau, que l'alcool précipite et que l'on trouve dans le commerce, soit en poudre, soit à l'état de solution ; leur action est progressive, mais non immédiate.

On les classe en : _diastases oxydantes, diastases hydrolysantes et diastases décomposantes._

Les premières fixent l'oxygène atmosphérique et comprennent même des peroxydiastases qui fixent l'oxygène de l'eau oxygénée ; les secondes fixent de l'eau et les dernières agissent sur les corps en les décomposant.

Le nombre des diastases est très élevé et le tableau ci-dessous n'indique que quelques-unes d'entre elles.

Diastases oxydantes

Nom de la Diastase	Corps sur lequel elle agit
Laccase	Certains phénols
Tyrosinase	Tyrosine
Acétoxydase	Alcool éthylique, glycol

Diastases hydrolisantes

Maltase	Maltose, glucosides
Sucrase	Saccharose, raffinose
Raffinase	Raffinose
Lactase	Lactose
Amylase	Amidon

Inulase	Inuline
Dextrinase	Dextrine
Cellulase	Celluloses - hémicelluloses
Cytase	Celluloses - hémicelluloses
Tannase	Tannin
Pepsine, caséine	Albumines, gélatine
Trypsine, papaïne	Caséine, Fibrine
Fibrinase, protéases	Globulines, etc...
Uréase	Urée
Nucléase	Nucléines
Erepsine	Albumoses et peptones
Lipases	Triglycérides
Présure	coagule la caséine
Fibrine - ferment	" la fibrine
Pectase	" la pectine

Diastases décomposantes

Diastase lactique	Acide lactique
Zymase alcoolique	Sucres fermentescibles
Casalases	Eau oxygénée

Les diastases forment encore deux catégories : les unes sont **ac-tives**, d'elles mêmes, et produisent, sans le secours d'une autre subs-tance, leurs réactions chimiques ; d'autres, au contraire, naissent des cel-lules, à l'état **inactif**, on les appelle alors des **proferments**.

Elles passent à l'état actif sous l'influence de certains corps, soit de nature organique, soit de nature minérale, que l'on désigne sous le nom de **coferments** et qui jouent le rôle de **catalyseurs**.

Ce sont ces derniers qui, en Chimie, mettent en train certaines réactions sans que leur poids final, ni leur nature ne se trou-vent modifiés à la fin des transformations (mousse de platine, cal-cium, fer, manganèse).

Les réactifs chimiques, comme les acides, les bases et les sels peuvent reproduire les réactions chimiques des diastases, mais il faut les employer à des degrés de concentration bien plus élevés que ces dernières pour obtenir les mêmes résultats.

Les diastases existent dans les cellules sous forme d'émulsion ; elles occupent dans le suc cellulaire une forme étalée qui leur donne une grande surface sous un petit volume.

- Ce sont elles qui solubilisent, dans les végétaux, les produits insolubles qui ont besoin d'être ainsi transformés pour pouvoir circuler à travers la plante. Toutes les diastases n'ont pas les mêmes pouvoirs et chacune d'elles n'est apte qu'à produire un travail déterminé.

On ne sait pas exactement sous quelle forme elles agissent, mais il est permis de supposer que c'est sous forme de combinaisons passagères avec les corps sur lesquels elles agissent ou à qui elles donnent naissance.

On sépare les diastases de leurs cellules à l'aide de macérations dans l'eau pure, dans l'eau salée ou alcoolisée, dans la glycérine ; on peut encore se servir d'éther ou de chloroforme, on employer la congélation, ou la dessication, suivies d'un traitement à l'alcool et à l'éther. Le sulfate d'ammonium précipite les diastases de leurs solutions dans l'eau.

La puissance transformatrice des diastases est considérable et l'on sait par exemple qu'une partie de présure peut cailler 500.000 fois son poids de lait.

Les diastases ont chacune leur <u>température optima</u>, et sont facilement détruites par des excès d'élévation thermique. Le froid ne nuit guère, par contre, à leur activité qui résiste souvent à un abaissement de - 190°. On peut même congeler des cellules pour en extraire les diastases qui y sont contenues, sans que ces dernières périssent.

Chaque diastase n'agit activement que dans le milieu qui lui convient ; il en est qui ont besoin d'un milieu acide, d'autres d'un milieu alcalin ou neutre. Cependant, il ne faut pas que la concentration des acides ou des alcalis soit prononcée, car les diastases y seraient détruites ; il faut au contraire, le plus souvent, des solutions très étendues, dont on détermine l'acidité ou l'alcalinité propice à l'aide de papiers très sensibles (tournesol neutre, etc...).

L'activité des diastases peut être accélérée par certains sels alors que d'autres la retardent ; c'est ainsi que les sels de chaux favorisent l'action de la présure.

Les microbes sont sensibles à certains antiseptiques, mais ces mêmes corps n'agissent pas toujours sur leurs diastases qui bien souvent, ne sont nullement incommodées par leur présence. Il n'en est pas de même de l'accumulation des produits diastasiques comme le fait aussi un mélange de plusieurs de celles-ci qui agissent ensemble, dans un même liquide.

Beaucoup de diastases sont susceptibles d'être rendues inactives par un état de réversibilité : autrement dit, elles peuvent, à un moment donné, produire l'action inverse de celle à qui elles viennent de donner lieu. Elles dédoublent ou synthétisent, suivant les circonstances, les substances qui sont à leur contact.

On admet que la réaction d'inversibilité commence à partir d'un certain degré d'accumulation des produits normaux de la diastase, fabriqués alors qu'elle n'était pas encore devenue réversible. En dehors de cette réversibilité, l'énergie de la diastase est une chose qui varie avec la composition du milieu et bien souvent, on peut ranimer son action qui se ralentit, en enlevant ou en précipitant les produits auxquels elle a donné naissance et dont l'accumulation gêne son développement.

La présence de certaines diastases peut être décelée à l'aide de papiers imbibés au préalable de solutions convenables, puis desséchés.

Généralités sur quelques diastases

Laccase

Cette diastase oxydante agit sur l'alcool et certains phénols ; c'est elle qui oxyde le suc ou latex de l'arbre à laque. Sa température optima est 20° et elle résiste à 100°.

La laccase contient du manganèse, et elle est très sensible à l'action des acides, qui la paralysent.

On la trouve dans les fruits (raisins, pommes, etc...), la farine, les graines, les légumineuses, les tubercules, le son de froment, le lait, dans quelques espèces microbiennes, chez les levures et dans plusieurs moisissures.

C'est elle qui aide à l'obtention du vin blanc fabriqué avec des raisins rouges et au vieillissement des vins ; elle produit le laquage des meubles. Elle est nuisible parfois, par exemple, lorsqu'elle noircit les conserves, oxyde l'huile d'olive ou casse les vins. On décèle la laccase à l'aide de papier à la teinture de gaïac ; la chaleur doit arrêter la décoloration qui s'est produite à son contact.

Tyrosinase

La *tyrosinase* est une diastase oxydante que l'on rencontre dans la racine du dahlia ; elle oxyde la tyrosine. C'est elle qui colore le jus de betteraves exposé à l'air. L'alumine, le zinc et le manganèse favorisent son action. On décide sa présence en faisant agir, à 37°, l'extrait diastasique dissous dans l'eau et neutralisé par la soude, sur une solution de tyrosine. Au bout de quelques jours, celle-ci se colore en brun ou en noir, s'il y a de la tyrosinase.

Maltase ou Glucase

C'est la diastase des levures de brasserie ; elle existe encore dans le sérum sanguin, le suc pancréatique, la salive, les levures du vin, etc...

Sa température optima est 45° ; elle agit surtout en milieu neutre. On ne peut l'obtenir qu'en faisant subir au préalable, à la levure d'où on veut la retirer, un broyage énergique. Son réactif est une solution d'acétate de cuivre à 1% (*Barfoed*) qui n'est pas réduite par le maltose.

Sucrase ou Invertine

Appelée encore _invertine_. On trouve cette diastase dans les feuilles et les fleurs de divers végétaux, tels que la betterave, les arbres fruitiers, chez des mucorinées et des microbes.

Sa température optima est 56° ; elle résiste en présence de mer. à 75°. Elle devient réversible si la concentration du saccharose sur lequel elle agit dépasse 20% ; elle transforme ce sucre en une molécule de glucose et une de lévulose.

On s'en procure aisément par le broyage d'une levure alcoolique ; elle agit surtout en milieu acide, et résiste pendant 48 heures à 5% de formol ou à 2% d'acide lactique. On reconnaît sa présence, du fait qu'une solution diastasique intervertit une solution saccharosée.

Raffinase

Elle agit ordinairement de concert avec une autre diastase appelée _mélibiase_. Sa température optima est 45°. Elles agissent sur le raffinose en donnant lieu à du _lévulose, du mélibiose, du glucose et du galactose_.

On la décèle en faisant agir de l'extrait de la diastase à essayer sur du raffinose en solution qui donne lieu à une diminution du pouvoir rotatoire et à une augmentation du pouvoir réducteur.

Lactase

Cette diastase se rencontre dans les levures du lait, chez l'eurotiopsis Gayoni, etc..., ainsi que dans le règne animal. Sa température optima est 39° ; elle est réversible. On croit à l'existence de plusieurs lactases.

Amylase ou Diastase

L'_amylase_ transforme l'amidon en dextrine et en maltose. Cette diastase se rencontre dans les graines de certaines plantes, les jeunes pousses, la salive, l'urine, le suc pancréatique, les tubercules de pommes de terre, etc.... Elle agit sur l'amidon, selon l'équation :

$$4\ C^6 H^{10} O^4 + H^2 O = C^{12} H^2 O^{11} + 2\ C^6 H^{10} O^5$$
$$\text{amidon} \qquad \text{eau} \qquad \text{maltose} \qquad \text{dextrine}$$

Il existe trois diastases différentes dont l'une liquéfie l'amidon, et le rend soluble ; l'autre est dextrinisante et la dernière est saccharifiante. M. _Lisbonne_ a constaté que l'amylase du malt différait de celles de la salive ou du pancréas.

La température optima de la première de ces diastases est 55° et celle de la seconde est comprise entre 45° et 50°. Elles sont détruites entre 50 et 70°.

L'amylase est la diastase des industries de fermentation ; c'est elle qui transforme l'amidon. D'après M. M. _Maquenne et Roux_ l'amidon industriel est composé de :

- 8 à 10 % d'amylopectine , et,
- 90 à 92 % d'amylose,

et pour obtenir du maltose fermentescible en partant de ce corps, il faut l'action de trois diastases :

- l'_amylase_,
- l'_amylopectinase_,
- et la _dextrinase_.

Inulase

Cette diastase transforme l'inuline en glucose. Elle existe dans les tubercules du topinambour en germination, ainsi que dans les tubercules de certaines fleurs. Les acides, même en très faible proportion, paralysent son action.

Dextrinase

C'est une sorte d'amylase qui transforme l'amidon en dextrine.

Cellulase et Cytase

À l'époque de la germination des graines, la cellulase attaque leurs parois cellulosiques en mettant l'amidon à nu. Il y a plusieurs variétés de cellulases que l'on désigne sous le nom de cytases. La température optima de ces diastases varie entre 35° et 50°; elles sont tuées à 70°.

Tannase

La tannase est une diastase secrétée par des mucédinées, comme le penicillium glaucum et qui jouit de la propriété de transformer le tannin en acide gallique.

Protéases

Ces diastases transforment les matières albuminoïdes en albumoses et peptones, puis en corps amidés. Les unes, comme la pepsine agissent en milieu acide, les autres en milieux alcalins ou neutres.

Parmi les protéases on peut citer la pepsine, la papaïne, la trypsine, la caséase, l'arginase. Beaucoup de moisissures, de levures et de microbes secrètent des protéases. Presque toutes sont détruites à 70°; à l'état humide et à l'état sec, elles résistent à une température de 140° pendant quelques minutes. C'est la caséase qui dissout peu à peu le coagulum du lait.

Uréase

C'est une diastase extraite des fèves de Soja qui change l'urée en ammoniaque.

Nucléase

La nucléase est une diastase qui transforme l'acide nucléique en corps purpuriques. On la trouve dans l'aspergillus niger et les germes du lupin.

Erepsine

C'est une diastase qui agit sur les peptones et les albumoses.

Lipases

La lipase agit sur les corps gras et les décompose en donnant lieu à une production de glycérine et d'acide gras :

$$C^3 H^5 (C^n H^{2n-1} O^2)^3 = 3 C^n H^{2n} O^2 + 3 C^3 H^8 O^3$$

corps gras — acide gras — glycérine

Plusieurs levures, des bactéries, des moisissures sécrètent la lipase; sa température optima est 45° ; elle est détruite aux environs de 60°.

L'addition de sels neutres alcalins (sulfates chloreux) favorisent l'action de la lipase; l'alcool, le formol, le sublimé sont nuisibles. Cette diastase se développe bien dans un milieu acide de concentration comprise entre 1/10 et 1/3 ; elle est réversible. On la décèle à l'aide du procédé de Eijkmann qui consiste à étendre à la surface d'un bouillon gélosé une toute petite épaisseur de graisse de bœuf ; si la bactérie essayée donne de la lipase, la couche de graisse devient blanchâtre et opaque.

Présure

Cette diastase existe dans la caillette des jeunes mammifères, dans l'estomac des poissons et des oiseaux, chez certaines fleurs (artichaut), dans beaucoup de graines, de feuilles, chez certaines levures et autres microbes, etc...

Elle a la propriété de coaguler le lait ; sa température optima est 40° et elle est détruite vers 60°.

L'alcalinité du milieu retarde son action qui, au contraire, est favorisée par l'acidité. Le borax, l'acide borique, le thymol, sont des antiseptiques pour elles. Les sels des métaux alcalins exercent une action retardatrice.

Pour la déceler, on neutralise la solution diastasique et on fait agir 1 à 2 cent. cubes de cette solution sur 10 cent. cubes de lait à 35°. On voit s'il y a, ou non, coagulation.

Pectase

C'est le ferment soluble qui transforme la pectine en corps insoluble de consistance gélatineuse appelé pectine. Il existe dans le jus des fruits acides, dans la carotte, etc...

Microbes de l'air

À côté des poussières inertes et des détritus organisés que l'on rencontre dans l'air, le microscope permet d'apercevoir des corps organisés comme des pollens, <u>des spores de cryptogames et des germes de bactéries</u>. Leur nombre est très variable et il diminue à mesure qu'on s'élève ou que l'air est plus pur.

La température joue aussi son rôle, c'est en hiver que ce nombre s'abaisse pour s'élever au printemps et en été, puis décroître en automne. En temps de sécheresse, l'atmosphère s'enrichit en vieilles, semences microbiennes, et en été, lorsqu'il fait chaud et humide, il y en a en plus grande quantité ; elles disparaissent sous l'influence de la pluie. La présence dans l'air de certains gaz provenant de putréfactions végétales ou animales protègent les microbes ou les tuent, suivant leur nature.

Par la respiration nous absorbons un grand nombre de germes que notre appareil respiratoire retient en grande quantité (1.000 à 5.000 germes par heure environ) ; ils sont détruits surtout par phagocytose, c'est-à-dire, à l'aide des globules blancs renfermés dans notre sang.

Microbes du sol

C'est dans les couches superficielles du sol que l'on trouve des microbes actifs en grande quantité ; leur nombre diminue rapidement au fur et à mesure que l'on s'éloigne de la surface.

Les microbes du sol agissent sur la matière organique qu'ils solubilisent ; ils donnent lieu à des dégagements d'ammoniaque, d'azote, d'acide carbonique ou d'hydrogène sulfuré, suivant l'espèce considérée. Traitée par un antiseptique, la terre peut se stériliser et la vie microbienne y cesser, jusqu'à son élimination et réensemencement. Une chaleur élevée peut produire le même résultat.

M. _Muntz_ a montré qu'il existe des microbes qui désagrègent certaines roches calcaires ; _Banalik_ a indiqué des bactéries, comme le _clostridium pasteurianum_ qui décomposent certains feldspaths pour y puiser les aliments minéraux qui leur sont nécessaires.

C'est le vent qui sert à tous les microorganismes du sol, de véhicule principal ; ce sont eux qui engendrent et détruisent certains sulfates ou absorbent les matières protéiques du sol en faisant dégager leur soufre sous forme gazeuse, d'hydrogène sulfuré (_Spirillum disulfuricans_).

Stoklasa nous a même montré, qu'il existe des microbes qui concourent à l'évolution des _ions_ phosphatés dans la terre, ce qui favorise l'assimilation des phosphates.

La teneur en germes d'un sol varie avec sa composition, la saison, l'humidité, la température et la nature de culture.

Parmi les colonies microbiennes du sol, on trouve des moisissures, des levures, des bactéries, des bacilles, les uns utiles, les autres pathogènes; leur maximum d'activité est au printemps et à l'automne.

Le tableau ci-après de M. *Maggiora* montre les variations du taux microbien selon l'origine de la terre et par gramme.

Germes

Terrain cultivé	60.000 à	11.275.000
" d'alluvium	45.000 à	128.000
" tourbeux	17.200 à	160.000
Roche volcanique	27.500 à	29.000
" ancienne	2.800 à	10.600
Terre de la ville de Turin	1.390.000 à	78.000.000

D'après M. *Miquel*, un cent. cube de boue à Paris en contient de 225 millions à 1 ou 2 milliards. M. Pasteur a trouvé qu'entre deux couches de terre polluée pouvait exister une zône stérile.

Le nombre des germes diminue avec la profondeur comme le montrent les expériences de *Fraenkel*.

Profondeur	Par cent. cube de terre	
	27 mai	3 novembre
0ᵐ	150.000	55.000
0, 50	70.000	75.000
1, 00	2.000	7.000
1, 50	15.000	200
2, 00	2.000	100
2, 50	500	0
3, 00	3.000	1.500
3, 50	0	50
4, 00	0	0
4, 50	100	0

Cette constatation prouve que le sol agit comme un filtre lorsqu'il ne présente pas de fendillements et elle fournit l'explication du fait que beaucoup de sources donnent des eaux pures de germes. Quant aux variations du nombre des microbes contenus dans les couches situées à une certaine profondeur, on peut admettre qu'elles sont dues à ce que les microbes pénètrent dans l'intérieur du sol en suivant le trajet des racines. Le nombre des germes ne varie pas seulement sous l'influence des facteurs que nous avons précédemment énumérés, il est augmenté aussi par les humus ou l'apport d'engrais qui favorisent la nitrification ou la dénitrification, suivant leur nature.

D'après _Engberding_, le nombre des bactéries augmente pendant la saison chaude avec le degré d'humidité du sol. Le sulfate de magnésie favorise les microbes nitrificateurs et nuit à ceux qui désassimilent l'azote ; il en est de même des sels ammoniacaux. Les nitrates ont une action inverse.

Ces constatations diverses ont leur importance, mais elles ne suffisent pas pour permettre au cultivateur d'être renseigné sur la valeur microbienne de ses terres. Pour ce faire, il faut qu'il crée des milieux nutritifs appropriés, et qu'il les ensemence avec diverses espèces de microorganismes trouvés dans le sol à expérimenter, et ainsi, il se rendra compte, d'après la marche des décompositions, de l'activité et du nombre approximatif des microbes qu'il renferme et même de leurs espèces.

Hesselink et Suchtelen déterminent l'activité microbienne d'un sol à l'aide du dégagement d'acide carbonique qui en effet augmente avec cette activité.

Christensen constate l'activité décomposante des microbes sur la cellulose en couvrant le sol, un peu humidifié au préalable, à l'aide de rectangles de papier buvard de 30 cent. sur 5. Il est aisé de se rendre ensuite compte de la rapidité de la décomposition de ces bandes qui correspond à l'activité microbienne du sol qu'elles recouvrent.

Les régions couvertes de neige sont favorables aux végétations régulières et celles où les gelées et les dégels sont nombreux, dans une même saison, le sont beaucoup moins ; cela est dû à ce que dans le premier cas la flore des microbes utiles n'est pas détruite par la neige, alors que dans le second elle diminue, ou que son activité est ralentie par suite des gelées et des dégels successifs.

On peut produire la stérilisation partielle d'une terre en choisissant un antiseptique qui détruise l'espèce que l'on veut faire disparaître et qui soit sans action sur celles que l'on veut conserver.

Jachère

Mettre un sol en _jachère_, c'est l'abandonner à lui-même sans y faire de cultures pendant un temps variable, selon les cas. Pendant cette période le sol devient plus humide et les microbes nitrificateurs ou fixateurs d'azote y pullulent.

La jachère demande à être pratiquée judicieusement. C'est ainsi qui si le sol est léger, la jachère ne doit pas être indéfiniment prolongée et il faut la faire suivre d'une récolte d'automne pour utiliser les nitrates qui se seront formés. On recommande pendant la jachère, l'ameublissement du sol et l'enfouissement des engrais verts. La jachère peut être utile, mais n'a plus l'importance qu'on lui attribuait avant la découverte des engrais chimiques.

Diminution dans la productivité du sol

Il arrive souvent qu'à la longue, un sol devienne réfractaire à une même culture ; on dit que le sol s'est _fatigué_. Ce phénomène est dû, soit à son épuisement en éléments nutritifs, soit à des actions microbiennes nuisibles, pendant lesquelles certaines espèces pullulent trop abondamment aux dépens des autres ou que celles-ci se développent insuffisamment.

Dans le premier cas, il suffira d'apporter des engrais au sol trop pauvre, pour rétablir l'équilibre, mais dans le second cas, qui est plus complexe, il faudra faire un emploi raisonné d'antiseptiques capables de détruire les espèces nuisibles, sans détruire les bonnes, et même d'ensemencements artificiels.

Le sulfure de carbone, par exemple, peut rendre des services, car il diminue la proportion des microbes qui liquéfient les milieux gélatinés ainsi que celle des _streptothrix_ ; il agit même comme stimulant de la végétation. (Voir sulfure de carbone, tome II). La stérilisation partielle de la terre, à l'aide de la vapeur, agit dans le même sens que le sulfure et ce sont les espèces non atteintes qui se multiplieront le plus. C'est dans ce sens que doit agir le cultivateur, le cas échéant.

Chapitre III

Principaux microbes
qui agissent en agriculture ou dans les industries agricoles.

Ensilage

L'ensilage est l'opération qui consiste à placer dans des fosses creusées dans la terre, le fourrage que l'on veut conserver. Diverses substances supportent l'ensilage et parmi elles, on peut citer : les herbes de prairie, les lupins, les trèfles, les pois, les vesces, le maïs, les feuilles, ramilles, les navets, la betterave, les résidus des féculeries, etc...

L'ensilage présente un double avantage : celui de permettre la conservation de substances difficiles à garder et celui de rendre aux animaux, les parties ligneuses, plus digestibles.

Pendant cette opération plusieurs espèces microbiennes agissent ; la température s'élève et des dégagements gazeux s'opèrent en même temps que des transformations chimiques, dans les produits soumis à l'ensilage.

Dans les fourrages ensilés, on trouve des amidons, des sucres, des acides organiques, divers sels et des microbes avec des diastases, telles que des oxydants, de la sucrase, de l'amylase, et des ferments protéolytiques. Ce sont ces derniers qui, agissant sur les matières albuminoïdes, les transforment en albumoses, peptones, amides, etc... Leur température optima est comprise entre 55° et 65°.

L'élévation de température d'un silo est due à la respiration et à la fermentation intracellulaire qui commence dès que le tassement des matières ensilées est achevé. L'activité des microbes augmente après la mort des tissus et à ce moment là, la température monte très sensiblement.

Il est bon de n'ensiler que des fourrages complètement verts, pas trop secs, ni trop décomposés et de les choisir au commencement de la floraison.

C'est rationnel, car à cette période de la végétation, l'activité vitale s'est ralentie ; les actions cellulaires sont moins énergiques et l'acidité que l'on obtiendra ultérieurement sera moins grande ; de plus les fourrages sont alors plus tendres et plus nutritifs.

L'ensilage doit se produire entre 55 et 70° ; c'est pour cette raison qu'on mélange quelquefois le fourrage à ensiler avec des parties plus sèches pour faire circuler l'air dans la masse et obtenir une élévation de température du silo ; quand on peut craindre que les températures précédentes ne pourront pas être atteintes pour une raison quelconque, M. _Albert_ conseille de n'ensiler que des fourrages ayant une teneur en eau assez élevée (75% environ) et, si les produits sont trop humides, d'y ajouter du fourrage sec dans la proportion de 5 à 8%.

On peut compter qu'à 75° l'ensilage sera très bon parce que à cette température, il n'y a guère que les actions diastasiques et les microbes thermophiles qui fassent sentir leur influence favorable.

Le nombre des germes qui existent dans les récoltes varie selon les conditions et on en a trouvé pour le foin des proportions qui varient entre 100.000 à 200.000.000 par gramme.

Entre 45° et 50°, ce sont : le _Bactérium_ coli, le _Sterigmatocystis nigra_ et le _Bactérium Calfactor_ qui jouent le rôle principal, avec la teneur en eau et l'oxygène de l'air. Au delà, jusqu'à 70° les bactéries thermophiles interviennent peu ; ce sont plutôt des actions chimiques qui achèvent le travail.

C'est entre 30 et 40° qu'on obtient le fourrage acide et à ce sujet, il est bon de rappeler que tant que le milieu restera acide, la putréfaction ne se produira jamais.

L'étude de l'ensilage a permis de constater le rôle utile que jouent dans cette opération les ferments lactiques en empêchant les mauvaises fermentations et en développant la bonne odeur de fourrage ensilé.

La profondeur à laquelle se fait un silo influe aussi sur la qualité de la flore microbienne et il peut en résulter des fermentations de natures différentes.

L'ensemencement des silos avec des ferments convenablement choisis est une opération à recommander. Egalement, il est conseillé de ne faire la traite des vaches que loin des endroits où l'on conserve le fourrage et que par des personnes n'ayant pas touché aux silos.

Microbes fixateurs de l'azote atmosphérique

C'est au chapitre sur l'assimilation de l'azote par les végétaux que cette étude préliminaire sera complétée car celle-ci a surtout pour but d'étudier l'action microbienne.

M. Berthelot a montré que les effluves électriques pouvaient combiner l'azote de l'air aux hydrates de carbone, et il a prouvé en outre qu'une portion de l'azote accumulé dans les végétaux était le résultat de la fixation de ce gaz par les microorganismes.

Il a admis que la proportion d'azote ainsi retenu pouvait atteindre de 15 à 30 ^{kg} par hectare pour une couche arable de 10 cent. d'épaisseur.

Aujourd'hui, on sait que l'azote de l'air peut être fixé de trois manières :

1°. - par certains microbes terrestres ;
2°. - par ceux des nodosités des légumineuses,
3°. - par la symbiose des algues et de certaines espèces de bactéries.

Il se pourrait aussi que certaines plantes supérieures aient le pouvoir de fixer directement l'azote atmosphérique simplement par la voie chimique (vigne par exemple).

Fixation par les microbes terrestres

fig. 17   fig. 18

Clostridium Pastorianum très grossi

Winogradsky a isolé un ferment fixateur d'azote qui se développe bien dans un bouillon de culture ainsi composé :

0,1 p% de phosphate bibasique de potassium ; 0,02 % de sulfate de magnésium ;
0,001 à 0,003% de chlorure de sodium ;
2 à 4% de saccharose ;

plus des traces de carbonate de calcium, du sulfate de fer et du sulfate de manganèse.

Les fig. 17 et 18, représentent ses aspects d'abord à l'état de jeunesse, puis, plus tard, lorsque les capsules se sont développées. C'est le *Clostridium Pastorianum*, microbe anaérobie, se représentant sous forme cylindrique ayant de $1\,\mu\,5$ à $2\,\mu\,4$ de longueur.

Sa culture se fait sur pomme de terre, dans le vide, ou dans un courant d'azote. Il vit en symbiose avec deux microbes aérobies qui, tout en absorbant l'oxygène pour leur compte, protègent le Clostridium. On connaît plusieurs espèces de ce dernier microbe.

Bredemann a montré que beaucoup d'amylobacters sont susceptibles de fixer l'azote de l'air et, chose curieuse, de perdre passagèrement aussi cette faculté. Il les a cultivés dans un milieu nutritif ainsi composé :

Eau _____________ 1.000
Asparagine _________ 10
Saccharose _________ 20
Agaragar _________ 16

puis après filtration, on ajoute :

Phosphate de potassium _________ 1 gr
Chlorure de sodium _________ 0,1
Sulfate de magnésium _________ 0,3
Chlorure de calcium _________ 0,1
Perchlorure de fer _________ 0,01

le tout est neutralisé au carbonate de sodium.

Le second groupe des fixateurs d'azote est formé par des aérobies du type de l'azotobacter de *Beijerinck* qui se développent dans un milieu nutritif formé de :

Eau distillée _________ 100 gr
Mannite _________ 2
Phosphate monobasique
de potassium _________ 0,02

D'un pareil milieu, ce savant a pu en isoler deux Azotobacters qui sont : l'azotobacter chrococum et l'azotobacter agilis (fig. 19 et 20)

Ces microbes attaquent comme les Clostridium et les amylobacter, les hydrates de carbone : glucose, mannite, sucre interverti, maltose, galactose, amidon et dérivés, substances pectiques, sels organiques, etc.... La glycérine reste indemne.

fig.19

Azotobacter
chrococcum
(très grossi)

fig.20

Azotobacter
agilis
(très grossi)

En l'absence de matières hydrocarbonées ces microbes ne fixent pas l'azote. M.M. Rösing et Rémy ont montré que la présence de l'humus était très utile à ces microbes pour fixer l'azote et Koch a pu obtenir l'enrichissement du sol, en cet élément, en y ajoutant du saccharose, du glucose ou de l'amidon qui favorisent les azotobackers.

Il paraît exister d'autres fixateurs d'azote comme le coc-cobacille isolé par M. Volpino Guido.

Les fixateurs d'azote se trouvent dans le sol jusqu'à 80 centimètres de profondeur. L'assimilation azotée commence vers 15°, mais la température optima varie entre 18° et 30°.

Fixation de l'azote par les microbes des nodosités des légumineuses

La culture des légumineuses, contrairement à celle des céréales enrichit le sol. Depuis longtemps, on sait même que la fumure azotée est inutile dans une terre pour faire venir des légumineuses dont même les graines sont de 2 à 5 fois plus riches en azote que les graines de céréales. Cela est dû à ce que les légumineuses peuvent fixer l'azote atmosphérique par l'intermédiaire de microbes spéciaux qui se développent dans les jeunes racines, où ils forment des renflements que l'on appelle nodosités.

Ce sont les Bacillus radicicola, bâtonnets petits, mobiles, de 1μ5 à 5μ de longueur. On les cultive facilement dans des macérations de légumineuses rendues légèrement alcalines ou neutres.

M. Mazé a constaté que ces bacilles étaient susceptibles de modifications morphologiques et à côté de formes bacillaires, on a pu obtenir des formes rondes.

Le milieu et les circonstances contribuent à ces changements qui correspondent quelquefois à des altérations de propriétés.

Woltmann a pu constater que l'humus, la chaux, le phosphate de potassium, favorisent le développement de ces microbes ; ainsi, il en est du nickel, du manganèse, du cobalt et du chrome.

La symbiose qui existe entre les légumineuses et les Bacillus radicicola, puisqu'ils vivent l'un sur l'autre, a pour résultat un échange réciproque : les bacilles reçoivent de la plante des aliments hydrocarbonés et, en échange lui fournissent la substance azotée, qu'ils ont formée aux dépens de l'air atmosphérique.

Fixation de l'azote par les algues et les mucédinées.

Cette fixation a été étudiée d'abord par M. M. Schlœsing et Laurent qui avaient constaté des enrichissements du sol en azote accompagnés de formation des mousses, d'algues et de champignons.

C'est grâce à leur fonction chlorophyllienne que les algues peuvent fixer l'azote en union avec des bactéries ; les algues procèdent à la synthèse des combinaisons organiques d'où découle un dégagement d'énergie, sous forme exothermique, qui sert aux bactéries à fixer l'azote et à le donner aux algues en échange d'un élément hydrocarboné. Il s'agit encore ici de phénomènes de symbiose.

Rossowitsch a remarqué la fixation de l'azote gazeux avec l'Oïdium lactis, les Saccharomycès, la monilia candida, la Chorella vulgaris. La culture de la Chorella se fait dans des vases coniques à fond plat, dans lesquels on met une couche de sable humecté de la solution nutritive que voici :

Phosphate tribasique de potassium $\underline{\quad\quad}$ 0^{gr} 25 p. litre

Sulfate de magnésium $\underline{\quad\quad\quad}$ 0, 37

Chlorure de sodium $\underline{\quad\quad\quad}$ 0, 20

Traces de phosphate de fer et de sulfate

de calcium $\underline{\quad\quad\quad}$

Le tout additionné de sucre, qui favorise l'action, et de nitrates.

Le *pénicillium glaucum*, l'*alternaria*, le *Mucor stolonifer*, le *Stérigmatocystis nigra*, etc.. fixent aussi l'azote de l'air.

On a remarqué une chose, qui doit être signalée, c'est que dans une terre riche en algues, l'azote s'accumule, surtout dans les parties éclairées du sol.

C'est là qu'elles se multiplient, tout près de la surface, de sorte que l'on a pu constater avec le *Lupinus angustifolia*, par exemple, que cette légumineuse avait poussé sans donner naissance à des tubercules parcequ' elle avait profité des algues des couches supérieures pour fixer l'azote atmosphérique qui lui était nécessaire.

En résumé, les algues pourvoient les bactéries fixatrices d'azote, du carbone qui leur est nécessaire, en le prenant aux matières organiques du sol. C'est un moyen économique d'enrichir la terre, comme le montre le tableau suivant dû à M. M. *Bouilhac* et *Guistinani*.

Expérience faite avec du sarrazin	Matière sèche en grammes	Azote de la récolte en milligrammes
Sarrazin seul	1,10	29, 24
Sarrazin ensemencé avec mélange symbiotique	3, 75	71, 35
Sarrazin avec algues et bactéries	7, 10	127, 27

Chapitre IV

Nitrification et Dénitrification

Il existe des microbes, comme les *Nitrosococcus* et les *Nitroso- monas* qui ont la propriété de combiner l'oxygène et l'azote de l'air, en présence de la potasse et de la soude, que l'on rencontre dans le sol. On les désigne sous le nom générique de microbes nitrificateurs (fig. 20 à 24).

Ils enrichissent les champs en donnant lieu aux mêmes nitra- tes qui, dans le commerce, coûtent un prix élevé.

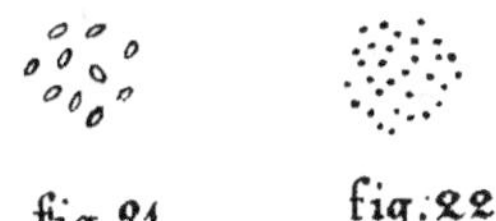

fig. 21   fig. 22   fig. 23   fig. 24

Nitrosococcus
(très grossi)

Nitrosomonas
(très grossi)

Il en est d'autres qui font le travail inverse des précédents ; ils détruisent les nitrates, et on les appelle à cause de cela des *ferments déni-trificateurs*. Tels sont les Bacillus *butyricus* (fig. 25).

fig. 25   fig. 26   fig. 27

Bacillus butyricus
(très grossi)

Bacillus mycoïdes jeunes
(très grossi)

Bacillus mycoïdes vieux
(très grossi)

Parmi les ferments nitrificateurs, il en est comme les *Bacillus mycoïdes* (fig. 26 et 27) qui fabriquent de l'ammoniaque aux dépens de l'air. Ils contribuent eux aussi à la nitrification car les produits ammoniacaux sont ensuite transformés par d'autres microbes, en nitrates.

M. M. *Schlœsing* et *Müntz* ont établi les règles d'une bonne nitrification du sol que l'on peut ainsi résumer : température optima 37° présence de carbonate de calcium sans excès dans la terre, aération. On cultive bien les microbes nitrificateurs dans la solution nutritive suivante, due à M. *Oméliansky* :

Eau distillée ___________________ 1.000 g

Sulfate d'ammonium ___________ 2

Chlorure de sodium ___________ 2

Phosphate de potassium _______ 1

Sulfate de magnésium _________ 0,5

Sulfate ferreux ________________ 0,4

Ce liquide doit baigner en partie des morceaux de scories. On stérilise et on ajoute 0g,5 de carbonate de Magnésium sous forme de lait stérilisé. On ensemence ensuite un peu de délayure de terre.

Il existe aussi des ferments nitreux et des ferments nitriques. On a pu constater que l'urée, l'asparagine, le lait sont nitrifiables mais il faut qu'au préalable, ils aient donné lieu à une production d'ammoniaque ; dans le sol, il existe de ces microbes surtout dans les couches comprises entre 6 et 10 centimètres de profondeur.

On peut suivre une nitrification à l'aide des réactifs suivants : réactif de Neœler— pour déceler l'ammoniaque qui donne, avec ce corps, une coloration jaune ou brune rougeâtre ; réactif de Tromsdorff qui donne avec les nitrites une couleur bleue. solution acide de diphénylamine pour constater la présence des nitrites et des nitrates.

Ces divers réactifs sont très sensibles et une goutte de ces liquides mise en contact avec une autre goutte de culture à expérimenter—, suffit le plus souvent pour donner— lieu à la transformation indicatrice.

M.M. Müntz et Lainé ont montré que dans les terrains riches en humus le nombre des microbes nitrificateurs est toujours élevé, et, en remplaçant le terrain par de la tourbe alcalinisée à la chaux et arrosée par des solutions ammoniacales, ils ont pu obtenir des nitrières à grands rendements (1.400 K par jour de nitrate de calcium sur une tourbière de 10 hectares de superficie).

Les microbes nitrificateurs sont très répandus dans la nature ; on peut dire qu'ils se rencontrent dans presque tous les points du globe. Leur multiplication est surtout intense, en France, au mois d'Avril, et elle est favorisée par une bonne trituration du sol et un degré d'humidité convenable, que l'on peut estimer à 18%. L'étude de la composition en nitrate d'une eau de drainage peut fixer sur l'intensité de la nitrification du sol d'où elle provient.

M. B. Lippmann assure que ce phénomène est empêché par les doses suivantes de sels minéraux, dans le sol :

0,9 % de chlorure de sodium

0,4 % de sulfate de sodium bibasique

0,25 % de carbonate de sodium.

Le sulfure de carbone arrête d'abord la nitrification puis exalte son action.

Comme les nitrificateurs sont des microbes aérobies, on recommande l'aération du sol même par le drainage, quand celui-ci est utile et par de bons labourages pour les rendre plus actifs. Un apport de chaux, quand cette base fait défaut, sous forme de chaulage ou de marnage est indispensable et celui de matières alimentaires, également, sous forme de fumier— Dans ces conditions la nitrification se fait très bien.

Les nitrates sont réservés principalement aux sols compacts et les engrais ammoniacaux ou riches en azote organique, aux sols légers.

Lorsqu'un sol est, pour une raison quelconque, le siège de fermentations anaérobies, cela suffit pour que les nitrates soient eux aussi attaqués et réduits par les ferments dénitrificateurs. C'est une des raisons pour lesquelles on recommande l'aération des sols.

Selon la nature des microbes, on peut avoir trois modes différents de réduction :

1º - Réduction des nitrates en nitrites et ammoniaque.

2º - Réduction des nitrates et nitrites en protoxyde et bioxyde d'azote.

3º - Réduction des nitrates et nitrites en azote.

M. M. Gayon et Dupetit, qui étudièrent cette question, admirent que la dénitrification est une combustion des matières organiques avec dégagement de chaleur, sous l'action de l'oxygène nitrique mis en liberté par les infiniment petits.

Le chauffage à 120° et les antiseptiques arrêtent la dénitrification. Les ferments dénitrificateurs se développent bien dans le liquide de M. M. Gayon et Dupetit dont voici la formule :

Eau	1000 gr
Nitrate de potassium	10
Acide citrique	7
Asparagine	5
Phosphate de potassium	5
Sulfate de magnésium	5
Chlorure de calcium	0,5
Sulfate d'aluminium	0,02
Silicate de sodium	0,02
Sulfate de fer	0,05

ammoniaque, jusqu'à réaction faiblement alcaline.

M. M. Kayser et Marchand ont constaté, contrairement à certaines suppositions, que la dénitrification n'était pas forcément accompagnée d'une formation de mucose que l'on ne doit donc pas considérer comme le critérium de ce phénomène.

Il existe un grand nombre de microbes dénitrificateurs parmi lesquels on peut citer : les microbes α et β de M. M. Gayon et Dupetit ; le Bacillus dénitrificans étudié par M. M. Giltay et

Alberson qui donne lieu à un simple dégagement d'azote ; le _Bacille pyocya-
nique_ qui donne aussi de l'azote ; le _Bactérium coli_ qui fournit de l'azote et de l'
acide carbonique. Les microbes dénitrificateurs, sont, eux aussi, très répandus. On
les rencontre sur la paille, dans l'air, dans les eaux, dans la terre, dans
les excréments des animaux.

Parmi ces microbes, il en est d'aérobies et d'anaérobies ; leur
température optima varie entre 34 et 37°.

Les conditions nécessaires à leur développement sont la présence
d'un hydrate de carbone, d'un nitrate et d'une petite dose d'oxygène, car
les microbes dénitrifiants, s'ils peuvent agir en vie anaérobie sont, au fond,
des aérobies. L'excès d'oxygène, comme une circulation d'air gêne leur
action, mais ne l'arrête nullement.

M.M. _Gayon_ et _Dupetit_ ont fait connaître que les
bactéries dénitrifiantes enlèvent aux nitrates leur oxygène, pour brûler le
le carbone alimentaire en donnant lieu à de l'acide carbonique qui se
combine à la base alcaline avec production de mousse et dégagement
d'azote à l'état gazeux.

Cette théorie est confirmée par la pratique qui montre en effet
que les nitrates engrais, les sels alcalino-terreux, les arséniates, etc... sont
susceptibles d'être dénitrifiés dans des conditions analogues.

M. _Bréal_ a remarqué le premier l'abondance des microbes
dénitrificateurs sur la paille, le foin de luzerne, les tiges de maïs, etc...

Si d'autre part, on considère que le fumier est riche en hydrates
de carbone, aliments des microbes, il en résulte que l'emploi du fumier n'est
pas à conseiller concurremment avec celui des nitrates.

Cependant, M. _Dehérain_ a montré que les pertes en azote
dans de pareilles conditions n'étaient réellement sensibles qui si l'on employ-
ait une forte quantité de fumier.

Par contre, il fait ressortir le danger qui existe à employer
l'acide sulfurique pour éviter la dénitrification de cet engrai naturel,
parce que cet acide arrête toutes les fermentations utiles en même temps.

L'expérience a démontré que dans la terre, le fumier frais
se dénitrifie très vite, alors qu'il n'en est pas de même du fumier bien
et complètement achevé.

Dans ce dernier cas, le tassement de la matière joue un
rôle important en portant obstacle à la dénitrification. Les superphosphates
gênent, par leur acide sulfurique, l'action des dénitrificateurs, lorsqu'ils

sont incorporés au fumier.

La production d'azote de dénitrification croît avec le degré d'humidité du sol. L'élévation de température n'agit pas de la même façon et des expériences ont permis d'établir que la dénitrification pouvait se produire assez facilement à des températures basses qui sont plutôt défavorables aux microbes nitrificateurs.

Entre 0 et 16 % d'humidité du sol, la nitrification est active, mais au-dessous de 16 %, il arrive que la dénitrification peut être plus active qu'elle, à la condition cependant que la terre soit bien pourvue de matières organiques.

Dans la pratique, ce fait ne doit pas être perdu de vue.

Iterson a prouvé que le tassement du sol obtenu par arrosages continus ou par les pluies abondantes, avait pour effet de diminuer l'aération, ce qui avantageait les dénitrificateurs aux dépens des nitrificateurs. Les façons données aux terres éviteront cet inconvénient.

En ameublissant le sol, en le divisant par l'apport de substances herbacées ou autres, on rendra au contraire plus actifs, les nitrificateurs. On possède donc là le moyen de rendre une terre réductrice ou nitrifiante, à volonté.

Le marnage agit comme un toxique auprès des agents dénitrificateurs. Le cultivateur ne doit pas perdre de vue toutes les considérations précédentes, ainsi que l'importance de la qualité de la flore microbienne dans le phénomène de la nitrification ; d'ailleurs cette étude sera complétée aux chapitres des nitrates et de leur emploi.

Troisième Partie

De l'eau en Chimie Agricole

Chapitre V

L'eau pure est un corps liquide qui possède la curieuse propriété de se contracter de 0 à 4°, et, au-delà, de se dilater.

Dans ce phénomène de contraction réside l'explication de la rupture fréquente des récipients qui la contiennent, lorsque la gelée survient. À la température de 0°, l'eau est 773 fois plus dense que l'air ; à 4° sa densité a été prise pour unité et à 0° elle n'est que de 0,999867. Sa chaleur de fusion est de 80 calories par kilogramme et celle de vaporisation de 538 calories. Elle bout à 100°, à la pression de 760 millimètres. Sa composition est la suivante :

En volume $\begin{cases} \text{Hydrogène.. } 11.111 \\ \text{Oxygène..... } 88.88 \end{cases}$ En poids $\begin{cases} \text{.......... } 2 \\ \text{.......... } 16 \end{cases}$ pour 18 gr. d'eau

Sa formule est : $H^2O = 18$

L'eau est décomposable par électrolyse en oxygène et hydrogène, de même que par la lumière ultra violette. Elle conduit mal la chaleur et assez peu l'électricité. Pour la rendre conductrice on l'acidifie par un peu d'acide sulfurique.

Telle que l'eau s'offre à nous dans la nature, qu'elle provienne de sources souterraines, qu'elle coule à la surface de la terre, qu'elle soit le résultat de la fonte des glaces ou des neiges, ou qu'elle tombe du sein de l'atmosphère dans les diverses conditions météorologiques, l'eau n'est jamais pure, car elle dissout à son passage soit des gaz, soit des sels.

L'eau qui tombe sous forme de pluie ou de rosée renferme des gaz comme l'azote, l'oxygène, l'acide carbonique et des quantités encore plus faibles d'ammoniaque et d'azotite d'ammonium.

Le tableau ci-après montre les proportions de gaz que l'on peut trouver dans les eaux.

Une eau de pluie a donné 23 cent. cubes de gaz par litre ; ils étaient formés de :

$\begin{cases} \text{Azotate, argon, etc.. } 15^{cc}{,}1 \\ \text{Oxygène .... } 7,4 \\ \text{Acide carbonique... } 0,5 \end{cases}$ 23 $\quad$ soit encore pour cent $\begin{cases} \text{Azote, argon, etc... } 65^{cc}{,}66\,\% \\ \text{Oxygène .... } 32,15 \\ \text{Acide carbonique - } 2,19 \end{cases}$

Un litre d'eau de Seine a donné $54^{cc}{,}1$ de gaz formés de :

$\begin{cases} \text{Azote, argon, etc.. } 21,4 \\ \text{Oxygène .... } 10,1 \\ \text{Acide carbonique.. } 22,6 \end{cases}$ soit encore pour cent $\begin{cases} 39^{cc}{,}55 \\ 18,67 \\ 41,78 \end{cases}$

On voit tout de suite que l'eau de pluie est plus pauvre en acide carbonique que l'eau courante, ce qui s'explique par le fait que ce gaz existe dans l'élément liquide non seulement dissous mais aussi à l'état de bicarbonate, aisément dissociable par la chaleur en carbonate et anhydride carbonique.

La composition des eaux ayant en un contact avec le sol, présente de grandes variations suivant la nature de ce dernier et les éléments qui ont pu se dissoudre.

Les eaux des terrains primitifs sont, en général, d'une pureté relativement grande ; celles qui coulent de terrains plus récents, tels par exemple que les formations calcaires ou gypseuses, renferment des proportions plus ou moins grandes de ces corps, qui leur communiquent des caractères différents et qui les rendent impropres à l'alimentation ou à l'industrie.

Les eaux qui passent sur des terrains tourbeux acquièrent une saveur qui les rend mauvaises pour la boisson et celles qui rencontrent dans le sol des matières organiques en décomposition, telles que les infiltrations des fosses d'aisance, les eaux résiduaires des industries, sont dangereuses et inutilisables dans cet état.

Les eaux courantes tiennent en dissolution des substances solides, comme des carbonates, des sulfates, des chlorures et des azotates. On y rencontre aussi du phosphate de calcium et de la silice devenus solubles grâce à la présence dans l'eau de l'acide carbonique.

En général le poids de ces matières dissoutes varie entre $0^{gr}1$ et $0^{gr}5$ par litre.

Si on porte l'eau à l'ébullition, l'acide carbonique se dégage et les bicarbonates sont décomposés ; de là, le trouble que l'on constate souvent dans la masse liquide lorsqu'elle a été chauffée.

Les eaux qui contiennent beaucoup de carbonate de calcium sont dites _incrustantes_ et sont impropres au savonnage. Dans l'industrie elles ont le désavantage d'encrasser les tuyaux des chaudières. Il existe des eaux naturelles d'une teneur si élevée en calcaire, qu'elles enduisent, de cette substance, les corps que l'on fait plonger dans leur sein. On les appelle des eaux _pétrifiantes_ (St Allyre)

Les eaux séléniteuses sont celles qui sont riches en sulfate de calcium ; elles empêchent le savonnage et la cuisson des légumes. De plus elles sont très indigestes à partir de $0^{gr}2$ de sulfate par litre. On les améliore par addition de calcaire ou d'aluminate de baryum qui donnent, avec le sulfate de calcium, des précipités insolubles que l'on peut séparer par filtration.

L'eau renferme quelquefois en suspension, des matières terreuses qui les rendent d'un trouble persistant ; on la rend potable par des passages à travers du sable. Telles sont les eaux de la Garonne et de la Loire, alors que celles de la Seine et du Rhône sont ordinairement limpides. Cela est dû à ce que les premières sont plus pures que les secondes. En effet une eau qui ne contient pas de 70 à 80 ^{mmg} par litre de chaux au moins, retient les matières terreuses en suspension ; au-dessous de 60 ^{mmg} elles ne se clarifient même pas. La magnésie joue un rôle analogue à la chaux.

Composition en bases alcalines de nos fleuves

	Seine	Rhône	Garonne	Loire
Chaux par litre	104 ^{mmg}	63 ^{mmg},4	36 ^{mmg},1	27 ^{mg},0
Magnésie	1,3	4,5	1,6	2,9

La proportion de calcaire de l'eau est utile encore à connaître lorsqu'on veut la transporter dans des canalisations en plomb pour les usages domestiques, car une eau trop pure ne supporte pas un contact trop direct avec le métal qui est, ici, toxique, tandis que si elle contient du calcaire, il se forme à la surface intérieure des tuyaux une couche adhérente et protectrice de carbonate de plomb.

La recommandation à faire dans ce mode de transport est l'emploi de robinets à vis de pression qui interrompent progressivement le courant ; on évite ainsi les coups de béliers des fermetures brusques, qui peuvent détacher la couche de carbonate de plomb adhérente et rendre l'eau toxique en en entraînant des particules.

L'eau peut être chargée de matières organiques que leur décomposition rend dangereuse ; on peut améliorer ces eaux en les faisant filtrer sur une couche de charbon poreux, comprimé, placée entre deux couches de sable de rivière. On les aère ensuite en les agitant au contact de l'air. Si les couches filtrantes sont assez épaisses les eaux sont rendues inoffensives par ce procédé si simple.

L'eau potable est celle qui est fraîche, inodore, légère, de saveur agréable ; elle doit dissoudre le savon et être imputrescible. Si elle contient un peu d'acide carbonique, elle n'en est que plus facile à digérer et la présence en petites quantités de phosphate et de carbonate de calcium, qu'elle peut renfermer, est utile à la formation du système osseux des hommes et des animaux.

Quand une eau contient plus de 0ᵍ,6 par litre de dépôt à l'évaporation, elle est dite _crue_ ; elle est lourde et indigeste.

L'eau joue un rôle fort important chez les végétaux ; elle entre dans la constitution de leurs tissus et sert de véhicule aux matières élaborées. Son importance sera précisée au chapitre de la respiration et de la sudation des plantes.

L'eau impure peut se stériliser de plusieurs façons :

1º - par l'ébullition,

2º - par la filtration à travers la pierre poreuse, ou la porcelaine d'amiante, ou le filtre Chamberland,

3º - par l'action des rayons ultra violets,

4º - par des procédés chimiques comme ceux qui consiste à ajouter pour un litre d'eau un comprimé composé de 0ᵍ,015 de chlorure de chaux et 0ᵍ,08 de sel marin (M. M. Vincent et Gaillard) ou un peu de permanganate de potassium jusqu'à apparition persistante du rose.

Analyse des eaux

Le chimiste agricole a très souvent à analyser des eaux de sources, de rivières, de puits, de mares, employées comme boisson pour l'homme et les animaux, ou pour les irrigations. D'autrefois, pour renseigner l'agriculteur, il doit se rendre compte de la qualité et de la quantité des substances solides contenues dans les eaux météoriques pour connaître les pertes en éléments fertilisants subis par le sol sous l'effet des lavages des eaux pluviales. Les eaux d'égouts, de drainage, peuvent également l'intéresser, en raison de leurs qualités fertilisantes.

Eau potable

Essais qualitatifs et Analyse chimique

Carbonate de calcium - Se reconnaît à l'aide d'une solution alcoolique de bois de campêche qui, versée dans l'eau à essayer (quelques gouttes), passe du jaune au violet, s'il y a du carbonate.

Sulfates - On décèle leur présence à l'aide de l'azotate de baryum qui donne un précipité blanc de sulfate de baryte, s'il y a des sulfates.

Chlorures - Se constatent avec l'azotate d'argent qui, en présence des chlorures, donne un précipité de chlorure d'argent insoluble dans l'eau, soluble dans l'ammoniaque.

Chaux - L'oxalate d'ammonium la précipite de ses diverses combinaisons (sulfates, carbonates, etc.) sous forme d'oxalate de calcium soluble dans l'acide nitrique, mais insoluble dans l'acide oxalique.

Matières organiques - On porte l'eau à l'ébullition et on ajoute quelques gouttes de chlorure d'or qui donnent une coloration brune à la masse liquide, s'il y a des matières organiques.

Eau distillée - On fait subir ces divers essais, à l'eau distillée qui doit dans chaque opération fournir un résultat négatif si elle a été bien fabriquée.

Méthode du Comité consultatif d'hygiène

Dans le but de rendre comparables les analyses d'eau, le Comité d'hygiène de France a prescrit la marche suivante :

1° - Évaporer au moins un litre d'eau au bain-marie ; chauffer encore 4 heures après l'évaporation et dessication, peser et, dans le résidu, doser les nitrates s'il s'en trouve.

2° - Évaporer 1 litre d'eau, chauffer le résidu au rouge sombre, peser ; la différence avec le poids trouvé pour le résidu du n° 1 sera compté comme matières organiques et produits volatils. Dans le résidu doser, s'il y en a, les sulfates.

3° - Déterminer les 4 degrés hydrotimétriques comme il est dit plus loin, à l'analyse par hydrotimétrie.

4°. Faire bouillir juste 10 minutes, 100 cc d'eau avec 3 cc de solution à 10 % de bicarbonate de sodium pur et 10 cc de permanganate titré à 0 gr 50 par litre (si la teinte rose disparait, rajouter du permanganate) laisser refroidir et ajouter 2 cc d'acide sulfurique pur et 5 cc d'une solution titrée de 20 gr. de sulfate ferreux et 10 gr. d'acide sulfurique pur par litre, ramener au rose par le permanganate. On recommencera ensuite exactement l'essai avec des quantités doubles et on calculera en oxygène consommé, par litre.

6°. S'il est possible, l'examen bactériologique, en tout cas, prescrit pour les villes de plus de 5.000 habitants.

Le Comité fixe les limites suivantes. Le signe > signifie plus et le signe < signifie moins de :

	Eau pure	Potable	Suspecte	Mauvaise
Chlore	< 0 gr $,015$	< 0 gr $,040$	0 gr $,05 - 0$ gr $,10$	> 0 gr $,10$
Acide sulfurique	$0,002 - 0,005$	$0,005 - 0,003$	$> 0,03$	$> 0,05$
Mat. org. et oxygène	$< 0,001$	$< 0,002$	$0,003 - 0,004$	$> 0,004$
Mat. org. et produits volatils	$< 0,015$	$< 0,040$	$0,040 - 0,070$	$> 0,10$
Degré hydrotimétrique Total	$5 - 12$	$15 - 20$	> 30	> 100
Après ébullition	$2 - 5$	$5 - 12$	$12 - 18$	> 20

Nota : Au bord de la mer une eau potable peut avoir plus de 0, 04 de chlore par litre.

M. A. Vivier indique les caractères suivants pour une eau potable :

Sa température doit être aussi constante que possible et comprise entre 10 et 15°. Elle doit contenir au moins de 25 à 30 cc d'air par litre, dont 6 à 8 d'oxygène. Quant au rapport de l'oxygène à l'azote, il doit être voisin de 1/2, dans l'eau pure; il descend à 1/3, 1/4, même 1/5 dans les eaux polluées.

Limites admissibles pour sa composition

Degré hydrotimétrique total _______ 30° et plus
"   "   permanent __ 10 à 20 et plus
Chlorure de sodium par litre _______ 50 milligrammes
Matières organiques exprimées en
Acide oxalique _______ 20 milligrammes au maximum
Nitrites _______ 0 ^{mgr}02 au maximum
Ammoniaque totale _______ 0 ^{mgr}5 à 1 ^{mgr}
                albuminoïde _______ 0 ^{mgr}2
Phosphates _______ néant
Azotates (en azotate de potasse) _______ 20 à 30 milligr.
Sulfures _______ néant
Sulfate de potassium _______ néant
Résidu total _______ 0 ^{gr}5 à 0,8 au plus

Dosage du résidu fixe

Dans une capsule en platine tarée de 100 ^{cuc}, on évapore ½ litre d'eau au bain de sable. Après dessiccation, on porte à l'étuve à 110° pendant 2 heures. Le poids obtenu après refroidissement multiplié par 2, donnera le poids de résidu fixe par litre. Dans le résidu, on peut y doser les nitrates, la chaux et la magnésie.

Résidu au rouge

On répète la même opération que précédemment, on porte au rouge sombre et on pèse après refroidissement. On obtient un nombre que l'on retranche de celui qui a été obtenu dans la précédente opération et la différence donne le poids des matières organiques et des produits volatils.

Dosage de la matière organique
(Kubel)

On peut la doser directement à l'aide de la liqueur normale centième d'acide oxalique à 0,63 par litre et une solution équivalente de 0gr,3162 de permanganate de potassium.

On fait bouillir 100cc d'eau avec 5cc d'acide sulfurique au 1/3 ; on ajoute du permanganate jusqu'à coloration rose ; on note le volume utilisé pour cela, puis on ajoute 10cc d'acide oxalique et on ramène au rose ; ce second volume est celui qui équivaut à 0gr,0063 d'acide oxalique ou 0,0008 d'oxygène.

On opère de la même manière, avec 100cc d'eau à analyser en s'arrêtant quand la teinte rose persistera après 10 minutes d'ébullition et l'on retranchera le volume nécessaire pour colorer l'eau distillée, en rose.

On peut encore procéder ainsi : on ajoute un excès de permanganate et on fait bouillir 10 minutes ; on ajoute 10cc d'acide oxalique et de l'acide sulfurique, puis on ramène au rose par le permanganate et du volume total de ce dernier, on retranche le volume consommé par l'acide oxalique et celui qui colore l'eau en rose.

Le bulletin d'analyse doit bien spécifier si la matière organique est exprimée en acide oxalique ou en oxygène, et même indiquer le procédé employé.

Hydrotimétrie
Méthode Boutron et Boudet

__Principe__ - L'eau pure mousse au contact d'une petite quantité d'eau de savon. Quand elle contient des sels calcaires, avant de mousser, ils doivent être précipités. De là, la possibilité de doser la dureté de l'eau à l'aide d'une solution de savon ainsi préparée :

Savon blanc de Marseille ___ 100 gr.
Alcool à 90° ___ 1.600 gr.
Eau distillée ___ 1.000 gr.

On vérifie cette liqueur d'épreuve de la manière suivante :

On fait dissoudre $0^{gr},25$ de chlorure de calcium $Ca Cl^2$, pur et sec, dans un litre d'eau. En essayant cette liqueur avec la solution alcoolique de savon on doit trouver à la burette (fig. 28) le chiffre 22. Dans le cas contraire on ajoute soit de l'eau, soit du chlorure jusqu'à ce qu'on obtienne le chiffre indiqué 22. On y arrive par le tâtonnement ou par le calcul (voir titrage du permanganate).

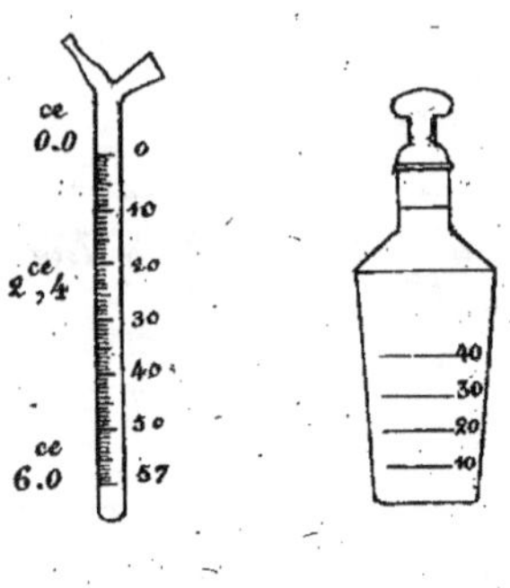

fig. 28   fig. 29

Pour procéder à une analyse, comme à la vérification de la liqueur d'épreuve, on emploie un flacon (fig. 29) bouché à l'émeri et une burette (fig. 28) graduée de telle manière que la division 23 corresponde à un volume de $2^{cc},4$.

Le zéro de la graduation hydrotimétrique est inscrit après le 23e trait. le volume de liqueur en dehors de cette graduation est celui qui est suffisant pour faire mousser 40^{cc} d'eau distillée.

La division 22 indique le volume de solution savonneuse qui fait mousser 40^{cc} de liqueur d'épreuve.

Le flacon hydrotimétrique porte les divisions 10, 20, 30, 40. Les 3 premières servent à la dilution des eaux très calcaires, au moyen d'eau pure et la 4me, indique le volume de prise, pour une eau ordinaire.

On mesure dans le flacon hydrotimétrique 40^{cc} d'eau à analyser et on fait tomber goutte à goutte, avec la burette graduée, en agitant, la solution titrée de savon. On s'arrête quand la mousse formée à 1 cent. d'épaisseur au moins et qu'elle persiste 10 minutes au minimum, sans s'affaisser.

M. M. Troost et Péchard ont établi le tableau suivant qui permet de se rendre compte de la valeur d'une eau :

Eaux convenables pour la boisson
et le savonnage

	Degrés			Degrés
Eau pure	0	Eau de la Seine (Ivry)	15 à 17
" de neige à Paris	2, 5	" " " Vanne	18, 2
" " pluie " "	3, 5	" " " Dhuys	20, 5
" " l'Allier	3, 5	" du canal de l'Ourcq	30
" " la Dordogne (Libourne)	4, 5		
" " puits à Grenelle	9 à 12		

Eaux mauvaises

Eau d'Arcueil	40 à 53°	Eau de Belleville 128

Dans l'analyse hydrotimétrique on pratique au moins 2 essais :

1° - pour avoir le degré total

2° - pour avoir le degré permanent.

Essai du degré total A

On pratique cet essai comme il vient d'être dit précédemment, en se rappelant qu'un essai ne doit pas exiger plus de 33° de liqueur savonneuse. Dans le cas contraire, il faut diluer l'eau avant de procéder à l'essai hydrotimétrique.

Essai du degré permanent B

Dans cet essai on fait au préalable bouillir l'eau à analyser pendant 30 minutes, ce qui décompose les bicarbonates et chasse l'acide carbonique. Le calcaire se précipite et il ne reste en dissolution que les sulfates de chaux et de magnésie.

Le degré hydrotimétrique trouvé représente donc la proportion du mélange de ces deux sels. Dans la pratique, on diminue de 3° le chiffre trouvé, à cause du carbonate de calcium qui reste en dissolution ; malgré l'ébullition.

En dehors de ces essais A et B, le Comité consultatif d'hygiène demande qu'on en pratique 2 autres que nous désignons par les lettres C et D.

L'essai C consiste à prendre le degré d'une eau préalablement additionnée de 2^{cc} de solution d'oxalate d'ammonium à 1/60 par 50^{cc}. On filtre et on fait l'essai sur 40^{cc} d'eau. L'essai D consiste à prendre le degré de l'eau de l'essai B à qui on a ajouté 2^{cc} d'oxalate d'ammonium à 1/60.

Dans ces conditions, on a les résultats approximatifs suivants

Carbonate de chaux	= degrés de A + degrés de D - degrés de B - degrés de C
Sels de chaux solubles	= degrés de B - degrés de D - 3°
Acide carbonique	= degrés de C - degrés de D
Sels de magnésie	= degrés de D

Tableau hydrotimétrique

Valeur en grammes pour 1 litre d'eau de 1° de la burette, des corps ci-après (Girard, Salet et Pabst)

Chaux	0,0057	
Chlorure de calcium	0,0114	1 degré hydrotimétrique
Carbonate de calcium	0,0103	français équivaut
Sulfate de calcium	0,014	à :
Magnésie	0,0042	0°,56 allemand
Chlorure de magnésium	0,0090	et à
Carbonate de magnésium	0,0088	0°,70 anglais
Sulfate de magnésium	0,0125	
Chlorure de sodium	0,0120	
Sulfate de sodium	0,0146	
Acide sulfurique anhydre	0,0082	
Chlore	0,0073	
Savon à 50 % d'eau	0,1061	
Acide carbonique gazeux	5^{cc}	

Dosage direct des chlorures

On prend 100 cc d'eau à analyser ; on ajoute 0 gr 10 de carbonate de calcium pur et 3 gouttes d'une solution à 10% de chromate jaune de potassium pur.

Dans un vase, à part, on met 100 cc d'eau distillée et 0,10 de carbonate de calcium, 3 gouttes de chromate et assez de liqueur centinormale d'azotate d'argent pour que le mélange soit rougeâtre. On titre l'eau à analyser de manière à avoir la même teinte rougeâtre que dans l'essai témoin ; cela se fait avec la liqueur d'argent centi-normale.

Le nombre de cent. cubes obtenu est diminué de ceux utilisés dans l'essai témoin et la différence multipliée par 0 gr 00585, donne le poids des chlorures, calculé en chlorure de sodium et par litre.

Dosage de l'ammoniaque
et des sels ammoniacaux

A 150 cc d'eau à analyser, on ajoute 1 cc ½ de lessive alcaline et on laisse déposer ; l'opération se fait dans un flacon bouché à l'émeri. Après clarification, on prélève 50 cc de mélange que l'on met dans un tube de violette avec 2 cc de réactif de Nessler.

Plus il y aura d'ammoniaque, plus le liquide prendra une teinte foncée, tirant sur l'orange. S'il y a formation de précipité, on étend avec de l'eau distillée exempte d'ammoniaque, l'eau à essayer.

D'autre part on place dans un flacon identique au premier 50 cc d'eau distillée pure, avec 2 cc de réactif, puis à l'aide d'une burette graduée, on fait tomber goutte à goutte une solution faible de sel ammoniac jusqu'à ce que la nuance orangée soit la même dans les 2 flacons.

On a facilement la richesse de l'eau essayée, en ammoniaque.

Réactifs pour l'analyse des eaux

Lessive alcaline -
- Carbonate de sodium pur ——— 50 gr
- Soude caustique ——————— 25 gr
- Eau distillée exempte d'ammoniaque — 100 cc

On fait bouillir quelques minutes et après refroidissement on complète à 150 cc.

Réactif de Nessler -
- Eau distillée bouillante ——— 50 cc
- Iodure de potassium ——————— 50 gr

ajouter bouillant :
- Sublimé ————————————— 25 gr
- Eau distillée ———————————— 50 cc

On ajoute de cette seconde solution jusqu'à ce que le précipité qui se forme en versant, cesse de se redissoudre. On filtre à chaud et on ajoute : 150 gr de potasse caustique dans 200 cc d'eau ; on complète à 1 litre et on ajoute 4 à 5 cc de solution, de bichlorure de mercure à 5%. On laisse reposer, on décante dans un flacon coloré en brun et on conserve à l'abri de la lumière.

Solution ammoniacale - Eau distillée ——— 1000 gr
- Sel ammoniac pur ——— 3 gr, 147

Cette solution contient 1 milligr. d'ammoniaque par cc. et on l'étend de 20 fois son poids d'eau.

Dosage des Nitrites

On met dans 100 cc de l'eau à analyser, 1 cc d'une solution à 1% de chlorhydrate de métaphénylène - diamine décolorée au noir animal, puis 1 cc d'acide sulfurique pur.

On opère de même avec 100 cc d'eau distillée contenant de 1 à 10 cc de la solution type, ainsi composée :
- Eau distillée bouillante ———— 100 cc
- Nitrite d'argent pur cristallisé —— 0 gr, 406

On précipite par 0ᵍʳ 16 de chlorure de sodium pur, on complète à 1 lit. à froid, on laisse déposer et on décante.

De cette liqueur, 10 ᶜᶜ contiennent 1 milligr. d'acide azoteux. On compare au calorimètre ou par dilution les deux essais précédents et on a la quantité de nitrites.

Dosage des Nitrates

S'il y a des nitrites, il faut d'abord les éliminer. Pour cela, à 100 ᶜᶜ d'eau, on ajoute quelques centigrammes d'urée et 5 à 6 gouttes d'acide sulfurique. On fait bouillir 20 minutes et on laisse refroidir.

On neutralise au carbonate de sodium pur et on évapore à siccité. On reprend par l'eau distillée et on dose les nitrates par le procédé classique (voir Analyse des engrais nitriques).

Dosage des Sulfates

Ils se dosent par le procédé classique, en transformant les sulfates par le chlorure de baryum en sulfate de baryte insoluble (voir engrais).

Recherche des sulfures

On les recherche à l'aide de quelques gouttes de solution concentrée de nitroprussiate de soude que l'on verse dans 50 ᶜᶜ d'eau à essayer. En présence des sulfures alcalins ou alcalino-terreux, on obtient une coloration violette.

Recherche des matières grasses

Les eaux peuvent contenir des matières grasses par suite d'infiltration par exemple ; on décèle leur présence à l'aide d'un morceau de camphre dans les propriétés giratoires ne se manifestent plus si l'eau est grasse.

Recherche des matières odorantes

On traite l'eau par de l'éther très pur ; on décante et on laisse évaporer ce dissolvant sur une plaque métallique. Portée à 50°, cette plaque laisse dégager l'odeur qui souvent est caractéristique.

On peut également reconnaître la souillure des eaux par infiltration des fosses d'aisance par ce procédé, mais quand on la soupçonne, il nous paraît préférable de rechercher la présence de l'ammoniaque par le réactif de Nessler et de doser l'acide phosphorique, corps qui sont contenus dans l'urine et qui se retrouve dans l'eau souillée.

Dosage de l'oxygène dissous dans l'eau

Il est souvent utile de reconnaître si une eau est ou non aérée ; lorsque l'oxygène fait défaut, c'est signe qu'elle est mauvaise et qu'elle contient des matières organiques en décomposition. Telles sont les eaux résiduaires des industries, les eaux de marais et d'égout.

On dose l'oxygène à l'aide du procédé de M. Blarez. A cet effet, on se sert d'un tube à brome (fig. 30) dont on mesure la capacité, une fois pour toutes, en les remplissant d'eau jusqu'au milieu du goulet. Supposons avoir obtenu ainsi 240 ^{cc}. On introduit en A, 30 ^{cc} de mercure et au dessus, on ajoute 10 ^{cc} de liqueur de soude normale (40 ^{gr} par litre). On achève de remplir jusqu'à moitié du goulet avec de l'eau à analyser et dont le volume utilisé sera dans notre cas de :

$$240 - (30 + 10) = 200^{cc}$$

On bouche l'appareil avec un bouchon de caoutchouc B portant un entonnoir C de 12^{cc} environ de capacité. Il est à douille ca-

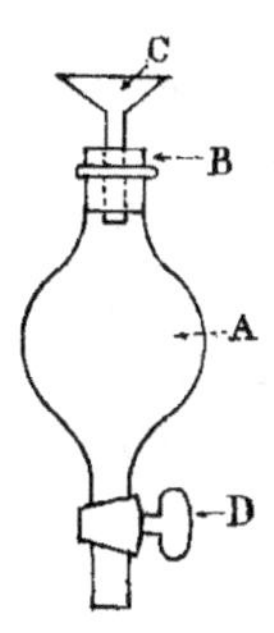

fig. 30

pillaire coupée au ras de la partie inférieure du bouchon. Un peu d'eau remonte dans l'entonnoir et on ramène au niveau en ouvrant légèrement le robinet D.

On verse 5^{cc} de solution à 40 g^r par litre de sulfate double de fer et d'ammoniaque rendue légèrement acide par de l'acide sulfurique, puis, de nouveau, on ramène au niveau, en manœuvrant le robinet D qui laisse

écouler un peu de liquide (Le dit niveau est la naissance de la douille).

On imprime à l'appareil un mouvement giratoire afin de mélanger les liquides introduits ; au bout de 10 minutes on peut considérer que la solution ferreuse a absorbé tout l'oxygène de l'eau.

On verse dans l'entonnoir C, 10^{cc} d'acide sulfurique pur à 50 % et on le fait entrer lentement en ouvrant toujours le robinet D. On ouvre ensuite de nouveau pour faire tomber le mercure ; on ôte le bouchon et on décante le contenu de A dans un vase de bohème.

On rince le tube à brome A, on ajoute les eaux de lavages au vase et on titre l'oxygène combiné, dans ce dernier, à l'aide d'une solution titrée de permanganate de potassium normale décime.

Soit N le nombre de centimètres cubes utilisés pour obtenir la coloration persistante ; de la même manière, on titre 5 cent. cubes de la solution ferreuse et soit n le nombre de cent. cubes obtenus. La différence n - N représente le permanganate utilisé pour doser l'oxygène dissous dans 200^{cc} d'eau.

La quantité d'oxygène par litre est donnée dans notre cas par les expressions :

en poids : $0^{gr}008 \, (n - N) \times 5$

en volume : $0^{cc}56 \, (n - N) \times 5$

Recherche des microorganismes

Les eaux renferment des microorganismes absolument inoffensifs qui peuvent être mélangés à des germes pathogènes. Le Conseil d'Hygiène exige l'examen bactériologique des eaux que l'on veut employer comme boissons, chaque fois qu'il s'agit de capter une source dans une ville de 5.000 habitants. Nous estimons que dans tous les cas, cet examen devrait être pratiqué et confié à des chimistes réellement compétents en la matière.

Prise d'échantillon d'une eau

On effile à la lampe, en A et en B, un tube en verre T (fig. 31). On stérilise le tout à 250° environ. Ce tube contient à l'intérieur 2 tampons d'amiante a et b. On porte ce tube à l'endroit de la prise d'eau à effectuer ; on le fait plonger dans le liquide de manière à ce que les tampons restent au-dessus de son niveau ; cette opération doit toujours être précédée d'un flambage du tube à la lampe à alcool. On place, en A, un petit morceau de tube de caoutchouc muni d'une pince, puis à l'aide de pinces plates, en fer, stérilisées à la flamme, on brise sous l'eau la partie B du tube, puis la partie A.

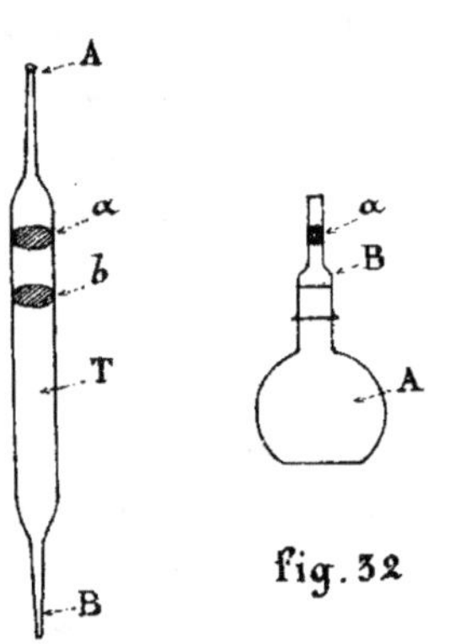

L'eau rentre dans le tube dès qu'on ouvre la pince. Lorsque le niveau du liquide arrive ainsi au contact du bouchon d'amiante B on referme la pince. On retire le tube T de l'eau et on reçoit son contenu dans un flacon A (fig. 32), de Pasteur, préalablement stérilisé. C'est dans ce flacon que se feront les prises d'essais pour l'analyse bactériologique, au laboratoire.

Formule des bouillons de culture

Dans une glacière on fait macérer 24 heures, 1 ^{Kg} de viande de bœuf hachée et crue dans 2 litres d'eau. On presse, et dans le liquide recueilli, à une douce chaleur, on ajoute 10 gr. de sel marin et 20 gr. de peptone pas fortement salée. On fait bouillir; on dissout 100 ^{gr} de gélatine blanche, on neutralise par du carbonate de sodium et on stérilise 2 jours de suite par une ébullition de 5 minutes et on filtre à chaud.

C'est dans un bouillon de ce genre que l'on fait ses ensemencements pour l'analyse bactériologique. Il existe d'autres bouillons de culture également favorables au développement des microorganismes de l'eau.

Chapitre VI

Épuration des eaux

L'épuration des eaux est une opération de la plus haute importance qui intéresse autant l'hygiéniste que l'agriculteur. Les plus impures sont les eaux d'égout car elles renferment le plus souvent les résidus de la vie domestique, des boues des rues, les déchets d'industries et des produits excrémentitiels. L'épuration consiste à les rendre inoffensives pour la consommation et utilisables au point de vue agricole.

Les eaux d'égout, comme les eaux résiduaires des diverses industries (féculerie, amidonnerie, brasserie, distillerie, sucrerie) renferment deux groupes de substances transformables par les microbes anaérobies et même par beaucoup d'aérobies.

Ce sont :

	amidons
Substances ternaires	sucres
	celluloses
	acides organiques
	débris ligneux
	et organiques

	albumine du sang
Substances quaternaires	débris de viande
	et produits azotés
	des déjections de
	l'homme et des
	animaux

Elles donnent lieu a des dégagements gazeux, produits des fermentations, formés d'azote, d'hydrogène, d'acide carbonique et de gaz des marais. Ces divers produits se liquéfient, puis, après peptonisation, se changent en acides amidés que modifient, une dernière fois, les microbes ammoniacaux et nitrificateurs.

Procédés divers d'épuration

1º. Par l'eau des fleuves

L'effet du mélange d'une eau polluée à une masse d'eau courante est de changer ses fermentations qui, d'anaérobies, deviennent aérobies. Le fait ne se produirait pas ou ne serait que partiel, si le volume des eaux polluées était trop grand par rapport à celui de l'eau courante qui doit de beaucoup dominer.

Cette méthode d'épuration par dilution n'est admise que pour les villes situées au bord de la mer ou de rivières au débit suffisant. Cette méthode fait perdre beaucoup de matière organique azotée que l'on retrouve en partie dans la vase des rivières. Cette vase devient souvent, dans ce cas, un véritable engrais dont l'emploi est à recommander. (Voir composition des vases de la Garonne).

---

2. Par la filtration au travers du sol

Bien effectuée, l'épuration des eaux par le sol, doit comprendre deux opérations :

1°. l'épandage

2°. l'utilisation agricole des champs d'épandage.

C'est l'Américain _Hiram Mills_ qui fit l'étude scientifique de l'épuration par le sol dont la valeur avait été signalée par A. Muller. C'est lui qui démontra la nécessité de procéder à la filtration par intermittence et en assurant l'accès de l'air de manière à rendre possible la nitrification qui est un phénomène aérobie et favorable à l'agriculture lors de l'utilisation des champs d'épandage et des eaux.

M.M. _Schlœsing_ et _Franklaud_ qui ont, eux aussi, étudié la question de l'épuration par le sol, ont constaté que les doses à épurer pouvaient être comprises entre 40.000 et 100.000 m. c. par an et par hectare suivant la nature du terrain.

L'expérience a prouvé qu'une terre nue vaut mieux pour ce genre d'opération qu'une terre en végétation parce qu'elle s'aère plus facilement.

A la dose de 40.000 m. c. par an et par hectare, si on suppose qu'il y a 2 kilogs. de matières organiques par mètre cube d'eau et que l'épaisseur du sol filtrant soit de 1 mètre, on peut compter que 8 kilogrammes de produits organiques seront transformés en nitrates et en albuminoïdes aisément transformables ensuite en azote ammoniacal et amidès.

Quant au sol lui-même, il s'enrichit en outre d'acide phosphorique et de potasse. Entre les divers épandages, il est utile de laisser des périodes de repos.

Procédé biologique

C'est le chimiste anglais, Dibdin, qui a recommandé ce procédé, perfectionné par M. le Dr Calmette. Il est basé sur ce que l'épuration des eaux est demandée aux bactéries qu'elles contiennent tout simplement.

Dans le procédé Dibdin on traite d'abord l'eau à épurer par la chaux et le sulfate de fer et après précipitation des substances insolubles formées, on décante cette eau.

L'eau clarifiée se rend dans un bassin de filtration formé par du coke recouvert de cailloux d'un mètre d'épaisseur. Depuis lors, ce procédé a été modifié par l'interposition, entre le bassin de traitement et le bassin épurateur, de fosses septiques où les eaux restent quelque temps, de manière à permettre le pullulement microbien.

De ces fosses qui doivent être fermées par suite des mauvaises odeurs qui s'en exhalent, il se dégage de l'azote, de l'hydrogène, du gaz des marais, de l'hydrogène sulfuré, des alcools sulfurés ou théo-alcools d'odeur infecte ; en même temps les bactéries s'y développent, abondamment.

On arrive par cette méthode à éliminer 30 à 55 % des matières organiques décomposables ; il en est, par exemple, comme les peaux et les principes ligneux qui ne sont pas altérés par ce procédé.

Pour tirer un résultat plus complet de cette méthode on la combine au procédé précédent de M. Dibdin, ainsi qu'il est dit au paragraphe suivant.

Procédé actuel d'épuration

Les eaux à épurer arrivent tout d'abord dans des chambres horizontales et verticales dont le but est de faire déposer certaines matières comme le sable, les pierres, les objets métalliques, etc...

Ce résultat est acquis après quelques heures de séjour dans ces chambres qui comportent des grilles soumises à un nettoyage mécanique non interrompu.

En sortant de ces bassins appelés bassins de dégrossissage, les eaux pénètrent dans une série de fosses septiques. Leur entrée a lieu à 0^m50 ou 0^m60 au-dessous de la surface de l'eau. Chaque fosse septique a 3^m de profondeur, sur 20 de longueur et elle ne reçoit l'eau qu'à la vitesse réduite de 0^m60 par heure. Il faut un mois environ de fonctionnement préalable pour avoir des fermentations actives. Quand on est arrivé à ce point, l'eau à épurer n'a qu'à rester 24 heures dans ces fosses pour que la flore microbienne, soit devenue assez considérable pour que cet eau puisse être dirigée sur les couches appelées lits aérobies et être remplacée par une eau neuve.

M. M. *Müntz* et *Lainé* ont recommandé l'emploi de la tourbe pour avoir des lits oxydants énergiques et ont montré qu'on obtenait avec elle une épuration complète, même pour l'énorme volume de 3.000 litres par millimètre carré et par jour, alors que les champs d'épandage ordinaires, les plus propices, ne permettent l'épuration, sur pareille surface, que de 10 à 15 litres et un lit de scories ou de coke, 500 à 1.000 litres de concentration moyenne.

Les lits oxydants ont en général 2.000 mètres carrés de surface avec une profondeur de 1^m,10. On y place, faute de tourbe, des scories ou du coke dont le volume diminue du bas vers le haut, c'est-à-dire jusqu'à n'avoir plus que 0^m,005 de diamètre. Leur sol porte des drains parallèles. L'eau arrive par des vannes à réglage automatique et se répand en éventail à l'aide de caniveaux disposés, à cet effet, comme les rayons d'une roue. Voici un mode de fonctionnement (Dr Calmette): remplissage des lits aérobies, *une heure*; contact avec les scories, *deux heures*; vidange, *une heure*; repos, *quatre heures*; On procède ainsi à trois opérations par jour. Souvent on dispose un second lit bactérien (fig. 33) à côté du premier, et les eaux sortent de là dans un état très avancé d'épuration après trois heures de séjour, environ.

Un lit bactérien demande près d'un mois avant de bien fonctionner. Ces lits oxydants peuvent être remplacés par des percolateurs qui sont des lits ayant 1^m,60 d'épaisseur et dont le fond est en béton, avec drains et pente de 2 centimètres par mètre. L'eau s'y distribue à l'aide de tourniquets hydrauliques. Le Dr Calmette, à l'aide de ces percolateurs, a obtenu de bons résultats : (débit de 1 mètre cube par mètre carré et par 24 heures), et plus économiquement qu'avec les lits ordinaires.

Ainsi, on peut épurer 10 à 12.000 mètres cubes d'eau par jour et par hectare. Les résultats sont encore meilleurs au point de vue de la nitrification en mélangeant aux scories le quart environ de leur volume de calcaire. Par cette addition, l'azote nitrique formé croît dans la proportion de 40 à 350 (Dr Calmette).

M. *Dumban* admet que l'on peut, sans danger rejeter dans les fleuves les eaux sortant des lits oxydants si les quatre éléments : oxydabilité, azote albuminoïde, azote organique et résidu après calcination, ont diminué, dans une proportion comprise entre 60 et 65 %. À ces essais, on peut ajouter une autre épreuve qui consiste à abandonner dans un flacon, à 20°, pendant quelques jours, l'eau à rejeter. Elle ne doit pas donner lieu à un dégagement d'hydrogène sulfuré.

Les percolateurs constituent un perfectionnement du système et ils ont le grand avantage de permettre l'alimentation continue sans avoir recours à l'arrosage intermittent des lits aérobies ordinaires. Il y a dans ce système quelques précautions à prendre: c'est ainsi qu'il est nécessaire d'avoir recours à une clarification préalable, de faire arriver l'eau en jets minces, en forme d'éventail, d'employer du coke ayant de 25 à 35 millimètres et de maintenir une température de 21° à l'aide de vapeur d'eau.

D'après M. Calmette les antiseptiques ne nuisent ici que s'ils sont en proportions élevées et les sulfocyanates restent indécomposés sur les lits oxydants.

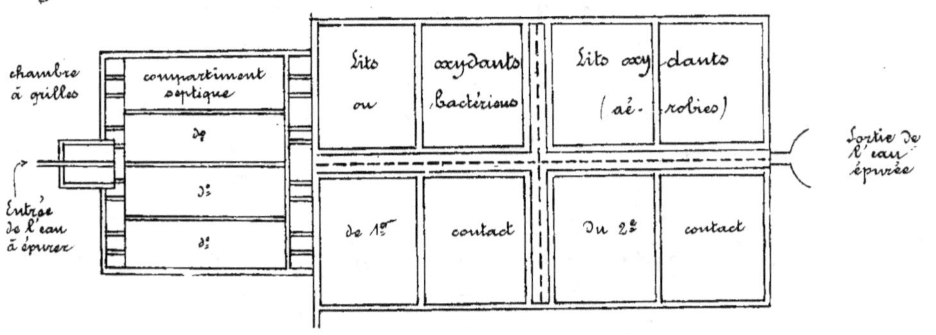

Fig. 33

Coupe schématique d'un épurateur à compartiments septiques avec double contact (Dr Calmette) .

Chapitre VII

Epuration des eaux résiduaires des industries agricoles

L'épuration de ces eaux se fait par application du procédé

biologique qui transforme les hydrates de carbone en alcools, aldéhydes, acides et eau. C'est le travail réservé aux lits bactériens ou oxydants, mais si les bactéries aérobies arrivent à ce but sans former d'acides, il n'en est pas de même des ferments anaérobies qui donnent souvent naissance à de l'acide butyrique, dont une dose élevée devient un obstacle à l'épuration. Suivant l'origine de l'eau à épurer, il faudra donc tenir compte de ce qui précède, afin de choisir ou de modifier le procédé purificateur à employer.

Eaux d'amidonneries et de féculeries

Les eaux provenant des amidonneries de blé sont riches en hydrates de carbone et par conséquent très putrescibles ; celles des amidonneries de maïs ou de riz le sont moins et, de plus, contiennent des principes comme la soude ou l'acide sulfureux qui proviennent du traitement industriel.

Ces corps s'opposent à la fermentation, pendant quelque temps, mais les eaux qui les contiennent sont malgré tout à épurer, car telles quelles, elles tuent les poissons et ne tardent pas à fermenter.

On traite les eaux de ces catégories d'abord par la chaux, (0 gr. 20 par litre.) ; on décante et on applique ensuite le traitement des lits oxydants bactériens.

Auparavant on les dilue dans 3 parties d'eau de rivière, pour 1 partie d'eau à épurer et on les reçoit dans des percolateurs à 2 m d'épaisseur de mâchefer avec une surface telle qu'un mètre carré de surface puisse traiter un mètre cube d'eau.

Eaux des distilleries Brasseries et Fabriques de levures

Les eaux de brasserie s'acidifient rapidement, de sorte que pour les épurer plus aisément, il faut enlever d'abord les matières qui sont en suspension en les faisant passer à travers un puisard. Ensuite, on procède à une décantation, et on saupoudre le liquide ainsi obtenu de un pour mille de chaux sèche. On laisse reposer et la partie claire est envoyée sur les lits oxydants.

M. Calmette conseille d'opérer ainsi, pour les eaux de distillerie : on étendra de 4 fois leur volume d'eau, les vinasses, dans un grand bassin ; elles y laisseront leurs matières en suspension et subiront une fermentation alcaline. On pourra assurer cette fermentation en mettant au préalable, au fond du bassin, un peu de fumier. De là, on les enverra sur les lits bactériens.

Eaux de sucreries

Ces eaux sont à épurer, car elles ne peuvent être jetées telles quelles sur les terrains de culture, où par l'acidité qu'elles acquièrent vite, elles nuiraient à la végétation, ni dans les rivières car étant riches en principes pectiques et sucrés, elles favoriseraient la pollution microbienne.

On peut les traiter par épandage lorsqu'on a à sa disposition des sols sablonneux et de grande étendue, mais dans le cas contraire, on emploie le procédé biologique.

La première opération à effectuer est de diluer les eaux car celles de presse et de diffusion sont très chargées (6 à 12 fois plus que l'eau d'égout). Il en est de même des eaux de lavage des betteraves quand on les fait servir plusieurs fois. Ainsi étendues, ces eaux sont susceptibles de bien fermenter, ce qui fera disparaître le sucre sans fermentation butyrique et sans odeur nauséabonde.

M. Rolands a prouvé que les eaux des sucreries pouvaient être épurées sur des lits bactériens et M. Calmette a indiqué dans ce but le dispositif suivant (fig. 34) pour traiter les eaux des sucreries.

On arrête d'abord les grosses matières en suspension par un épulpeur mécanique et un tamisage. Puis les eaux vont dans un réservoir A, vidable à chaque opération, d'une façon complète ; on calcule ses dimensions en conséquence. Les lits oxydants n'ont que 1 mètre d'épaisseur de coke, ce qui évite les fermentations anaérobies. La sole des lits oxydants est formée d'un drainage en arête de poisson et en poterie vernissée sur lequel on met une première couche de scories de 0^m30 de hauteur, ayant de 5 à 10 centimètres de diamètre, puis une seconde couche de 0^m50 avec des grains de 5 centimètres de diamètre, enfin une troisième couche de $0^m,20$ de hauteur, avec des grains de 1 centimètre de diamètre.

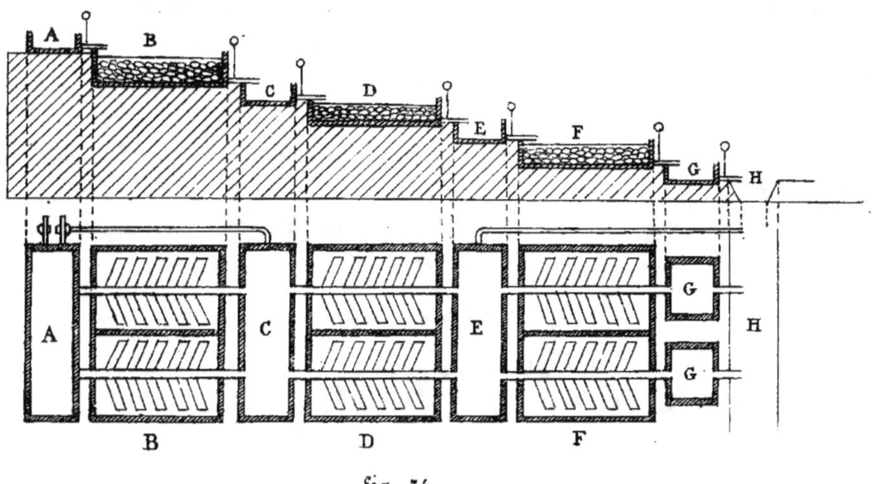

fig. 34

A, bassin de distribution — B, D, lits oxydants avec drains en arêtes de poisson — F, filtre à sable et à graviers — GG, petits bassins pour l'élevage indicateur de poissons et de plantes aquatiques. H, fossé évacuateur (D'après le Dr Calmette).

L'eau est déversée au moyen d'une nochère de distribution. Au début, c'est avec l'eau de lavage des betteraves qu'on met en train le premier lit bactérien, puis on y fait arriver les eaux des cassettes et des diffuseurs convenablement diluées.

M. Calmette, opérant sur des lits oxydants contenant du mâchefer, conduisait ainsi l'opération :

Remplissage	40 minutes
Premier contact	2 heures
Vidange du lit de premier contact et remplissage du deuxième lit	1 heure
Deuxième contact	2 heures
Évacuation	1 heure

Les lits restaient vides 18 heures, chacun n'étant rempli qu'une fois par jour. Après 3 contacts, l'épuration de l'eau variait entre 56 et 76 %.

On peut se contenter d'un lit unique à percolation de 2^m de hauteur, au fond duquel on met des morceaux de scories de 0^m 10 de diamètre et on finit vers le haut par des couches de 0^m 10 de scories ou de mâchefer, passant au crible de 0^m 02. L'épuration se fait bien jusqu'à la température de 5 degrés au-dessous de zéro. Le danger à éviter ici, à l'aide d'un bon entretien, est le colmatage du lit.

L'épuration des eaux qui peut atteindre par un double contact 70 % peut être achevée sur terrain perméable, ou à travers des filtres de sable. Ces eaux peuvent sans danger, ni pour la santé publique, ni pour les poissons, être ensuite versées dans les rivières.

Méthode mixte ou Chimico - Biologique

Quand on doit épurer des eaux fortement grasses, il peut être avantageux d'enlever par des procédés chimiques leurs matières grasses et azotées dont on fait des engrais. Par exemple on traite par l'acide sulfurique et le sulfate de fer l'eau de lavage des laines qui donne un précipité et on enlève les graisses par le benzène. Ces eaux sont ensuite facilement oxydées sur les lits aérobies.

Choix du procédé d'épuration

La méthode biologique est assez délicate ; elle nécessite le contrôle permanent et une installation comprenant autant de lits oxydants qu'il est nécessaire, suivant les cas, mais bien conduite, elle donne de très bons résultats.

Elle convient surtout aux épurations des eaux des grands centres. Si on a à sa disposition tout le sable nécessaire, le procédé Mille, par filtration intermittente, est plus économique, d'autant qu'il permet d'épurer 350 mètres cubes d'eau par hectare et par jour.

L'épandage avec utilisation agricole n'est à recommander, autour des grandes villes, que si on dispose de terrains convenables et très étendus. Quoiqu'il en soit, au seul point de vue des résultats, les deux procédés, par épuration biologique ou par épandage, sont, l'un et l'autre, parfaitement suffisants, si on a préalablement eu soin de procéder au dégrossissement des eaux à épurer.

Il est possible que l'on arrive, dans un avenir rapproché, à rendre pratique et économique le procédé de stérilisation qui consiste à traiter l'eau impure par les rayons ultra-violets fournis par une lampe électrique à arc, à mercure, dont l'enveloppe est en quartz, mais la question est encore à l'étude.

Quatrième Partie

Étude chimique des végétaux

Chapitre VIII

Composition des plantes

La vie de l'homme et celle des animaux sont absolument subordonnées à la production végétale, puisqu'elle fournit leur alimentation. Il en est de même d'un grand nombre d'industries à qui elle procure les matières premières qu'elles transforment, et sans lesquelles elles ne pourraient subsister. De là, l'importance particulière de l'étude des végétaux.

Quatorze éléments constituent les plantes que l'on retrouve dans toutes, ou à peu près.

Quatre ont leur origine dans l'air, ce sont :

- le carbone
- l'azote
- l'oxygène
- l'hydrogène

Ils forment la partie combustible du végétal. Les deux derniers proviennent principalement de la décomposition de l'eau.

Dix sont puisés dans le sol, ce sont :

- le calcium
- le potassium
- le phosphore (phosphates)
- le magnésium
- le fer
- le sodium
- le manganèse
- le silicium
- le chlore
- le soufre

Ils constituent les matières fixes du végétal ou cendres.

L'eau existe dans la plante en proportions très variables. Arraché du sol et abandonné à lui-même tout végétal se dessèche plus ou moins, en perdant de l'eau. Porté à 100°, dans une étuve par exemple, sa dessication est plus marquée encore, et la quantité d'eau évaporée peut atteindre 7 % pour une graine et 95 % pour des plantes grasses.

Au-delà de 100°, le végétal noircit ; des gaz, formés principalement d'acide carbonique, de vapeur d'eau, décomposés de l'azote, se dégagent et parmi eux, il s'en trouve de combustibles qui, si la température est assez élevée, prennent feu. Les matières qui restent après l'incinération d'un végétal constituent les éléments fixes, ou cendres.

Quantités moyennes dont sont composées les plantes sur 100 parties

Parties de plantes	Hydrogène	Oxygène	Azote	Carbone	Cendres
Plante entière	5,6	41,1	1,60	46,4	5,3
Racines	5,7	43,4	1,60	43,4	5,9
Tiges	5,3	30,6	1,60	46,9	2,6
Graines	6,0	41,1	2,00	47,4	2,9

Le tableau ci-dessus montre que les éléments dominants sont le Carbone et l'Azote et que les autres éléments sont en proportions bien moindres.

La plante emprunte l'eau qui lui est nécessaire, à la fois à l'atmosphère qui en contient sous forme de vapeur, par ses cellules, et au sol, par son système radiculaire ou racines.

De là, la nécessité des arrosages lorsque le sol est sec.

Les éléments non minéraux du végétal forment, entre eux, des combinaisons organiques. Ainsi le carbone, puisé en grande partie dans l'atmosphère, par la plante, grâce à la chlorophylle qu'elle contient et à l'action du soleil, s'unit à l'oxygène et à l'hydrogène pour former des corps dits <u>ternaires</u> comme : la <u>cellulose</u>, l'<u>amidon</u>, les <u>matières sucrées</u>. Ces divers corps se retrouvent dans les tissus de la plante. Il est même des végétaux, comme les légumineuses, les algues, etc, qui possèdent en outre, la propriété de <u>fixer</u> l'azote ; ceux-là peuvent donner naissance à des corps <u>quaternaires</u>, tels que le <u>gluten</u>, la <u>caséine</u>, l'<u>albumine</u>, etc...

Ces diverses transformations se produisent surtout dans les plantes colorées en vert, autrement dit dans celles qui contiennent de la <u>chlorophylle</u>, mais par contre, si nous passons aux plantes qui ne possèdent pas cette coloration, comme les champignons, les moisissures, etc..., nous constatons qu'elles vivent en parasites aux dépens des corps au contact desquels elles se développent.

Ces considérations suffisent pour faire ressortir le grand rôle de la chlorophylle et l'importance des réactions dont le végétal est l'objet.

Nutrification de la plante
Synthèse et Désassimilation

Le gaz acide carbonique est un déchet de l'organisme animal ; c'est le terme extrême de toute combustion, qu'elle soit produite par le feu, par une fermentation, ou par la respiration.

La plante par sa chlorophylle et sous l'action de certains rayons du soleil absorbe ce gaz, unit le carbone qu'il contient à l'oxygène et à l'hydrogène pour donner naissance à des composés ternaires. C'est là un vrai phénomène de <u>synthèse</u>. Sa production est accompagnée d'une absorption de chaleur autrement dit le phénomène est <u>endothermique</u>.

Inversement, tout végétal respire ; d'où perte de poids, qu'il doit compenser, s'il ne veut périr. Lorsqu'une graine germe, jusqu'à ce que la plante naissante soit pourvue de feuilles vertes, cette graine diminue de volume et de poids.

Donc, à côté de phénomènes synthétiques, on constate, chez les plantes, des phénomènes de <u>désassimilation</u> et de <u>combustion</u>.

Étude de la cellule végétale

La cellule est une petite cavité aux formes diverses suivant le végétal considéré. La juxtaposition des cellules forme la plante. Au microscope une section de cellule apparait sous l'aspect d'une surface polyédrique limitée par une membrane constituée par un corps ternaire ; la <u>cellulose</u> $(C^{12} H^{20} O^{10})^n$, substance blanche, solide, insoluble dans l'eau, l'alcool et l'éther.

La membrane cellulosique enferme une matière vivante, de consistance gélatineuse, non élastique, c'est le <u>protoplasma</u>, corps quaternaire formé de carbone, d'oxygène, d'hydrogène et d'azote. On y rencontre même des traces de soufre.

Le protoplasma s'accumule en forme de couche, plus ou moins épaisse contre la membrane cellulosique. La partie extérieure de cette couche se nomme <u>membrane albuminoïde du protoplasma</u>. En un point de ce dernier on rencontre le noyau qui jouit de la propriété d'absorber certaines matières colorantes.

Rôle de la cellule

Pour vivre, une cellule doit pouvoir absorber certains éléments pris au dehors et en rejeter d'autres devenus inutiles ou nuisibles à son existence.

C'est en effet le phénomène qui se reproduit et la cellule jouit des propriétés les plus curieuses : elle peut choisir pour sa nourriture les matières utiles du milieu ambiant, les prendre en proportions nécessaires et laisser les autres matières, sans valeur pour elle.

L'absorption par la cellule, des éléments nutritifs se fait par l'intermédiaire de _dissolutions_.

Le dissolvant presque général des éléments nutritifs de la plante est l'eau chargée des gaz de l'atmosphère.

Diffusion des corps solubles

Substances cristalloïdes et substances colloïdes

Dans une éprouvette à pied E (fig. 35), versons jusqu'au niveau ab, une solution de sulfate de cuivre. Puis, très lentement, afin d'éviter le mélange, versons de l'eau pure jusqu'au niveau cd, par exemple.

Au début, la solution de sulfate de cuivre étant plus dense que l'eau pure, restera au fond et cette dernière surnagera la précédente.

Mais à la longue, le sulfate de cuivre se répandra dans toute la masse liquide laquelle finira par acquérir, dans tous ses points, une composition homogène. Ce phénomène se nomme _diffusion_.

Certaines substances se diffusent assez rapidement dans l'eau ; on les désigne sous le nom de _substances cristalloïdes_ ; celles qui se diffusent au contraire lentement se nomment _substances colloïdes_.

Étude de l'Osmose en agriculture

C'est l'étude de la pénétration des solutions dans la cellule de la plante. Au fond l'osmose est une sorte de diffusion.

L'appareil appelé _endosmomètre_ décrit ci-après montre que les membranes sont en général poreuses et qu'elles laissent passer dans ce cas, à travers elles, le dissolvant et le ou les corps dissous.

La paroi cellulaire du végétal qu'une solution nourricière rencontre toujours, lorsqu'elle pénètre de l'extérieur vers l'intérieur de la plante jouit de cette propriété de perméabilité.

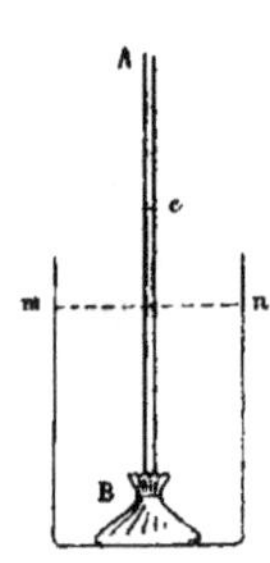

Fig. 35

Dans un tube de petit diamètre AB (fig. 36) et terminé à l'une de ces extrémités en forme d'entonnoir, fermons cette partie là au moyen d'une vessie de porc par exemple, tendue et bien ficelée, puis remplissons le jusqu'au niveau d avec une solution de chlorure de sodium ou sel marin.

Portons ensuite ce tube dans l'intérieur d'un vase V où nous verserons de l'eau distillée jusqu'à un niveau m, n, qui correspondra aussi exactement que possible au niveau d, du liquide du tube.

Voici ce qui sera constaté : le liquide montera peu à peu dans le tube AB ; s'arrêtera en un point C, puis redescendra. Dans l'intervalle, le chlorure de sodium passera du tube AB dans le liquide du vase V. Il y aura donc un double courant. Le courant le plus fort (celui qui a fait, ici, monter le liquide jusqu'en C) se nomme : _endosmose_, le courant le plus faible : _exosmose ou diosmose_.

On désigne couramment ces échanges sous le vocable plus simple de _dialyse_.

Au moment où le liquide atteint le point c dans le tube, l'équilibre existe entre l'endosmose et l'exosmose. L'appareil en question permet donc de mesurer la _force ou la pression osmotique_ de toute substance dissoute. À chaque degré de concentration de la substance considérée, dans un même volume de dissolvant, correspond une pression osmotique déterminée.

Des diverses membranes que l'on peut employer dans cette expérience, les unes laissent passer plus facilement que les autres, la substance dissoute. L'osmose a été découverte par M. _Dutrochet_.

M. _Lippmann_ a démontré qu'une simple différence de température peut créer un courant osmotique, même si le liquide du vase V et du tube AB sont de nature identique.

Les membranes constituées par du papier parcheminé ou par une vessie de porc, par exemple, sont traversées par l'eau et les substances qui s'y dissolvent.

Seul, varie, le degré de perméabilité. Ce degré est très faible quand on considère les dissolutions colloïdes.

On a construit des membranes artificielles perméables à l'eau seule et imperméables aux corps qui y ont été dissous. Ces membranes sont dites semi ou _hémiperméables_.

Les expériences de _Traube_, _Pfeffer_ et de _Vries_ ont démontré que la cellule végétale est imperméable aux colloïdes et aux cristalloïdes et que seule l'eau peut la traverser.

Cependant il est certain que ce phénomène n'est pas absolu et que la plante reçoit de l'extérieur, et par cette voie, les matériaux nécessaires à son développement, grâce au jeu d'actions chimiques et biologiques.

D'ailleurs, il a été prouvé que telle membrane est perméable pour une ou plusieurs substances, alors qu'elle est imperméable pour d'autres, et même qu'une cellule végétale peut n'être semiperméable qu'à certaines époques de sa vie.

En procédant à des expériences à l'aide du vase de _Pfeffer_ il a été démontré que la pression osmotique chez la cellule est des plus variables, pouvant aller de 3 à 25 atmosphères et même dépasser très sensiblement cette dernière pression.

Transformation, par la cellule, des substances qu'elle absorbe

---

La cellule renferme une substance active, le protoplasma, qui jouit de la propriété de transformer les substances apportées à la plante du dehors. C'est ainsi que le glucose peut se métamorphoser en amidon. Celui-ci donne naissance à du glucose, à du maltose, à du saccharose. Les graisses se dédoublent en glycérine et acides gras.

Ces actions chimiques ne sont pas le fait du protoplasma seul, mais de corps particuliers secrétés par lui et que l'on désigne sous le nom de _diastases_, _ferments_, ou _enzymes_.

Chaque cellule est capable de secréter un ou plusieurs enzymes ayant chacun son rôle. Ainsi s'expliquent les phénomènes de condensation, de dédoublement, d'hydratation ou d'oxydation que l'on constate dans le suc des plantes.

Les enzymes oxydants se nomment _oxydases_.

Les enzymes réducteurs s'appellent _réductases_.

Ces notions sont indispensables pour bien comprendre les phénomènes qui président à la nutrition du végétal et qui seront développés dans les leçons ultérieures.

Chapitre IX

De la Chlorophylle

La _chlorophylle_ est un composé organique de couleur jaune. Elle est formée par la réunion de deux substances ternaires : la _cyanophylle_, matière azotée, de couleur bleue et la _phylloxanthine_, matière non _azotée_, de couleur jaune.

La réunion de ces deux couleurs donne à la chlorophylle sa teinte verte. Quand l'azote fait défaut à la plante, la cyanophylle disparaît et les feuilles jaunissent. La cyanophylle s'appelle encore : phyllocyanine.

La _chlorophylle_ joue, dans la nature, un rôle capital. C'est grâce à sa présence, dans tant de végétaux, que ceux-ci peuvent vivre et se développer en puisant le carbone de l'atmosphère.

Le carbone se rencontre dans l'air, à l'état d'acide carbonique, combinaison de carbone et d'oxygène dont la formule chimique est : CO_2.

L'acide carbonique a pour densité 1.529. C'est un gaz soluble dans l'eau qui en dissout son volume, à la température ordinaire. On l'appelle encore anhydride carbonique. Il est, à volume égal, plus lourd que l'air.

La proportion d'acide carbonique contenue dans l'air est faible. Elle s'élève en moyenne à 3/10.000. Autrement dit : 10.000 litres d'air ne renferment que 3 litres d'anhydride carbonique ou 5 ^{gr} 880 de gaz renfermant 1 ^{gr} 603 de carbone.

Le gaz carbonique de l'atmosphère est le produit de toutes les combustions. Il a été calculé que les plantes forestières et celles qui poussent dans les prairies enlèvent à l'air ambiant de 2 à 5.000 kilogs. de carbone, par hectare et par an. L'intensité de l'assimilation du carbone par les végétaux est donc prodigieuse.

En résumé, les combustions de toute nature produisent de l'acide carbonique qui se répand dans l'atmosphère. Les vents mettent cet acide gazeux au contact des plantes vertes qui s'assimilent grâce à leur chlorophylle.

Il est aisé de se rendre compte que cette dernière substance joue le rôle de régulateur de la pureté atmosphérique puisqu'elle absorbe l'acide carbonique impropre à la respiration des hommes et des animaux et régénère l'oxygène agent indispensable à la vie.

La présence de la chlorophylle n'est pas suffisante pour donner lieu, toute seule, au phénomène de l'assimilation du carbone. La lumière et la température concourrent à sa réalisation.

Ainsi, il est nécessaire, pour qu'il se produise, que les parties vertes du végétal reçoivent la lumière solaire et que la température ambiante ne descende pas à 10° degrés au-dessous de zéro, environ, ou ne dépasse pas le maximum de 50°.

L'expérience a démontré que chaque végétal possède sa température optima d'assimilation.

La fonction chlorophyllienne cesse dans l'obscurité et au contraire atteint son apogée au contact des rayons du spectre solaire visible et même au contact des rayons ultra-violets qui font, eux, partie du spectre invisible.

Il ne faut pas confondre la fonction chlorophyllienne avec la respiration des plantes. La première, en effet, est un phénomène d'assimilation, d'accroissement qui se traduit par une augmentation du poids de la plante, tandis que la seconde est un phénomène de combustion, inverse du premier, dont le résultat est une perte de poids.

La plante est un véritable laboratoire. Le carbone absorbé par ses parties vertes s'y unit aux éléments de l'eau, l'oxygène et l'hydrogène, pour former des corps appelés hydrates de carbone.

Parmi ces hydrates on peut citer : le glucose ($C^6 H^{12} O^6$) ; le lévulose ($C^6 H^{12} O^6$) ; le saccharose (sucre de canne) ($C^{12} H^{22} O^{11}$) ; le maltose ($C^{12} H^{22} O^{11}$) ; l'amidon $(C^6 H^{10} O^5)^n$.

A la lumière, la plante verte peut aussi assimiler l'azote, qu'elle trouve dans l'atmosphère à l'état gazeux et même dans le sol, sous forme nitrique ou ammoniacale.

Il est probable que la plante verte assimile en même temps le carbone contenu dans l'oxyde de carbone que l'on peut rencontrer dans l'atmosphère ; mais dans l'état actuel de la science, il est impossible de l'affirmer.

La plante trouve la presque totalité du carbone qui lui est nécessaire dans l'atmosphère ; cependant, elle en puise également dans le sol qui en contient sous forme de carbonates et d'humus.

Ces deux dernières formes ne sont toutefois pas indispensables puisque la plante peut vivre et se développer dans des terres qui en sont dépourvues.

Pour donner une idée de l'énorme masse de carbone absorbée par les végétaux, nous ferons remarquer, par exemple:

que 20 hectolitres de blé

et la paille correspondante, en contiennent 1.800 ^{Kgs}

et 80.000 kilogs. de betteraves, 7.000 Kgs.

En raison de la grande importance de la fonction chlorophyllienne, le cultivateur doit veiller aux organes foliacés de ses plantes. Si une maladie dans le genre de l'oïdium ou du mildiou, un accident, comme la grêle, un effeuillage excessif ou l'attaque des insectes, viennent à diminuer trop sensiblement le nombre des feuilles, on constate que la production végétale décroît.

Il en sera de même à la suite d'une taille irrationnelle ou du manque de lumière.

Par où se font les échanges gazeux dans le végétal

Entre les cellules de l'épiderme de la feuille ou de la tige on rencontre en grand nombre, deux cellules qui laissent entre elles un orifice étroit. Ces orifices portent le nom de _stomates_.

C'est par là, qu'entre l'atmosphère et le végétal, se font les échanges gazeux d'acide carbonique, de vapeur d'eau et d'oxygène. Le nombre des stomates est très variable d'une espèce à l'autre. On peut en rencontrer plusieurs centaines dans l'espace de 1 millimètre carré (plantes arborescentes) sur les feuilles, alors qu'on n'en rencontre pas au niveau de leurs nervures.

Certaines feuilles présentent des stomates sur leurs deux faces. D'autres n'en ont que d'un côté (plantes à feuilles, surnageantes). On constate leur absence dans les organes foliacés des végétaux qui vivent submergés.

Les stomates jouent un rôle important dans l'absorption de l'acide carbonique, mais il a été prouvé que la _cuticule_ qui recouvre l'épiderme de la feuille, possède la même propriété et que c'est elle qui remplace les stomates, quand ceux-ci font défaut, pour les échan-ges gazeux.

Mohl a prouvé, vers 1.877 que le gaz carbonique doit se trouver au contact de la feuille pour que sa décomposition ait lieu. En revanche, on a pu constater que les parties d'une plante soumises au contact de la lumière pourraient nourrir d'autres parties pla-cées dans l'obscurité et sans contact avec l'atmosphère.

Fonction chlorophyllienne considérée en dehors de la respiration

---

Dans une plante exposée à la lumière solaire deux phéno-mènes concomitants se produisent :

l'un est l'assimilation du carbone, suivi d'un dégage-ment d'oxygène.

l'autre est au contraire une combustion, ayant pour effet un dégagement d'acide carbonique: c'est la _respiration_.

Sous l'influence de la lumière du soleil, c'est le premier de ces 2 phénomènes qui l'emporte sur le second.

Il était intéressant de mesurer la valeur de l'assimilation

du carbone, en dehors de la respiration, autrement dit de la fonction chlo-rophyllienne.

MM. _Maquenne et Demoussy_ y sont parvenus en 1912 et, de leurs expériences, a pu être formulée la loi suivante :

"Dans l'assimilation chlorophyllienne, considérée seule, le volu-"me d'oxygène qui se dégage est égal au volume de gaz carbonique qui se "décompose ; ce que l'on traduit par le rapport :

$$\frac{Vol.\ O^2}{Vol.\ CO^2} = 1$$

Nous rappelons à ce propos que le gaz acide carbonique renferme son propre volume d'oxygène.

Le rapport $\dfrac{Vol.\ O^2}{Vol.\ CO^2}$ se nomme _quotient chlorophyllien_.

Le rapport $\dfrac{Vol.\ CO^2}{Vol.\ O^2}$ se nomme _quotient respiratoire_.

Voici quelques uns de ces quotients obtenus pour chaque plante dans les mêmes conditions de temps et de température.

	$\dfrac{CO^2}{O^2}$	$\dfrac{O^2}{CO^2}$
Bégonia	1,11	1,03
Blé	1,03	1,02
Chrysanthème	1,02	1,01
Dahlia	1,07	1,07
Maïs	1,07	1,05
Pois	1,07	1,04
Tabac	1,03	1,04
Troène	1,03	1,02

Ce tableau montre que pour chaque espèce, les 2 quotients sont du même ordre de grandeur.

Les échanges gazeux, dont il vient d'être précédemment parlé ont été étudiés sur des fragments de végétaux et il était logique de se demander si les résultats obtenus dans les expériences seraient les mêmes avec des plantes entières.

M. _Schlœsing fils_, à la suite de ses essais de 1892-1893 et 1900, a établi que les plantes entières dégageaient plus d'oxygène qu'elles n'avaient décomposé de gaz carbonique.

Cela ne doit pas modifier les lois relatives à la fonction chlorophyllienne, attendu qu'on a pu prouver que cet excès d'oxygène tient en particulier à la réduction des sels minéraux du sol.

Les échanges gazeux qui accompagnent la formation de la matière végétale sont donc liés étroitement à la composition minérale des dissolutions contenues dans le sol où elle se développe. La plante est, par conséquent un <u>appareil de réduction</u>.

Cet excès d'oxygène provient principalement de l'oxygène des nitrates, des phosphates et des sulfates. Ces importantes notions nous prouvent, par la simple analyse des gaz échangés, que le phosphore et le soufre doivent exister sous forme de composés sulfurés et phosphorés organiques, avec des phosphates et des sulfates. C'est à retenir en vue de l'application des engrais.

Influence d'un excès d'acide carbonique sur l'assimilation chlorophyllienne.

Les expériences de <u>De Saussure</u> ont montré que si on enrichit d'acide carbonique l'atmosphère qui entoure un végétal, alors que celui-ci est exposé au soleil, la fonction chlorophyllienne se trouve <u>activée</u> et que la quantité d'oxygène dégagée augmente.

Ce savant a indiqué qu'au-delà de $1/12$ d'acide carbonique l'assimilation se trouve, au contraire entravée.

Il est des cas où, dans la nature, l'atmosphère qui entoure une plante s'enrichit spontanément d'acide carbonique. C'est ce qui se produit sous un chassis de couche garni de fumier. L'air intérieur se charge de gaz carbonique et les plantes qui sont sous le chassis en bénéficient très visiblement.

<u>Hausen</u> a constaté que la croissance des plantes était plus marquée au voisinage des sources naturelles d'acide carbonique.

Action de la pression atmosphérique sur la fonction chlorophyllienne.

Godlewski a trouvé que la diminution de la pression totale ne modifie pas la nature du phénomène d'assimilation, car le quotient $\frac{CO_2}{O_2}$ ne change pas. En revanche l'intensité de la fonction chlorophyllienne s'abaisse, avec la pression, d'une manière relativement régulière.

Assimilation chlorophyllienne chez les plantes aquatiques et chez les plantes grasses

La pénétration du gaz carbonique dans les plantes aquatiques a lieu par simple diffusion au travers de l'épiderme, puisque les stomates font défaut.

L'acide carbonique étant soluble dans l'eau, les végétaux qui vivent dans ce milieu liquide en rencontrent toujours en quantité suffisante. L'eau de pluie est peu riche en gaz carbonique contrairement aux eaux de rivière et de mer qui en contiennent davantage par suite des fermentations des matières organiques qui s'y trouvent.

Si les eaux sont calcaires, elles contiennent en dissolution du bicarbonate de chaux lequel dissocié par la chlorophylle donne aisément une partie de son acide carbonique. Dans ce cas, il se dépose du carbonate de chaux sur les feuilles ce qui durcifie celles-ci.

Les plantes grasses ne possèdent qu'un nombre très restreint de stomates aussi l'assimilation chlorophyllienne y est elle moins intense que dans les végétaux à feuilles non épaisses.

Assimilation chlorophyllienne
Théorie

Nous avons vu que cette assimilation donne comme résultat:

que la plante absorbe le carbone d'un volume d'acide carbonique égal au volume d'oxygène qu'elle dégage.

Sur cette base diverses théories ont été soutenues pour expliquer les réactions de l'assimilation chlorophyllienne.

M. Boussingault a émis l'hypothèse que le gaz carbonique se changeait en oxyde de carbone et oxygène

$$CO^2 = CO + O$$

et qu'en même temps, l'eau en se décomposant fournissait 2 volumes d'hydrogène et 1 volume d'oxygène.

$$H^2O = H^2 + O$$

On obtient alors 2 volumes d'oxygène, c'est-à-dire un volume égal au volume d'acide carbonique décomposé.

Une autre hypothèse, très séduisante, consiste à faire intervenir l'aldéhyde méthylique ou formol COH^2

Baeyer, après Berthelot, a fait ressortir que la plante fixerait le corps COH^2 (qui est encore appelé hydrate carbonique) sous l'action de la lumière et de la chlorophylle, comme produit initial et que de sa polymérisation avec ou sans le concours de l'eau, partaient les hydrates de carbone que l'on rencontre dans la feuille insolée. Telles sont actuellement les deux théories présentées relativement à l'animisation du carbone.

Décomposition de l'eau lors de l'assimilation carbonique

Depuis longtemps de Saussure a établi "que les plantes "qui végètent à l'aide de l'eau seule, en vase clos, dans de l'air at-"mosphérique dépouillé de gaz carbonique, n'y augmentent presque "point le poids de leur substance végétale dans l'état sec et que, si "elles l'augmentent, c'est d'une quantité très petite, très limitée, ou "en d'autres termes, qui ne peut pas être augmentée par une végéta-"tion plus longtemps continuée".

Pareille conclusion est à rapprocher de l'hypothèse émise par M. Boussingault à savoir que dans l'assimilation du carbone par la chlorophylle, le gaz carbonique (CO^2) et l'eau (H^2O)

sont décomposés en même temps, le premier par la chlorophylle et la seconde par des radiations solaires entre autres par les rayons ultra violets.

D'après le même auteur, la preuve de la séparation des éléments de l'eau ressort de ce que si l'on fait croître un végétal dans un sol dépourvu de toute matière organique et qui n'aura à sa disposition que des corps minéraux, de l'acide carbonique et de l'eau, ce végétal après une croissance de durée assez longue accusera, à l'analyse, un excès d'hydrogène, autrement dit une proportion de ce métalloïde plus forte qu'il ne serait nécessaire pour transformer en eau, l'oxygène dosé, d'autre part, dans la plante.

C'est de là que M. Boussaingault a conclu à la décomposition de l'eau, dans l'assimilation chlorophyllienne. Quant à cet excédent d'hydrogène, il est la conséquence de la variation du quotient respiratoire qui est souvent et même, peut-on dire, presque toujours, supérieur à l'unité.

Formation des hydrates de carbone.
Limite de l'accumulation de l'amidon

L'expérience montre que la formation des hydrates de carbone dans le végétal est d'autant plus grande qu'il en contient préalablement peu.

Mais il a été établi qu'au-delà d'une certaine teneur, qui varie avec chaque espèce, cette formation d'hydrates se ralentit et même finit par s'arrêter.

L'assimilation par les feuilles est donc un phénomène limité et non indéfini.

En ce qui concerne en particulier l'amidon, Sapoznikow a indiqué des chiffres au-dessous desquels il ne s'accumule plus dans certaines feuilles.

C'est ainsi qu'il a trouvé que l'assimilation cesse :

{ Pour le vitis vinifera, lorsque 1^{mq} de surface de feuilles contient 16 gr. d'amidon.

{ Pour le vitis labrusca, lorsque 1^{mq} de surface de feuilles contient 11 à 19 gr. d'amidon

L'amidon ne se forme pas d'emblée dans un végétal ; il est le produit des transformations successives de l'hydrate de carbone initial formé lors de l'assimilation chlorophyllienne.

Il est probable que cet hydrate est transformé d'abord en glucose puis en saccharose, en maltose, en dextrine, et enfin en amidon. Une constatation tout en faveur de cette hypothèse, c'est que les lilliacées contiennent, la plupart, du glucose et point d'amidon.

D'autre part, Bœhm et Mayer ont prouvé, expérimentalement, que la feuille était apte à condenser plusieurs molécules de glucose ou de substances de ce genre et d'accumuler l'amidon.

Actions des agents extérieurs sur l'assimilation chlorophyllienne

Lumière.

L'assimilation du carbone par un végétal n'est pas la conséquence de la présence, en lui, de la chlorophylle seule. Il faut en même temps l'action de la lumière, et bien des faits sont là pour le prouver.

C'est ainsi que les plantes, qui, placées dans l'obscurité, peuvent, malgré cela contenir de la chlorophylle (certaines espèces d'algues, embryons de conifères, etc...) n'assimilent le carbone que si les radiations solaires viennent agir sur elles.

Dans l'intérêt de la culture intensive des végétaux, il est utile de connaître dans quelles conditions d'éclairage on obtient les meilleures croissances, ou plus exactement la décomposition maximum du gaz carbonique.

La question a été l'objet d'études de la part de Timiriazeff qui a imaginé sa méthode du Spectre et de celle de Engelmann, qui en a fait l'analyse à l'aide d'une autre méthode dite du microspectre.

Reinke a fait connaître un autre procédé d'étude plus simple que les méthodes précédentes. Il consiste à décomposer la lumière solaire à l'aide d'un spectre et à étudier l'action des diverses radiations ainsi obtenues sur le dégagement d'oxygène des plantes.

L'expérience se fait en sectionnant une plante aquatique et en concentrant sur les sections obtenues les diverses couleurs du spectre. Sous l'influence des radiations, des bulles gazeuses se dégagent, que l'on compte.

Si on désigne par 100 le dégagement maximum des bulles qui a lieu dans le jaune, on obtient le tableau suivant :

Rouge — 23	Vert — 37,2	Indigo — 13,5
Orangé — 63	Bleu — 22,1	Violet — 7,1
Jaune — 100		

et la courbe d'assimilation ci-après :

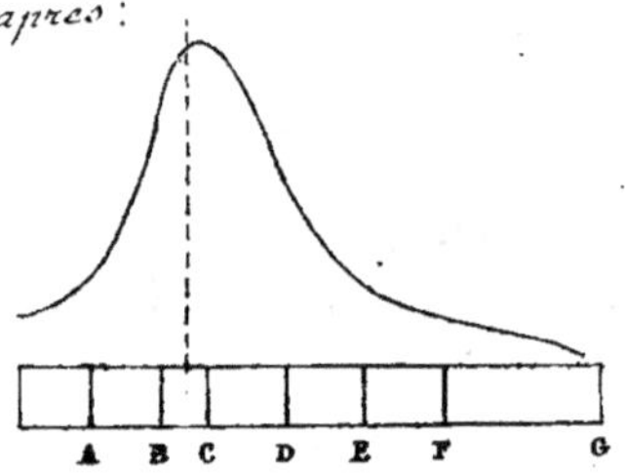

Fig. 56

Cette courbe montre que le maximum d'assimilation s'obtient entre les raies B et C (orangé-jaune) du spectre.

L'intensité de la lumière joue aussi son rôle dans l'assimilation chlorophyllienne. Avec elle augmente le degré de décomposition du gaz carbonique limité cependant par une intensité lumineuse variable suivant les végétaux. Au-delà, le degré de décomposition diminue, et il a même été constaté que l'éclairement trop intense détruit les grains chlorophylliens.

M. Dehérain, en étudiant l'action de la lumière électrique sur la végétation est arrivé à un résultat qu'il est bon de signaler : il a prouvé que l'éclairement électrique d'une plante était favorable à la condition que l'on interpose entre la source lumineuse et le végétal un globe de verre transparent.

Ce globe a pour but d'atténuer les effets des rayons ultra violets, très actifs, qui font d'abord noircir la plante puis la détruisent.

M. M. Maquenne et Demoussy sont arrivés à des résultats analogues en prenant pour source lumineuse la lampe à mercure.

Il est probable que le noircissement du végétal provient d'une altération du protoplasma dans ces cas là.

M. Paul Bert avait été frappé de ce fait que les

plantes vertes sont rares sous le feuillage des forêts épaisses. A quoi attribuer pareil phénomène?

Des expériences entreprises par ce savant, il résulte que les végétaux meurent ou dépérissent derrière les plantes vertes ou les écrans artificiels verts, à cause de l'absorption, par ces plantes ou par ces écrans, des rayons rouges indispensables pour que l'assimilation chlorophyllienne puisse se produire.

Pour bien montrer l'action dominante de la lumière rouge M. Regnant a fait pousser du cresson éclairé seulement par des rayons de cette couleur. Le développement du végétal a été presque le même qu'à la lumière blanche.

Dans cette expérience, M. Regnant obtenait des rayons rouges, sans mélange d'autres radiations, en faisant traverser un faisceau de lumière solaire à une solution d'iode dans du sulfure de carbone.

D'après Engelmann, la lumière colorée agissant le plus activement dans la décomposition du gaz carbonique serait la couleur complémentaire des feuilles.

Ainsi la lumière verte agirait avec plus d'intensité lorsque les feuilles sont de teinte rouge et réciproquement. Le vert étant la couleur complémentaire du rouge et le rouge celle du vert.

Malgré toutes ces expériences, il y a lieu de noter que la lumière blanche solaire est indispensable, dans sa totalité, pour obtenir le fonctionnement normal de la vie, chez un végétal.

Lorsque la lumière pénètre à travers une couche d'eau épaisse, elle se décompose en rayons plus ou moins réfrangibles. Le vert persiste plus que le rouge. C'est peut-être ce qui explique que dans l'eau de mer les algues rouges sont plus abondantes, quand la profondeur augmente.

L'influence du radium est néfaste sur les cellules chlorophylliennes, mais d'après Stoklasa et Zdobnický, il n'en est pas de même d'une eau d'arrosage rendue radio-active artificiellement, si elle est employée à petite dose. Cette eau, au contraire, favoriserait la croissance des plantes.

Température

L'influence de la température sur la décomposition du gaz carbonique par la chlorophylle est manifeste, mais elle est essentiellement variable suivant la nature des végétaux.

Chez certaines plantes (conifères) l'assimilation du carbone peut se faire à de basses températures (— 35°), alors que la respiration du végétal est arrêtée.

Quantité de lichens et d'algues, pendant toute leur vie, assimilent à une température inférieure à 0°, tandis que dans les climats tropicaux, bien des plantes cessent d'assimiler au-dessous de 5° environ. Dans nos climats, chez la plupart de nos plantes, le phénomène s'arrête dans le voisinage de zéro degré.

Le minimum de température de l'assimilation chez un végétal est plus bas que le minimum de sa respiration.

D'une manière générale, on peut dire que l'élévation de température favorise le phénomène chlorophyllien, mais qu'à partir d'un certain degré, variable avec chaque végétal, l'assimilation décroît et, au-delà, cesse même.

Cette propriété est à rapprocher du phénomène de la respiration chez la plante où on n'observe pas de maximum et chez laquelle le dégagement d'acide carbonique croît avec la température.

Lubimenko a fait des observations intéressantes sur les variations de l'assimilation du carbone sous la double action de la lumière et de la température.

Il a fait varier, dans ses expériences, pour chaque végétal étudié, l'angle d'inclinaison des rayons solaires et cela à des températures différentes. Des résultats qu'il a obtenus, on peut conclure qu'en général la chaleur et la lumière agissent dans le même sens sur l'assimilation du carbone.

Le phénomène de l'assimilation du carbone par la feuille est, on le voit, assez complexe. Il dépend de l'intensité de l'éclairement solaire, de la pression du gaz carbonique et de la température de la partie foliacée.

Teneur en eau du végétal

Par temps de sécheresse, alors que le sol ne peut fournir à la plante l'eau qui lui est nécessaire, celle-ci se dessèche, les stomates se ferment, l'assimilation chlorophyllienne se ralentit et peut même s'arrêter. Seuls, certains végétaux comme les mousses peuvent résister au manque d'eau prolongé. Si la dessication n'est pas allée jusqu'à provoquer la mort de la plante celle-ci reprend son intensité d'assimilation au contact de l'eau. Ces notions font mieux comprendre l'utilité des arrosages et des irrigations en agriculture.

D'après M. M. Deherain et Maquenne, le gaz carbonique est très énergiquement absorbé par les feuilles et cette absorption est en rapport étroit avec la quantité d'eau qui s'y trouve. La présence de cet élément est indispensable, mais, chose curieuse, le coefficient d'absorption de l'acide carbonique par l'eau des feuilles est, dans les limites ordinaires de la température, plus grand que le coefficient de solubilité de cet acide dans l'eau pure.

Action des sels

Les sels, au-delà d'un certain degré de concentration variable d'ailleurs pour chacun d'eux, ralentissent et peuvent arriver jusqu'à provoquer l'arrêt de l'assimilation du carbone. Les plantes terrestres arrosées d'eau salée perdent la faculté de former de l'amidon.

Stahl a cependant constaté que le sel n'avait pas la même action sur le maïs que sur les autres plantes, non marines.

Valeur de l'assimilation carbonée

Nous avons vu précédemment que la quantité de carbone absorbée par les plantes était considérable. Nous avons cité qu'une récolte de 40.000 Kgs. de betteraves représentait une assimilation de 3.500 kilogs. de carbone. Les autres récoltes donnent des chiffres d'assimilation carbonique très élevés. Le phénomène chlorophyllien est donc bien des plus intenses.

L'accroissement des végétaux se mesure, en pratique, au poids de matière sèche obtenu.

Si on veut approfondir l'étude du phénomène du développement du végétal, on mesure aussi les hydrates de carbone produits. Pour donner une idée des quantités d'hydrates que l'on peut trouver dans un végétal nous citerons les résultats des expériences de Sapoznikow sur l'hélianthus.

Par heure et par mètre carré, il a trouvé que ce végétal formait en hydrates de carbone:

- par ciel sans nuages ——————— 0 gr 729
- par ciel clair avec quelques nuages — 0, 594
- par ciel avec nuages nombreux ——— 0, 379
- par ciel couvert ——————————— 0, 140

Cet auteur, et d'autres avec lui, ont obtenu des résultats analogues avec d'autres plantes, ce qui montre que la qualité de la lumière reçue par le végétal influe sur la production des hydrates.

Brown a constaté que la meilleure production correspondait à la lumière diffuse intense.

Le gaz carbonique est-il seul à fournir le carbone à la plante ?

Liebig n'admettait comme aliments de la plante que les matières minérales. L'expérience que nous allons décrire n'est pas favorable à une conception aussi limitée.

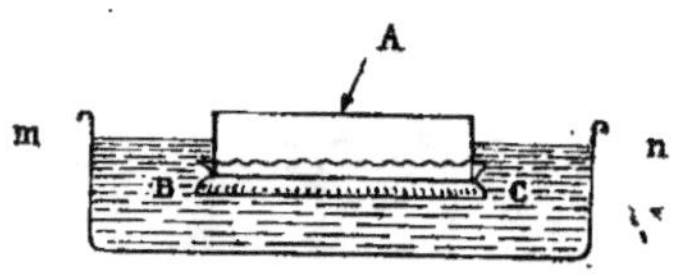

Fig. 37

En effet, si on met de la terre arable dans un dialyseur A, dont la partie inférieure BC est fermée par une membrane BC, et que l'on fasse plonger ce dialyseur dans un vase V contenant de l'eau distillée, celle-ci se colore en brun. Si on fait évaporer cette eau colorée, on constate que la matière qui l'a teintée en brun est une substance organique carbonée.

Dans bien des cas, un phénomène analogue se produit chez les plantes au travers des tissus de la racine et on a pu constater que ce n'était pas sans profit pour l'accroissement de la plante. Il est donc intéressant d'étudier de près cette absorption en vue de la culture des végétaux.

Dans la nature, il existe des végétaux comme les moisissures les levures, les champignons qui ne possèdent pas de chlorophylle et qui pourtant sont susceptibles, comme ceux qui en possèdent, d'accroissement. Comment l'assimilation carbonée peut-elle s'y produire ?

Chez les champignons, le carbone est fourni par l'humus qui existe dans le sol.

Quant aux moisissures et aux levures elles vivent en prenant le carbone aux matières hydrocarnées qui se trouvent dans les milieux où elles se développent.

Suivant la manière dont le végétal prend son carbone, on le classe dans l'une des catégories suivantes :

- dans celle des mixotrophes, s'il prend son carbone dans la substance sur laquelle il se développe.

- dans celle des autotrophes, s'il se nourrit exclusivement ou presque, aux dépens du gaz carbonique de l'atmosphère.

- dans celle des hétérotrophes, s'il emprunte tout son carbone à des composés carbonés tout formés.

Une plante est dite saprophyte, lorsqu'elle peut vivre sur des matières végétales ou animales en voie de décomposition. Elle est dite parasite, si elle vit aux dépens d'une autre plante sans rien lui donner en compensation.

Il y a lieu de tenir compte que le parasitisme n'est pas toujours complet et que pour cette raison on a dû considérer la catégorie des plantes hémiparasites où il n'est que partiel.

L'association curieuse de deux végétaux qui s'unissent entre eux par simple contact ou par pénétration et qui échangent certains produits nutritifs indispensables à leur accroissement constitue le phénomène désigné sous le nom de symbiose.

C'est ainsi que le bacille radicicole vit sur les racines des légumineuses en fournissant à celles-ci l'azote dont elles ont besoin. En retour les légumineuses donnent au bacille des substances hydrocarbonées.

Quand il s'agit de l'association ou de l'envahissement des racines de certains arbres ou arbustes par des champignons ou éléments mycéliens, la symbiose prend le nom particulier de mycorhise

Les mycorhises peuvent envelopper simplement d'un réseau de filaments les racines, ou bien pénétrer dans l'écorce en produisant des nodosités, comme dans le cas des légumineuses, ou n'avoir qu'un simple contact avec elles.

Quoiqu'il en soit, les micorhizes jouent un rôle important et si elles sont indispensables pour vivre aux végétaux dépourvus de chlorophylle, elles aident parfois les plantes vertes qui en contiennent.

Les micorhizes sont d'autant plus fréquentes que le sol est riche en humus ; elles disparaissent quand la teneur en humus diminue.

Les filaments mycéliens se rencontrent nombreux dans les terres riches en humus et comme ces filaments absorbent en grande quantité les matières salines du sol, il peut y avoir lutte, quelquefois désavantageuse, pour le végétal, entre les champignons et lui.

Dans le cas des mycotrophes, la symbiose est au contraire favorable et les plantes reçoivent à la fois des sels minéraux et des éléments organiques, sous son action.

M. M. Duherain et Bréal ont démontré que la matière organique du sol pouvait être directement absorbée par la plante. Ceci explique pourquoi l'addition de matières organiques à un sol épuisé ou qui en manque naturellement, peut lui rendre ou lui donner, la fécondité absente

Des expérimentateurs étant parvenus à nourrir des plantes dans des milieux contenant des hydrates de carbone en solution stérilisée, ainsi que les graines qui ont été employées dans les essais, telles que des solutions de sucre, de glucose, d'acide tartrique, malique, etc... on peut en conclure qu'une plante verte est capable d'assimiler directement des composés carbonés solubles.

Résumé de l'assimilation du carbone par la chlorophylle

Sous l'influence de la chlorophylle on peut constater les phénomènes suivants :

a/ — qu'une plante décompose le gaz carbonique de l'atmosphère en absorbant son carbone et que dans ce phénomène, le volume d'acide carbonique absorbé est égal au volume d'oxygène mis en liberté.

b/ _ le carbone s'associe aux éléments de l'eau dans la plante pour former des hydrates de carbone de la formule générale (CH^2O). On suppose que la première étape de l'assimilation chlorophyllienne est l'aldéhyde méthylique et que par la suite on obtient, après polymérisation, du glucose, du saccharose et enfin de l'amidon.

c/ _ que pour que le phénomène chlorophyllien puisse s'accomplir, il faut le concours indispensable de la lumière solaire et un degré de température convenable. L'expérience a montré que c'est dans la zone qui embrasse en partie les rayons orangés et jaunes que l'on trouve la lumière qui favorise le plus activement le phénomène et que pour chaque végétal existent un maximum et un minimum de température en dehors desquels l'assimilation carbonique n'a plus lieu.

d/ _ il a été également trouvé que le carbone, s'il est assimilé en grande partie par les parties vertes de la plante qui le prend à l'atmosphère ambiante, peut aussi provenir du sol où il est absorbé par les racines.

Chapitre X.

Chlorophylle _ Ses dérivés
Pigments des végétaux

Leucites

Nous avons précédemment vu qu'une coupe de cellule examinée sous le microscope y présentait l'aspect d'une surface polyédrique formée d'une membrane extérieure dans laquelle l'analyse indique la présence d'un corps ternaire : la cellulose.

Également, nous avons vu que dans l'intérieur de cette membrane se trouvait enfermée une matière plastique, vivante, de consistance gélatissieuse que l'on appelle : protoplasma, formée de carbone, d'oxygène, d'hydrogène et d'azote, voir même d'un peu de soufre.

C'est dans ce protoplasma que se rencontrent ces corpuscules granuleux, les uns colorés, les autres incolores, que l'on nomme : leucites ou plastides. Ces corpuscules ont l'importante fonction d'élaborer certains principes indispensables à la vie végétale. La chlorophylle est une de ces matières colorantes qui imprègnent les plastides.

Quand les leucites sont colorés par la chlorophylle, elles se désignent sous le nom particulier de chloroleucites.

C'est la présence de certaines leucites qui donnent aux fleurs et aux fruits leurs colorations variées. Ces leucites portent le nom de : chromoleucites ou chromoplastides.

Pigments.

La chlorophylle se présente dans la cellule sous forme de pigments verts disséminés dans les chloroleucites. Le rôle de ces pigments est des plus importants puisque ce sont eux qui, par leur présence, permettent à la plante d'assimiler le carbone contenu dans l'acide carbonique de l'atmosphère.

Étude physico-chimique de la chlorophylle

Ce n'est guère que dans la partie du végétal exposée à la lumière solaire que se rencontre la chlorophylle. Cela est d'ailleurs logique puisque l'assimilation du carbone exige, pour se produire, à la fois, la présence de la lumière solaire et celle des pigments verts chlorophylliens.

La chlorophylle proprement dite, ou chlorophylle en place, doit être considérée comme une matière vivante. Une dessication prolongée, l'action d'une température trop forte, sa sortie de la cellule où elle se trouvait, lui enlèvent le pouvoir assimilateur qu'elle possédait.

On obtient alors une chlorophylle qui a été désignée sous le nom de chlorophylle chimique, différente au point de vue physiologique de la première chlorophylle dite, en place, mais nous ne pensons pas, avec divers auteurs, qu'il y ait lieu pour cela de croire à l'existence de plusieurs sortes de chlorophylles.

D'ailleurs le spectre d'absorption est le même, que l'on considère la chlorophylle sous sa forme vivante ou simplement chimique.

Sous cette dernière forme, elle est désignée sous le nom de chlorophyllane, quand elle est obtenue par l'action d'un solvant approprié, sur une partie verte d'un végétal.

La chlorophylle contient une matière verte dédoublable en deux autres (Frémy) : l'une jaune, la phylloxanthine ; l'autre, bleu verdâtre, la phyllocyanine.

La première est soluble dans l'éther ; la seconde dans l'acide chlorhydrique. A côté de ces deux substances, on rencontre dans les pigments verts, mélangés à eux, deux autres colorants : la xanthophylle, jaune et la carotine, rouge.

Solubilité

La chlorophylle n'est pas soluble dans l'eau. Les principaux solvants sont : l'alcool, l'éther, le sulfure de carbone, le pétrole, le chloroforme, la benzine, l'éther de pétrole et l'alcool méthylique.

Quand on traite la chlorophylle par un de ces derniers corps il reste après après évaporation une substance d'aspect cireux, renfermant des acides et des sels organiques, des cires et des résines, enfin de la chlorophyllane ou chlorophylle dite chimique.

Acides et Alcalis

Les acides concentrés détruisent les pigments verts ; au contraire, les alcalis semblent être sans action sur eux.

Préparation — On obtient de la chlorophylle cristallisée en traitant les feuilles d'épinards ou de cresson (M. Gauthier) par l'alcool.

La matière colorante dissoute est fixée à l'aide de noir animal puis traitée par l'éther. Par lente évaporation, dans l'obscurité, de la solution éthérée, on obtient de la chlorophylle cristallisée en aiguilles vertes, molles, que la lumière altère facilement. Les cendres de la chlorophylle extraite, par ce procédé, du tilium percome, présentent la composition suivante (Rogaloki) :

Carbone _______ 72

Hydrogène _______ 10

Azote _______ 4

Cendres _______ 1,60

Similtitude avec l'hémoglobine

Il semble que la substance fondamentale de la chlorophylle soit le même ou tout au moins analogue à la matière qui colore le sang et que l'on appelle hémoglobine. Nous reviendrons sur cette similtitude digne d'attention.

Dérivés de la chlorophylle

La chlorophylle est, d'après Willstätter, un dérivé organo-magnésien ; c'est aussi un éther-sel. Traitée par les acides dilués, elle abandonne son magnésium et se change en phæophorbine :

$$C^{31} H^{31} N^4 (CO^2 H)^3$$

Les pigments des feuilles vertes contiennent quatre colorants, ce sont :

Une chlorophylle a/ -, soluble dans l'éther de pétrole, bleu-noir, de formule :

$$C^{55} H^{72} O^5 N^4 Mg + \tfrac{1}{2} H^2O$$

Une chlorophylle b/ - soluble dans l'alcool méthylique, vert foncé, de formule : $C^{55} H^{70} O^6 N^4 Mg$

de la Carotine, de formule : $C^{40} H^{56}$

de la Xanthophylle, de formule : $C^{40} H^{56} O^2$

Matière colorante du sang et des feuilles.

Des études chimiques dont ont été l'objet les hémoglobines animales, et les dérivés de la chlorophylle, il semble bien que la substance colorante fondamentale du sang, de l'urine, de la chlorophylle, soit un même corps, désigné sous le nom de pyrrol. La chose est intéressante et utile à retenir.

Rôle de la magnésie

M. Grignard avait montré que certains corps organo-magnésiens jouissent de la propriété d'absorber l'acide carbonique. La combinaison ainsi formée, traitée par l'eau, se décomposait en donnant naissance à un acide.

D'après Willstatter, le magnésium serait le métal dont l'action catalytique donnerait lieu à la synthèse chlorophyllienne dont il a été précédemment parlé.

Dans cette hypothèse, la chlorophylle a) qui est un composé organo-magnésien, attirerait l'acide carbonique de l'air. Sous l'influence de l'énergie solaire, cette chlorophylle a) se changerait en chlorophylle b).

L'oxygène se trouvant mis en liberté dans l'assimilation carbonée se porterait sur la chlorophylle b) qui se transformerait de nouveau en chlorophylle a).

On voit le cycle, où il est probable que les réactions sont aidées par la présence de la carotine et de la xanthophylle. Cette hypothèse découle des expériences de Grinard et pourrait être exacte.

Action de la lumière sur la chlorophylle

La lumière solaire altère peu à peu les dissolutions de chlorophylle.

On a remarqué cependant que la présence d'huiles fixes augmentait leur résistance à la décomposition. De là, on a conclu que c'étaient les matières grasses et résineuses que contiennent certaines feuilles, à l'arrière saison, qui étaient la cause de la persistance de la couleur verte chez ces feuilles.

Les couleurs rouge et orangé possèdent le maximum de pouvoir décolorant ; le bleu et le violet sont très actifs et se comportent comme l'orangé et le rouge.

La lumière électrique, non entourée d'un verre transparent, agit dans le même sens. Ici, ce sont les rayons ultra-violets qui sont en cause et qu'il faut supprimer si l'on ne veut pas détruire la coloration verte de la chlorophylle. Un morceau de verre transparent suffit à cet effet. On le place entre la source lumineuse et la solution chlorophyllienne.

Formation de la chlorophylle

En général, une plante qui pousse dans l'obscurité est de teinte jaunâtre. Portée à la lumière, elle verdit. La chlorophylle qui donne cette coloration verte peut, chez certains végétaux, se former en l'absence de lumière. Les radiations rouges sont celles qui produisent, avec le plus d'intensité, la chlorophylle.

De même, les rayons ultra-violets agissent activement. Le tout est de savoir doser ces radiations pour éviter une action destructrice des tissus.

La température joue un rôle important dans la formation de la chlorophylle et pour chaque espèce, il existe des températures extrêmes entre lesquelles le verdissement se développe le plus favorablement. C'est ce qu'indique le tableau suivant dû à Heinrich et Wiesner.

	Limite inférieure	Limite supérieure
Avoine	9°	35°
Blé	8°	35°
Sarrazin	9°	40°
Orge	4°	37°

	Limite inférieure	Limite supérieure
Maïs	10 °	40 °
Radis	10 °	45 °
Pois	4 °	40 °

La présence du phosphore et du fer est certainement utile à la formation de la chlorophylle. Il en est de même du magnésium. Aussi conseillons nous aux agriculteurs de s'assurer de la présence de ces éléments dans leurs terres et de les y apporter à l'aide d'engrais, de formules appropriées, dans le cas où ils en auraient constaté l'absence ou leur présence en quantités trop minimes. Nous reviendrons sur cette question au chapitre relatif à l'étude des matières fertilisantes.

Carotine

La carotine est une matière colorante rouge que l'on trouve abondamment dans la carotte. Elle existe dans toutes les feuilles vertes mélangée à la xantophylle. Il existe sans doute plusieurs espèces de carotines, l'une d'elles, celle qui colore la tomate, a reçu le nom de lycopine.

La carotine est un corps facilement oxydable pouvant absorber 36 % de son poids d'oxygène.

M. Aurand lui a donné la formule :

$$C^{26} H^{38}$$

et Mieg, celle de :

$$C^{40} H^{56}$$

Elle jouit, comme la chlorophylle, de la propriété d'assimiler le gaz carbonique et on lui prête même le pouvoir d'absorber de la chaleur. Grâce à cette dernière faculté, la carotine préserverait les enzymes des feuilles, de l'action destructrice des rayons solaires (Went).

M. Georges Ville a cherché quelle relation pouvait exister entre la coloration des feuilles par la chlorophylle et par la carotine, et la richesse du sol en éléments fertilisants.

Comme les variations d'intensité de la carotine correspondent à celles de la chlorophylle, G. Ville n'a dosé, dans l'expérience ci-dessous, que la carotine. Le dosage a été fait en milligrammes sur 100 grammes de feuilles sèches de blé. Il a obtenu :

Avec un engrais complet intensif _______ 195 ^{mmg} de carotine

" " " sans azote _______ 74 "

" " " sans phosphates _______ 97 "

" " " sans potasse _______ 104 "

" " " sans chaux _______ 114 "

Terre sans engrais _______ 66 "

Ce tableau montre que c'est l'absence de l'azote qui nuit le plus à la coloration des feuilles. C'est une indication pour l'établissement des formules d'engrais.

Xanthophylle

La formule de la xanthophylle est $C^{40}H^{56}O^2$; on peut la considérer comme un oxyde de la carotine ($C^{40}H^{56}$) C'est elle qui, à l'automne, produit le jaunissement des feuilles. Comme la carotine, cette substance peut absorber l'oxygène.

Anthocyanes

Les anthocyanes sont des glucosides azotés qui donnent leur coloration rouge, bleue ou violette à certaines fleurs, ainsi qu'à des fruits et des feuilles. Il existe des fleurs qui, outre des anthocyanes, renferment des matières colorantes jaunes solubles dans l'eau ou l'alcool étendu.

L'apparition de la coloration rouge provient de l'accroissement des sucres dans les tissus végétaux, ainsi que des glucosides et correspond (Combes) à une diminution dans la proportion des dextrines.

L'anthocyane des feuilles rouges est un produit de réduction ; c'est une désoxydation du pigment jaune.

Chapitre IX

Principes ternaires

La fonction d'assimilation chlorophyllienne est le point de départ de réactions, dans les tissus végétaux, qui aboutissent à la formation de toute une série de composés organiques dont quelques uns servent à l'alimentation de l'homme et des animaux. Il est donc important de se rendre compte de ces transformations.

La fonction chlorophyllienne donne naissance, comme nous l'avons vu à des hydrates de carbone, mais en outre de ces substances on rencontre, dans les végétaux, des matières grasses, des acides, des essences, des résines, des tanins, des glucosides, etc... tous dérivant de l'assimilation du carbone.

M. Chevreul a nommé principes immédiats les composés dont on ne peut séparer plusieurs sortes de matières sans en altérer la nature.

Comment se produisent ces substances? Sous l'influence des diastases principalement, et nous allons voir par quel mécanisme.

Diastases

Nous avons précédemment étudié quelle était l'origine des diastases et nous avons vu qu'elles étaient les produits d'une sécrétion cellulaire. Il y a plusieurs diastases et chacune d'elles possède un rôle qui lui est propre, autrement dit, chaque diastase, du moins le plus généralement, ne peut agir que sur une seule substance et dans un sens déterminé. Les diastases ont reçu divers noms, dont le plus employé actuellement est celui d'enzymes.

Les enzymes sont des corps quaternaires composés de carbone, d'hydrogène, d'oxygène et d'azote. La présence du phosphore et du soufre à côté de ces quatre éléments est très probable, mais non certaine.

L'incertitude où on est à cet égard est due à la difficulté de se débarrasser des impuretés que les enzymes prennent aux milieux dans lesquels ils se sont formés et des différences qui existent d'une diastase à l'autre.

Cependant il ne faut pas perdre de vue - ce qui est en faveur de la première supposition - que les enzymes, sous l'action de la chaleur, peuvent fournir une petite quantité de cendres. On les rencontre bruignant dans les liquides cellulaires, sous forme étalée et fine.

On suppose que la substance minérale qui s'y trouve et que l'on a appelée la complémentaire active (M. G. Bertrand) est la seule à jouer un rôle actif, et que la substance organique, combustible, ou complémentaire activante a simplement pour but d'augmenter les pouvoirs de la première. Les enzymes doivent être classés parmi les substances colloïdales.

Il a été constaté qu'un enzyme qui produit une transformation chimique n'entre pas lui-même en réaction. Il agit par simple contact, comme agissent les corps dits catalyseurs, en chimie, tels que le platine, le nickel, le sable, lorsque la mousse de platine fait exploser, par sa seule présence, un mélange d'oxygène et d'hydrogène, que le nickel fait combiner à basse température l'hydrogène et des carbures, ou que le sable fait décomposer le chlorate de potassium.

Il peut cependant être admis pour les enzymes, quelquefois tout au moins, qu'un composé intermédiaire se produit, composé très instable, rapidement détruit et qui se régénère avec la même facilité.

Certains acides étendus, comme l'acide chlorhydrique et l'acide sulfurique, mais en présence d'une élévation de température, se comportent comme des enzymes et peuvent saccharifier l'amidon ou produire l'inversion du sucre de canne. Ils sont à peu près inaltérés par ces opérations. Les catalyseurs organiques ou minéraux s'usent, malgré tout, à la longue.

On peut ainsi résumer le rôle des enzymes : des corps provenant de l'extérieur pénètrent dans la cellule ; d'autres s'y forment et toutes ces substances se transforment au contact des enzymes.

C'est ainsi que d'insolubles certaines deviennent solubles ; d'autres se saponifient ou se simplifient, ou encore peuvent être l'objet d'une oxydation. On voit par là, l'importance très grande des diastases.

———

Généralités sur les enzymes

Les enzymes ne se rencontrent pas dans le suc cellulaire à l'état de dissolution ; ils se présentent simplement sous forme de corps de très petite épaisseur étalés dans le liquide ambiant, occupant en conséquence un petit volume sous une grande surface.

Extraction

Un des procédés employés pour extraire les enzymes consiste à les précipiter du milieu où ils se trouvent, à l'aide d'alcool. On obtient un premier coagulum qui contient les diastases mélangées à des matières minérales et albuminoïdes, ainsi qu'à des hydrates de carbone. Repris par l'eau, le précipité s'y dissout ; on y ajoute de l'alcool et on obtient un second coagulum, moins impur que le premier.

Cette opération est plusieurs fois répétée jusqu'à ce que l'on obtienne des enzymes à un état de pureté suffisant. A la fin, le précipité est séché dans le vide pour éviter le contact trop prolongé de l'alcool sur les enzymes. Pour l'usage, il suffira de dissoudre dans l'eau pure le dernier coagulum desséché.

Beaucoup de substances, minérales ou organiques, jouissent de la propriété de fixer fortement les enzymes. On a utilisé cette particularité pour les extraire par entraînement. On procède dans ce cas de la manière suivante : à la solution aqueuse d'enzymes, on ajoute une dissolution de chlorure de calcium. Il se forme un précipité de phosphate de calcium insoluble qui entraîne les enzymes. Ceux-ci sont isolés par un simple lavage à l'eau suivi d'une précipitation par l'alcool.

La présence des antiseptiques ou des anesthésiques ne paralyse pas toujours l'action des diastases car il en est qui y sont insensibles. On peut citer comme exemple la levure de bière qui produit deux diastases dont l'une est arrêtée dans son action au contact du chloroforme et l'autre qui n'est nullement incommodée par sa présence.

Action de la température et des radiations

C'est aux environs de 90° qu'un enzyme est détruit par la chaleur. Son activité cesse aussi vers 0°. Elle est maximum entre 40 et 55°. À vrai dire, chaque diastase a sa température optima et chose à retenir, il existe pour chaque ferment un point au delà duquel il perd toute activité en présence des produits auxquels il a donné naissance.

Ces notions sont utiles à connaître car elles trouvent leur application dans plusieurs industries agricoles, notamment la brasserie. Les radiations ultra violettes retardent ou arrêtent l'action des diastases.

Influence du milieu

Il est des enzymes qui n'agissent bien qu'en milieu acide ; d'autres demandent au contraire un milieu neutre ou alcalin.

Quand on cherchera à obtenir des transformations chimiques à l'aide des diastases, il faudra donc se préoccuper de les faire agir dans un milieu dont la composition soit favorable à leur développement.

Les enzymes ou diastases peuvent être divisés en quatre classes :
1° les ferments hydratants
2° — d° oxydants
3° — d° saponifiants
4° — d° de dédoublement

Enzymes hydratants

Parmi les ferments solubles hydratants, on distingue :

a/. La Sucrase ou invertine.

Cette diastase a été isolée par Berthelot en traitant de l'eau de levure par l'alcool.

En hydratant le sucre ordinaire ou saccharose, elle donne lieu au sucre interverti qui est formé d'une molécule de glucose et d'une molécule de lévulose. Cette transformation peut être représentée par la formule suivante :

$$C^{12}H^{22}O^{11} + H^2O = C^6H^{12}O^6 + C^6H^{12}O^6$$
$$\text{saccharose} \qquad \text{eau} \qquad \text{glucose} \qquad \text{lévulose}$$

Cette réaction a été désigné sous le nom d'inversion et grâce à elle, les végétaux peuvent assimiler le saccharose qu'ils ne pourraient absorber directement.

La Sucrase se rencontre dans tous les organes d'une plante qui en possède. La betterave en contient beaucoup. La première année, le saccharose s'accumule dans ses racines et la seconde année ce sucre, sous l'action du ferment, s'intervertit en produisant du glucose et du lévulose, substances qui aideront au développement des feuilles, de la tige et des fleurs.

b/. Amylase.

C'est le ferment qui, en hydratant l'amidon donne de la dextrine et du maltose. La formule suivante représente cette réaction.

$$4\,(C^6H^{10}O^5) + H^2O = 2\,(C^4H^{10}O^5) + C^{12}H^{20}O^{11}$$
$$\text{amidon} \qquad \text{eau} \qquad \text{dextrine} \qquad \text{maltose}$$

On rencontre l'amylase dans plusieurs végétaux. Toutes les graines de céréales en contiennent. C'est principalement à l'époque de la germination que son activité augmente. Un milieu légèrement acide favorise son développement.

c/. Maltase.

Ce ferment peut transformer l'amidon, la dextrine et le maltose. Avec ce dernier, la réaction peut être représentée par la formule suivante :

$$C^{12}H^{22}O^{11} + H^2O = 2\,(C^6H^{12}O^6)$$
$$\text{maltose} \qquad \text{eau} \qquad \text{glucose}$$

Ainsi qu'on le voit, le maltose, par son hydratation sous l'action de la diastase, se dédouble en formant deux molécules de glucose.

d/- Inulase -

L'inulase est un ferment qui, agissant sur l'inuline, substance hydrocarbonée, la transforme en lévulose. Il est très sensible à l'action des acides lesquels, même à faible dose, arrètent son action.

L'inulase se trouve dans de nombreux tubercules, de même que l'inuline, hydrate de carbone qui joue dans les végétaux le rôle de l'amidon.

e/- Pectase -

C'est le ferment soluble qui transforment le pectose, corps que l'on rencontre dans certaines racines de végétaux (betterave, carotte, etc...) et dans les feuilles, en pectine.

f/- Cytase -

La cytase change les hémicelluloses - sorte de celluloses - en matières sucrées.

Enzymes oxydants

Certaines diastases ont la propriété de fixer l'oxygène sur des principes végétaux, par exemple sur les jus des fruits ; on les désigne sous le nom d'enzymes oxydants, de ferments solubles oxydants ou d'oxydases.

La casse des vins est due à une oxydase. Dans cette maladie la matière colorante se précipite, après oxydation par le ferment.

Les oxydases périssent à la température de 60°. Les antiseptiques retardent leur action. La teinture de gaïac bleuit à leur contact.

C'est sous l'influence d'une oxydase appelée phénolase ou laccase que le latex (retiré de l'arbre à laque), blond clair, se recouvre à l'air d'une matière noire, résistante, insoluble, désignée sous le nom de laque.

La phénolase agit aussi sur le pyrogallol et l'hydroquinone en donnant de la purpurogalline dans le premier cas et de la quinone dans le second. Il est utile de connaître, en photographie, cette propriété.

Bourquelot et Bertrand ont retiré la phénolase de plusieurs végétaux, de champignons entre autres.

Quelques champignons, le suc des racines de betteraves, les tubercules de la pomme de terre, contiennent une oxydase que l'on a appelée : tyrosinase.

Hoppe-Seyler a remarqué que l'activité oxydante de la phénolase augmente en présence de la magnésie.

Il existe des oxydases artificielles, comme le ferro-cyanure de fer colloïdal, les solutions colloïdales de platine, etc...

Enzymes saponifiants

Les corps gras neutres sont des éthers-sels de la glycérine. Sous l'action de l'eau, ils peuvent être dédoublés en acides gras et en glycérine. C'est ce qu'on appelle la saponification. Les ferments solubles qui produisent la saponification des corps gras contenus dans les végétaux ont reçu le nom de lipolytiques. Ils existent dans beaucoup de graines, (ricin, etc...).

Enzymes dédoublants

Les enzymes qui jouissent de la propriété de décomposer en alcool et acide carbonique le sucre de canne, le lévulose, le glucose, le maltose, sont dits ferments de dédoublement.

Avec le lévulose on a la réaction :

$$C^6 H^{12} O^6 = 2\ C^2 H^6 O + 2\ CO^2$$

lévulose ... alcool ... acide carbonique

Dans les cellules de la levure de bière on rencontre une diastase dédoublante appelée zymase ou diastase alcoolique. L'extrait de levure desséché à 30-35°, conserve son activité plusieurs mois. Il est peu sensible à l'action des antiseptiques. Les cellules de levure agissent comme leur extrait. Certaines diastases dédoublent les glucosides.

Moyen de reconnaître une diastase

L'eau oxygénée neutre décompose la diastase, en présence

d'une solution de résine de gaïac dans l'alcool. On se sert de cette propriété pour reconnaître la présence d'un enzyme. Lorsqu'une coloration bleue est obtenue, faisant place à la coloration jaune du début on peut conclure à la présence d'une diastase. La coloration n'est pas détruite par l'acide acétique.

Chapitre XII

Assimilation du carbone par les végétaux

Substances ternaires qui en découlent

Le carbone est assimilé par les végétaux, principalement sous l'action de la chlorophylle et de la lumière. Il en résulte une production de toute une série de corps, appelés hydrates de carbone, que l'on rencontre dans les plantes.

Leur étude est d'autant plus importante que ces substances servent soit à l'alimentation de l'homme et des animaux, soit à aider à la croissance des végétaux, soit à des usages industriels.

On les a classées en deux catégories. La première renferme les hydrates de carbone proprement dits et la seconde, les substances dont la composition est différente d'eux.

Voici un tableau des principales desdites substances :

Hydrates de carbone proprement dits :
Groupe des glucoses
- Le glucose
- Le lévulose
- Le galactose
- Le mannose
- Le sorbose

Hydrates de carbone proprement-dits :
- Le Saccharose
- Le Maltose
- Le lactose
- Le raffinose
- Le mélézitose
- Le manninotriose
- Le gentianose
- La dextrine
- Le glycogène
- Les gommes
- Les mucilages
- Les matières pectiques
- L'amidon
- L'inuline
- La lévosine
- L'asparagose
- La cellulose

Groupe des polyglucoses

Principes n'ayant pas la composition des hydrates de carbone :
- Les tannins
- Les essences
- Les cires
- Les matières grasses
- Les glucosides
- Les saponines
- Les phytostérines
- etc ---

Étude des hydrates de carbone

Parmi les substances que l'on rencontre dans les végétaux se trouvent des matières sucrées dont la composition centésimale répond à la formule :

$$(CH^2O)^n$$

Ce sont des corps à la fois alcool et aldéhyde, ou alcool et cétone. On les désigne sous le nom de bioses, trioses, hexoses suivant le nombre d'atomes de carbone qui entrent dans leur composition.

M. Fischer a montré qu'ils peuvent être formés synthétiquement par condensations successives des deux éléments : aldéhyde formique et aldéhyde glycérique.

Glucose

C'est une substance d'un blanc jaunâtre, soluble dans l'eau et dans l'alcool ; sa dissolution dévie à droite le plan de polarisation de la lumière, c'est pourquoi on l'appelle encore : dextrose. Sa formule est $C^6 H^{12} O^6$.

Le glucose peut fermenter et la chaleur le change en caramel. L'acide azotique le transforme en acides saccharique et oxalique. Il réduit les sels de cuivre, en précipitant l'oxyde cuivreux. C'est sur cette réaction que l'on se base pour doser le glucose à l'aide de la liqueur de Fehling. Le glucose est employé dans la fabrication de la bière et de l'alcool, de certains sirops et pour améliorer les vins provenant de raisins dont la maturité était insuffisante.

Le glucose est presque toujours accompagné dans les végétaux de son isomère, le lévulose, parfois même de saccharose. Son origine végétale est la fonction chlorophyllienne ou le dédoublement du sucre de canne. Tous les fruits acides, comme le raisin, en contiennent. Le glucose dévie la lumière polarisée de 52°5, à droite.

Lévulose ou fructose

Le lévulose ou sucre de fruits se rencontre dans le raisin, la groseille, les pommes, les poires, les tomates, etc....

C'est une cétose, c'est-à-dire un corps qui se comporte comme une cétone et un alcool pentatomique. Il est lévogyre et dévie à gauche le plan de polarisation de la lumière de 101° 38. Il accompagne le plus souvent, dans les végétaux, son isomère, le glucose.

Le glucose et le lévulose se forment en parties égales par l'action des ferments solubles sur une dissolution de sucre de canne :

$$C^{12}H^{22}O^{11} + H^2O = C^6H^{12}O^6 + C^6H^{12}O^6$$
saccharose · · · eau · · · glucose · · · lévulose

À la température de l'ébullition, les acides étendus agissent comme les ferments. Le glucose et le lévulose existent en proportion variable dans les végétaux ; s'ils proviennent du dédoublement du saccharose ils se rencontrent en parties égales. D'autres fois le lévulose existe en plus grande quantité que le glucose.

Il est des cas, où c'est l'inverse. Dans le raisin, par exemple, le glucose est plus abondant avant sa maturité que le lévulose ; puis, l'équilibre s'établit entre les proportions de ces matières sucrées.

Pendant la germination, deux enzymes : l'amylase et la maltase transforment l'amidon en glucose.

On croit que le glucose est surtout un aliment respiratoire pour les plantes et que le lévulose est la substance qui sert principalement à la confection des cellules. Mais ce n'est qu'une probabilité.

Les rayons ultra-violets transforment le lévulose en aldéhyde formique et oxyde de carbone (Bierry)_

Galactose

C'est un isomère du glucose et du lévulose. Il ne se rencontre dans les végétaux qu'à l'état de combinaisons. L'hydratation des gommes et des mucilages donne du galactose.

Mannose

Corps isomère du glucose, du lévulose et du galactose ; ne se rencontre dans les végétaux qu'à l'état condensé de mannanes

Sorbose

Matière sucrée, lévogyre, provenant de l'oxydation de la sorbite

Polyglucoses

Saccharose

Il est appelé sucre de canne ou sucre ordinaire. Sa composition chimique le représente comme formé d'une molécule de glucose et d'une molécule de lévulose avec perte d'une molécule d'eau. C'est une réserve importante pour les plantes et un aliment précieux pour les hommes et les animaux. L'invertine ou sucrase, ferment soluble, le transforme ainsi que nous l'avons vu au chapitre des enzymes ou diastases, en sucre interverti mélange de glucose et de lévulose, par égales parties.

Le saccharose est un corps solide, blanc, inodore, de densité 1.6. Il est soluble dans son poids d'eau froide et dans l'eau bouillante, en toute proportion. Chauffé vers 220°, il perd deux molécules d'eau et se transforme en caramel. À une température plus élevée, il brûle en donnant un charbon pur et léger, comme résidu.

Le saccharose est dextrogyre. Son angle de déviation est + 66°54. À chaud, il s'intervertit sous l'action des acides étendus. L'acide azotique l'oxyde en fournissant de l'acide oxalique.

Le saccharose, au contact des bases, se comporte comme un acide et donne des sucrates. Le sucre de canne se rencontre dans la canne à sucre, dans la betterave, dans la sève de l'érable, du bouleau, et dans la plupart des sucs végétaux. On l'extrait surtout de la betterave, en Europe, et de la canne à sucre, en Amérique et aux colonies.

Le saccharose est sans action sur la liqueur cupro-potassique (liqueur de Fehling). Sa formule est $C^{12} H^{22} O^{11} + H^2 O$.

Maltose

Cette matière existe en petite quantité dans les feuilles. C'est un isomère du sucre de canne qui réduit la liqueur de Fehling et qui dévie à droite de 137°9, la lumière polarisée. Le maltose se produit par l'action de l'amylase sur l'amidon.

Lactose

C'est un isomère du saccharose que l'on désigne encore sous le nom de sucre de lait. On le retire en évaporant le petit lait dans la fabrication du fromage. C'est un corps dextrogyre dont l'angle de déviation est égal à 53°3. Il réduit la liqueur de Fehling.

On rencontre le lactose dans le lait des mammifères, mais peu dans les végétaux. En revanche, le dédoublement de certains corps très répandus, comme les matières pectiques, peut donner lieu au galactose que l'on obtient par hydratation du lactose.

Le lactose traité par l'amalgame de sodium donne naissance à deux alcools hexatomiques : la mannite et la dulcite. Le sucre de lait ne fermente qu'après dédoublement par hydratation, en galactose et en glucose.

Raffinose

C'est un sucre que l'on a extrait de la manne d'Australie. Il n'est pas réducteur. Sa formule est $C^{18} H^{22} O^{16} + 5 H^2O$. On le considère comme formé de 1 molécule de glucose, 1 de lévulose, 1 de galactose, avec élimination de 2 molécules d'eau. On le rencontre encore dans les mélasses de raffinerie, dans les graines de coton, dans l'orge, et dans les germes de blé.

Mélézitose

C'est un isomère du raffinose formé par la condensation de 3 molécules de glucose. On l'a trouvé dans plusieurs mannes, entre autres celle d'Australie. Maquenne l'a signalé dans la miellée du tilleul. C'est un corps dextrogyre. Son pouvoir rotatoire est de + 102°.

Manninotriose

C'est un sucre dextrogyre et réducteur. On le rencontre dans la manne du frêne. Par hydratation (acides ou ferments) il donne 1 molécule de glucose et 2 de galactose.

Gentianose

Sucre non réducteur et dextrogyre. Les racines de gentiane en contiennent.

Dextrine

La dextrine est un corps intermédiaire entre l'amidon et les substances sucrées. Sa formule est $(C^{12}H^{20}O^{10})^{20}$. L'amidon sec porté à une température de 200° fournit de la dextrine. De là, fécule en suspension dans l'eau acidulée par l'acide sulfurique produit également de la dextrine, à 100°.

L'amylase, ferment soluble qui se développe lors de la germination de l'orge, dédouble l'amidon délayé dans l'eau pour le transformer en dextrine et en maltose, à la température de 70°.

L'amidon a la même composition que la dextrine et même pouvoir rotatoire, vis-à-vis de la lumière polarisée.

La dextrine est blanc jaunâtre, soluble dans l'eau, incristallisable. C'est un corps non réducteur ; avec l'iode elle donne une couleur bleue, rouge ou pas de coloration, suivant le composé qu'elle forme avec ce métalloïde. On l'emploie pour l'apprêt des tissus, le gommage des couleurs ou pour préparer les bandes agglutinantes en chirurgie. Les acides étendus la changent en glucose.

Glycogène

Le glycogène est une substance amorphe qui dévie à droite le plan de polarisation. Il est soluble dans l'eau, insoluble dans l'alcool et dans l'éther. Sa formule est $(C^6 H^{10} O^5)^n$. On le trouve dans beaucoup de champignons et dans la levure de bière.

Par hydratation, le glycogène se change en maltose, puis en glucose. L'iode le colore en brun rouge. Claude Bernard a retiré du foie une substance qu'il a appelée glycogène et qui a les mêmes propriétés.

Gommes

Ce sont des substances dont la composition les rapproche de la dextrine et que l'on trouve abondamment dans le règne végétal. Les unes sont très solubles dans l'eau comme la gomme arabique, d'autres le sont très peu, comme la gomme adragante.

Elles sont insolubles dans l'alcool et dans l'éther. L'acide nitrique les transforme en acides oxalique et mucique; l'acide sulfurique étendu produit à chaud des sucres ayant un nombre d'atomes de carbone élevé. L'acétate tribasique de plomb les précipitent de leurs solutions.

Selon Wiesner, les gommes proviennent de la transformation de la cellulose sous l'action d'une diastase spéciale. Elles sont formées d'un mélange d'arabane et de galactane.

Certains acacias d'Arabie fournissent la gomme arabique, corps lévogyre. Les pruniers, cerisiers, abricotiers, pêchers, fournissent une gomme analogue qui, au contact de l'acide chlorhydrique étendu, donne du furfurol.

La gomme de Bassora et la gomme adragante sont fournies par diverses plantes asiatiques; maintenues à l'ébullition, avec les acides étendus, elles se transforment en glucose, dextrogyre.

Mucilages

Les mucilages existent dans la graine de lin, dans la racine de guimauve. La gélose que l'on retire d'une algue et qui est très employée en bactériologie est un mucilage. Les mucilages sont des émollients. Les uns sont solubles dans l'eau et les autres insolubles. On les extrait à l'aide de l'eau bouillante, des substances qui les contiennent.

Matières pectiques

Les principes pectiques ont à peu de chose près la constitution des hydrates de carbone. On les trouve dans les sucs des fruits mûrs et les racines de certaines plantes. On peut les trouver également dans les tiges et dans les feuilles. C'est sous la forme de pectose qu'on les y rencontre, corps insoluble dans l'eau, l'alcool et l'éther.

Les acides, à chaud, transforment ce corps en pectine, soluble dans l'eau, à laquelle il donne de la viscosité.

Dans le végétal qui contient des principes pectiques, une diastase produit cette même réaction. On obtient la pectine en traitant les sucs végétaux par l'alcool absolu, après avoir enlevé la chaux par l'acide oxalique et les matières albuminoïdes, à l'aide de tannin.

Amidon

La matière amylacée est une substance formée de grains de forme ovoïde comme l'indiquent les figures 4 et 5. Ces grains sont insolubles dans l'eau, mais sous l'action de l'eau bouillante, ils se gonflent pour former ce que l'on désigne sous le nom d'empois. La caractéristique de la matière amylacée est de donner une couleur bleue à l'eau iodée, ou à une dissolution d'iode dans l'iodure de potassium.

Fig. 38   **Fig. 39**

La matière amylacée des céréales est désignée spécialement sous le nom d'amidon et celle des pommes de terre, sous le nom de fécule.

L'amidon est très répandu dans le monde végétal. On le trouve à l'état transitoire dans les feuilles de certaines plantes, les tiges, et emmagasiné, dans leurs racines. Les céréales (blé, orge, riz, maïs) en ont abondamment dans leurs graines. Il en est de même des légumineuses (pois, lentilles, fèves, haricots) et des fruits du chêne, du marronnier et du châtaignier. On rencontre encore l'amidon dans les racines de carotte, de rhubarbe, de manive, etc...

La pomme de terre, la patate, l'arrow-root renferment de la fécule dans leurs tubercules, en grande quantité.

L'amylase, ferment que contiennent les végétaux, transforme l'amidon en sucre soluble qui sert à alimenter les pousses nouvelles.

La matière amylacée se présente sous forme de poudre blanche, formée de grains ovoïdes de diamètre variable suivant leur provenance. On a ainsi le moyen, à l'aide du microscope, de reconnaître les fraudes. Nous reviendrons en détail sur cette question dans la troisième année de ce cours, à propos des falsifications des produits alimentaires.

La matière amylacé, maintenue longtemps à 100° se transforme en amidon soluble; on hâte cette opération, en chauffant de l'empois, sous pression, dans un autoclave, à 150°.

Au-dessous de cette température, on aurait de la dextrine. L'alcool précipite l'amidon de ses solutions aqueuses.

La potasse donne de l'empois au contact de l'amidon et de l'eau; les acides étendus et à chaud, transforment l'amidon en dextrine et en glucose.

On extrait la fécule des pommes de terre et l'amidon de la farine. Dans l'industrie, on extrait l'amidon des farines à l'aide de deux procédés.

1° - quand il s'agit de farine avariée, on la met à fermenter dans de l'eau. Le gluten, les sucres, se transforment et il se produit de l'acide carbonique, de l'acide sulfhydrique, de l'ammoniaque et des produits nauséabonds. L'amidon reste, inaltéré. Ce procédé fait perdre le gluten, produit de valeur.

2° - s'il s'agit de farine de bonne qualité on sépare par simple lavage sous un filet d'eau, le gluten de l'amidon. Ce dernier se dépose et par fermentation on le sépare des petites quantités de gluten ou de matières sucrées qu'il a entraînées avec lui.

Dumas a désigné sous le nom de fibrine végétale le corps

obtenu par l'action de l'alcool bouillant sur le gluten. Par refroidissement de cette solution alcoolique, on obtient une substance appelée caséine végétale. En évaporant l'alcool, il reste un mélange de glutine (sorte d'albumine) et une matière grasse analogue au beurre. Des substances de ce genre existent dans les graines des légumineuses, c'est ce qui en fait des aliments réellement importants.

Inuline

Corps analogue à l'amidon. Il remplace celui-ci dans les tubercules de certaines plantes où on le rencontre (salsifis - chicorée, topinambour, etc...). Il est lévogyre et dévie à gauche de 39°5 le plan de polarisation. Il est peu soluble dans l'eau bouillante et insoluble dans l'eau. La liqueur cupro-potassique (de Fehling) et l'iode sont sans action sur lui. Le ferment soluble désigné sous le nom d'inulase, ainsi que les acides étendus, produisent sa saccharification en donnant du glucose et surtout du lévulose.

Lévosine

Trouvé par Fauret dans les céréales - L'amylase est sans action sur lui. Les acides étendus le saccharifient comme l'inuline.

Asparagose

Corps lévogyre déviant le plan de polarisation de 35°. On le rencontre avec du saccharose dans l'asperge et ses baies vertes.

L'asparagose ne réduit pas la liqueur de Fehling. L'iode ne le colore pas.

Sa saccharification donne du glucose et du lévulose.

Cellulose

La cellulose est une substance blanche, insoluble dans l'eau, l'éther et l'alcool. Elle forme la charpente de toutes les plantes. Sa formule générale est $(C^6 H^{10} O^5)^n$. On ne connait pas le degré de condensation de sa molécule.

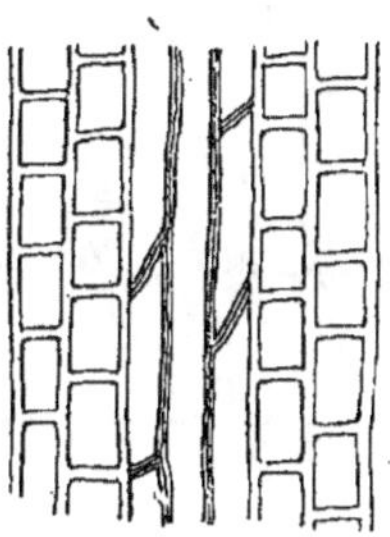

Fig. 40

La cellulose est soluble dans une solution ammoniacale d'oxyde de cuivre (liqueur de Schweitzer) d'où elle peut être précipitée. Cette réaction est caractéristique pour cette substance et permet de distinguer le coton de la laine.

Le coton, les fibres, le vieux linge, le papier, contiennent de la cellulose presque à l'état pur.

En passant rapidement du papier à filtre dans de l'acide sulfurique étendu de la moitié de son volume d'eau on obtient le parchemin végétal.

De la cellulose, on retire le coton poudre $(C^{12} H^{10} (AzO^2)^n O^{10})$, le collodion et le celluloïd qui est un mélange de coton poudre et de camphre. Les matières colorantes acides, teintent fortement la cellulose. Sous l'action d'un microbe, le bactérium xylinum, la dextrine et le lévulose peuvent être transformés en cellulose.

Certains auteurs croient à l'existence de plusieurs celluloses. Il existe des corps qui accompagnent la cellulose dans les tissus des végétaux, dont la composition doit les faire classer parmi les hydrates de carbone. On les appelle des hémicelluloses ; on en rencontre surtout dans les graines.

Chapitre XIII

Essences

Synonyme : huiles essentielles

Les essences sont des corps volatils organiques excrétés par certains végétaux et qui sont considérés comme étant des dérivés de carbures saturés tel que le benzène (C^6H^6). Ce sont des mélanges de terpènes, sesquiterpènes et d'alcools terpéniques.

Ces carbures spéciaux font partie de la série dite _aromatique_, ainsi appelée parce que certains composés de cette série présentent une odeur caractéristique. Ils brûlent avec une flamme fuligineuse, au contact de l'air.

D'après M. M. _Charabot_ et _Laloué_ la formation des essences, dans les plantes, est surtout marquée jusqu'à leur floraison, mais lors de la fécondation, une forte partie des essences disparaît, ils en ont conclu que les essences sont des corps qui jouent le rôle de réserves destinées à assurer la reproduction de l'espèce.

De son côté, _Giglioti_ est d'un avis différent et il croit que les essences facilitent le transport des enzymes à travers la paroi cellulaire. Il est possible qu'elles remplissent ces deux rôles à la fois.

Les essences se rencontrent dans les feuilles, les fleurs et les fruits d'un nombre élevé de végétaux. Elles sont solubles dans l'éther, les huiles grasses, l'alcool et le sulfure de carbone. On les distingue des huiles fixes par leur propriété de produire, sur le papier, une tache qui disparaît sous l'influence de la chaleur, alors que celle d'une huile est persistante.

Extraction des essences

Quelques essences peuvent être extraites par le procédé de l'enfleurage qui consiste à mettre les fleurs en présence de graisses inodores et de presser le tout. L'essence se dissout dans les corps gras qui s'écoulent. C'est par ce procédé qu'on recueille les essences d'Hespéridées.

Les graisses mises ensuite au contact de l'alcool lui abandonnent l'essence qu'elles ont dissoute.

Dans d'autres cas, on extrait les essences par simple digestion des plantes dans un solvant tel que l'éther de pétrole, la benzine ou même le sulfure de carbure.

En général les essences sont obtenues par l'action d'un courant de vapeur d'eau. Voici comment on procède : dans un alambic A (fig. 41) on met, avec de l'eau, les parties de végétaux ou les sucs qui contiennent les principes odorants. On chauffe ; de la vapeur se forme qui entraîne l'essence, celle-ci tombe goutte à goutte dans un récipient R, dit récipient florentin.

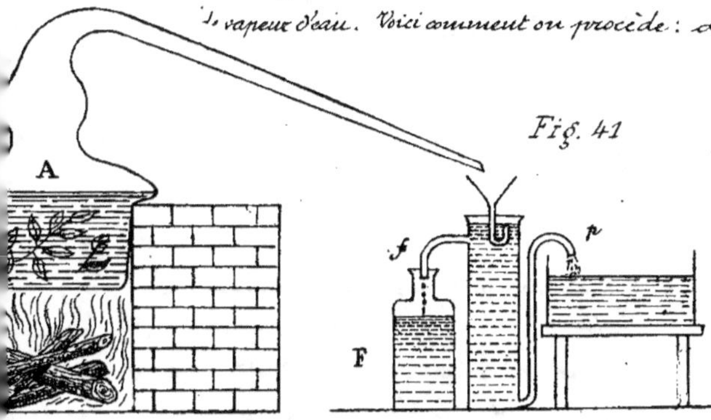

Fig. 41

Si l'essence est plus légère que l'eau, elle surnage le liquide du récipient (qui n'est que de l'eau) et s'écoule par la tubulure f à l'ouverture extérieure de laquelle on place le flacon F destiné à la recueillir.

Dans le cas où elle est, au contraire, plus lourde que l'eau, l'essence tombe au fond du récipient. Quant à l'eau de condensation provenant de l'alambic, elle s'écoule au dehors par la tubulure h.

Résines

L'oxydation, à l'air, des huiles essentielles, donne naissance à des corps que l'on désigne sous le nom de résines.

Ce sont des substances à cassure conchoïdale, colorées en brun ou en jaune et d'une transparence plus ou moins accentuée.

Dans les végétaux, elles se trouvent dissoutes dans les essences. Elles brûlent à l'air, avec une flamme épaisse et fuligineuse.

L'eau ne les dissout pas et leurs solvants sont : l'alcool, l'éther, et les huiles volatiles, vis-à-vis des alcalis, les résines jouent le rôle d'acides faibles. On obtient des résines comme résidu de la distillation des sucs que l'on recueille en faisant des incisions aux arbres qui sont susceptibles de les fournir.

Les huiles retirées des résines, par distillation, sont très employées dans la fabrication de certaines peintures, et dans celle des encres des typographes.

Colophane

Synonyme : Arcanson

La colophane, résine de couleur jaunâtre tirant sur le brun, est le produit de l'oxydation à l'air de l'essence de térébenthine. Elle est constituée par un mélange d'acide pinique ($C^{40} H^{64} O^2$) et de son isomère l'acide sylvique ; le premier est soluble dans l'alcool froid et le second, dans l'alcool bouillant.

Au contact de la soude du commerce, la colophane produit un savon résineux que l'on utilise dans le collage du papier. Il entre dans la proportion de 20 à 30 % dans les savons de qualité inférieure, dits économiques.

Baumes

Les résines liquides ou solides qui renferment, seuls ou mélangés, les acides cinnamique et benzoïque sont appelées des baumes.

Ces résines renferment des essences. Les baumes les plus connus sont ceux du Pérou, de Tolu, le benjoin et le styrax.

Gommes résines

L'évaporation à l'air libre de certains sucs de végétaux donne comme résidus des substances appelées : gommes résines parce qu'elles sont constituées par un mélange de gommes et de résines.

C'est ainsi que l'on obtient : la gomme-gutte, la gomme adragante, la gomme-ammoniaque, la myrrhe, l'assa fœtida, cette dernière utilisée comme vermifuge.

Vernis

Ce sont de simples dissolutions de résines.

Les résines dissoutes dans les essences donnent les vernis pour métaux.

Celles qui sont dissoutes dans l'alcool donnent les vernis pour meubles.

Quant aux vernis utilisés dans la carrosserie ce sont des dissolutions de résines dans des huiles siccatives.

Le suc qui s'écoule du pin maritime et que l'on désigne habituellement sous le nom de térébenthine est un vernis naturel qui, appliqué en couches minces, préserve les corps de l'humidité et retarde leur usure.

Caoutchouc

Le caoutchouc est le suc laiteux, appelé latex, qui est recueilli à la suite des incisions que l'on pratique sur certains arbres des pays chauds comme le Brésil, le Gabon, la Guyane, Java, ou les Indes.

Ce sont des arbres du genre Hevea, le Ficus élastica ou le Siphonia caoutchu qui produisent cette matière.

Le caoutchouc le plus estimé provient de la province de Para (Brésil).

Le latex est, pour les arbres qui le produisent, une substance de réserve. Ce qui le fait supposer, c'est qu'on y trouve une oxydase dont le rôle est de la transformer en matériaux plus facilement assimilables par les organes des végétaux producteurs.

Le caoutchouc est formé par un mélange de carbures camphériques dont la formule générale est $(C^{16} H^{16})^n$. C'est un corps blanc, quand il est pur, que l'action prolongée de la lumière colore en brun. Il est insoluble dans l'eau et il rend imperméables les tissus sur lesquels on l'applique.

Voici comment on procède pour cette opération : on fait dissoudre du caoutchouc dans un mélange de 94 parties de sulfure de carbone et de 6 parties d'alcool absolu ; il suffit ensuite d'étendre la dissolution sur les tissus à imperméabiliser.

Le caoutchouc est soluble dans l'essence minérale et dans la benzine ; sous cette dernière forme, on l'utilise pour la réparation des chambres à air des automobiles et des bicyclettes. Il se forme une véritable soudure, dans cette opération, par suite de la propriété que possède le caoutchouc _frais_ de se souder à lui-même.

L'ozone le détruit, le chlore l'attaque lentement ; en revanche il résiste à l'action des acides et des alcalis à la température ordinaire tout au moins.

Dans l'éther, il se gonfle et il se comporte de même dans l'huile de houille. Il est probable que sa synthèse a été réalisée en partant de l'_isoprène_. La densité du caoutchouc varie entre 0,92 et 0,94.

Aux environs de 8°, le caoutchouc devient dur et à peine élastique ; entre 10 et 30°, il est souple et extensible ; à 100°, il devient visqueux ; à 180°, il fond.

Il brûle à l'air en produisant une odeur caractéristique désagréable.

Préparation.

Pour obtenir le caoutchouc, on incise les arbres et on recueille le suc qui en découle, dans des baquets. On y trempe alors soit des battoirs en bois, soit des poires en argile.

Le suc y adhère et on obtient le desséchement de la première couche ainsi formée, en promenant le tout à travers une flamme de bois vert. Après cette première opération, on retrempe la poire ou le battoir dans le baquet et en agissant de nouveau, comme il vient d'être dit, on a une seconde couche de caoutchouc brut. Ainsi de suite.

Quand l'épaisseur des couches est suffisante, on sépare la matière de la poire ou du battoir. Le caoutchouc brut ainsi obtenu peut renfermer comme impuretés des corps gras, des albuminoïdes, de l'amidon et des matières sucrées; on le déchiquète sous un filet d'eau, entre deux cylindres tournant en sens inverse et à des vitesses inégales. Les débris de bois sont de la sorte entraînés, et la masse, après un passage à la presse hydraulique, donne le _caoutchouc bloqué_ que l'on débite ensuite au commerce, après l'avoir partagé en lames minces, à l'aide de scies mécaniques.

Caoutchouc vulcanisé.

En combinant 1 à 2 % de soufre au caoutchouc, on obtient le caoutchouc dit _vulcanisé_ qui perd, en passant à cet état, la faculté de se souder à lui-même et celle d'imperméabiliser les étoffes.

Ébonite ou caoutchouc durci.

Si on augmente la dose de soufre à incorporer au caoutchouc et qu'on la porte de 10 à 35 %, on obtient un corps dur appelé _ébonite_ avec laquelle on fabrique des bijoux, des peignes, des cannes, etc…

Gutta Percha

C'est un latex analogue au caoutchouc qui coule d'un arbre abondant à Java, à Bornéo et dans la presqu'île de Malacca, du genre _Isonandra_. Le tronc en fournit aussi bien que les feuilles. Il est un peu plus lourd que le caoutchouc et sa densité varie entre 0,97 et 0,98.

Voici la composition de la gutta-percha :

fluavile (résine jaune)	6 à 4 %
gutta $(C^5H^8)^n$	75 à 82 %
albane (corps oxygéné)	19 à 14 %

À la température ordinaire elle est dure ; son ramollissement a lieu vers 50° et elle fond à 130°. Au contact de l'air, elle devient cassante, sous l'influence d'une lente oxydation.

Elle brûle à l'air en donnant une flamme fuligineuse.
La propriété que possède la gutta de se souder à elle-même facilement, l'a fait employer, dans l'industrie à la confection de vases, de cuvettes, d'articles hygiéniques, de sondes, etc...

On fabrique avec elle des bouteilles inattaquables par l'acide fluorhydrique. La gutta est enfin utilisée en galvanoplastie pour la confection des moules, par suite de sa grande facilité à prendre fidèlement les empreintes.

On la rend conductrice en la recouvrant de plombagine. C'est un excellent isolant dont on se sert en télégraphie et dans les industries électriques.

Les câbles sous-marins et souterrains comportent une couche de gutta-percha autour des fils de cuivre.

Camphres

Camphre ordinaire $C^{10}H^{16}O$

Les camphres sont aujourd'hui considérés comme des cétones à chaîne fermée, correspondant au _bornéol_ qui est un alcool campholique.

On connaît trois camphres possédant les mêmes propriétés chimiques, mais qui agissent chacun différemment sur la lumière polarisée. Les essences naturelles renferment souvent un camphre en dissolution.

Le camphre ordinaire est extrait du _Laurus camphora_, arbre que l'on rencontre au Japon, aux îles de la sonde et en Chine. Il est dextrogyre, tandis que celui que l'on retire de l'essence de matricaire est lévogyre.

Il existe aussi un camphre inactif à la lumière polarisée que l'on désigne sous le nom de _camphre racémique_.

Préparation

La préparation est simple ; elle consiste à mettre des morceaux d'arbre à camphre dans un alambic renfermant de l'eau. On chauffe et le camphre entraîné par la vapeur d'eau se condense sur la paille de riz qui garnit l'intérieur du chapeau de l'appareil.

Le camphre brut ainsi obtenu, est expédié en France où on le raffine par sublimation dans un récipient en verre chauffé au bain de sable.

On utilise le camphre en médecine et dans la fabrication du celluloïd.

Térébenthine

Le suc qui s'écoule des incisions faites au *pinus maritima* (pin maritime) est un mélange de 75 à 85 % de colophane et de 25 à 15 % d'essence.

En distillant cette matière complexe commercialement dénommée ; térébenthine, on obtient l'essence de térébenthine. Pour la purifier, on redistille cette essence en présence d'eau, puis on la rectifie en plaçant au fond de la chaudière qui sert à cette opération, des morceaux de chlorure de calcium.

L'essence de térébenthine tiré du pin maritime et qui est connue sous le nom de térébenthine de Bordeaux, est formée de térébenthène, lévogyre ($\alpha = -40°?$).

Celle qui est extraite du pin d'Australie et que l'on nomme térébenthène anglais est dextrogyre.

Ces deux essences ont les mêmes propriétés chimiques. Elles dissolvent le phosphore, le soufre, les matières grasses, les résines, la cire, et le caoutchouc. Elles sont très utilisées en peinture et dans la fabrication des vernis à l'essence.

Essences analogues à l'essence de térébenthine

Les essences de sabine, de bouleau, de girofle, de poivre, de genièvre, de citron, de bergamote, ont pour formule générale $C^{10}H^{16}$ et sont analogues à l'essence de térébenthine.

Les essences de cubèbe et de copahu sont, comme les précédentes, d'origine végétale.

Vasculose

Ce principe qui contient 60 % de carbone accompagne la cellulose. Il a été signalé par Frémy. Il résiste à l'action des acides et des alcalis, sauf à celle de l'acide sulfurique concentré. La vasculose du bois se dissout pourtant dans les lessives alcalines portées à une température de 100°.

Lignol ou Lignine

Cette matière rappelle tout à fait la vasculose par ses propriétés.

Chapitre XIV

Matières grasses

Les matières grasses contenues dans les végétaux étant des dérivés de la glycérine, il est opportun de rappeler les propriétés de ce corps qui joue ici un rôle important.

La glycérine est obtenue par la saponification des substances grasses sous l'influence de la vapeur d'eau surchauffée. C'est un corps sirupeux, de goût sucré, incolore, de densité 1,26. Son point de fusion est 18°; il distille à 280° et ne se solidifie qu'au-dessous de 0°.

La glycérine est un alcool triatomique. Les acides réagissent sur elle en prenant la place de une, deux, ou de trois molécules d'eau.

Les composés ainsi obtenus peuvent être considérés comme des corps à la fois alcool et éther-sel, ou trois fois éther-sel.

Exemple, avec l'acide acétique, on a :

$$CH^3, CO^2H + C^3H^5(OH)^3 = H^2O + C^3H^5(OH)^2(CH^3CO^2)$$

acide acétique — glycérine — eau — monoacétine (alcool et éther-sel)

$$2(CH^3, CO^2H) + C^3H^5(OH)^3 = 2H^2O + C^3H^5(OH)(CH^3, CO^2)^2$$

acide acétique — glycérine — eau — diacétine (alcool et éther sel)

$$3(CH^3, CO^2H) + C^3H^5(OH)^3 = 3H^2O + C^3H^5(CH^3, CO^2)^3$$

acide acétique — glycérine — eau — triacétine (éther sel)

Usages de la glycérine.

La glycérine est utilisée en médecine comme cicatrisant des plaies et comme médicament interne sous forme de glycérophosphate de calcium. Les sculpteurs l'emploient pour maintenir molle, leur argile, et les industriels pour l'encollage des tissus ou dans la tannerie.

Elle est une des bases de la nitroglycérine qui sert à former la dynamite.

Les corps gras naturels sont généralement des mélanges de stéarine, de palmitine et d'oléine. Ils contiennent deux de ces principes immédiats ou bien trois.

Exemples :

L'huile d'olive est formée de 28 parties de palmitine et de 72 parties d'oléine. C'est le type du corps gras à deux principes, tandis que le suif de mouton en contient trois, c'est-à-dire : 20 parties d'oléine et 80 parties d'un mélange de palmitine et de stéarine.

Propriétés des corps gras.

Les corps gras sont des matières neutres, onctueuses qui tachent le papier d'une marque que la chaleur n'enlève pas.

Leur coloration est variable et il en est de verts, d'incolores, de blancs ou de jaunâtres.

Suivant leur consistance, à la température ordinaire, on les désigne sous les noms de beurres, graisses, suif s'ils sont solides et d'huiles, s'ils sont liquides.

Certaines de ces huiles, comme celles de noix, d'œillette et de lin, s'oxydent au contact de l'air et épaississent ; on les appelle huiles siccatives.

Artificiellement ; on rend les huiles siccatives en les faisant bouillir avec des sels de manganèse ou avec de la litharge (protoxyde de plomb).

Les corps gras sont peu à peu altérés par l'air ; ils y deviennent rances. Ils prennent naissance dans le suc protoplasmique des végétaux et c'est là surtout qu'on les rencontre, mais il s'en trouve souvent hors des cellules. Ce sont des corps extrêmement répandus dans la nature.

D'après M. M. Gilbert et Dunlap ce sont des enzymes qui contribueraient, dans le végétal, à leur formation. On doit les considérer comme des matières de réserve pour la plante.

Stéarine, Palmitine, Oléine

La stéarine est un éther-sel de la glycérine, on l'appelle encore tristéarine. La palmitine ou margarine est de même une trimargarine et l'oléine, une trioléine. Autrement dit ce sont des principes gras qui sont trois fois éther-simple. Ils entrent dans la constitution des corps gras.

Extraction des corps gras

On extrait les corps gras des végétaux qui les renferment par compression. Cette opération se fait à froid, quand il s'agit de recueillir une huile liquide, c'est le cas des graines oléagineuses qu'il suffit de broyer avant de les mettre sous la presse parce que la matière grasse qu'elles contiennent est liquide.

Si au contraire, les graines renferment un corps gras solide (cacao, laurier, palme), on doit comprimer les graines entre des plaques métalliques chauffées, ou les faire bouillir auparavant avec de l'eau. On purifie l'huile ainsi extraite des graines, en les battant avec 2 ou 3 pour cent d'acide sulfurique, 24 heures après on ajoute 25 % d'eau. On laisse reposer 3 à 4 jours et on enlève l'huile qui surnage le liquide. Elle est alors épurée.

Bougies et savons

Les bougies sont formées d'acide stéarique. On les obtient en faisant couler cette substance préalablement chauffée dans des moules qui portent à l'intérieur une mèche qui a été trempée dans une dissolution concentrée d'acide borique.

L'acide stéarique est un des produits de la saponification du suif de bœuf par l'action de la vapeur d'eau.

Les chandelles se fabriquent plus simplement en faisant fondre le suif de mouton dont on remplit ensuite les moules.

C'est encore avec les corps gras que l'on fabrique les savons qui sont des oléates, stéarates et palmitates, à base de potasse ou de soude.

La fabrication des savons comprend trois phases :
la première ou empâtage consiste à faire bouillir une lessive alcaline rendue caustique par la chaux pendant 5 heures, en présence du corps gras à saponifier.
la seconde ou relargage a pour but d'enlever la solution alcaline précédente qui est usée. On y réussit en ajoutant à la masse de nouvelles lessives alcalines contenant 30 à 40% de sel marin dont la propriété est de séparer le savon de ses solutions aqueuses. Il surnage et peut être facilement recueilli.

La dernière phase ou cuite, achève la saponification commencée dans les deux précédentes. Dans cette opération finale on fait bouillir le savon avec des lessives alcalines et salées marquant 20 à 25°.

Après avoir renouvelé 4 fois la solution alcaline, on soutire à sec la partie liquide et il reste le savon brut, à base de fer et d'aluminium, mêlé aux impuretés de la soude.

Traitée par une lessive alcaline très faible et à chaud, ce savon brut se sépare du savon d'alumine et de fer qu'il contient et donne naissance au savon blanc dont le défaut est de contenir jusqu'à 50 % d'eau. Le savon marbré, portant des veines colorées par un peu de savon alumineux est plus avantageux parcequ'il ne contient que de 20 à 30 % d'eau.

Le savon noir est celui qui est obtenu par l'action de la potasse sur des huiles de qualité inférieure comme celles de lin, de chènevis on de colza.

Les _savons de résine_ ou _économiques_ sont constitués par des mélanges de savons ordinaires et de savons obtenus par l'action de la colophane sur une solution alcaline de soude.

Lécithines

Les lécithines sont des dérivés des acides palmitique ou oléique. Le cerveau, les nerfs, le sang, le lait, la laitance des carpes, le jaune d'œuf en contiennent.

Leur préparation s'effectue en traitant le jaune d'œuf par l'éther et en reprenant par l'alcool, le résidu obtenu à la suite de l'évaporation de l'éther de la première partie de l'opération.

Cires

Les cires qui par leur aspect, rappellent la cire d'abeilles sont des éthers composés formés d'acides de la série grasse et d'alcools. Certaines plantes en renferment sur leurs feuilles, leur tige ou leurs fruits.

La _cire de chine_ est produite par plusieurs espèces d'arbres à la suite de la piqûre d'un coccus.

La _cire d'abeilles_ constitue les parois des cellules où ces animaux déposent leur miel. Sous l'action de la pression, les gâteaux de miel cèdent leur suc et il reste de la cire.

On traite cette cire par l'eau bouillante et cette opération, en dissolvant le miel resté adhérent, la purifie. C'est ainsi que l'on fabrique la cire vierge. Pour blanchir cette substance, il suffit de la traiter à l'eau, puis de l'exposer à la lumière solaire.

La _cire de Carnauba_ est extraite des feuilles de certains palmiers du Brésil. Elle est analogue à la cire d'abeilles.

Chapitre XV

Tannins

Les _tannins_ sont des dérivés des carbures benzéniques. Ce sont des corps très répandus dans la nature. D'après _Oser_, leur rôle, dans les plantes qui en renferment, serait de servir d'aliment respiratoire.

Le fait que les tannins s'accumulent en hiver dans certaines espèces comme les _Pinus_, pour disparaître ensuite au printemps, époque de la croissance, les font considérer comme des réserves. Beaucoup de savants voient en eux, surtout de simples déchets organiques.

Les tannins se trouvent principalement dans l'écorce de quelques arbres, mais les feuilles (noyer, eucalyptus) et même les fruits (Sorbes) peuvent en contenir.

Tannin ordinaire

$$C^6H^2(OH)^3 CO^2, C^5H^2(OH)^2 CO^2H$$

Synonymes — Acide dégallique ou gallotannique

Le _tannin ordinaire_ est un éther-digallique, que l'écorce de chêne, de l'orme, du châtaignier, etc... fournit en grande quantité. On l'extrait beaucoup de la noix de galle qui en renferme la moitié de son poids.

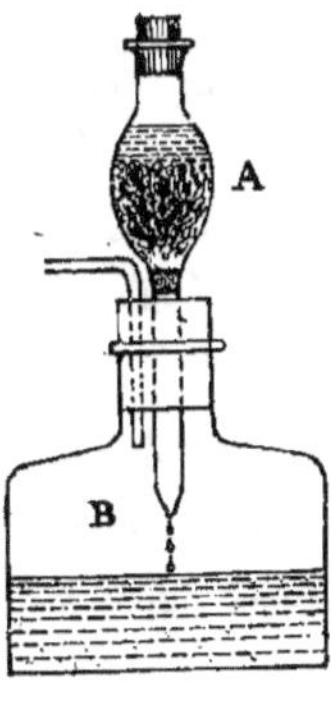

Fig. 42

L'extraction se fait dans une allonge en verre dans laquelle on a mis des fragments de noix de galle et de l'éther.

Cette allonge est fermée à sa partie supérieure par un bouchon en verre, que l'on soulève de temps en temps, pendant la préparation du tannin, et à sa partie inférieure, elle porte un tampon d'amiante.

L'eau contenue dans l'éther dissout

le tannin, traverse le tampon d'amiante et se dépose au fond du flacon B. En faisant ensuite évaporer le liquide ainsi recueilli, au-dessous de 100°, il reste le tannin.

Le tannin exposé à l'air en présence d'une moisissure, comme le pénicillium glaucon ou l'aspergillus niger, s'hydrate en donnant lieu à de l'acide gallique.

$$C^{14}H^{10}O^9 + H^2O = 2 \left(C^7 H^6 O^5\right)$$
$$\underbrace{\qquad}_{tannin} \quad \underbrace{\quad}_{eau} \qquad \underbrace{\qquad}_{acide\ gallique}$$

Lorsque le tannin contient des glucosides, la réaction est plus complexe et ces dernières substances après avoir été changées en glucose, donnent de l'acide carbonique et de l'eau.

On utilise la propriété de l'acide tannique de former un précipité noir avec les sels ferriques, pour fabriquer l'encre. Voici une bonne formule donnée par M. Troost : faire infuser 1 ^{kg} de noix de galle dans 14 litres d'eau, filtrer et ajouter à la liqueur claire, d'abord 500 ^{gr} de gomme arabique, puis une dissolution de 500 ^{gr} de sulfate de fer dans deux litres d'eau.

Le tannin est astringeant, sans odeur, d'un blanc jaunâtre. Il est soluble dans l'eau et insoluble dans l'éther. Sa dissolution précipite la gélatine et l'albumine. Sa propriété dominante est de former avec la peau fraîche, une combinaison imputrescible.

Tannage des peaux.

Cette importante opération s'effectue aujourd'hui de la manière suivante : on place les peaux à tanner dans un grand tambour susceptible de tourner autour d'un axe horizontal. Ce tambour contient une dissolution de tannin. Cette dissolution est traversée pendant toute la durée de la rotation du tambour, par un courant électrique. Sous l'influence de ce courant le tannin pénètre la substance dernique des peaux et la tanne.

Ce procédé est bien plus rapide que l'ancienne méthode dite : des fosses.

On tanne encore les peaux en les mettant au contact d'une solution de bichromate de potassium ; on les traite ensuite à l'hyposulfite de sodium. Le cuir ainsi obtenu s'appelle cuir chromé et à l'avantage d'être imperméable à l'eau.

Glucosides

Les _glucosides_ sont des éthero-oxydes ou des éthero-sels ; on les trouve communément dans les végétaux. Beaucoup de ces corps donnent par dédoublement du glucose et un acide ou du glucose et un alcool sous l'influence des acides étendus d'eau.

On n'est guère fixé sur le rôle des glucosides, cependant il est admissible de les considérer comme étant une réserve pour le végétal puisqu'on les y trouve accompagnés d'un enzyme dédoublant, capable de fournir une matière sucrée assimilable et d'un autre corps inutilisable pour l'alimentation de la plante et qui souvent même est toxique.

Amygdaline

C'est une substance contenue dans les amandes amères. L'eau agissant sous l'influence d'un ferment soluble appelé _émulsine_, la décompose en aldéhyde benzoïque (essence d'amandes amères), acide cyanhydrique et glucose.

Cette transformation n'a pas lieu dans la plante ; mais il est utile de la signaler, car c'est un procédé très sensible de recherche des glucosides dans les végétaux (M. _Bourquelot_).

Sinigrine - Sinalbine

La _sinigrine_ est du _myronate de potassium_ ; elle se rencontre dans la farine de moutarde. L'eau tiède ou froide décompose cette substance en donnant lieu à l'essence de moutarde. Elle sert de base à la préparation des sinapismes.

La graine de moutarde blanche renferme non de la sinigrine, mais un autre glucoside appelé _sinalbine_.

Le nombre des glucosides est élevé. Il en est beaucoup d'autres, en dehors de ceux précédemment cités, et la _digitaline_, la _salicine_, la _coniférine, la solanine, etc... appartiennent à la classe des glucosides.

Substances diverses

Saponines

Les saponines sont des corps qui existent dans plusieurs espèces de plantes (saponaire, etc...) et qui jouissent de la propriété de faire mousser l'eau.

L'écorce de Panama contient une saponine qui l'a fait utiliser dans le nettoyage des étoffes.

Phytostérines

Ce sont des substances analogues à la cholestérine du jaune d'œuf. Ce sont des alcools.

Acides des végétaux

Ces acides sont très nombreux et se forment sous l'action de la respiration des végétaux. Ils seront étudiés au chapitre de la respiration.

Chapitre XVI

Respiration des Végétaux

La respiration est le phénomène qui consiste, chez le végétal, à absorber de l'oxygène et à rejeter de l'acide carbonique ; c'est l'inverse de ce qui se produit dans l'assimilation chlorophyllienne.

Longtemps, on a cru que la nuit les plantes avaient une respiration analogue à celle des animaux et que dans le jour — le phénomène se modifiait et ne se manifestait pas de la même façon. Cette erreur n'existe plus aujourd'hui et l'on sait que les plantes respirent nuit et jour de la même manière.

Ce qui a pu donner lieu à l'hypothèse qu'il en était autrement, c'est que le jour, la respiration peut être masquée par l'assimilation chlorophyllienne, alors plus active qu'elle.

On peut mettre en évidence le phénomène respiratoire à l'aide de l'expérience de <u>Corinwinder</u>, qui consiste à placer sous une

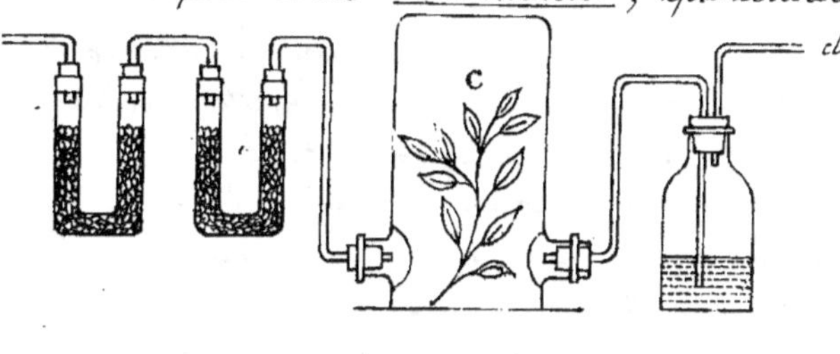

cloche C (fig. 43) les feuilles d'un végétal. Cette cloche communique d'une part, avec deux tubes en U, dont l'un A, renferme de la pierre ponce imbibée d'une

Fig, 43
Schéma de l'appareil de Corinwinder

dissolution concentrée de potasse et l'autre, B, contient de l'eau de baryte, d'autre part, avec un flacon D, rempli au tiers environ d'eau de baryte. Ce dernier flacon est relié à un aspirateur.

Supposons l'aspirateur en activité ; un courant d'air pénétrant par a s'introduit dans la cloche C, après avoir cédé sa vapeur d'eau au tube A et son acide carbonique au tube B, et arrive, en conséquence, sec et pur, au contact des feuilles.

Si donc l'eau de baryte du flacon D se trouble, c'est que le végétal expérimenté aura respiré. C'est en effet ce qui se produit toujours, si l'expérience se fait avec de jeunes rameaux et à l'abri de la lumière solaire, car dans de telles conditions, la quantité d'acide carbonique émise est trop grande pour que cet acide puisse être absorbé, en entier, par la fonction chlorophyllienne.

Plus on évite l'action de la lumière et plus l'expérience précédente se fait nettement.

Corinwinder a obtenu à l'aide de ce dispositif des résultats intéressants ; c'est ainsi qu'il a prouvé que la dose d'acide carbonique dégagée variait suivant les circonstances et qu'elle était d'autant plus importante que la température ambiante était plus élevée, que la plante était plus jeune, et que l'expérience était exécutée à l'abri de la lumière solaire.

La respiration des végétaux est un phénomène complexe ; il serait insuffisant de la considérer comme une combustion pure et simple consistant en une absorption de l'oxygène de l'air suivie du rejet d'un égal volume d'acide carbonique.

En réalité la respiration est "la résultante de phénomènes nombreux d'oxydations qu'il est presque impossible de séparer les uns des autres (M. G. André).

Ce phénomène, en effet, qui se passe dans les cellules végétales concourt à toute une série de transformations par lesquelles certains composés sont entièrement oxydés, et d'autres incomplètement.

Il arrive quelquefois que l'oxydation fait défaut, et qu'elle est remplacée par un dédoublement des substances contenues dans la plante. Dans le premier cas on ne constate pas de dégagement d'acide carbonique, mais dans le second, il en existe au contraire un, parfois accompagné d'une production de vapeur d'eau.

Les considérations précédentes expliquent l'origine des variations que l'on constate dans la valeur du quotient respiratoire qui se représente, ainsi qu'il a été dit, par l'expression volumétrique $\frac{CO^2}{O^2}$, tandis que celle du quotient chlorophyllien s'indique par le rapport inverse $\frac{O^2}{CO^2}$.

Lorsque le quotient respiratoire est égal à l'unité, la respiration peut être considérée comme se rapprochant, au point de se confondre, avec le phénomène de la combustion simple. Le volume d'acide carbonique dégagé est alors égal au volume d'oxygène absorbé, ce qui se traduit par l'expression :

$$\frac{CO^2}{O^2} = 1$$

Mais c'est là l'exception, et M. M. Maquenne et Demoussy ont montré au contraire que le quotient respiratoire était fort variable, devenant tantôt supérieur, tantôt inférieur, à l'unité

$$\frac{CO^2}{O^2} \gtrless 1$$

Leurs belles expériences à ce sujet leur ont permis de formuler la loi suivante :

"Le quotient respiratoire des plantes vertes est plus grand "que l'unité pendant toute la durée de leur végétation active ; son dé- "croissement et surtout son abaissement au-dessous de l'unité, in- "diquent une dégénérescence."

La température joue un grand rôle dans la respiration et on a pu constater que son élévation, active beaucoup ce phénomène. Cela ré- sulte très clairement des expériences de M. Dehérain et de M. Moissan, comme celles de Corinwinder.

De même, le dégagement d'acide carbonique, forme sous laquel- le se manifeste la respiration, est plus intense pendant la période de crois- sance du végétal, surtout pendant sa germination, et il varie d'intensité suivant la nature de la plante.

Bien des facteurs interviennent, comme on le voit, qui agis- sent sur le phénomène respiratoire pour le modifier et le rendre plus com- plexe.

La respiration étant un combinaison du carbone contenu dans les cellules des végétaux avec l'oxygène de l'air, il est des cas où, par excep- tion, les cellules ne peuvent emprunter à l'atmosphère cet élément vital.

Dans de pareilles conditions, l'oxygène emprunté pour l'accom- plissement de la respiration provient de la substance qui constitue la cellule. C'est ce que l'on appelle la respiration intramoléculaire qui se fait surtout aux dépens des sucres contenus dans le végétal. La cellule fournit alors de l'alcool comme le ferait une levure. Quand l'oxygène de cette source finit par faire défaut et que la plante continue à ne pouvoir absorber celui de l'air, elle périt.

Les cellules qui ont la propriété de pouvoir absorber, tantôt l'oxygène de l'air, tantôt celui des substances oxygénées du végétal sont dites : cellules facultatives. Celles qui ne sont aptes qu'à l'absorption de l'oxygène de l'air se désignent sous le nom de cellules aérobies.

Il est une troisième catégorie de cellules, ce sont celles qui peuvent assimiler l'oxygène des substances du végétal et qui ne vivent pas au contact de l'air seul, on les appelle des cellules anaérobies.

Les plantes aquatiques maintenues dans l'obscurité jouissent de la propriété d'absorber l'oxygène dissous dans l'eau.

C'est ainsi que peuvent vivre les plantes qui se développent dans les étangs, sous les lentilles d'eau.

Par l'épaisseur de la couche végétative qu'elles forment

les lentilles ne laissent passer de la lumière solaire qu'un éclairement réduit à des rayons verts qui équivalent à l'obscurité, pour les végétaux qui sont au-dessous d'elles, dans la profondeur des eaux.

Dans ces conditions, la fonction chlorophyllienne ne pouvant pas s'exercer, les plantes des profondeurs périraient si leurs cellules ne jouissaient pas de la faculté d'absorber l'oxygène dissous.

Ce phénomène n'est pas sans inconvénient et lorsqu'il est trop intense par suite d'une trop grande abondance de lentilles d'eau ou de végétaux des profondeurs, l'eau ne contient plus assez d'oxygène pour permettre aux poissons de vivre et ceux-ci en périssent. Leurs corps remonte à la surface de l'étang, où on les voit flotter sans vie.

Respiration des divers organes du végétal

Respiration des racines

Les racines ont besoin, elles aussi, d'oxygène pour vivre et la preuve en est dans ce qu'elles peuvent périr d'asphyxie dans un sol trop compact ou trop humide. Dans certains cas l'absence d'oxygène peut être aggravée par une accumulation d'acide carbonique autour des racines et c'est ce qui se produit en effet quand le végétal croît dans un terrain trop riche en humus.

La mauvaise respiration radiculaire se manifeste au printemps par une éclosion tardive des bourgeons et, à l'automne, par une chute prématurée du feuillage, après un jaunissement également précoce.

Pour les raisons qui précèdent, les arbres de nos promenades devraient toujours avoir autour d'eux le sol travaillé de manière à faciliter la pénétration de l'oxygène et ils devraient aussi, autant que possible, être plantés loin des conduites du gaz d'éclairage et même des égouts, dont l'étanchéité n'est pas toujours parfaite.

La présence des nitrates dans les sols mal aérés est une chose favorable aux racines.

M. M. Dehérain et Maquenne ont démontré que dans de telles conditions les nitrates étaient réduits à l'état d'oxyde azoteux (Az^2O)

avec dégagement d'oxygène absorbé par les racines.

M. Müntz a prouvé que celles de la vigne, à l'époque où elle est submergée en vue de la destruction du phylloxéra, vivaient malgré leur contact avec l'eau, par suite de la présence de nitrates, dans le sol.

Respiration des graines

En raison de la petite quantité d'eau que les graines contiennent, leur respiration est peu marquée ; le phénomène augmente cependant d'intensité au fur et à mesure que la germination se produit.

Le quotient respiratoire d'une graine est variable.

Godlewski a étudié les variations de ce quotient chez celles qui contiennent des matières grasses, et il a trouvé qu'il variait d'une période à l'autre de la germination.

Les trois premiers jours, il est égal à l'unité, la respiration est alors une simple combustion ce qui s'explique par le fait qu'elle se produit, dans cette première période, aux seuls dépens des matières hydrocarbonées contenues dans la graine.

Le quotient devient plus petit que l'unité par la suite et c'est alors que les matières grasses se divisent en deux parties dont l'une s'oxyde et l'autre se transforme en amidon.

Enfin le quotient respiratoire remonte dans une troisième période, celle qui correspond à la transformation de l'amidon en cellulose.

M. Gilbert a étudié les variations du quotient respiratoire dans les graines oléagineuses, comme celles du ricin et du lin. Il a constaté que pendant qu'elles sont molles, elles contiennent des hydrates de carbone aux dépens desquels se fait partiellement la respiration ; le quotient respiratoire est, dans cette période, plus grand que l'unité. Il diminue au fur et à mesure que les matières hydrocarbonées restantes se transforment en substances grasses.

Le même auteur a porté ses investigations sur la respiration des graines amylacées. Il a trouvé que pendant le mûrissement de la graine - elle est alors molle - le quotient respiratoire était plus petit que l'unité et qu'après cette période, il devenait égal à l'unité.

Il devait en être ainsi, car dans ce cas, la respiration

est réduite à la combustion pure et simple de la matière amylacée qui peut être représentée par l'équation :

$$6\,O^2 + C^6H^{10}O^5 = 6\,CO^2 + 5\,H^2O$$

oxygène — matière amylacée — acide carbonique — eau

Respiration des fleurs

Les fleurs ont elles aussi une respiration et elle est même plus active que celle des feuilles ; c'est surtout dans les étamines et dans le pistil que le phénomène est le plus intense. Plus la fleur est jeune et plus cette différence est marquée.

Les fleurs colorées sont, du fait de leur respiration, soumises à une oxydation plus grande que les fleurs blanches. L'acide carbonique qu'elles dégagent croît, pour toutes les fleurs, lorsqu'elles sont exposées à l'obscurité. De là, le danger de les conserver, la nuit, dans les chambres habitées.

Au début de leur formation, les fleurs ont un quotient respiratoire voisin de l'unité puis, avec l'âge, survient un changement et ce quotient s'abaisse sensiblement au fur et à mesure que l'oxydation diminue elle-même.

Respiration des fruits

La respiration chez les fruits est essentiellement liée au point de vue de l'intensité, à leur maturation.

Le quotient respiratoire, conséquence de ce qui précède, peut atteindre deux unités et même aller quelquefois au-delà. Cette activité se manifeste lorsque la température dépasse un degré d'évaluation qui varie d'ailleurs avec chaque espèce de fruits.

C'est pendant la maturation que les acides organiques que contiennent les fruits, tels que l'acide citrique, l'acide malique, etc... disparaissent peu à peu pour faire place à du glucose.

Respiration des tubercules et des racines à tubercules

On a supposé que les tubercules et les racines à tubercules é-
taient soumises à une respiration intra-cellulaire.

M. Devaux a démontré que cette hypothèse n'était pas
fondée et que la respiration de ces divers organes se produisait par la voie
de leurs méats et de leurs pores.

Phénomènes qui accompagnent la respiration

La respiration est un phénomène complexe ; elle se fait surtout aux dépens des réserves du végétal, principalement des hydrates
de carbone, qui y sont contenus, tout au moins pendant la durée de
sa croissance.

Le fait que le dégagement d'acide carbonique décroît dans
la respiration d'une partie verte d'un végétal exposé à l'obscurité où
l'action chlorophyllienne et par conséquent arrêtée, est là pour le
démontrer.

La diminution du quotient respiratoire qui se produit
peu à peu chez les organes détachés d'un végétal indique également le
sens dans lequel s'accomplit le phénomène respiratoire.

D'après M. Paladin les diastases ou enzymes jouent
un rôle important dans la respiration des végétaux et il faudrait
admettre que les transformations qui caractérisent ce phénomène s'accom-
plissent en deux périodes.

Dans la première, qui serait une sorte de vie anaérobie ; les
substances difficilement oxydables se transformeraient en corps faciles à oxy-
der, et dans la deuxième, une vie, qui serait cette fois aérobie, verrait
sous l'action des oxydases ou ferments oxydants, les premiers corps transformés se dédoubler en acide carbonique et en eau.

L'acide carbonique qui se dégage des végétaux ne résulte

pas seulement d'une oxydation au contact de l'air des substances qui s'y trouvent sous l'action des enzymes, car des expériences précises ont montré que ce gaz pouvait aussi se dégager par suite du dédoublement de certaines substances, également renfermées dans les végétaux, sous l'effet de réactions purement chimiques.

(Dans ce cas, l'anhydride carbonique produit s'ajoute à celui qui se dégage sous l'action purement vitale des enzymes. Ces diverses réactions sont déterminées ou au moins facilitées par la présence de l'air. (M.M. Berthelot et G. André).

Respiration intracellulaire

En renfermant dans un récipient portant un tube à dégagement, certains fruits comme des cerises ou des pommes, M.M. Lechartier et Bellamy constatèrent que l'oxygène de ce récipient disparaissait peu à peu et était remplacé par de l'acide carbonique.

Au fur et à mesure que l'expérience se prolongeait les fruits se flétrissaient et la proportion d'acide carbonique augmentait. Le sucre des fruits disparaissait en même temps pour être remplacé par de l'alcool. Continuant leurs recherches, ces auteurs établirent qu'un fruit, une pomme par exemple, immergé dans l'huile pour empêcher l'accès de l'air, répandait bientôt une odeur alcoolique marquée.

C'est là un fait constant et tous les fruits privés d'air subissent la fermentation alcoolique. On en a conclu qu'une cellule de végétal, lorsqu'elle n'est pas au contact de l'air, joue le rôle d'un ferment alcoolique. C'est la respiration intracellulaire ou intramoléculaire.

M.M. Berthelot et Devaux ont constaté que certaines cellules aérobies avaient la faculté de se comporter comme des cellules anaérobies, même au contact de l'oxygène de l'air. On doit donc admettre que l'alcool est une substance normale de la vie intracellulaire.

Chez les champignons, la respiration intramoléculaire est comparable à celle de la levure de bière mais avec cette différence que certains d'entre eux fournissent de l'anhydride carbonique seulement, tandis que d'autres donnent lieu à un dégagement, à la fois, d'acide et d'hydrogène, ainsi que cela se produit avec la levure.

La respiration intracellulaire des graines est également comparable au phénomène de la fermentation alcoolique.

La vie anaérobie n'étant qu'une exception chez les végétaux supérieurs, on ne peut guère admettre l'hypothèse de M. Maquenne qui considère que dans la respiration végétale, il se forme d'abord de l'aldéhyde formique, comme cela se produit dans toutes les combustions, lequel se polymérise ensuite pour donner naissance à des sucres.

Quoiqu'il en soit, nous partageons l'avis du professeur G. André qui a conclu que dans l'état actuel de cette question, la respiration intracellulaire ne pouvait être considérée comme le mode normal de la respiration des végétaux et l'alcool, comme le corps initial de la formation des tissus cellulaires.

En effet, quand l'oxygène fait défaut trop longtemps, le végétal périt dans le sol, les racines recherchent toujours les parties qui reçoivent le plus d'air.

De ces constatations, nous devons en conclure qu'une plante pour se bien développer doit être maintenue dans toutes ses parties, dans un milieu aéré; que la terre arable doit être souvent travaillée, principalement autour des racines et qu'il faut détruire la croûte qui peut s'y former, son inconvénient étant d'empêcher l'accès de l'air aux racines. Qu'il faut, par des drainages, éviter la formation des eaux stagnantes lesquelles sont dépourvues d'oxygène et par là, nuisibles à la végétation.

Qu'au contraire, pour conserver les plantes racines, il faut les placer dans un milieu où l'air se renouvelle lentement.

En ce qui concerne les semences, elles se conserveront d'autant plus longtemps dans les silos, que leur dessication au moment de l'enfouissement aura été plus grand, car dans ces conditions, la respiration sera à peine marquée.

Chaleur végétale

Les phénomènes d'assimilation et de respiration végétales sont, au fond, des phénomènes chimiques.

C'est d'eux que provient ce que M.M. Longuinine et Dupont ont appelé la chaleur végétale, car les phénomènes d'oxydation et d'hydratation que l'on constate dans l'assimilation et dans la respiration produisent un dégagement de calorique. Ce sont des phénomènes exothermiques.

M. _Berthelot_ a résumé la fonction calorique dans les lignes que voici :

"L'influence des phénomènes thermiques intérieurs sur la "température propre des plantes est d'ordinaire presque insensible ; de "même chez les animaux à sang froid."

" "Aussi les végétaux sont-ils susceptibles d'emprunter, com-"me ces derniers, une dose d'énergie calorique aux milieux ambiants. "C'est seulement dans des conditions exceptionnelles, telles que la florai-"son et la germination, que les végétaux manifestent une certaine "élévation de température, corrélative de ces actes physiologiques et produi-"sent une chaleur appréciable, attribuable d'ordinaire à l'absorption de "l'oxygène."

"La chaleur mise en jeu pendant le développement des végé-"taux ne résulte pas exclusivement, ou à peu près, des énergies chimi-"ques intérieures, comme chez les animaux supérieurs."

"Au contraire, les formations de principes qui accompagnent "le développement des végétaux sont, pour la plupart, endothermiques, c'est-"à-dire qu'ils résultent de l'intervention des énergies extérieures : lumière, "chaleur solaire et terrestre, électricité."

"Il résulte de ces rapprochements que les végétaux sont de véri-"tables accumulateurs des énergies empruntées aux milieux ambiants et con-"densés dans leurs tissus, sous forme chimique, tandis que ces mêmes énergies "sont restituées aux milieux ambiants par les animaux supérieurs, sous di-"verses formes chimiques, mécaniques et calorifiques."

Ainsi donc, la température d'une plante dépend à la fois de _causes physiques_ et de _causes chimiques_.

La circulation de la sève, l'influence des radiations reçues, l'évaporation par les surfaces du végétal constituent les causes physiques, tandis que, ainsi que nous l'avons dit plus haut, l'assimilation et la respiration sont les causes chimiques.

C'est quand l'activité respiratoire est la plus grande, que l'on remarque le maximum de dégagement de chaleur. De là l'explication de l'élévation de température remarquée lorsqu'une graine germe ou que la fleur s'épanouit, c'est-à-dire aux deux périodes de croissance des végétaux où l'activité respiratoire est intense.

L'observation du dégagement calorifique s'observe à l'aide du thermomètre différentiel (fig. 44).

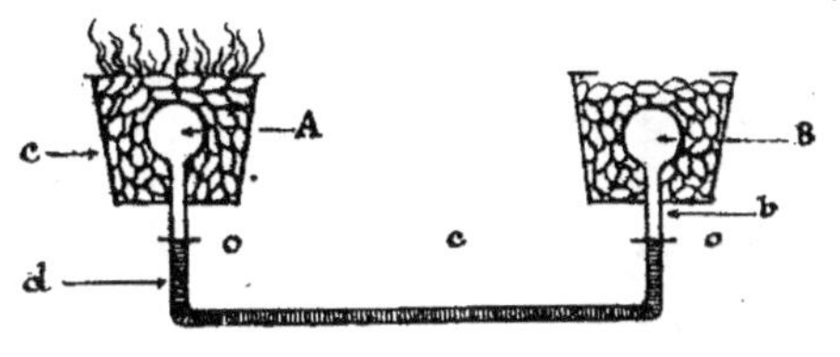

Fig. 44

Schéma d'un thermomètre différentiel

Dans deux vases C et D portant cha-cun à leur partie inférieure une ou-verture pour laisser passer les bran-ches verticales (lesquelles sont termi-nées par des boules A et B) d'un thermomètre différentiel, on place dans le premier, des graines préalablement portées à 100°, et dans le second des graines sèches.

Les graines du vase C germent rapidement alors que les autres restent intactes et l'élévation de chaleur produite dans ledit vase refoule le mercure de la branche d qui monte au contraire dans la branche b. La dif-férence entre les 2 niveaux du mercure donne l'élévation de température.

Chapitre XVII

Formation et Propriétés des acides organiques des végétaux

Les cellules des tissus végétaux jouissent de la propriété de se laisser traverser par l'oxygène de l'air. C'est dans ce phénomène qu'il faut voir l'origine de la formation des acides organiques et c'est une oxydase (ferment oxydant) qui est l'intermédiaire de cette production.

Si l'on considère que le phénomène d'acidification est consta-té à des degrés variables dans à peu près tous les organes du végétal, on est en droit de conclure que l'acidification n'est autre qu'une respiration in-complète, autrement dit une oxydation, puisque la teneur en oxygène des acides organiques formés est intermédiaire entre la teneur en oxygène de l'acide carbonique, dernier terme d'une respiration complète et celle des hydrates de carbone contenus primitivement dans le végétal, avant la formation des acides.

La production de ces acides est très marquée à basse température et dans l'obscurité. Dans de semblables conditions, la plante absorbe de l'oxygène sans arrêt et rejette peu d'acide carbonique; l'oxygène en excédent sert à la formation des acides organiques.

A la lumière solaire et lorsque la température est élevée, les choses se passent différemment et il y a, au contraire, destruction des acides. Ici, ce n'est pas la lumière qui joue le rôle prépondérant, mais bien l'élévation de température et ce qui le prouve, c'est le fait que la production des acides est nulle, ou à peu près lorsque la plante est longuement exposée à l'obscurité, alors que la température ambiante est élevée.

Il en serait tout autrement, si cette température était basse et on constaterait, en pareil cas, une accumulation d'acides.

Chose remarquable, chaque végétal possède une température optima, qui oscille autour de 40° et à laquelle la désacidification est particulièrement marquée. D'autre part l'expérience a permis de constater que plus l'atmosphère qui entoure la plante est riche en oxygène et plus est activée la désacidification.

M. _Mayer_ a prouvé que la transformation des acides à la lumière, donnait naissance à des matières sucrées et il est à supposer qu'il s'agit là d'un fait général, applicable à toutes les plantes.

La présence des acides dans les végétaux modifie les conditions de la respiration des plantes, quand elle a lieu dans l'obscurité; on constate en pareil cas que le volume d'acide carbonique qui se dégage est plus élevé que le volume de l'oxygène absorbé.

Le quotient respiratoire doit être, on le conçoit, bien modifié sous l'influence des phénomènes qui donnent lieu à la formation des acides ou à la désacidification et il en est bien ainsi, car ce quotient est supérieur à l'unité à haute température, tandis qu'au contraire, il baisse et devient inférieur à l'unité, si la plante est exposée à basse température, dans l'obscurité.

Les acides organiques ne sont pas toujours isolés et si chaque espèce possède en général son acide, il est des cas où, dans un même végétal, il s'en trouve plusieurs à la fois.

C'est ainsi que fréquemment les acides malique et oxalique se rencontrent réunis.

Un acide peut exister dans un même végétal sous des formes différentes ; par exemple, il pourra se combiner à deux bases pour former deux sels dont l'un sera soluble et l'autre insoluble. Tel est le cas de l'acide oxalique qui peut se rencontrer sous forme d'oxalate acide de potassium, qui est un sel soluble, et sous forme d'oxalate de calcium, sel insoluble.

D'autres fois, l'acide existe à l'état libre et à l'état de combinaison. L'acide tartrique en fournit un exemple puisque le raisin en renferme à la fois à l'état simple et à l'état de combinaison sous forme de bitartrate de potassium.

Il est à supposer que des relations existent entre les différents acides organiques quant à leur formation. Cela découle de ce qu'avant la maturité, on rencontre, dans un nombre élevé de végétaux de l'acide succinique dérivé par oxydation, des matières grasses. De cet acide doivent sans doute découler, également par oxydation, les acides malique et tartrique.

D'autre part, l'oxydation du glucose peut donner lieu à une formation d'acide oxalique, d'acide formique ou d'acide tartrique. Tout ce qui précède est bien fait pour faire conclure à l'existence de relations étroites entre les différents acides organiques, quant à leur formation.

Maturation des fruits

Les acides organiques existent dans les fruits ; c'est ainsi que l'on rencontre l'acide oxalique dans l'oseille et dans les feuilles de betteraves, qui, pour cette raison, sont un fourrage médiocre et gagnent à être ensilées avant leur utilisation par les animaux ; l'acide citrique dans les oranges et les citrons ; l'acide malique dans les pommes, les fraises et les groseilles ; l'acide tartrique dans les raisins.

Lorsque les fruits encore verts ont atteint leur volume définitif, ces acides y sont en grande quantité unis à la cellulose, à l'amidon, au glucose, au tannin et à la pectose.

À la maturité, le fruit modifie sa couleur sous l'influence de la lumière solaire et de la chaleur ambiante ; l'amidon et le tannin disparaissent peu à peu, ainsi que les acides organiques. Il se forme du sucre de canne dont la proportion augmente progressivement. En même temps, il apparaît une diastase, *l'invertine*, qui dédouble le sucre de canne ou saccharose en glucose et lévulose. Ce dédoublement est complet chez certains fruits arrivés à maturité, comme les raisins, les cerises, la groseille ; chez d'autres, au contraire, le dédoublement n'est que partiel et il reste dans les fruits, du sucre de canne. C'est ce qui se passe dans la banane, l'ananas, la pêche, la pomme, la poire, etc...

L'action solaire favorise tellement la maturation, qu'il est avantageux de récolter, avant leur parfaite maturité, les fruits qui proviennent des régions méridionales de notre pays. Cela permet leur transport commercial et quand il s'agit des raisins, l'avantage qui en résulte est d'éviter, ou sur, la destruction complète du tannin, matière qui favorise la conservation du vin.

Chaque variété de fruit contient, outre les principes dont nous avons précédemment parlé, des éthers de diverses natures que la Chimie sait reproduire.

Ces parfums artificiels qui rendent les fruits si agréables sont très employés aujourd'hui par les confiseurs et par les liquoristes.

L'humidité n'est pas favorable aux arbres fruitiers et nous ne saurions trop conseiller de ne pas les faire venir dans des sols aqueux.

La conservation des fruits est une chose très importante pour les agriculteurs qui doivent rechercher les meilleures conditions pour éviter l'altération et obtenir une maturation normale et pas trop rapide.

M. M. Schribaux et Nanot ont ainsi résumé ces conditions : "Un fruitier doit être peu éclairé ; maintenu à une tempéra-"ture constante de 6 - 8°, posséder une atmosphère un peu humide, sans "jamais être complètement saturée.

Il ne faut pas oublier que l'atmosphère d'une fruiterie peut être chargée d'acide carbonique, aussi est-il prudent, avant d'y pénétrer de se faire précéder d'une bougie allumée, et, le cas échéant, de ventiliser avant d'aller plus loin.

Les fruits étant particulièrement exposés à l'action des moisissures, il est bon, au début de chaque année, de rendre aseptiques les parvis et les tablettes des fruitiers en y pulvérisant dessus, une solution de sulfate de cuivre à 3 grammes par litre.

Principaux acides organiques des végétaux

$$\text{Acide oxalique} = C^2 O^4 H^2$$

$$\text{Formule développée} : \begin{array}{c} CO^2H \\ | \\ CO^2H \end{array}$$

L'acide oxalique, tantôt à l'état libre, tantôt à l'état de combinaison, se rencontre en proportion variable chez presque tous les végétaux, du moins à certaine période de leur développement.

L'oseille en renferme à l'état de bioxalate de potassium soluble et d'oxalate de calcium, insoluble. Il existe dans certaines plantes marines sous forme d'oxalate de sodium. Ces plantes sont utilisées dans la fabrication industrielle de la soude. Plusieurs espèces de lichens contiennent de l'acide oxalique combiné au calcium.

L'acide oxalique ou éthanédioïque est un corps incolore, solide, de saveur désagréable. Avec les bases, il donne naissance à des sels acides ou neutres et avec les alcools des éthers acides ou des éthers neutres. Il est soluble à chaud dans 1 partie d'eau et dans 15 parties à 10° ; sa cristallisation a lieu sous forme de cristaux clinorhombiques.

L'acide oxalique est toxique. À la dose de 15 à 20 grammes, c'est un poison énergique qui paralyse les mouvements du cœur et du système nerveux. On combat ses effets à l'aide de vomitifs et par l'absorption d'une bouillie de magnésie.

Son action toxique peut être ressentie même par les végétaux et c'est dans ce but que la nature a isolé l'acide, du potassium, dans la plante, en les renfermant chacun dans une cellule à la paroi imperméable. La formation de l'oxalate de potassium nuisible à la végétation est ainsi évitée. Les êtres appartenant au règne animal ne supportent pas l'acide oxalique et l'oxalate de potassium qui enlèvent aux os la chaux qu'ils contiennent en les rendant cassants.

Les feuilles de betteraves sont riches en acide oxalique, aussi ne faut-il les employer qu'avec prudence comme fourrage et pour les rendre moins nocives on recommande de les ensiler avant leur emploi, de manière à ce qu'elles perdent, par cette opération, une partie de leur acide. L'expérience a montré que le taux d'acide oxalique dans les feuilles pouvait être abaissé par l'emploi, en grande quantité, d'engrais potassiques.

L'oxalate de chaux cristallise dans les cellules sous forme de cristaux en aiguilles longues que l'on désigne sous le nom de _raphides_.

L'acide oxalique est un réducteur énergique employé comme rongeant dans les fabriques d'indiennes. Il sert à nettoyer le cuivre et à enlever les taches d'encre; il dissout le bleu de Prusse, en donnant de l'encre bleue. Les sels de cuivre sont précipités par lui de leur dissolution, sous forme insoluble, d'oxalate de cuivre.

On prépare cet acide industriellement en chauffant à 200° de la sciure de bois en présence d'un mélange de potasse et de soude.

Réactifs de l'acide oxalique et des oxalates. Dosage

L'acide et ses oxalates, en présence des sels de calcium donnent un précipité blanc d'oxalate de calcium insoluble dans l'acide acétique (C_2O_4Ca).

On peut doser l'acide et ses sels à l'aide d'une dissolution titrée de permanganate de potassium dans l'acide sulfurique.

Chauffé en présence d'une dissolution bouillante d'acide oxalique, le bioxyde de manganèse le transforme en anhydride carbonique et oxalate de manganèse. Cette réaction, utilisée dans les essais de manganèse, peut s'exprimer par l'équation

$$2 \begin{matrix} CO\ OH \\ | \\ CO\ OH \end{matrix} + \underbrace{MnO_2}_{\text{Bioxyde de manganèse}} = \begin{matrix} CO,\ O \\ | \\ CO,\ O \end{matrix} \Big\rangle Mn + 2H_2O + \underbrace{2CO_2}_{\substack{\text{acide} \\ \text{carbonique}}}$$

D'après le poids du gaz carbonique obtenu, on peut calculer celui du bioxyde de manganèse.

Acide succinique
$$CO_2H,\ CH_2,\ CH_2,\ CO_2H$$
ou: $C_2H_4(CO_2H)_2$

L'acide succinique est un corps solide que l'on obtient par

la distillation du _succin_.

On le trouve également dans la laitue vireuse. Il se dissout dans 2 parties d'eau à 100° et dans 5 parties d'eau froide. Il cristallise en prismes clinorhombiques.

Cet acide est un des produits que l'on obtient dans la fermentation alcoolique ou dans l'oxydation des corps gras. Le raisin, le pavot, l'absinthe, la chélidoine renferment également de l'acide succinique.

On suppose que les acides tartrique et malique sont des dérivés, par oxydation, de cet acide.

Acide tartrique

$$CO^2H, CH(OH), CH(OH), CO^2H$$
$$ou \quad C^4H^6O^6$$

L'acide tartrique existe à l'état de bitartrate de potassium dans le jus de raisin, le suc des jeunes tiges de la vigne, dans le topinambour, le pissenlit, etc, et, à l'état de bitartrate de calcium dans certains fruits.

La croûte saline qui se dépose dans les tonneaux contenant du vin et que l'on désigne sous le nom de crème de tartre est du bitartrate de potassium mêlé à du tartrate de calcium et à des matières colorantes.

L'acide tartrique est un corps solide, dextrogyre, cristallisant en prismes clinorhombiques. Il a une saveur acide, agréable; sa solubilité dans l'eau est la suivante : à 0°, 1 litre d'eau en dissout $1^k,150$ et l'eau bouillante, près de 3 kilogs ½.

Sous l'influence d'une température élevée, il se décompose suivant la formule :

$$2(C^4H^6O^6) = 3CO^2 + C^5H^8O^4 + 2H^2O$$

acide tartrique   acide carbonique   acide pyrotartrique   eau

L'acide tartrique est un acide bibasique qui donne des tartrates neutres et des tartrates acides dont la formule générale est

$$C^4H^5MO^6 \quad \text{pour les tartrates acides}$$

et : $\quad C^4H^4M^2O^6 \quad$ pour les tartartes neutres

Exemple, avec le potassium, on a les deux sels :

$$C^4 H^5 KO^6 = CO^2K, CHOH, CHOH, CO^2H$$
tartrate acide   tartrate acide, (formule développée)

$$C^4 H^4 K^2 O^6 = CO^2K, CHOH, CHOH, CO^2H$$
tartrate neutre   tartrate neutre (formule développée)

Préparation de l'acide tartrique —

Cette préparation se fait en partant du tartre ou lie de vin que l'on traite par 2% d'acide chlorhydrique versé dans de l'eau bouillante, pour dissoudre les tartrates. On filtre et on sature la liqueur claire à l'aide de craie ou de chaux.

Le corps qui se précipite à la suite de cette saturation est du tartrate de calcium. On lave ce produit et on le décompose par l'acide sulfurique qui, formant avec le tartrate du sulfate de chaux insoluble, met l'acide tartrique en liberté. On filtre et le liquide clair est évaporé dans des appareils en plomb, où on fait le vide à basse température. L'acide peu à peu cristallise. Plusieurs cristallisations le purifient.

Usages —

L'acide tartrique sert à fabriquer l'eau de seltz dans des siphons spéciaux où on le met en présence de bicarbonate de soude dissous dans l'eau. Il est aussi employé comme rougeant dans les fabriques d'indiennes et à faire des boissons rafraîchissantes.

Uni au potassium et au sodium, il forme le sel de seignette qui est un purgatif et combiné au potassium et à l'antimoine, il constitue l'émétique, substance vomitive, à la dose de $0^{gr},05$.

Réactifs —

Dans l'eau de chaux et dans l'eau de baryte en excès, l'acide tartrique donne lieu à un précipité, ce qui le distingue de l'acide malique.

Il ne donne pas de précipité dans une dissolution étendue de chlorure de calcium, ce qui le distingue de l'acide oxalique.

Crème de tartre

Le mélange de bitartrate de potassium et de tartrate de calcium, qui constitue la lie de vin, est un corps très utilisé pour la préparation de l'acide tartrique.

C'est un corps solide qui cristallise en prismes orthorhombiques et qui est soluble dans 240 fois son poids d'eau à 10°, et dans 15 fois son poids d'eau bouillante.

Dosages de la crème de tartre et de l'acide tartrique

Voir tome II du Cours de Chimie agricole. Chapitre de l'analyse des vins.

Acide malique

$$C^4 H^6 O^5$$

ou : $CO^2H, CH^2, CHOH, CO^2H$

L'acide malique est un des acides organiques les plus répandus du monde végétal. On le rencontre dans le jus de la pomme, dans les cerises, les framboises, les fraises, les baies du sorbier, de l'épine vinette, dans les feuilles de tabac, de rhubarbe, les fruits verts.

Il cristallise en aiguilles déliquescentes qui se groupent en forme de mamelon, est lévogyre et se dissout facilement dans l'eau et dans l'alcool.

Préparation

L'acide malique s'extrait de la baie du sorbier dont on porte le jus à l'ébullition pour coaguler l'albumine qui s'y trouve. On filtre et la liqueur claire est portée à l'ébullition en présence d'un lait de chaux, ce qui donne lieu à un précipité de malate de chaux.

On lave ce malate et on l'introduit dans une dissolution

bouillante d'acide azotique dilué qui transforme le malate insoluble, en malate soluble cristallisable par refroidissement.

Les cristaux recueillis sont lavés et transformés par l'acétate de plomb en malate de plomb que l'on décompose ensuite par un courant d'acide sulfhydrique, en présence de l'eau.

Réactifs.

L'acide malique en dissolution ne trouble pas l'eau de baryte ni l'eau de chaux.

L'acide azotique le transforme en acide oxalique. Les sels de plomb donnent à son contact un dépôt floconneux, en présence de l'eau.

Acide citrique
$$C^6 H^8 O^7$$

formule développée : CO^2H, CH^2, $C\overset{|}{O}H$, CH^2, CO^2H avec CO^2H

Comme les acides précédents, l'acide citrique est très répandu dans la nature. Il existe dans le jus du citron, de l'orange, de la groseille, de la cerise, de la fraise; dans la rose, le sorbier, le néflier; dans les feuilles ou les tiges de certaines solanées comme le tabac, le piment, la tomate et la douce amère. Cet acide est utilisé en médecine et sert aussi à la fabrication des limonades.

Préparation.

On retire l'acide citrique du jus de citron qu'on laisse au préalable fermenter pour que les mucilages soient détruits; on sature ensuite par de la chaux ou de la craie, ce qui donne lieu à la formation d'un précipité de citrate de calcium insoluble que l'on sépare par filtration.

On lave le dépôt que l'on traite après par l'acide sulfurique étendu; il se forme du sulfate de chaux insoluble. On filtre et l'évaporation de la liqueur claire donne de l'acide citrique. On a fait la synthèse de l'acide citrique.

Réactifs.

La dissolution d'acide citrique ne trouble pas l'eau de chaux à froid, mais la trouble à l'ébullition.

Avec la potasse en fusion, l'acide citrique s'empare d'une molécule d'eau pour former de l'acide oxalique et de l'acide acétique.

$$\underset{\text{acide citrique}}{C^6 H^8 O^7} + \underset{\text{eau}}{H^2 O} = \underset{\text{acide oxalique}}{C^2 H^2 O^4} + \underset{\text{acide acétique}}{2\ C^2 H^4 O^2}$$

Acide formique
$H\,CO^2H$

L'acide formique est un corps qui se rencontre non seulement chez les fourmis, mais aussi dans les fruits du tamarin et dans le bois de certains Pinus ; il existe également dans la feuille d'ortie. L'oxydation du sucre ou de l'amidon donne naissance à cet acide.

L'acide formique est un liquide incolore, d'une odeur piquante et de saveur acide. Il cristallise vers 8° et bout comme l'eau à 100°. C'est un corps réducteur qui donne un dépôt d'argent, quand il est chauffé avec l'azotate de ce métal. Il est soluble en toutes proportions dans l'eau.

Préparation

On prépare l'acide formique par le procédé de M. Berthelot qui consiste à chauffer de l'acide oxalique en présence de glycérine.

$$\underset{\text{acide oxalique}}{COOH, COOH} = \underset{\text{acide formique}}{HCOOH} + \underset{\text{eau}}{CO^2}$$

Usages

L'acide formique donne des éthers avec les alcools, dont l'un, le formiate d'éthyle, reproduit l'odeur du rhum.

C'est un hydrogénant énergique utilisé dans le dosage de la potasse.

Réactifs

Les formiates alcalins chauffés avec de l'alcali en excès donnent du carbonate et de l'hydrogène. Le formiate de soude est utilisé dans les laboratoires comme corps hydrogénant ; c'est ainsi qu'il transforme le soufre et les sulfures en hydrogène sulfuré, le phosphore en phosphure d'hydrogène et les carbures métalliques en acétylène, etc ...

L'acide formique est un acide assez énergique qui donne des sels moins solubles dans l'eau que les acétates. À l'ébullition une dissolution de cet acide réduit les sels d'argent.

Acide butyrique

$$C^3 H^7 CO^2 H$$
$$ou \quad CH^2 CH^2 CH^2, CO^2 H$$

Cet acide existe à l'état normal ou à l'état d'acide isobutyrique, dans quelques végétaux. Sous forme d'éther de la glycérine, on le rencontre dans le beurre ; cet éther se désigne sous le nom de _butyrine_ et possède une odeur de beurre rance.

Acide valérianique

$$(CH^3)^2, C H, CH^2$$

L'acide valérianique dont les composés sont employés en médecine est un produit organique que l'on rencontre dans les racines de valériane, dans l'angélique, l'écorce de sureau noir et dans les feuilles de l'armoise. D'autres végétaux en contiennent également.

Chapitre XVIII

Transpiration et Sudation

L'eau, dans les plantes, sert de véhicule aux matières nutritives et lorsqu'elle a accompli cette fonction, elle s'exhale à la surface des feuilles, si l'air ambiant n'est pas saturé de vapeur d'eau et que l'action de la radiation solaire se fasse sentir d'une façon suffisante. C'est là, le phénomène de la _transpiration_.

Quand l'atmosphère est saturée d'eau, et qu'il n'y a plus d'influence solaire, la transpiration est remplacée, tout au moins partiellement par la _sudation_ que l'on constate sous forme de gouttelettes d'eau qui suintent sur les feuilles ou sur la tige des plantes.

La respiration des plantes se démontre à l'aide de l'expérience de M. _Guettard_ qui consiste à exposer aux rayons solaires une feuille de graminée restée reliée à sa tige, mais que l'on place dans l'intérieur d'un tube à essai. On maintient la feuille dans ce tube à l'aide d'un bouchon coupé en deux (fig. 45). Peu à peu, les parois du tube se garnissent de vapeur d'eau.

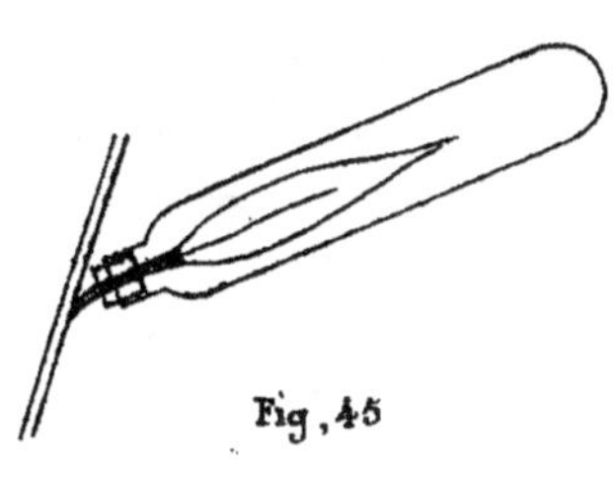

Fig. 45

L'on peut mesurer, dans cette expérience, l'importance du phénomène en coupant la feuille au ras de sa tige et au début de l'opération, après l'avoir cependant fixée au tube à essai.

Soit P le poids ainsi obtenu. Après l'exposition au soleil, on essuie et on sèche le tube rempli de buée; on le tare de nouveau avec son bouchon et la feuille, et on obtient un second poids : p.

La différence $P-p$ représente l'évaporation de l'eau, autrement dit, l'activité de la respiration en un temps et à une température donnés, pour une feuille dont on peut en outre calculer la surface.

Par cette méthode qui donne cependant des chiffres un peu élevés, en raison de ce que la feuille est enfermée dans un tube qui concentre la chaleur, M. _Dehérain_ a constaté, en expérimentant plusieurs espèces de plantes, que la respiration était un phénomène très variable et que la quantité d'eau recueillie dépendait de la nature du végétal et de la température ambiante.

Il a obtenu des résultats variant de 1 à 100; les graminées se firent remarquer par leur transpiration abondante.

Dans la transpiration, comme dans la sudation, l'eau sort de l'ostiole des stomates ou de petits fendillements normaux ou accidentels que l'on rencontre sur les organes de la plante (fig. 45).

Dans les feuilles vertes on distingue deux sortes de respiration ; l'une est la _transpiration chlorophyllienne_ et l'autre la _transpiration proprement dite_.

La première est la plus marquée et l'action chlorophyllienne en augmente l'intensité. En un mot les deux phénomènes sont liés l'un à l'autre.

Au contraire la transpiration ordinaire est un simple phénomène d'évaporation qui dépend de la pression atmosphérique, de la température ambiante, de l'état hygrométrique de l'air ou de son degré d'agitation.

b

a

s

Fig, 46

C'est elle qui va faire principalement l'objet de cette étude. La transpiration est une fonction des plus utiles pour le végétal ; c'est grâce à elle que les substances puisées dans le sol, par ses racines, peuvent se répandre dans la plante et lui procurer la vie.

Son mécanisme est aisé à concevoir ; les éléments fertilisants de la terre se dissolvent dans l'eau qu'elle renferme, celle-ci est absorbée par le système radiculaire, puis se transforme en sève qui, montant dans la plante, se répand dans toutes ses parties, par suite de la force ascensionnelle qu'occasionne l'évaporation de l'eau à l'extérieur, sous l'influence de la radiation solaire.

Ce phénomène ne s'étend pourtant pas à tous les végétaux, c'est ainsi que les végétaux aquatiques font exception et chez eux, la transpiration est remplacée par une diffusion de cellule à cellule qui permet à la sève de circuler.

Au point de vue thermique, la transpiration a un effet sur le végétal ; elle abaisse sa température et cela était concevable à priori, puisque l'eau, pour s'évaporer, absorbe $79^{c},25$.

À l'époque des fortes chaleurs, cet abaissement de température peut avoir son utilité pour la plante, mais la transpiration n'est pas la seule chose qui puisse lui éviter un échauffement exagéré, car dans les pays chauds on a remarqué que lorsque l'air ambiant était sec, la transpiration était réduite.

L'explication de ce phénomène est donnée par le fait que le parenchyme des feuilles y présente de minuscules réservoirs d'eau qui fournissent au végétal l'élément liquide qui lui manque pendant la sécheresse.

La structure de la plante peut aussi intervenir pour ralentir la transpiration et c'est le cas des végétaux adaptés aux milieux secs chez lesquels les stomates présentent un assemblage spécial, grâce auquel l'évaporation d'eau est très réduite.

M. Leclerc de Sablon, en procédant à des expériences sur la transpiration végétale, est arrivé à conclure que ce phénomène accélérait les mouvements de la sève, mais que sa cessation n'empêchait pas la montée des sels dans le végétal, qui s'y répandent alors par simple diffusion, mais très lentement.

L'influence de l'élévation de température est très sensible sur l'activité de la transpiration.

M. Boussaingault a procédé à des essais sur un décimètre carré de vigne qui ont donné les résultats ci-dessous :

Eau évaporée
en
grammes

Au soleil	0 gr 355
À l'ombre	0, 111
À l'obscurité	0, 005

La chaleur n'est pas le seul agent qui favorise la transpiration ; il en est de même du vent et de la sécheresse, tandis qu'au contraire, l'abaissement de température, le calme atmosphérique et l'humidité, la ralentissent.

L'âge de la feuille influe aussi sur le phénomène ; dans sa jeunesse, elle présente un maximum d'évaporation qui diminue ensuite pour présenter un second maximum, plus faible cependant que le premier, lors de son plein développement. La transpiration décroît à partir de cette période, jusqu'à la cessation de la vie de la feuille.

Les radiations solaires étant concomitantes des radiations calorifiques, on a pu se demander quelles étaient celles de ces radiations qui jouaient le rôle prépondérant dans le phénomène de la respiration.

D'après les expériences de M. Dehérain, il semble bien que ce soient les radiations calorifiques correspondant aux radiations, du jaune orangé du spectre, qui sont les plus actives.

On a recherché aussi quelle pouvait être l'action de la chlorophylle sur la transpiration. Au moment qu'il existe une transpiration chlorophyllienne, il était probable que les plantes qui renferment de la chlorophylle devraient transpirer plus activement que les autres.

L'expérience a corroboré cette hypothèse et prouvé que la chlorophylle intensifie l'évaporation de l'eau chez la plante, en facilitant par sa présence, l'absorption calorifique.

L'acide carbonique agit aussi sur le phénomène et l'expérience a permis d'établir qu'un excès de ce gaz ralentit sensiblement la transpiration.

L'action de l'humidité n'est pas négligeable et à ce sujet on a constaté qu'elle pouvait être nulle quand la plante était exposée à l'obscurité, dans une atmosphère humide et à basse température, mais qu'elle recommençait immédiatement, dans ces conditions, si on faisait intervenir l'influence des radiations solaires. Malgré tout, toutes choses égales d'ailleurs, on peut dire que la transpiration végétale décroît en raison inverse du degré d'humidité.

L'évaporation de l'eau se produit, dans la cellule, à la surface de la membrane externe. Plus cette membrane est perméable et plus grand est le volume d'eau évaporé.

Lepeschkin a montré que cette perméabilité était plus marquée à la lumière, qu'à l'obscurité. La nature du végétal limite la transpiration et c'est pour cette raison que les arbres qui ont des feuilles caduques transpirent moins que ceux dont les feuilles sont toujours vertes.

On s'est demandé s'il existait une relation constante entre l'élaboration de la matière chez les plantes et la transpiration. Il résulte de nombreuses expériences que l'élaboration de 1^g de matière sèche exige, d'une façon générale, environ 275 grammes d'évaporation d'eau.

Voici quelques résultats obtenus par _Haberlant_ et _Helbriegel_ :

Eau transpirée
pour obtenir un kilogramme
de matière sèche.

Blé	243 Kilogs
Orge	247 "
Pois	273 "
Fève	283 "
Sarrazin	363 "
Seigle	455 "

Il est un autre facteur important qui agit aussi sur la transpiration ; c'est la richesse en principes fertilisants du sol où pousse le végétal. Plus la terre est riche, plus vite croît la plante et moins d'eau elle évapore.

Ce fait intéressant est à rapprocher d'une observation de M. **Dehérain** qui a constaté que plus un sol est pauvre, plus de racines portent les plantes qui y croissent ; le système radiculaire étant plus développé, elles se nourrissent mieux, ce qui compense, dans une certaine mesure, la pauvreté de la terre. Ce fait est très accentué chez la vigne qui pousse dans les sables pauvres.

La présence de l'humus dans un sol diminue l'activité de la transpiration des végétaux qu'il nourrit. Quand la transpiration cesse, elle est remplacée par la sudation, phénomène qui est particulièrement fréquent après le coucher du soleil et qui consiste en une sorte de suintement de l'eau sur le végétal.

La transpiration et ses conséquences pratiques

L'eau qui provient de la transpiration contient en quantité variable, mais toujours faible, des matières salines dont la plante a sans doute besoin de se débarrasser. De là, l'origine de ces secrétions dites nectarifères et des dépôts de Miellée que l'on trouve parfois sur les feuilles du chêne et du tilleul. Ces secrétions et ces dépôts sont formés de substances sucrées souvent aromatisées par des essences végétales.

La transpiration activant le transport à travers la plante des matières fertilisantes, on a recherché dans le but de rendre plus rapide le développement des végétaux, quelle serait l'influence des arrosages pratiqués avec des solutions variables d'engrais.

M. **Vesque** a démontré qu'il est favorable d'arroser les plantes, tantôt avec de l'eau ordinaire, tantôt avec du purin dilué car ainsi, la transpiration et l'assimilation deviennent nettement plus actives.

Certaines pratiques de la culture découlent du rôle important que l'eau joue dans la végétation : c'est ainsi que dans le binage, l'agriculteur a soin de ne pas recouvrir de terre les organes foliacés.

L'épamprement des feuilles de la vigne, autrement dit leur enlèvement, active le mûrissement du raisin, surtout dans les années humides, parce que les grappes ne reçoivent plus autant de matière élaborée.

Cette opération augmente aussi l'enrichissement du raisin, en matière sucrée, mais il faut que l'éfeuillage soit fait dans de bonnes conditions, c'est-à-dire quand les raisins ont atteint leur volume définitif, ce qui a lieu à peu près huit à dix jours avant l'époque normale à laquelle doit se faire la récolte.

Les plantes ne doivent pas être enlevées de leur sol pour être plantées ailleurs pendant la période où la sève circule, car elles transpirent beaucoup à ce moment là et perdent par conséquent de l'eau.

Les époques les plus favorables de transplantation sont : l'automne et l'hiver. Malgré tout, dans les sols argileux, froids et humides, l'opération peut être effectuée au printemps.

Pour les conifères et les végétaux à feuillage persistant, il faut faire une exception et les meilleures époques pour leur transplantation sont les mois d'Avril, Mai et Septembre. C'est une conséquence de leur genre spécial de feuillage et de constitution.

Absorption et circulation de l'eau dans le végétal

Dans les végétaux terrestres, les jeunes racines portent généralement à leur surface externe une grande quantité de petits filaments placés verticalement à leur axe (fig. 47) et que l'on désigne sous le nom de poils radicaux.
C'est à l'aide de ces poils que la plante établit, avec le sol, un contact intime et qu'il adhère fortement à lui. Ils ont la mission capitale d'absorber les liquides nourriciers destinés à l'alimentation du végétal auxquels ils appartiennent.

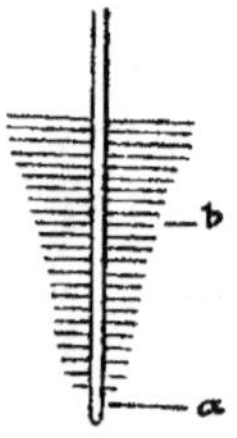

Fig. 47

a). racine
b). poils radicaux

La durée de ces poils radicaux n'est que temporaire et ils disparaissent à mesure que la racine vieillit. Privée de ses poils radicaux, la racine n'est plus qu'un organe de soutien ; elle a perdu sa faculté d'absorption.

La circulation de l'eau dans la plante s'explique de la manière suivante : l'introduction de l'eau dans les cellules des poils radicaux est le résultat d'un phénomène d'osmose. De là, elle pénètre peu à peu dans les autres cellules du végétal, par diffusion ; c'est la montée de la sève brute.

Par le mot sève on désigne l'eau, quand au contact des divers liquides cellulaires de la plante, principalement de ceux qui entourent les ponctuations, elle a dissous des principes substantiels.

La formation de la sève est surtout intensifiée dans les feuilles où s'achèvent toutes les transformations qui font de la sève brute, la sève élaborée, c'est-à-dire la sève nourrissante. Ces changements sont le résultat de l'action de la chlorophylle sur la sève brute, sous l'influence de la lumière solaire.

Une fois formée, la sève élaborée gagne, en suivant surtout les vaisseaux du liber, toutes les parties de la plante, où elle apporte la subsistance.

Hales a montré que l'absorption de l'eau par les poils radicaux était un phénomène très énergique et que la pression qu'elle pouvait acquérir de ce fait, dans la racine, était supérieure à la pression atmosphérique. Quant à sa montée dans la plante, on l'a mise sur le compte d'une ascension par capillarité.

Il est possible qu'en effet la capillarité joue un rôle dans la montée de l'eau, mais nous pensons aussi, avec quelques auteurs, que la pression osmotique, précédemment étudiée, ajoute son action à celle du phénomène capillaire.

Résumé sur les échanges gazeux des végétaux

Nous venons de voir, dans les précédents chapitres, que les échanges gazeux chez les végétaux se produisaient sous les trois formes suivantes : 1°_ Assimilation chlorophyllienne.

2°_ Respiration.

3°_ Transpiration

Résumons les principaux phénomènes constatés dans ces importantes fonctions :

Assimilation chlorophyllienne

L'assimilation chlorophyllienne est le phénomène par lequel les végétaux absorbent l'acide carbonique de l'air, assimillent le carbone et rejettent son oxygène.

Cette fonction produit le double résultat de nourrir le végétal et de purifier l'air atmosphérique en absorbant son acide carbonique qui, en trop grande quantité, deviendrait irrespirable pour l'homme et pour les animaux.

L'assimilation par la chlorophylle est un phénomène discontinu, autrement dit, qui ne se réalise que lorsque le végétal contient de la chlorophylle et qu'il se trouve exposé à la lumière solaire.

L'activité de la fonction chlorophyllienne varie avec les conditions extérieures : ainsi la plante rejette d'autant plus d'oxygène, que la température ambiante est voisine de 25° environ. Au-dessus de cette température, ou au-dessous, l'intensité de cette fonction est en général moindre. Ce fait s'exprime en disant qu'il existe pour l'assimilation chlorophyllienne de chaque plante, une température particulièrement favorable appelée _température optima_. La chaleur agit donc sur la marche du phénomène.

L'éclairement augmente la décomposition de l'acide carbonique de l'air, mais pour chaque végétal, il existe un degré d'éclairement au-delà duquel cette décomposition n'est plus activée.

Pour les plantes de grande culture comme le blé et le maïs, la fonction chlorophyllienne croît jusqu'à l'éclairement solaire le plus intense, tandis qu'il en est d'autres, comme par exemple les plantes ombrophyles (amies de l'ombre) qui ne gagnent rien à être exposées à une trop forte lumière.

L'énergie solaire est un des facteurs primordiaux de la décomposition de l'acide carbonique par les végétaux ; son action est complexe et ne se limite pas seulement à provoquer la décomposition de l'acide carbonique en carbone et oxygène. En effet, avec cet acide, d'autres éléments : l'eau et les substances minérales pénètrent en même temps que lui dans le végétal.

Tous ces corps, mis en présence les uns des autres, donnent lieu, sous l'action solaire, des ferments solubles et de l'électricité atmosphérique, à la formation de nombreux composés.

Ces réactions se font à l'intérieur des cellules, surtout dans celles des feuilles, au contact du protoplasma qu'elles renferment. Les principaux corps formés sont l'amidon et les matières sucrées, et c'est après la formation de toutes ces substances que l'oxygène en excédent, de la fonction chlorophyllienne, est rejeté dans l'atmosphère.

De là, les variations constatées dans la valeur du rapport appelé quotient chlorophyllien et qui, de ce fait, est rarement égal à l'unité.

Le phénomène chlorophyllien est en définitive un phénomène <u>réducteur</u> contrairement à la respiration qui est un phénomène <u>oxydant</u>.

L'amidon formé sous l'action solaire, tantôt reste en place dans les cellules, tantôt se transforme en produits solubles dans l'eau que l'on retrouve dans la sève élaborée ou dans les réserves du végétal. C'est cette sève qui nourrit la plante en circulant à travers elle, principalement par les vaisseaux du liber.

Respiration

Comme tous les êtres vivants, les plantes respirent ; autrement dit, elles absorbent de l'oxygène et rejettent de l'acide carbonique ; c'est une combustion véritable.

Longtemps ce phénomène a été contesté pour les végétaux, en raison de ce que chez eux, il se double du phénomène inverse, de l'assimilation chlorophyllienne.

Aujourd'hui, on a fait l'étude de ces deux fonctions et on sait que les plantes respirent aussi bien le jour que la nuit, mais que dans le jour, c'est la fonction chlorophyllienne qui est prépondérante et qu'elle masque alors celui de la respiration.

L'expérience a permis d'établir qu'elle était l'influence des conditions extérieures sur la respiration végétale et c'est ainsi qu'on est parvenu à constater que la respiration est d'autant plus active, pour une même plante, que la température ambiante s'élève, mais toutefois que la respiration devient moins intense quand l'éclairement augmente. De là l'explication de ce fait qu'une plante respire davantage à l'ombre qu'au soleil, la nuit que le jour.

La respiration est un phénomène continu qui ne s'arrête donc pas et qui peut seulement varier d'intensité; c'est aussi un phénomène d'oxydation pour le végétal.

Transpiration

La transpiration est le phénomène par lequel l'eau, après avoir charrié à travers la plante les substances qui sont nécessaires à sa subsistance s'exale à la surface des feuilles surtout, pour se répandre dans l'atmosphère sous forme de vapeur d'eau.

C'est un simple phénomène physique dont l'intensité varie avec les conditions ambiantes. C'est ainsi qu'elle est en général plus active quand la température de l'air s'élève, que le temps est sec, ou l'atmosphère agitée.

Au contraire, quand l'air est humide ou que la température s'abaisse brusquement comme c'est le cas, après le coucher du soleil, la transpiration est souvent remplacée par une condensation d'eau sur les feuilles, sous forme de goutelettes, que l'on nomme sudation.

La sudation est, dans certains végétaux des pays chauds, assez abondante pour que ces goutelettes tombent sous forme de pluie.

Chapitre XIX

De l'assimilation de l'Azote par les végétaux

L'étude de la fonction chlorophyllienne a permis d'établir que la plante empruntait à l'air de l'acide carbonique pour en retenir le carbone qui est nécessaire à sa nourriture.

Mais le carbone ne suffit pas à assurer l'existence du végétal et l'azote lui est également indispensable. Ce nouvel élément est emprunté par les végétaux, surtout au sol, qui les lui fournit sous forme de sels ammoniacaux, de nitrates ou d'amides.

L'air atmosphérique leur en fournit également, mais sous forme de carbonate d'ammonium, ou d'azote libre et en petite quantité. Une fois assimilé par le végétal, l'azote s'y retrouve dans les matières dites : albuminoïdes. Le blanc d'œuf formé d'albumine est le type le plus connu des substances azotées dont quelques-unes se rencontrent à la fois dans le règne animal et dans le règne végétal.

L'azote gazeux et les végétaux à chlorophylle

Lorsqu'en 1775, Lavoisier, dans une expérience restée célèbre, montra que l'air est formé d'oxygène et d'azote, Priestley supposa que ce dernier gaz était directement fixé par les végétaux, pour leur subsistance.

Plus tard, M. Boussaingault, opérant dans des conditions plus précises prouva au contraire que l'azote gazeux de l'atmosphère n'est pas absorbé, sous cette forme, par les plantes.

La conclusion de M. Boussaingault est certainement plus près de la vérité que l'hypothèse de Priestley, cependant quelques phénomènes prouvent qu'il est des cas où l'azote atmosphérique est bien absorbé par la plante, comme par exemple dans une forêt dont le sol ne reçoit pas d'engrais et dont l'enlèvement de chaque coupe entraîne une perte d'azote.

Malgré cet épuisement répété, la forêt reste toujours fertile ; où prendrait-elle de l'azote en quantité suffisante, sinon à l'air ambiant ?

L'azote gazeux et les légumineuses

Depuis longtemps les agriculteurs avaient constaté que l'enfouissement de certaines plantes désignées sous le nom de légumineuses, rendait le sol plus fertile.

Pour cette propriété, on les avait appelés : _plantes améliorantes_. C'est incontestablement un fait en opposition avec la théorie précédente de M. Bonosaingault.

    Helbriegel et Wilfarth en donnèrent l'explication scientifique en montrant que la fixation directe de l'azote de l'air est parfaitement possible et qu'elle se produit grâce à l'intermédiaire des microorganismes contenus dans les nodosités que l'on trouve sur les racines des légumineuses.

    Ces microorganismes vivent en symbiose avec ces racines. Helbriegel fut amené à cette importante découverte à la suite de l'expérience suivante :

    En cultivant des légumineuses (trèfle et pois) dans une terre dépourvue d'azote, il constata que les plantes qu'il y avait mises, périssaient par la suite le plus souvent, du moins se développaient-elles d'une façon normale au début de l'expérience.

    Elles pouvaient donc croître sans le secours de l'azote _combiné_ du sol. Modifiant ses essais, Helbriegel avait remarqué que l'accroissement d'une récolte de légumineuses n'était pas en rapport avec la quantité de nitrate ajouté à la terre, ainsi que cela se produit dans d'autres cultures.

    D'où provenaient ces anomalies et surtout la présence de _nodosités_ sur les racines !

    C'était là le point à éclaircir et Helbriegel poursuivit ses expériences. Il prit alors une série de 42 vases de même forme et de même capacité dans lesquels il mit du sable dépourvu d'azote par une calcination préalable. Deux pois furent mis à germer dans chacun d'eux. De ces 42 vases ensemencés, 30 furent abandonnés à eux-mêmes ; 2 furent recouverts de ouate stérilisée et les 10 derniers reçurent chacun 25 cent. cubes d'eau dans laquelle on avait préalablement délayé de la terre fertile.

    Les phases de l'expérience furent les suivantes : au début et grâce aux réserves contenues dans les cotylédons des pois, les plantules se formèrent avec un accroissement sensiblement comparable pour chacune d'elles ; à l'épuisement des cotylédons, elles jaunirent.

    Un mois après, les plantes des 10 vases ayant reçu l'infusion de terre, poussèrent normalement en montrant une coloration verte de plus en plus accentuée.

    Il n'en fut pas de même dans les vases des deux autres séries. Les plantes de la série des 30 vases se développèrent très irrégulièrement et on constata que si quelques-unes restaient vertes, beaucoup d'autres jaunissaient.

Quand à celles des 2 vases recouverts de ouate, elles eurent une croissance des plus chétives.

L'explication de ces phénomènes fut facile à donner : l'infusion de terre ayant apporté aux racines des plantules les microorganismes nécessaires, elles purent dès lors fixer directement l'azote de l'air et les pois verdirent et se développèrent très bien.

Le fait était d'autant plus indéniable que les racines s'étaient recouvertes de nodosités, ce qui n'eut pas lieu dans une proportion aussi accentuée dans les vases des autres séries où les plantes ne reçurent pas ces microorganismes, en raison des précautions expérimentales prises, ou ne les reçurent qu'en quantité insuffisante.

Dans l'expérience précédente Helbriegel avait constaté qu'après avoir vidé leurs cotylédons, les plantules jaunissaient toutes, se trouvant dans une sorte d'inanition par privation d'azote. Ce fait, d'ailleurs normal, et qui précède, dans toute culture de légumineuses, la période de formation des nodosités sur les racines, disparaît peu à peu, au fur et à mesure que les microorganismes fixent l'azote de l'air. Cette période d'inanition fut désignée par l'expérimentateur sous le nom de faim d'azote.

En faisant ces essais sous des cloches dont l'air fut analysé avant et après l'expérience la disparition de l'azote de l'air qu'elles renfermaient au début, permit de conclure que les légumineuses assimilaient directement l'azote atmosphérique.

Du reste M. M. Schloesing fils et Laurent en répétant ces essais sous des cloches contenant de l'azote pur et qui ne recevaient qu'un peu d'acide carbonique pour assurer l'exercice de la fonction chlorophyllienne confirmèrent pleinement les résultats obtenus.

Helbriegel et Wilfarth, d'une part, et M. M. Schloesing et Laurent, de l'autre, prouvèrent en outre, que la culture des légumineuses enrichissait en azote, non seulement les plantes, mais aussi le sol.

Après une culture de ce genre, il est donc inutile d'apporter à la terre, sous forme d'engrais, autant d'azote que si la culture précédente ne comportait pas de légumineuses.

Le tableau suivant montre les résultats obtenus par ces savants :

	Azote initial du sol	Azote final du sol	Gain en azote du sol
1re expérience	0gr,0043	0gr,0151	0gr,010
2ème expérience	0, 0043	0, 0175	0, 013

Nodosités

Les nodosités (fig. 48) en tubercules sont des renflements de petit volume que l'on constate sur les racines des légumineuses qui, lorsqu'elles sont jeunes, portent des poils absorbants dont la disparition a lieu peu à peu, avec l'âge.

À l'état adulte, les nodosités comportent deux catégories de cellules : les unes placées au centre, sont grandes et contiennent un liquide granuleux et les autres, plus ou moins épaisses, entourent les premières.

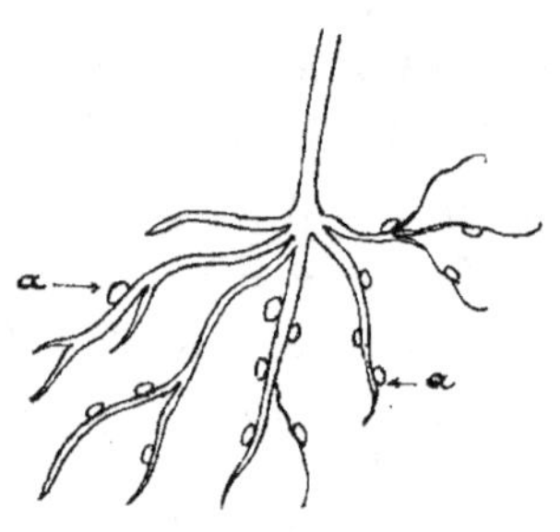

Fig. 48

a - a : nodosités

De nature aérobie, les tubercules radicaux se rencontrent en plus grande abondance sur les racines qui poussent le plus près de la surface du sol.

En sus des deux catégories de cellules précédemment indiquées, les nodosités portent des corpuscules (fig. 49 - 50 - 51) qui ne sont autres que des microorganismes du genre des bactéries. Le principal de ces microbes porte le nom de Bacillus radicicola, mais il en

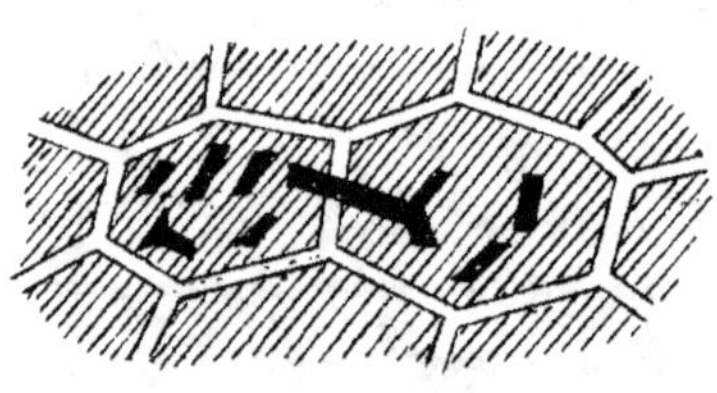

Fig. 49   **Fig. 50**   **Fig. 51**

est d'autres qui fixent l'azote comme le Clostridium pasteurianum (fig.   ) et l'azotobacter chroococcum (fig.   ).

Culture du microbe radicicole.

M. **Mazé** est parvenu à cultiver le bacillus radicicola dans un bouillon de culture, à base de matière albuminoïde. À ce bouillon obtenu avec des haricots, on ajoute 2% de saccharose et 1% de chlorure de sodium, ainsi que des traces de bicarbonate de sodium.

Pour solidifier le liquide obtenu, on y ajoute 15% d'agar-agar et on étend la masse en couche très mince dans des récipients aérés par un lent courant d'air privé d'azote à l'état _combiné_ et que l'on fait au préalable circuler à travers deux solutions, l'une d'acide sulfurique concentré et l'autre d'eau de chaux. La culture se fait à chaud, dans une étuve.

Cette culture en milieu artificiel fournit une diversité remarquable de formes de bactéries. Avec la disparition du liquide nourricier, ces microbes consomment l'azote, au lieu de le fixer.

Rôle des nodosités.

Longtemps on a admis que les nodosités étaient en quelque sorte des réservoirs de substance nutritive pour la plante, elles furent même prises pour des galles ; mais le fait que ces tubercules contiennent des matières albuminoïdes qui ne peuvent provenir que des végétaux qui les portent, à l'époque où ceux-ci en ont besoin pour leur développement, ne permet pas d'admettre pareille hypothèse et il est plus exact de les considérer au contraire comme participant à leur accroissement immédiat.

En somme ce sont des mycorhizes qui fournissent à la plante des aliments azotés, alors que celle-ci les nourrit à l'aide de ses substances hydrocarbonées. C'est un exemple de la vie végétale en symbiose.

On s'est demandé si les bactéries des nodosités ne devaient pas être représentées par un type unique de microbe : le Bacillus radicicola, encore appelé _Rhizobium leguminosarum_, en raison des formes différentes affectées aussi bien par les nodosités, qui sont sphériques ou elliptiques, que par les microorganismes qu'elles renferment qui sont tantôt simples et tantôt ramifiés.

M. **Laurent** n'admet pas de distinction et ne croit qu'à l'existence d'un type spécifique dont les formes se modifient sous l'influence des circonstances ; il existe d'ailleurs des exemples analogues en bactériologie.

L'inoculation des racines en vue de leur infuser des cultures du Bacillus radicicola a été étudiée par Nobbe et ses élèves ; ils ont constaté que pour réussir, cette opération devait ne pas être tardive, qu'elle devait être pratiquée avec une culture provenant de microbes pris sur une plante de la même espèce que celle que l'on se proposait d'inoculer et qu'il fallait que l'injection fut faite sur le tiers supérieur de la longueur des racines.

Les bacilles fixateurs d'azote se développent bien dans une solution tiède de chlorure et de phosphate de potassium et de sulfate de magnésium. D'une année à l'autre, ils se conservent dans le sol où on en trouve presque toujours en quantité suffisante, à une profondeur de $0^m,25$ environ.

Une remarque importante a été faite, qui paraît digne d'être signalée : on a constaté qu'une culture de Bacillus radicicola, provenant de pois par exemple, ne donnait que des résultats inférieurs si on l'inoculait à d'autres espèces que le pois, à du lupin, par exemple, ou à toute autre légumineuse, et ce n'est pas tout, car l'expérience a permis de faire ressortir l'influence du milieu sur les modifications produites sur les bactéries qui fixent l'azote.

Ainsi, celles qui vivent en sol calcaire peuvent se répandre sur les plantes calcicoles, de même que celles provenant de terres acides pourront envahir les légumineuses des terrains acides (genêt, lupin, ajonc, etc...), mais les bactéries des terres calcaires se développent mal en terres acides et réciproquement.

Nous pouvons en conclure simplement ceci : c'est que dans la pratique des inoculations, il faut choisir une bactérie provenant d'une plante de la même espèce que celle à inoculer et autant que possible recueillie dans un sol de même nature que celui où doit se faire la culture.

L'inoculation du bacillus radicicola aux plantes d'une autre espèce que les légumineuses ne donne pas lieu à la production de nodosités.

M. **Bréal** a dosé l'azote des nodosités et celui qui était contenu dans les plantes qui les portaient. Il a constamment trouvé que l'azote d'une nodosité était en quantité supérieure à celui qui était contenu dans les autres parties de la plante, et il a donné le tableau suivant :

	Azote pour cent
Nodosités du robinia	3, 25
" du pois	2, 68
" du lupin	3, 30
" du haricot	4, 60
" de la lentille	7, 00

Une proportion aussi élevée d'azote ne se retrouve que chez les champignons et les graines.

En résumé, il existe chez les légumineuses des tubercules radicaux renfermant des microorganismes qui permettent à ces végétaux de fixer directement l'azote gazeux de l'atmosphère.

Nitragine

Afin d'obtenir des récoltes plus abondantes, des élèves de Nobbe ont eu l'idée d'inoculer le sol à l'aide de cultures pures de bacillus radicicola

Il faut reconnaître que les effets obtenus ont été des plus variables, et il est certain que si théoriquement ce procédé est bon, pratiquement, il est à perfectionner.

Dans certains sols pauvres en azote, mais contenant une proportion convenable de chaux et de potasse, les inoculations peuvent réussir. Ces inoculations se font à l'aide de la _nitragine_ qui est le nom commercial donné à la culture pure de bactéries des légumineuses que l'on vend aux agriculteurs.

Il est recommandé de ne pas employer la nitragine pure, mais de la diluer dans de l'eau renfermant, en petite quantité, un mélange de phosphate de potassium et de phosphate d'ammonium, car l'eau pure employée seule pourrait tuer les bactéries.

Les bacilles radicicola sont en général répandus dans toutes les terres, mais lorsqu'ils font défaut où qu'ils s'y trouvent en quantité insuffisante, il y a lieu de conclure que le sol, par sa composition, est un milieu qui n'est pas favorable à leur développement. C'est ce qui arrive si le sol est trop calcaire ou bien trop acide.

Il serait bon que l'on mît en vente deux sortes de nitragine l'une préparée avec des bactéries retirées de terrain calcaire et l'autre préparée avec des bactéries provenant de terrains acides. Suivant la nature du sol à inoculer, on choisirait l'une de ces deux nitragines (M. G. André).

Alinite

L'alinite est un produit industriel allemand ; c'est une culture pure de bacilles spéciaux que l'on désigne sous le nom de Bacillus Ellenbachensis, pour rappeler le nom de celui qui les a fait connaître. L'action de ces microbes n'est pas nettement connue.

Ellenbach affirme qu'ils sont fixateurs d'azote, mais la chose paraît douteuse, et que l'on aurait plutôt affaire à des microbes dénitrifiants.

L'alinite agit favorablement dans les sols chargés d'humus où ils décomposent l'azote organique en donnant lieu à une production d'ammoniaque et d'amines, substances plus facilement absorbables que les premières, par les plantes.

Le produit est à essayer dans les terrains tourbeux, dans les terres riches en matières organiques, mais dans les sols ordinaires ou dans ceux chez lesquels la silice domine, son emploi serait sans effet.

Action des sels minéraux sur la production des nodosités

Il a été constaté que les légumineuses qui croissent dans des terrains riches en nitrates ne portaient sur leurs racines que peu ou pas de nodosités.

Ce fait important dans l'emploi des engrais chimiques, est à rapprocher des expériences de M. Mazé qui mirent en évidence la prédilection des bactéries radicicoles pour les racines qui portent des poils absorbantes où elles trouvent les hydrates de carbone qui sont nécessaires à leur nourriture. De ce qui précède, on peut conclure que dans les terrains riches en nitrates, les racines rencontrent sous cette forme, assez d'azote pour former, sans le secours des nodosités, les matières albuminoïdes de la plante.

Parmi les éléments fertilisants, que l'on utilise en agriculture, il se trouve des sels minéraux solubles dans l'eau dont les uns favorisent la production des nodosités et les autres contrarient au contraire leur formation. C'est ainsi que les sels de magnésium et de calcium, de même que les phosphates font partie des corps de la première catégorie.

Les sels ammoniacaux et les nitrates sont nuisibles dès qu'ils atteignent, en solution aqueuse, les proportions indiquées dans le tableau suivant :

Action des nitrates en solution aqueuse

	Dose qui empêche l'évolution des Bacilles	
Nitrates de calcium, de sodium et de potassium	$\dfrac{1}{12.000}$	à $\dfrac{1}{10.000}$
Sels de potassium	$\dfrac{1}{350}$	à $\dfrac{1}{300}$
Sels d'ammonium (ammoniacaux)	$\dfrac{1}{2.500}$	à $\dfrac{1}{2.000}$

D'après M. Laurent, une seule légumineuse, la fève, ferait exception et chez elle, la production des nodosités serait favorisée par la présence des engrais contenant de l'azote.

Algues qui peuvent fixer l'azote

Certaines espèces d'algues, comme par exemple le nostoc punctiforme peuvent vivre en symbiose avec des bactéries du sol capables de fixer l'azote atmosphérique. C'est un phénomène qui a son importance et qui donne le moyen d'enrichir économiquement un sol, en azote.

Absorption de l'azote de l'air sous forme d'ammoniaque

Le savant génevois _de Saussure_ est le premier qui ait reconnu, dans l'air, la présence de l'ammoniaque.

M. _Schlœsing_, par des expériences répétées, a déterminé la quantité moyenne de ce gaz dans l'atmosphère et l'a fixée à $0^{gr},002$ par 100 mètres cubes, à Paris.

D'autre part, _Sachs, Mayer et Schlœsing_ ont démontré que les plantes pouvaient absorber directement le carbonate d'ammonium par leurs feuilles.

Il est donc permis de classer parmi les substances qui concourent à la nutrition des végétaux, l'ammoniaque de l'air, puisque c'est à l'état de carbonate d'ammonium qu'on le rencontre dans l'atmosphère. Cette absorption n'est cependant que limitée et serait insuffisante pour nourrir, seule, la plante.

Absorption de l'azote du sol par les végétaux

1°. — Sous forme d'acide nitreux

M. _Mazé_ a pu cultiver du maïs en présence de _nitrite de potassium_ à la dose de ½ pour 1.000. Cette expérience prouve simplement que l'azote nitreux, tout au moins combiné, peut nourrir un végétal.

À l'état libre, il est toxique et on pourrait en déduire de là, si les nitrites étaient employés en agriculture, que dans les terres acides, ils seraient nuisibles, car il y aurait production d'acide nitreux par suite de la décomposition qui s'y opérerait.

2°. — Sous forme d'acide nitrique

Il est possible d'affirmer que tous les végétaux, même ceux qui vivent dans l'eau, renferment des nitrates. On peut en conclure, à priori, que ces sels doivent jouer un rôle important dans le développement des végétaux.

MM. **Boussaingault** et **G. Ville** montrèrent que cette hypothèse était parfaitement fondée et que le rôle des nitrates est si important que le poids de matière séché d'une plante augmente proportionnellement à la dose d'azote nitrique qui lui est fournie sous forme d'engrais.

L'action de l'azote est mise encore en évidence par l'expérience suivante : si un végétal est privé de cet élément pendant sa croissance, il reste à l'état de plante naine.

MM. **Berthelot** et **G. André** ont entrepris une série de très intéressantes expériences sur la bourrache et l'amarantus caudatus, plantes qui absorbent des quantités très appréciables de nitrates, pour établir les variations qui se produisent pendant la croissance végétale, dans les quantités de nitrates qu'elles renferment.

Leurs essais eurent lieu à l'aide de nitrate de potassium (AzO^3K) et ils constatèrent que la quantité de nitrate augmentait parallèlement au développement des plantes pour atteindre un premier maximum à l'époque de la floraison.

A partir de ce moment, ils trouvèrent à l'analyse, moins de nitrate dans les plantes, et ce fait s'explique parce que à cette période l'azote est employé en partie à la formation des matières albuminoïdes.

Vers la fin de la fructification la proportion de nitrate remonta de nouveau. Ces savants ont établi, en outre, que c'est dans les feuilles que l'azote minéral des nitrates est transformé en azote organique.

3°- Sous forme d'azote ammoniacal

C'est à M. **Muntz** que l'on doit de connaître que la plante possède la faculté d'absorber l'azote ammoniacal du sol. Il en fit la preuve à l'aide de l'expérience suivante : une terre fut privée de ses nitrates à l'aide de lavages successifs à l'eau distillée, puis stérilisée par un séjour prolongé dans une étuve à 100°.

Elle fut ensuite ensemencée de graines diverses dont les germes avaient été préalablement détruits par une courte immersion dans de l'eau chaude ce qui n'avait pas détruit leur faculté germinative. Avant l'ensemencement, la terre avait reçu une dose de sulfate d'ammonium pur qui fut lui-même stérilisé par le passage à l'étuve.

Ainsi, dans un milieu stérilisé, des graines également stérilisées ne pouvaient prendre l'azote qu'au sulfate d'ammonium qui y s'y trouvait. La germination fut abandonnée à elle-même et les arrosages pratiqués à l'aide d'eau bouillie, privée de nitrates.

A la fin de l'opération, le sol fut analysé comme il l'avait été au début et M. Müntz, par les différences d'azote trouvées, prouva ainsi que les végétaux peuvent absorber l'azote ammoniacal du sol. Le tableau ci-dessous montre la valeur d'absorption constatée dans ses expériences :

	Azote emprunté à l'ammoniaque (AzH^3)
Orge	0,049
Chanvre	0,114
Maïs	0,208
Fèves	0,9.15

M. Mazé a confirmé ces expériences en faisant usage de solution aqueuse contenant du sulfate d'ammonium et les a précisées en montrant que l'ammoniaque ne se transformait pas, par la suite, en azote nitrique.

Il a remarqué en outre, que lorsqu'on emploie le sulfate d'ammonium à une dose ne dépassant pas 0,5 pour 1.000, le développement d'une plante est le même que si on utilise du nitrate comme engrais.

Si donc on a constaté dans les grandes cultures une infériorité du sulfate d'ammonium, vis-à-vis des nitrates, il ne faut l'attribuer qu'à l'action nocive que peut avoir le sulfate à partir d'une dose supérieure à celle qui est précédemment indiquée.

Hutchinson et Müller affirment même que les végétaux qui empruntent leur azote exclusivement aux sels d'ammonium ont, le plus souvent, une teneur en azote total plus élevée que lorsqu'ils tirent cet élément uniquement des nitrates.

Cependant le blé semble marquer une préférence pour les nitrates et le pois paraît indifférent, en absorbant aussi bien l'un que l'autre.

Ce que devient dans un végétal l'azote qu'il a pris au sol

Qu'une même plante prenne de l'azote au sol, soit sous forme d'azote ammoniacal, soit sous forme d'azote nitrique, on retrouve dans les deux cas cet élément sous forme de composés quaternaires azotés, uni au carbone, à l'oxygène et à l'hydrogène, souvent même au soufre et au phosphore, quand ceux-ci accompagnent les corps précédents.

Cette constatation a fait naître l'hypothèse que dans une plante, l'azote, avant d'arriver à sa forme définitive, devait passer par un même état qui, vraisemblablement, est l'ammoniaque car M. _Schloesing_ Fils a prouvé que ce ne pouvait être une forme oxygénée de l'azote puisque dans une plante entière les nitrates du sol y subissent une réduction, et que pendant sa croissance, elle dégage plus d'oxygène qu'il ne s'en trouve dans l'acide carbonique qu'elle absorbe.

Le fait que dans la plante on ne trouve que de très faibles doses des sels ammoniacaux, alors qu'au contraire les nitrates peuvent s'y accumuler à doses massives, comme par exemple pour la bourrache ou dans le maïs, est un argument de plus en faveur de cette supposition.

Ainsi donc l'azote absorbé dans le sol sous une forme _minérale_, c'est-à-dire de sels ammoniacaux, ou de nitrates, se transforme dans le végétal, principalement dans ses feuilles, en azote dit _albuminoïde ou protéique_, du nom générique donné à l'azote contenu dans les composés quaternaires en question et dont le poids moléculaire n'a pu encore être établi.

Sous quelle influence, pareille transformation peut-elle se produire ? Des expériences qui ont été réalisées, dans le but de répondre à cette question, il semble démontré que c'est sous l'influence de la lumière solaire et que les rayons qui concourent le plus activement à cette transformation, sont ceux qui, dans le spectre, sont les plus réfrangibles.

Il est une autre force dont le rôle joué en pareille matière doit être important, c'est l'électricité atmosphérique dont la puissance synthétique ne peut être niée.

En ce qui concerne la chlorophylle, son action vient s'ajouter à celle des deux forces précédentes, en facilitant la formation des corps albuminoïdes, mais il faut reconnaître que sa présence n'est pas toujours indispensable puisque les feuilles blanches d'*Acer négundo* assimilent plus facilement l'azote ammoniacal que les feuilles vertes (Carpiaux, Laurent et Marchal) et qu' Henseen a pu cultiver des lentilles d'eau privées d'amidon, par un séjour préalable dans l'obscurité, dans une solution de glucose renfermant de petites quantités d'asparagine, de glycocolle et d'urée, qui sont des amides.

Le développement des lentilles ayant été produit à l'abri de la lumière, l'observateur a pu se convaincre de la formation, dans de pareilles conditions, de matières protéiques.

Beaucoup d'auteurs admettent aujourd'hui que la nuit, les feuilles des végétaux transforment l'azote minéral en amides et que la lumière solaire du jour, les change en composés quaternaires, albuminoïdes.

M. Laurent a pu faire décomposer des nitrates en nitrites, avec dégagement d'oxygène, chez les végétaux ; comme il s'agit là d'un phénomène de désoxydation et qu'il est surtout manifeste en l'absence d'air, on en a conclu que la réduction des nitrates était une étape, probablement nécessaire dans la transformation qui amène l'azote minéral à l'état d'azote protéique.

On s'est demandé également si les ammoniaqués composés ou amides pourraient être directement assimilés par les végétaux.

M. Georges Ville a résolu la question par l'affirmative, mais ce sont surtout les essais de Lutz et Czapek qui ont précisé ce fait, en montrant que toutes les amides n'étaient pas favorables à l'expérience et que les amides aromatiques se comportaient même comme des toxiques.

L'humus contient de l'azote sous une forme encore peu connue qui n'est ni nitrique, ni ammoniacale et cependant certains végétaux s'y développent bien.

Comment l'absorption de l'azote se fait-elle ici ? Il y a lieu de supposer que c'est grâce au développement des mycorhizes qui se rencontrent en quantité d'autant plus grande dans un sol, qu'il s'y trouve beaucoup d'humus.

Certains auteurs croient que ces champignons symbiotes absorbent l'azote organique de l'humus par leurs hyphes et qu'ensuite intervient l'action d'un enzyme qui facilite l'assimilation de cet azote par le végétal.

Cette hypothèse est certes vraisemblable, mais il en est une autre qui ne l'est pas moins, à nos yeux, c'est celle du professeur G. André qui pense que les sols humifères doivent contenir des ferments ammoniacaux qui, en décomposant la matière azotée de l'humus, produisent de l'ammoniaque que le végétal peut directement absorber.

Il est également possible que les champignons symbiotes et les ferments agissent de concert avec eux, ou que lorsque les uns font défaut, les autres les remplacent.

Il est utile de faire remarquer cependant que M. M. Pouget et Chouchak ont pu faire directement absorber de l'azote au maïs et au millet, en milieux aseptiques.

Chapitre XXI

Composés végétaux quaternaires

Les composés quaternaires azotés qui sont renfermés dans les végétaux, ou qui ont une origine végétale, peuvent être classés en quatre groupes :

1º - les composés albuminoïdes ou protéiques,
2 - les amides, comprenant les acides aminés,
3 - les alcaloïdes
4 - les glucosides azotés.

— Passons rapidement en revue ces corps, dont quelques-uns sont importants.

Albuminoïdes

Les matières albuminoïdes sont des composés analogues aux amides. On les appelle ainsi parcequ'elles rappellent, par leur composition et leurs propriétés, celles de l'albumine qui forme le blanc d'œuf.

Ces matières portent encore le nom de _protéïques_ en raison de ce que on les a souvent considérées comme dérivées d'une substance hypothétique désignée sous le nom de _protéine_.

Les mêmes substances albuminoïdes se trouvent chez les végétaux et chez les animaux ; leur composition est la même, mais elles ne sont cependant pas identiques.

M. _Schutzenberger_ pense que ce sont des uréides dérivés de _l'urée_ ($CO Az^2 H^4$) et de _l'oxamide_ ($CO Az H^2, CO, Az H^2$). Leur formule chimique n'a pu être encore établie et leur composition centésimale varie dans les proportions suivantes :

- carbone _____ 53 à 54 %
- azote _____ 15 à 17,5 %
- oxygène _____ 21 à 23,5 %
- hydrogène _____ 6,5 à 7 %
- soufre _____ 0,95 à 1,5 %

Propriétés.

Les albumines d'origine végétale sont solubles dans l'eau, mais insolubles dans l'alcool et dans l'éther ; elle dévient à gauche le plan de la lumière polarisée. Les sucs des végétaux, le lait et le sang les dissolvent. Les unes sont coagulables par la chaleur ou par les acides, tandis que d'autres ne le sont pas.

L'albumine des urines est coagulable et la précipitation est complète en solution même faiblement acide (acide acétique - nitrique - picrique). Les matières albuminoïdes se différencient entre elles par les proportions des amines acides, auxquelles elles peuvent donner lieu par dédoublement.

Actions des ferments.

Les ferments du tube digestif les transforment en _peptones_, à la suite d'une hydratation. Ceux de nature anaérobies donnent lieu, avec les substances albuminoïdes à la fermentation putride, avec formation de corps toxiques appelés _ptomaïnes_.

Réactifs.

Une solution de mercure dans l'acide nitrique concentré (réactif de _Millon_) donne à l'ébullition, en présence des matières protéïques, une belle coloration rouge.

Un mélange d'acide acétique et de ferro-cyanure de potassium précipite les matières protéiques de leurs solutions. L'acide acétique doit être employé en petite quantité ; ce procédé permet de déceler $\frac{1}{30.000}$ de substances albuminoïdes.

Ces deux réactions sont caractéristiques.

Matières albuminoïdes d'origine végétale

Il existe une analogie complète de composition entre les _albumines végétales_ et animales. Les farines, les graines de céréales et de légumineuses en contiennent de grandes quantités.

On peut préparer l'albumine végétale en traitant par la chaleur des infusions à froid, puis filtrées, de farine, de pois, de fèves, de haricots, etc.; l'albumine qui y est contenue se coagule. On met le tout à digérer à 65°, avec de la diastase qui détruit l'amidon par fermentation.

L'albumine qui reste est ensuite lavée par l'alcool et l'éther, liquides dans lesquels elle est insoluble. L'albumine se coagule à froid en présence de l'alcool et du tannin. C'est cette propriété qui fait employer l'albumine du blanc d'œuf pour le collage des vins. L'albumine est ordinairement préparée à l'aide du blanc de l'œuf, dont la composition est la suivante :

Albumine	12,6 %
Membranes et Matières grasses	0,5
Matières sucrées	0,2
Sel marin	0,7
Eau	86,0
Total	100,00

Fibrines

Les fibrines se trouvent principalement dans les céréales ; elles sont surtout formées de gluten. La fibrine des céréales est insoluble dans l'eau et dans l'alcool ; chauffée à 200°, elle s'altère en dégageant du carbonate d'ammonium.

L'eau la gonfle en formant avec elle une pâte liante. L'acide acétique et l'acide chlorhydrique changent la fibrine en une gelée soluble dans l'eau chaude. On rencontre dans la fibrine végétale des gliadines qui sont des matières albuminoïdes solubles dans l'eau.

Caséines

De nombreuses graines renferment des caséines végétales. On les prépare en traitant les farines de ces graines d'abord par un lavage à l'eau salée au 1/10 pour séparer l'albumine et la globuline, puis en traitant par l'alcool à 75 % la partie restée insoluble ainsi que par une faible solution alcaline.

On termine par une précipitation des caséines par l'acide acétique. Par le même procédé, on retire la légumine des pois, fèves, lentilles, haricots, etc... qui est une caséine végétale. Il existe des léguminates analogues aux caséates.

Quand on fait cuire des légumes avec une eau trop calcaire, on obtient du léguminate de calcium insoluble. De là, le durcissement de ces légumes cuits dans de pareilles conditions.

La caséine est la base alimentaire des fromages ; elle existe dans le lait. Combinée au formol, elle donne lieu à un corps appelé galalith qui rappelle l'ivoire et remplace ce dernier ainsi que le celluloïd et l'écaille. La caséine n'est pas combustible comme ces derniers.

Matières albuminoïdes diverses

Dans les farines de céréales, on rencontre des corps azotés

contenant jusqu'à 18 % d'azote, connus sous le nom de _globulines_. Ils sont solubles dans les solutions de chlorures alcalins, mais insolubles dans l'eau pure. Le _gluten caséine_ est uni au gluten dont on le sépare par des lavages à l'alcool.

Les _vitellines végétales_ ou _conglutines_ sont contenues dans quelques graines de végétaux comme la courge, la noix de Para. Elles sont solubles dans les solutions alcalines faibles d'où on les précipite par l'acide acétique.

L'_aleurone_, qui se rapproche des vitellines, est une substance azotée que l'on trouve sous forme de grains dans l'albumen ou les cotylédons de plusieurs végétaux.

La séparation des diverses matières albuminoïdes renfermées dans les graines des céréales s'obtient par la méthode de _Fleurent_.

Nucléines

Ce sont des substances formées de carbone, d'hydrogène, d'oxygène, d'azote et de phosphore, souvent unis au soufre ou au fer. Les _nucléines_ peuvent être dédoublées en partant de composés complexes connus sous le nom de _nucléo-albumines_.

On obtient ainsi des acides nucléiques et des substances analogues aux matières albuminoïdes.

De même les acides nucléiques, au contact des acides étendus et chauds, donnent lieu à des corps du groupe de la purine et de l'acide phosphorique. La _purine_ se rencontre souvent dans les graines en germination.

Lécithines-Phosphatides

Les _lécithines_ sont des matières colloïdales, d'aspect rappelant à la fois celui de la cire et des substances grasses. Elles sont formées de carbone, d'oxygène, d'hydrogène, d'azote et de phosphore. On en trouve dans le jaune d'œuf et chez plusieurs végétaux. On les extrait de ces derniers par des épuisements à l'éther et à l'alcool absolu.

Elles forment une partie de protoplasma et sont saponifiées par la lipase. Leur rôle est encore obscur. Le grain de blé en contient 0,65 %, la fève 0,80.

Le nom de phosphatides désigne toutes les lécithines solubles dans l'alcool et l'éther, que l'on rencontre dans les végétaux.

Action de certaines diastases sur les matières albuminoïdes

Il existe des ferments hydrolisants appelés *enzymes protéolytiques* qui décomposent les matières albuminoïdes.

Les principaux de ces ferments sont :

- les *protéases* qui attaquent celles des matières protéiques qui sont insolubles, en formant des acides mono-aminés. Elles sont sans action sur les nucléines des noyaux. Dans l'orge germée (malt), c'est une protéase qui, en hydrolisant les matières albuminoïdes qui sont en réserve dans le grain, donne lieu à des acides, comme la tyrosine et la leucine. Les protéases se rencontrent chez tous les champignons, ainsi que dans les parties souterraines de plusieurs plantes de la famille des phanérogames.

La *papaïne*, utilisée en médecine comme digestif est une protéase, du *caricu papaya*.

La *glutinase* est une protéase qui décompose les matières albuminoïdes du gluten et du son.

Bertrand et **Mutternich** ont montré que le brunissement de l'extrait de son était le résultat de l'action de deux diastases, la glutinase et la tyrosinase. Ici, la coloration est le résultat d'une oxydation.

La *présure* que l'on rencontre abondamment dans le suc de beaucoup de plantes comme le caille-lait, le ricin, etc... et d'une manière générale chez la plupart des phanérogames, jouit de la propriété de coaguler le lait, en milieu neutre.

La présure animale diffère de la présure végétale.

Tyrosine

La _tyrosine_ est une substance qui se rencontre dans les graines germées comme celles du lupin ; les tubercules de pommes de terre, la betterave, en renferment également.

Gonnermann croit que c'est à l'oxydation de la tyrosine sous l'action de la tyrosinase, que les jus de pommes de terre et de betteraves brunissent à l'air en dégageant de l'acide carbonique et de l'ammoniaque.

Urée

$$CO \!\! <^{Az\,H^2}_{Az\,H^2} \quad \text{ou} \quad CO, (Az\,H^2)^2$$

L'urée se désigne encore sous le nom de _carbamide_. D'après _Kiesel_ toutes les plantes en renferment, principalement le blé, la fève, le trèfle etc.... On trouve encore cette substance chez les phanérogames (pommes de terre, carottes, épinards, choux, chicorée, etc..) et dans le suc des moisissures (aspergillus niger et pénicillium glaucum).

Le diphénolpyrazol précipite l'urée des sucs qui en contiennent sous forme d'urée dixanthylée et constitue un bon réactif de cette substance.

Alcaloïdes

Les _alcaloïdes_ sont des corps basiques. Ils peuvent être considérés le plus souvent comme le produit de la destruction des albuminoïdes, comme des déchets de l'activité cellulaire (Clautrian).

Il n'en est pas toujours cependant ainsi et quelquefois les alcaloïdes sont de véritables réserves alimentaires. Ils jouent aussi parfois le rôle curieux de protéger, par leur toxicité, l'embryon, les plantules et les extrémités des rameaux des plantes contre la voracité des animaux.

Les alcaloïdes se rencontrent dissous dans le suc des cellules. Ils sont très répandus chez les solanées, les légumineuses, les papavéracées, etc ; chez d'autres végétaux, ils sont plus rares. D'une manière générale, on peut dire : que les monocotylédones en renferment peu et les dicotylédones beau-coup, ils y sont, soit à l'état libre, soit à l'état de sels.

Les sulfates, azotates, chlorhydrates et acétates des alcaloïdes sont solubles. Les oxalates, gallates et tannates sont insolubles ; c'est pour cette raison que le tannin et le thé sont employés comme contrepoisons de ces substances.

La baryte précipite les alcaloïdes de leurs solutions et c'est là un moyen de les retirer des végétaux.

Les alcaloïdes sont le plus souvent solides ; quelques-uns sont liquides et volatils. Ils sont solubles dans l'alcool bouillant et peu dans l'eau. Le benzène, l'éther, le sulfure de carbone peuvent les dissoudre également. On n'est pas encore bien fixé sur la constitution des alcaloïdes.

Principaux alcaloïdes

Quinine

$$C^{20} H^{24} Az^2 O^2 + 3 H^2O$$

On retire la quinine surtout du quinquina jaune. L'écorce pulvérisée est mélangée à de la chaux en excès, puis épuisée par des huiles de pétrole bouillantes. On laisse déposer le liquide obtenu et on décante celui qui surnage.

La liqueur décantée est agitée avec de l'acide sulfurique dilué et les alcaloïdes qui y sont contenus passent à l'état de sulfates. On neutralise la solution acide portée à l'ébullition par du carbonate de sodium et, par refroidissement, on a le sulfate de quinine brut que l'on décolore par du noir animal et que l'on purifie par plusieurs cristallisations. On peut aussi se servir d'acide chlorhydrique.

Le sulfate, le chlorhydrate, et le bromhydrate de quinine sont des fébrifuges très actifs.

Strychnine et Brucine

Strychnine : $C^{21} H^{22} Az^2 O^2$

Brucine : $C^{23}H^{26}Az^2O^4$

La <u>strychnine</u> se retire de la noix vomique par le même procédé que celui que l'on emploie dans l'extraction de la quinine. La seule différence consiste dans ce que par refroidissement le sulfate de strychnine reste dissous dans les eaux mères au lieu de se déposer. On déplace la strychnine par l'ammoniaque de son sulfate.

La strychnine brute est toujours accompagnée de <u>brucine</u>, dont on la sépare par des cristallisations, dans de l'alcool à 80° porté à l'ébullition.

Cet alcaloïde est un poison violent qui, même à petite dose, produit des crises de tétanos. Il est soluble dans l'alcool et seulement dans 2.500 parties d'eau.

Au contact d'une goutte d'acide sulfurique et d'une goutte de bichromate de potassium, la strychnine donne une coloration bleue. La brucine donne avec l'acide azotique concentré une coloration rouge que l'on obtient pas avec la strychnine. La fève de St Ignace contient aussi ces deux alcaloïdes.

Alcaloïdes de l'opium

Le suc qui s'écoule du pavot contient de l'<u>opium</u>, substance qui renferme six alcaloïdes principaux : <u>la morphine, la codéine, la papavérine, la thébaïne, la narcotine et la narcéine.</u>

C'est surtout en Asie Mineure, en Égypte, en Perse et aux Indes que l'on cultive le pavot d'où on les extrait sous forme de suc qui se prend rapidement en masse solide appelée pain.

Morphine
$C^{17}H^{19}Az O^3 + H^2O$

On la retire des pains d'opium en suivant la marche que voici :

1° - épuisement du pain par l'eau froide.
2° - évaporation de l'eau de lavage mêlée à du carbonate de sodium.
3° - traitement à chaud du précipité obtenu par l'acide acétique.

4º - Filtration ,

5º - Décoloration par le noir animal.

6º - Saturation par l'ammoniaque.

7º - Purification de la morphine précipitée par cristallisation dans l'alcool.

Codéine
$$C^{18} H^{21} Az O^3$$

La codéine s'obtient à l'aide de la dissolution où on a précipité la morphine par l'ammoniaque.

Narcotine
$$C^{12} H^{23} Az$$

C'est du résidu que l'on obtient en traitant par l'acide acétique l'extrait recueilli par l'évaporation de l'eau alcalinisée par du carbonate de sodium, lors de la préparation de la morphine.

Nicotine
$$C^{10} H^{14} Az^2$$

C'est l'alcaloïde du tabac. Il est liquide et volatil à la température ordinaire ; soluble dans l'eau, l'éther et l'alcool. C'est une substance très toxique.

Pour préparer la nicotine, on épuise le tabac par l'eau à 100° ; on évapore la liqueur obtenue jusqu'à consistance sirupeuse ; puis on traite l'extrait, par le double de son poids d'alcool. C'est dans cet alcool que se trouve toute la nicotine.

Cette dissolution alcoolique est évaporée à son tour et on reprend de nouveau par l'alcool ; on arrive ainsi à avoir une liqueur concentrée à laquelle on ajoute de la potasse et de l'éther qui dissout la nicotine libérée. On neutralise dans la solution éthérée la nicotine, par de l'acide oxalique. On chauffe au bain-marie, ce qui fait évaporer l'éther, et on distille en présence d'un courant d'hydrogène, en ne recueillant que ce qui passe au-dessous de 180° (M. Schlœsing).

Les tabacs à priser contiennent plus de nicotine que ceux que l'on réserve aux fumeurs.

Essai d'un tabac.

M. Schlœsing a indiqué le procédé suivant : on hache finement les feuilles du tabac à essayer, puis on les épuise à l'aide d'éther ammoniacal. Le liquide recueilli est mis à évaporer et dans le résidu additionné, si besoin est, d'un peu d'eau distillée, on dose la nicotine par un simple essai alcalimétrique.

La nicotine est livrée en solution titrée par l'administration des tabacs, pour détruire les pucerons des rosiers.

Richesse des principaux tabacs, en nicotine, sur 100 parties de tabac sec

Origine du tabac	Proportion de nicotine
Alsace	3,21
Pas-de-Calais	4,94
Nord	6,58
Ile et Vilaine	6,59
Lot et Garonne	7,34
Lot	7,96
Havane	2,00
Maryland	2,20
Virginie	6,87

Le tabac réservé aux priseurs est plus riche en nicotine que celui des fumeurs.

Cicutine

$$C^8 H^{17} Az$$

C'est l'alcaloïde des ombellifères ; on l'extrait de la grande ciguë. C'est un poison très violent.

Cocaïne
$$C^{17} H^{21} Az O^{4}$$

La _cocaïne_ s'extrait de l'_erythroxylon coca_. On traite les feuilles par l'eau tiède ; on précipite l'alcaloïde par du carbonate de sodium, puis on forme du chlorhydrate de cocaïne que l'on purifie par cristallisation.

La cocaïne est un anesthésique local, faiblement soluble dans l'eau, mais soluble dans l'éther. La mastication des feuilles de coca qui en contiennent permet de supporter la fatigue, pendant un certain temps, sans s'alimenter.

Atropine
$$C^{17} H^{23} Az O^{3}$$

C'est l'alcaloïde de la belladone. On l'extrait des racines de cette plante par un épuisement par l'alcool. Elle est très soluble dans l'alcool et seulement dans 300 parties d'eau froide. C'est un poison violent qui produit la dilatation de la pupille.

Recherche des alcaloïdes

Cette recherche se fait par la méthode de _Stass_. On divise en menus morceaux, le cœur, le foie et les poumons ; c'est là qu'ils se trouvent, même après la mort. Ces morceaux sont chauffés à 70° avec deux fois leur volume d'alcool fort et 2 gr d'acide tartrique.

La liqueur est mise à refroidir ; on filtre et le précipité obtenu est lavé avec de l'alcool à 95°. Le liquide alcoolique recueilli est alors évaporé à froid, sous la cloche d'une machine pneumatique. Le résidu est traité par un excès de carbonate de sodium et l'alcaloïde est mis en liberté. On reprend par l'éther, puis par de l'acide tartrique et du carbonate de potassium.

L'alcaloïde est de nouveau précipité ; on filtre et le précipité est traité enfin par l'alcool absolu. La liqueur alcoolique donne par évaporation, l'alcaloïde cherché. On détermine sa nature en essayant les réactions qui caractérisent les alcaloïdes divers.

Les alcaloïdes en agriculture

Quand les tubercules de pommes de terre verdissent à la suite d'une exposition à la lumière solaire, il ne faut pas les utiliser dans l'alimentation, car ils contiennent alors un alcaloïde très toxique que l'on désigne sous le nom de solanine, lequel existe d'ailleurs d'une façon normale dans les tiges, comme dans les feuilles.

Quelques légumineuses sont dangereuses, c'est ainsi que les semences de lupin renferment un alcaloïde toxique, la lupinine qui détermine une jaunisse redoutable pour les animaux.

La gesse-jarosse est une plante excellente, comme fourragère, jusqu'à sa floraison ; au-delà, elle renferme un alcaloïde à redouter, appelé lathyrine. Beaucoup d'alcaloïdes dilués sont de bons insecticides.

Chapitre XXII

De la germination

La germination est le passage d'un végétal, de l'état de vie latente à celui où il devient capable de vivre non plus aux dépens de ses réserves, mais des principes fertilisants du sol.

Dans toute graine on trouve des réserves ; ce sont des substances hydro-carbonées, des matières grasses, des matières azotées et des corps minéraux. Elle contient aussi de l'eau en faible proportion.

Le tableau ci-après fixera les idées sur ce point :

Composition centésimale moyenne de quelques graines à l'état de repos (M. G. André)

Graines	Eau	Substances azotées calculées en albuminoïdes	Corps gras	Substances hydrocarbonées	Cendres
Blé	11 à 15	9 à 14	1,5 à 2,0	68 à 72	1,5 à 2,6
Seigle	14 à 17	9 à 13	1,3 à 2,0	66 à 74	1,8 à 3.0
Orge	14 à 15	8 à 14	1,4 à 2,8	62 à 69	2,1 à 3,3
Avoine	11 à 15	8 à 13	3,5 à 4,5	50 à 58	2,6 à 4,0
Maïs	9 à 14	9 à 11	4,0 à 5,0	66 à 73	1,5 à 2,5
Pois	13 à 14	21 à 24	1,5 à 2,3	45 à 54	2,1 à 3,5
Fève	12 à 15	22 à 27	1,5 à 2,0	45 à 52	2,6 à 3,8
Haricot	8 à 13	22 à 26	1,5 à 2,0	45 à 55	3,0 à 4,5
Lupin	10 à 14	35 à 40	4,0 à 6,0	25 à 28	2,8 à 4,0
Lin	9 à 10	21 à 25	34 à 38	20 à 25	4,0 à 5,0
Colza	6 à 8	17 à 20	36 à 45	14 à 22	3,9 à 4,8
Œillette	6 à 9	15 à 20	40 à 48	17 à 20	4,0 à 7,0
Noix	5 à 8	14 à 16	55 à 63	11 à 15	1,6 à 2,3
Ricin	5 à 6,5	15 à 20	46 à 55	5 à 16	2,9 à 4,0

L'examen de la composition centésimale des graines à l'état de repos, autrement dit, lorsqu'étant arrivées à leur plein développement, elles ne germent pas, permet de les classer en trois catégories :

1°. les graines riches en matières azotées (légumineuses)

2°. les graines riches en matières grasses (graines oléagineuses)

3°. les graines riches en matières hydrocarbonées (graminées).

Ce sont les matières grasses, azotées et hydrocarbonées qui constituent les réserves du végétal. Dans certaines espèces, on les rencontre dans les cotylédons à l'état d'_éléments figurés_ (grains d'amidon, d'aleurone, corps gras, cellulose) ou bien à l'état de dissolution (saccharose, sels organiques et minéraux, tannins, certains albuminoïdes, acides organiques libres, hemi-celluloses. Chez d'autres espèces aux cotylédons peu développés, c'est l'albumen qui les renferme.

Parmi les différents albumen du monde végétal, il en est qui sont protégés par une enveloppe très dure due à la présence de substances mucilagineuses. Tels sont les albumens de la vigne, du caféier, du palmier. On désigne ces albumens sous le nom de cornés.

Essai germinatif et protection des graines

Avant de procéder à l'ensemencement de son sol le cultivateur doit se rendre compte de la valeur germinative de ses graines. En principe, elles doivent pouvoir toutes germer et arriver, à la même époque, à maturation.

Il n'en pourra être ainsi si les graines sont d'espèces différentes, de mauvaise qualité ou trop âgées.

C'est dans le but d'éviter les germinations défectueuses que Nobbe a imaginé un germoir qui permet à quiconque de faire l'essai de ses semences et qu'il a été créé à l'Institut National agronomique de Paris un laboratoire qui procède aux essais des graines pour le public.

Cette opération se fait dans des étuves à température constante et en milieu humide. Connaissant le nombre de graines mises à germer et celui des graines qui germent, on détermine le pourcentage de germination.

Ainsi, l'agriculteur possède le moyen de se rendre compte de la valeur de ses graines et si le pourcentage promis par le vendeur grainetier est réalisé.

Pureté et germination des graines commerciales

	Première qualité			Qualité moyenne		
	Pureté	Germination	Valeur utile	Pureté	Germination	Valeur utile
Paturin des prés	95 %	50 %	48 %	84 %	48 %	40 %

	Première qualité			Qualité moyenne		
	Pureté	Germi-nation	Valeur utile	Pureté	Germi-nation	Valeur utile
Vulpin des prés	90 %	30 %	27 %	78 %	19 %	14 %
Fétuque des prés	95	75	71	82	71	58
Ray grass anglais	95	75	71	94	70	65
Avoine jaunâtre	40	40	16	34	37	13
Trèfle ordinaire	98	90	88	97	91	89
Luzerne	98	90	88	97	89	86
Sainfoin	98	80	78	95	71	68

Ce tableau montre que même pour les graines pures, une partie seulement est propre à la germination.

———

Relativement au choix des semences, on peut dire, d'une manière générale, que sauf les graines qui constituent des "nouveautés" et encore lorsqu'elles sont réellement d'essence supérieure, les autres graines d'importation ne devraient guère être introduites dans une région. Il est préférable de faire des échanges locaux et de bien choisir les graines, que d'acheter celles-ci hors de la région.

Cependant il y a lieu de tenir compte qu'une semence provenant d'un milieu moins favorable gagnera à être ensemencée dans un sol plus fertile que celui d'où elle provient. Dans ce cas, l'importation peut être une opération recommandable.

La sélection des graines peut-être obtenue en se basant sur une méthode analogue qui consiste à partir de la semence d'une plante à l'état rustique et en améliorant ses graines.

A cet effet, on choisit chaque fois les plus belles que l'on fait germer ensuite dans de bonnes conditions. Cette opération répétée plusieurs fois dans des sols de plus en plus fertiles produit finalement des plantes dont les graines sont d'excellentes qualités.

Si on part d'une graine sélectionnée pour la faire germer dans un sol moins fertile que celui qui l'a produite, la dégénérescence se produit rapidement et la nouvelle venue ne tarde pas à se mettre au niveau du milieu dans lequel on l'a transportée. Il faut alors avoir recours à une nouvelle importation qui peut être dispendieuse.

C'est à l'agriculteur de se rendre compte si les prix de vente du moment permettent cette opération, mais le plus souvent, pour les animaux, comme pour les plantes, il vaut mieux poursuivre l'amélioration sur place en recherchant pour la semence, les graines les plus saines, les plus belles, les plus pesantes, celles qui sont le mieux arrivées à maturité - et qui proviennent des parents les plus productifs et les plus vigoureux.

Il est même recommandé, une fois le choix fait, de faire passer les graines au trieur, pour séparer d'elles les semences des végétaux nuisibles, comme le chiendent, la folle avoine, l'ivraie, etc..

À côté de ces parasites à craindre, il est d'autres dangers dont il faut se préserver et qui sont constitués par la dent du rongeur ou par la reproduction de champignons microscopiques transportés par les graines ; les principaux sont l'ergot, la rouille, le charbon, la carie, etc... On évite leur funeste action par des traitements dont il est parlé au chapitre suivant.

Protection des Graines

Dans le but de protéger les graines contre les dangers extérieurs, on a préconisé bien des formules. C'est ainsi que l'on a recommandé l'immersion des graines dans l'eau de chaux. C'est un moyen insuffisant et nous lui préférons le traitement préalable des graines par le sulfure de carbone ou par le sulfate de cuivre.

Un traitement de la graine d'une durée de quelques heures, dans du sulfure de carbone, détruit les parasites, sans l'altérer. Il faut être plus prudent avec le sulfate de cuivre qui est un poison de la cellule végétale, assez violent pour tuer les graines qui auront été plus ou moins abîmées par la machine à battre.

Quoiqu'il en soit, on peut faire tremper les graines dans une solution de un gramme de sulfate de cuivre commercial par litre d'eau, car à pareille dose le pouvoir germinatif n'est pas détruit chez une graine saine. Nous avons vu pratiquer dans nos terres des landes, le sulfatage des semences, de la manière que voici, en n'opérant toujours que sur la quantité de graine qui doit être ensemencée le lendemain.

Quand il y a peu de graines, on place celles-ci dans un panier et le tout est immergé pendant 1/4 d'heure dans une solution à 5 %, on retire la semence au bout de ce temps et on l'étend sur une aire ou sur un plancher où on la saupoudre partout de chaux.

Vingt-quatre heures après, elle est utilisable.

Si au contraire il y a beaucoup de graines, on les met en tas sur une aire imperméable à fond d'argile par exemple, ou sur un plancher ; cela fait, on les arrose lentement, partout et régulièrement avec la solution cuprique jusqu'à ce qu'elle s'écoule hors du tas.

À ce moment on cesse les arrosages, on brasse longuement à la pelle en saupoudrant la masse de chaux pulvérisée, puis on la remonte en tas.

L'ensemencement se fait le lendemain.

Pralinage des graines

Le pralinage des graines est l'opération qui consiste à les enrober d'une substance protectrice, telle que la chaux.

Dans le traitement précédent indiqué au sulfate de cuivre, on peut remplacer la chaux par du phosphate de chaux et on pratique ainsi un pralinage avantageux qui mettra à la disposition immédiate du végétal naissant, un élément fertilisant de valeur.

Les substances alcalines employées à faibles doses favorisent plutôt la germination.

Le pralinage à la chaux est bon pour les graines destinées aux terres acides, mais n'est pas recommandable pour les autres.

Stérilisation des graines

Il arrive souvent que l'expérimentateur agronome a besoin de stériliser ses graines ; il y arrivera aisément en les immergeant pendant 14 heures dans une solution de bichlorure de mercure à $\frac{1}{1000}$.

Les graines seront ensuite lavées 4 ou 5 fois dans de l'eau stérilisée (M. M. Mazé et Perrier)

Phénomènes de la germination

Les graines contiennent de l'eau à l'état normal dans la proportion de 5 à 17 % ; elles sont hygroscopiques, c'est-à-dire que dans une atmosphère qui se sèche, elles restituent l'eau qu'elles avaient précédemment absorbée, quand elle était humide. Malgré tout, à mesure qu'une graine vieillit ses facultés hygroscopiques diminuent et peu à peu elle se dessèche en perdant de son eau normale. Elle passe à l'état de vie ralentie et contient trop peu d'eau pour être capable de germer.

M. Maquenne a constaté que pendant cette période les fonctions vitales des graines ne sont pas suspendues et qu'elles continuent à respirer grâce à l'oxygène de l'air ambiant. D'après cet auteur, c'est cette respiration qui abolit à la longue le pouvoir germinatif en raison des modifications internes qu'elle amène dans la graine.

Parmi les graines, il en est peu qui puissent germer avant d'être arrivées à leur pleine maturité ; la plupart se développent mal si elles sont ensemencées lorsqu'elles viennent d'être récoltées, mais il n'en est plus de même si au préalable on les dessèche. On doit en conclure que la dessication de la graine avant la germination est une chose presque toujours nécessaire.

On a constaté que les graines avant d'acquérir la faculté germinative dégageaient un peu d'aldéhyde éthylique.

M. Mazé a émis l'hypothèse que, dès lors, c'est ce gaz qui empêche l'évolution embryonnaire. Ce retard serait favorable car il est probable, comme le pense M. G. André, que pendant ce temps, les enzymes, dont le rôle est si important dans la germination, ont le temps de s'accroître suffisamment.

Mayer a prouvé que des graines conservées dans un milieu

desséché artificiellement par de la chaux vive ou de l'acide sulfurique conservaient de longues années leur pouvoir germinatif et qu'il en était de même des spores des mucédinées.

On voit par là combien le rôle de l'eau est important dans la fonction qui nous occupe et l'expérience a montré en effet que les graines pour être conservées devaient être placées en lieu sec.

M. __Becquerel__ a cherché à en donner l'explication scientifique que voici : l'embryon est protégé par des téguments qui ou été reconnus imperméables aux gaz secs de l'atmosphère, tout au moins quand la température ambiante est inférieure à $100°$; en conséquence, lorsque les téguments d'une graine sont secs, l'oxygène de l'air ne peut pénétrer jusqu'à l'embryon qui doit, dans de telles conditions, respirer aux dépens des matières formant les tissus de la graine et cela jusqu'à épuisement ou asphyxie.

Mais comme ce phénomène est fort lent, on conçoit que la graine puisse vivre longtemps en milieu sec, en ne perdant sa faculté germinative que peu à peu.

Au contraire, si les téguments sont humides, l'oxygène pénètre jusqu'à l'embryon, une respiration plus active s'établit et le pouvoir germinatif disparaît plus ou moins rapidement suivant les espèces.

M. __Ladureau__ croit que l'acidification des matières grasses sous l'influence de l'oxygène de l'air contribue à la perte du pouvoir germinatif des graines ; quoiqu'il en soit, on peut dire que l'abolition de la faculté germinative est le résultat d'un phénomène d'oxydation que __l'humidité favorise__.

L'humidité étant nécessaire pour produire la germination M. __Müntz__ a été amené à étudier comment la plante pouvait prendre de l'eau au sol, en raison de ce que ce dernier retient si fortement l'élément liquide.

Il a montré que l'affinité de l'eau pour la terre était une chose variable, mais qu'il y avait lieu d'en tenir compte puisqu' elle pouvait atteindre jusqu'à 20% du poids du sol, lorsque ce dernier contenait beaucoup d'argile ou d'humus.

Or tant que l'affinité n'est pas satisfaite, la terre ne cède pas son eau et, au contraire, déshydrate la graine ; de là le danger de faire des ensemencements par temps trop sec.

Un excès d'eau satisfait l'affinité du sol, mais en revanche fait pourrir la graine ou l'asphyxie.

L'eau courante qui est aérée est moins à craindre que celle qui est privée d'air, mais par ce qui précède, il est facile de se rendre compte que le meilleur moment pour ensemencer est celui où l'état hygrométrique est assez élevé.

Il ne faudrait pas cependant qu'après cette opération, la terre restât trop longtemps en présence d'un excédent d'eau ; c'est ainsi que les mécomptes surviennent lorsque l'ensemencement a été fait au début d'une période prolongée de pluies abondantes.

En pareille occurence l'agriculteur devra au préalable consulter son hygromètre et son baromètre, tout en tenant compte de la direction des vents, avant de procéder à ses semailles.

L'humidité joue un rôle capital dans le phénomène de la germination ; c'est grâce à sa présence que la graine peut se gonfler et que les enzymes qui y sont contenus produisent la solubilité des réserves.

Cette expansion est d'autant plus grande que la température ambiante est plus élevée et la pression atmosphérique plus faible. Dans cet état de gonflement, il se produit une pression osmotique élevée qui peut atteindre quelquefois plusieurs atmosphères.

Une graine gonflée est toujours très sensible à la gelée et ce fait ne doit pas être perdu de vue par l'agriculteur ; quant à sa faculté vitale, si elle peut être détruite aux basses températures, elle peut également l'être sous l'influence d'une température dépassant 70 à 80°.

Il n'en est pas de même si l'humidité fait défaut et une graine sèche peut supporter une température de 100°, pendant quelques instants du moins, sans en être incommodée.

Effront a même constaté que certaines graines qui germent difficilement à l'état normal gagnent à être préalablement bouillies 2 à 3 heures avant d'être ensemencées et malgré ce traitement, leurs enzymes ne sont pas détruits ; c'est cependant une exception et l'épaisseur des téguments doit, ici, être mise seule en cause.

Dans cet ordre d'idées, quelques agronomes font tremper leurs graines dans de l'eau tiède, pendant quelques heures ;

Avant l'ensemencement, afin d'obtenir une germination plus précoce, ce peut être bon si le sol destiné à les recevoir est sec.

La présence dans l'eau, de quelques substances minérles et quelquefois une chose favorable, c'est le cas de la chaux et de certaines solutions salines (nitrates, sels ammoniacaux, chlorures superphosphates) qui favorisent le développement de la plante, à la condition toutefois que la concentration de ces solutions ne dépasse pas 3 à 4 pour mille.

Ce fait explique pourquoi les graines peuvent être tuées par un trop long contact avec les engrais chimiques lorsque les plues se font trop attendre après leur épandage.

Quand les eaux météoriques au contraire surviennent au moment opportun, elles diluent les engrais et évitent l'inconvénient qui vient d'être signalé. Le chlorure de sodium fait exception et à dose élevée, il nuit et même empêche la végétation cependant M. <u>Coupin</u> a signalé la possibilité pour certaines plantes qui poussent au bord de la mer, de supporter le sel dans la proportion de 1,5 %, même quelquefois jusqu'à celle de 4 %.

Action des gaz sur la germination

L'oxygène est indispensable à la germination, mais il n'en est pas de même de l'azote qui est sans action sur elle. En ce qui concerne l'acide carbonique, il a été constaté qu'il exerce sur le phénomène une action nuisible; de là, la nécessité d'aérer les graines qui, toutes, dégagent cet acide pendant leur respiration, puisque l'accumulation de ce gaz pourrait les faire périr rapidement. Pour ce faire, il suffira de les laisser dans un local qui puisse recevoir l'air en quantité suffisante et qui soit éloigné des sources trop abondantes d'acide carbonique (foyers, fours à chaux, fumier, etc...).

C'est à cause de l'action de cet acide que l'on recommande à l'agriculteur de ne pas enfouir trop profondément ses graines lors de leur ensemencement, elles pousseront mieux dans un sol meuble, aéré, que dans une terre compacte où l'acide carbonique peut s'accumuler plus facilement.

La mise en terre d'une graine est, on le voit, une chose délicate qui demande, en sus des considérations précédentes d'être l'objet
d'un choix judicieux (graine saine, lourde, ne présentant pas d'
odeur.

Action de la chaleur et de la radioactivité

D'une manière générale, c'est entre 5 et 20° que les graines germent bien. Au-dessous de 5° et au-delà de 48°, environ, elles ne se développent guère plus. À cet égard, chaque graine a trois
températures de germination : une minima, une seconde, optima
(la plus favorable) et une dernière, maxima.

Ces températures sont les suivantes pour quelques espèces :

	Minima	Optima	Maxima
Blé	5°2	28°8	42°6
Orge	5°2	28°9	37°8
Maïs	9°0	33°9	46°3
Courge	13°5	33°8	46°7
Lin	0°	27°7	37°6

C'est aux alentours de la température optimum que la germination est la plus active ; au-delà, ou en-deçà, elle se ralentit.

Plus une graine est sèche, moins elle est sensible à l'action
des basses températures ; au contraire celle qui est d'une teneur relativement élevée en eau, périt par le froid.

Le blé, l'avoine, le seigle qui redoutent peu les gelées peuvent être ensemencés à l'automne, et pour une raison inverse, le maïs,
la betterave, la pomme de terre, etc... sont semés au printemps.

Dans un terrain argileux et froid, il vaut mieux ensemencer de bonne heure, tandis que dans un terrain calcaire, chaud,
il est préférable de faire cette opération plus tard. Malgré tout, d'u-
ne manière générale, il vaut mieux hâter sans excès l'ensemencement, que de le retarder.

Comme dans cette opération la température ne joue pas seule un rôle et qu'il y a lieu de considérer la grosseur de la graine et la nature du sol,

M. Hélouis recommande d'enfouir moins profondément la semence dans les 3 cas suivants :

1º. - quand il fait chaud ;

2º. - dans une terre compacte ;

3º. - quand la graine est petite.

La température possède une action sur la quantité d'acide carbonique dégagée pendant la germination ; autrement dit, quand il fait chaud et humide, le développement étant activé, il s'ensuit que le dégagement gazeux est plus grand, mais à température constante, des expériences ont permis d'établir que c'est au début de la germination que ce phénomène est le plus marqué et qu'il diminue ensuite graduellement.

M. M. Petit et Ancelin ont étudié l'action de la radioactivité sur la germination et ils ont établi qu'elle est favorable si elle est rigoureusement dosée. Ce serait au bout du huitième jour que, par un développement plus accentué des radicelles et des tigelles, on pourrait constater le fait.

Action de la lumière sur la germination

Lubimenko a constaté que la lumière blanche influe sur la germination et que son action maximum a lieu à une intensité faible, celle à laquelle commence à peine la production de la chlorophylle.

La lumière colorée entrave le phénomène ; l'obscurité produit des perturbations sur lui et c'est pour cette raison que lorsque la germination a lieu dans un sol non éclairé, des substances salines telles que la chaux et la silice sont absorbées par la plantule tandis que l'acide phosphorique est à peine touché.

Si l'obscurité est complète, le développement du végétal ne se produit qu'aux dépens des réserves de la graine, aucun principe fertilisant du sol n'étant assimilé, et les réserves finies, la plante meurt.

De tout ce qui précède, il faut en conclure que l'enfouissement de la graine doit se faire à une profondeur convenable, mais non exagérée, à l'époque de l'ensemencement.

Actions chimiques de la germination sur la graine

Nous avons vu précédemment que les graines étaient formées d'eau, d'hydrates de carbone, de corps gras, de substances azotées et de matières minérales.

Examinons rapidement quelles modifications essentielles ces corps divers subissent pendant l'acte complexe de la germination, en ne considérant toutefois que la période où la plantule vit aux dépens des réserves contenues dans ses cotylédons ou dans son albumen.

Modification des hydrates de carbone

La germination d'une graine où dominent les hydrates de carbone (matières amylacées) comme par exemple chez les céréales, présente une série de phénomènes que l'on peut résumer de la manière suivante : des hydrates, une partie est utilisée par la respiration, l'autre partie subit l'action des enzymes qui donnent ainsi lieu à la production des substances sucrées ; à leur tour ces substances se transforment et de réductrices qu'elles étaient, deviennent insolubles en donnant, par condensation, de la cellulose qui formera la charpente de la plante.

Dans l'intervalle, trois corps principaux ont pris naissance ; ce sont : le maltose, le saccharose et le glucose.

Le mécanisme de ces modifications diverses est le suivant : l'amidon de la graine est attaqué par divers enzymes : la maltase, l'amylase et l'invertine qui, agissant en milieu acide, produisent les sucres en question.

Chaque enzyme paraît avoir un rôle spécial : l'amylase hydrate l'amidon et forme de la dextrine et du maltose ; la maltase dédouble le maltose en donnant lieu à deux molécules de glucose et l'invertine agissant sur le saccharose, le change également en glucose. La chaleur active ces réactions.

MM. Bourquelot et Hérissay ont trouvé que les graines à albumen corné (celles du caroubier, par exemple) possèdent en outre des précédents, une diastase spéciale nommée séminase qui attaque la partie dure de la graine en donnant lieu à une production de galactose et de mannose. Il en est de même chez la luzerne et le fenugrec.

En résumé, pendant la germination le poids des hydrates de carbone diminue peu à peu ; et il se forme à leur place de la cellulose insoluble.

Effets sur les matières grasses

Ces effets sont relativement peu complexes et ont été mis d'abord en lumière par Sachs qui a prouvé que pendant la germination d'une graine, ses matières grasses disparaissaient rapidement après avoir subi une double action oxydante ; la première suivie d'un simple dégagement d'acide carbonique et la seconde d'une transformation de ces matières, en substances hydrocarbonées.

Les matières grasses fournissent donc les aliments nécessaires à la plante, tant pour sa respiration, qui est une combustion, que pour son développement, puisque les substances hydrocarbonées prennent finalement la forme de cellulose insoluble.

Le tableau ci-dessous dû à M. Fleury suit la transformation qui s'opère dans une graine oléagineuse.

Colza	Matières grasses p. 100	Sucres p. 100	Cellulose p. 100
Graine (à l'état initial)	46.00	7.23	8.25
6 jours de germination	37.93	10.14	11.70
16 " — " — "	35.25	12.73	10.59

| 21 jours de germination | — 33, 36 | — 11, 70 | — 10, 24 |
| 31 — " — " | — 28, 35 | — 3, 50 | — 18, 18 |

L'absorption de l'oxygène pendant la germination est mise en évidence, pour la même plante et par cet auteur, dans le second tableau que voici :

Colza	État initial p. 100	État final
Carbone	59, 80	48, 55
Hydrogène	8, 89	7, 16
Oxygène	17, 13	27, 48

La germination des graines oléagineuses est en général caractérisée par une fixation d'oxygène analogue à celle qui vient d'être signalée pour le colza.

M. Müntz a étudié la question relative à la saponification germinative, c'est-à-dire à la transformation des principes gras en acides. Les expériences qui ont porté sur le colza, le radis et le pavot l'ont amené à conclure que dans une jeune plante, cette saponification avait lieu d'une façon complète en cinq ou six jours.

Les acides gras contenus dans les graines s'y trouvent à l'état de glycérides ; ce sont des acides dont les uns sont saturés et les autres non saturés.

À quel degré participent-ils à la formation des hydrates de carbone pendant la germination ?

D'après M. Maquenne les acides gras saturés serviraient surtout à alimenter la respiration végétale, et les autres, à nourrir la plante.

Effets sur les matières azotées

Un fait domine ici les transformations : c'est que pendant toute la durée de la germination, il ne se dégage pas d'azote, ni à l'état libre, ni à l'état combiné.

D'après les expériences qui ont été entreprises pour expliquer ce phénomène et pour se rendre compte du mécanisme de la transformation des matières protéiques contenues dans la graine, il faut en conclure que deux stades doivent être considérés.

Dans le premier, les matières albuminoïdes passent de l'état colloïdal où elles sont dans la graine au repos, à l'état cristalloïde et diffusible.

Les corps qui se forment dans cette première période sont des amides et des <u>acides aminés</u> parmi lesquels on peut citer : l'<u>asparagine</u>, la <u>leucine</u>, l'<u>arginine</u>, la <u>phénylalamine</u> ; les acides <u>aspartique</u>, <u>glutamique</u>, etc...

Il s'agit en somme d'une véritable solubilisation des albuminoïdes sous l'action des enzymes et c'est ce que l'on désigne parfois sous le nom de solubilisation diastasique.

Ces nouveaux principes azotés étant formés, ils se répandent dans la plantule et plus tard dans le végétal entier jusqu'au moment de sa dessication ; ils se concentrent principalement dans les feuilles.

Le tableau suivant, dû à <u>Schulze</u> et à <u>Barbieri</u>, montre combien la solubilisation diastasique est rapide :

Lupin	Albuminoïdes p. 100 de la matière sèche	Asparagine p. 100 de la matière sèche formée
Graines à l'état de repos	51.00	"
Après 4 jours de germination	44.44	3.30
— " — 7 — . — . — "	31.88	11.20
— " — 12 — . — . — "	16.00	22.30
— " — 25 — . — " — "	11.56	25.00

L'accumulation des amides a une limite qui varie avec les espèces et lorsqu'elle est atteinte, il est possible de constater que leur quantité n'est pas absolument proportionnelle aux réserves en matières azotées d'où elles découlent.

Il est probable que les matières protéiques non transformées aident à la régénération des matières azotées primitives, régénération qui constitue le second stade pendant lequel les matières ayant subi la solubilisation diastasique, reviennent à leur état primitif de substances colloï-dales, insolubles et non dialysables.

Les opérations peuvent donc être résumées ainsi : les matières azotées subissant la solubilisation diastasique passent de l'état inso-luble à l'état soluble, sous forme d'amines et d'acides aminés ; puis ces derniers corps après s'être diffusés et avoir atteint les organes de la plante en voie d'accroissement, reviennent à l'état primitif de subs-tances protéïques insolubles.

Dans ce processus, le soufre qui se trouve dans la matière protéïque s'oxyde d'abord pour donner-lieu à de l'acide sulfurique puis se réduit pour revenir de nouveau à l'état simple et rentrer, sous cette dernière forme, dans la matière protéïque régénérée.

Le phosphore se comporte d'une façon analogue.

Chapitre XXIII

Accroissement du Végétal.

L'étude de la fonction chlorophyllienne et celle de l'assimila-tion de l'azote, nous ont montré comment se formaient les aliments des végétaux.

La transpiration quand elle s'effectue normalement, les charrie à travers la plante, qui évolue dès lors sous l'action de la sève nourricière.

Les tissus se forment de même que les fleurs, les fruits, les graines et les substances de réserve.

Il est utile de passer en revue les diverses phases de cette évo-lution qui constitue ce qu'on nomme : l'accroissement du végétal.

Au fond cet accroissement est le résultat d'un transport d'aliments et on conçoit fort bien qu'en procédant à l'analyse d'une plan-te et de ses cendres aux diverses époques de son développement, on puisse se rendre compte des phénomènes qui le provoquent.

M. **Boussaingault** a étudié le cas, au sujet d'une plante annuelle, le blé, et ses expériences ont porté sur un total de 450 pieds ; voici le tableau qu'il a publié et qui les résume :

Variations du carbone, de l'hydrogène, de l'oxygène et de l'Azote et des cendres pendant la végétation du blé.

Blé	Poids de matière desséchée à l'air	Carbone	Hydrogène	Oxygène	Azote	Cendres
Mai 1844 (19 mai)	$323^{gr},4$	$120^{gr},5$	$18^{gr},7$	$166^{gr},0$	$5,8$	$12^{gr},0$
9 Juin (floraison)	$1060,0$	$406,5$	$66,8$	$552,3$	$9,5$	$26,5$
15 Août (moisson)	$1880,0$	$699,4$	$187,8$	$960,7$	$16,9$	$75,2$

Accroissement de poids

Blé	Poids de matière desséchée à l'air	Carbone	Hydrogène	Oxygène	Azote	Cendres
Du 19 Mai au 9 Juin	$735^{gr},6$	$286^{gr},0$	$48^{gr},1$	$386^{gr},3$	$3^{gr},7$	$14^{gr},5$
Du 9 Juin au 15 Août	$820,1$	$292,9$	$121,0$	$408,4$	$7,4$	$48,7$

D'autres essais de ce genre ont été faits depuis et ont complété les résultats obtenus par M. Boussaingault ; ils ont porté non plus sur la plante entière, mais sur les divers organes : racines, tiges, épis, axes floraux, fleurs, fruits et ont permis de constater que si toutes les parties du végétal augmentaient de poids <u>absolu</u>, depuis le début de l'accroissement, cette augmentation variait avec l'organe considéré.

M. M. **Dehérain** et **Bréal** ont examiné diverses plantes annuelles pendant leur croissance et ils ont cherché à expliquer les variations de poids que subissent certains de leurs organes pendant cette période.

C'est ainsi qu'ils ont été amenés à considérer l'accumulation des substances hydrocarbonées (albuminoïdes et autres), dans les premiers temps de l'accroissement de la plante, comme nécessaire pour fournir aux ovules fécondés, d'où sortiront plus tard les graines, les substances de réserve utiles pour la constitution de ces dernières.

En effet, dès la fécondation achevée, l'analyse permet de constater l'acheminement des substances élaborées, de toutes les parties où elles s'étaient concentrées, vers les ovules.

Peu importe ce fait en ce qui concerne les matières hydrocarbonées qui toujours sont en quantité suffisante, mais il n'en est pas de même pour les matières albuminoïdes du protoplasma, car elles ne forment pas de réserves comme les premières et la preuve en est que s'il y a une fécondation trop abondante, les organes qui cèdent les matières protéïques perdent de leurs poids, leur vie se ralentit ou s'arrête ; dans quelques cas, il peut même y avoir dépérissement et mort. Cet inconvénient peut être vérifié lorsque les fleurs d'un végétal sont toutes fécondées en trop peu de temps.

Dans les plantes vivaces, il est permis de constater des phénomènes analogues, mais ici, l'accumulation des réserves a lieu dans les parties persistantes du végétal, c'est-à-dire dans les racines, le tronc et les tiges.

La fécondation trop rapide des fleurs n'a pas des inconvénients aussi marqués que lorsqu'il s'agit de plantes annuelles cependant, en pareil cas, on constate un jaunissement et une chute des feuilles prématurées.

Transport des substances alimentaires à travers le végétal

La migration des substances alimentaires s'accomplit, principalement tout au moins, sous l'action osmotique, mais ce n'est pas le seul facteur qui intervient dans le phénomène et à côté de lui, il faut placer la transpiration, la sudation et la diffusion. Voyons comment peut s'établir le transport des substances élaborées, c'est-à-dire des matières hydrocarbonées, des matières protéïques et des matières minérales.

Transport des substances hydrocarbonées

Les hydrates de carbone sont formés dans les feuilles et leur forme la plus condensée est l'amidon. Cette substance s'accumule dans la feuille jusqu'à une certaine limite, au-delà de laquelle elle va s'emmagasiner dans les organes souterrains. Ce transport a lieu surtout en l'absence de lumière, c'est-à-dire la nuit.

De là l'explication du fait que la feuille est plus pauvre en amidon, le matin que le soir et même **Sachs** a pu constater qu'à l'époque des jours courts, l'amidon peut disparaître au fur et à mesure de sa formation.

L'élévation de température favorise cette migration, de même que l'absence d'acide carbonique. Comment cet amidon peut-il disparaître?

Schimper a montré qu'il émigre, après s'être solubilisé sous forme de glucose. Et son point d'arrivée ce glucose, s'il se trouve en solution de concentration favorable, prend sa forme primitive d'amidon.

Il est des plantes où l'amidon ne peut se trouver dans les feuilles; cela laisse supposer que le glucose qui précède toujours la formation de l'amidon ne s'y est pas trouvé à un degré tel de concentration qu'il puisse se transformer en cette substance.

La dissolution de l'amidon dans les parties foliacées est due à la présence d'un enzyme extrêmement répandu, l'**amylase** dont la sécrétion est surtout active pendant la nuit.

Analyse qualitative de l'amidon dans une feuille (*Sachs*)

On prend la feuille (fraîche) et on la fait bouillir quelques minutes dans l'eau; on la retire et on la plonge dans de l'alcool chaud: Elle s'y décolore.

On l'enlève de l'alcool pour la placer dans une petite

quantité d'eau additionnée de quelques gouttes de teinture d'iode ; on l'y laisse jusqu'à stabilisation de la coloration.

La feuille est alors retirée et placée dans une assiette blanche contenant de l'eau. Si elle a été privée d'amidon, elle aura une teinte jaune pâle ; s'il y a de l'amidon, la teinte tirera sur le noir et l'état sera d'autant plus métallique que l'hydrate de carbone aura été en quantité plus considérable dans la feuille essayée.

Transport des matières azotées

On peut admettre que ce transport a lieu de la manière suivante : des _enzymes protéolytiques_, agissant sur les matières protéïques, les transforment en amides et acides aminés solubles ; c'est sous ces dernières formes qu'ils émigrent à travers le végétal.

Arrivés à destination, ils se condensent une seconde fois et régénèrent les matières azotées.

La consultation du tableau suivant dû à M. I. Pierre, donne un exemple de la migration de l'azote, chez le blé.

Expérience portant sur la récolte d'un hectare	3 Juin	22 Juin	6 Juillet	25 Juillet
Feuilles (azote total)	44^K,90	42^K,68	28^K,90	16,29
Nœuds et entrenœuds des tiges (azote total)	14,27	25,58	19,62	8,62
Épis (azote total)	"	17,10	33,30	51,30
		85,36	81,82	76,21

Cette expérience nous montre que l'azote a passé des feuilles, dans les tiges, et, delà, dans les épis.

Transport des matières minérales

On admet que le phosphore et le soufre qui sont sous

forme de combinaisons organiques complexes dans les feuilles, quittent celles-ci à l'époque de la migration, sous forme _minérale soluble_, puis qu'arrivées à destination, elles reviennent à l'état de composés organiques.

En ce qui concerne la potasse, elle émigre surtout de la feuille quand se ralentit l'assimilation chlorophyllienne et que les substances hydrocarbonées vont se déposer dans d'autres organes.

C'est surtout à partir de la période de fécondation que le transport des sels en dissolution devient active, jusqu'à la floraison. Au-delà, elle est peu sensible, sauf dans les années humides, où la plante peut prendre au sol des éléments fixes jusqu'à son dessèchement.

Loi du minimum

Les substances minérales nécessaires au développement des végétaux doivent se rencontrer dans le sol en des proportions et des formes convenables, pour que l'on puisse obtenir l'accroissement des plantes dans de bonnes conditions.

C'est _Liebig_ qui a d'abord montré qu'un certain nombre de ces substances était indispensable à la végétation et que l'absence de l'une d'entre elles empêchait l'évolution normale du végétal.

Helbriegel et _Willfarth_ ont prouvé, d'autre part, que tous les éléments nécessaires existant en proportions convenables, le poids d'une récolte obtenue dans ces conditions, était proportionnel à celui de l'azote nitrique employé.

Ce fait a été vérifié également pour les autres éléments fertilisants : potasse, acide phosphorique, d'où la loi suivante, dite _loi du minimum_ :

"_La quantité de matière végétale susceptible d'être obtenue sur un sol déterminé dépend de la quantité disponible de l'élément nutritif le moins abondant_".

Ainsi énoncée la loi serait trop absolue et il est évident que la récolte dépendra aussi d'autres facteurs, tels que la qualité et l'époque de la semence, la température, l'éclairement et l'état hygrométrique.

Cette loi montre la nécessité de composer judicieusement ses engrais si on veut obtenir les meilleures récoltes avec le minimum de dépenses, sans quoi on risquerait d'avoir une partie des engrais qui ne serait pas utilisée pour l'obtention de la récolte.

Chapitre XXIV

De la Maturation

Maturation des fruits

Il y deux sortes de fruits, les fruits secs qui subissent peu de modifications lors de leur maturation, et les fruits charnus, qui sont au contraire le siège de changements profonds, à cette époque là.

Quand le fruit charnu a acquis son volume définitif et qu'il est encore vert, il contient des acides organiques, tels que les acides citrique, malique, tartrique ; de l'amidon, du tannin, du glucose, de la cellulose et de la pectose.

Au fur et à mesure qu'il mûrit, le tannin et l'amidon disparaissent, de même que les acides organiques ; ce sont des combustions lentes qui détruisent ces derniers.

Le saccharose fait en même temps son apparition dans le fruit où se développe alors un ferment soluble appelé invertine. Le rôle de cette diastase est de dédoubler le saccharose en glucose et lévulose.

Des expériences ont permis de préciser que la disparition du tannin et des acides organiques est activée par l'élévation de la température et qu'au contraire un abaissement retarde leur départ. On en a déduit que pour conserver des fruits qui contiennent ces substances, il suffira de les maintenir à une température voisine de 0° et que pour les faire vite mûrir, il faudra élever la température du fruitier.

Il existe certains fruits comme les pommes, les sorbes et les nèfles qui jouissent de la propriété de changer leur acide malique en sucre, même à basse température. Ces fruits pourront être conservés et mûrir, pour cette raison, dans des pays froids.

Les oranges, les citrons, ne sont pas dans ce cas, et la transformation des acides tartrique et citrique qu'ils renferment exige la chaleur ; c'est pourquoi ils ne mûrissent que dans les pays chauds ou dans les fruitiers dont la température est assez élevée.

Le soleil facilite l'accumulation du sucre dans les fruits et sous ce rapport, ceux qui ont mûri au soleil ardent du midi ont une supériorité marquée sur ceux du Nord. Il faut tenir compte de ce fait lors de la récolte des raisins et cueillir ceux-ci un peu avant la maturation complète, si on veut conserver assez de tannin pour assurer au vin une bonne tenue. Dans le cas contraire, le tannin aura disparu et il ne restera que du sucre dans le raisin.

La pectose est une substance qui, sous l'action d'un ferment soluble appelé pectase, donne naissance à des substances organiques que l'on désigne sous le nom de gelées végétales.

En outre des corps précédents, les fruits mûrs contiennent des éthers de diverses natures qui leur donnent leur arôme ; la chimie reproduit artificiellement la plupart de ces éthers qui sont employés maintenant d'une façon courante par les liquoristes et par les confiseurs.

Pour l'accomplissement des réactions chimiques qui amènent à la maturité, les fruits mettent un temps qui varie avec les espèces ; les pommes, les poires, les pêches demandent six mois ; les groseilles, trois mois ; les oranges, un an, même deux ans.

Un fruit véreux ou ayant reçu un choc mûrit plus vite qu'un fruit sain.

Les fruits charnus et les baies contiennent à leur maturation moins de gomme et d'eau qu'à l'état de fruits verts, mais en revanche plus de sucre.

Le tableau ci-après l'indique nettement pour les groseilles :

	Groseilles à maquereau	
	Vertes	Mûres
Eau	86,48 %	81,07 %
Chlorophylle	0,03	"
Matière protéïque	1,07	0,90
Malate de calcium	2,02	"
Citrate de calcium	"	3,03
Cellulose	8,52	8,00
Sucre	0,50	6,26
Gomme	1,38	0,76

La coloration des fruits est due à l'action oxydante des chloroleucytes. C'est aussi un phénomène d'oxydation qui donne naissance aux éthers organiques.

Ces transformations sont facilitées et même ne se produisent bien que sous l'action des rayons solaires. L'effeuillage des arbres fruitiers, de manière à dégager les fruits, a pour but de produire des fruits bien mûrs, odorants et riches en couleurs. Cette opération doit être pratiquée judicieusement, sans exagération.

Maturation des graines

Dans la maturation des graines, on constate en général deux faits : c'est que lorsqu'elles sont mûres, la proportion d'azote et d'acide phosphorique est plus grande qu'au début et que pendant le mûrissement, la proportion centésimale des cendres décroît sans cesse.

Ces variations sont mises en évidence dans les deux tableaux suivants dont le premier est dû à M. G. André et le second à Wolff :

Variation...

Variation sur le poids en grammes de
100 graines sèches

Graines de haricots	19 Août	27 Août	4 Sept.	11 Sept.	21 Sept.	2 Oct.	16 Oct.
Acide phosphorique	0,23	0,69	1,24	1,84	3,00	4,33	4,89
Azote	0,40	0,19	2,61	3,68	6,00	9,35	10,35

	20 Juillet	9 Août	31 Août	11 Sept.	30 Sept.	16 Oct.
Cendres dans 100 parties de matières sèches	7,31	6,81	6,66	5,02	4,33	3,83

Nous avons vu précédemment que l'azote des végétaux pendant la germination se solubilisait en se transformant en amides et que c'est sous cet état qu'il circulait dans la plante.

Nous en retrouvons une grande partie dans la graine (12% en moyenne) à l'époque de sa maturité ; le reste a disparu pour régénérer la matière protéïque qui existait au début. C'est le phénomène inverse de celui qui se passe lors de la germination. Chez les organes souterrains (betteraves, tubercules, etc...) le phénomène est très marqué.

Les matières grasses existent dans toutes les graines où seule leur proportion varie ; elles doivent se former aux dépens des hydrates de carbone car ceux-ci disparaissent au fur et à mesure que croît la quantité de matières grasses.

C'est dans les cotylédons, chez certaines espèces de graines (colza, noyer, amandier) ou dans l'albumen (pavot, ricin) que s'accumulent les corps gras ; chez l'olive, c'est dans le péricarpe.

Nous pensons, avec divers auteurs, que les matières grasses se forment dans la graine même ou encore dans l'organe qui les emmagasine.

D'après Rechemberg ce sont les acides gras qui apparaissent les premiers et la glycérine, qu'on y trouve également, ne se forme qu'après.

Les graines de certains végétaux sont susceptibles de devenir riches en matières grasses et atteindre jusqu'à 63% dans le noyer, mais à part quelques rares exceptions, il n'en est pas de même des organes souterrains, dont la teneur ne dépasse guère 3 %.

 M. MÜNTZ a étudié la formation des principes gras chez certaines graines oléagineuses et il a constaté qu'à la disparition de l'amidon et du _glucose_ correspondait un accroissement rapide de ces corps gras.

 Le tableau suivant, dû à cet auteur, montre la marche du phénomène pour la graine de colza.

Pour 100 parties de matière sèche,
poids exprimés en milligrammes

	Glucose	Saccharose	Amidon	Corps gras	Matières azotées
Graines vertes { 1er Juin	8,3	10,7	19,9	14,2	20,1
7 Juin	7,4	7,7	18,5	21,0	21,6
16 Juin	5,0	5,1	13,4	31,5	39,6
27 Juin	3,1	2,1	6,8	44,4	23,6
Époque du noircissement de la graine (2 Juillet)	2,5	4,6	2,6	43,6	19,0
Époque de la maturité des graines (7 Juillet)	traces	4,5	1,7	41,5	19,1
Époque de la maturité dépassée (13 Juillet)	0,0	4,9	1,3	41,7	23,0

La matière grasse se forme surtout dans les dernières semaines qui précèdent la maturation et ce fait est à retenir pour la récolte des graines d'où l'on doit retirer _l'huile_ qui présentent vers cette époque le maximum de richesse en principes gras

	Matières grasses contenues dans 1 kilogramme de matière sèche de la plante sectionnée au collet	Poids total des matières grasses contenues dans la récolte de 1 hectare
22 Mars	$31^{gr},0$	$97^{K},00$
6 Avril	29,4	103,00
6 Mai	26,1	153,58
6 Juin	73,1	527,05
20 Juin	152,7	1.231,26

Les expériences ci-dessous sont de M. Is. Pierre et ont porté sur le colza.

M. Combes a montré récemment que la lumière solaire atténuée permettait d'obtenir des graines plus grosses et d'un meilleur pouvoir germinatif ; ces remarques permettront d'obtenir du porte-graines des semences de meilleure qualité si on a soin de les éclairer à la lumière solaire réduite (M. G. André).

Maturation des organes de réserve

La maturation des organes de réserve présente des phénomènes comparables à ceux de la maturation chez les graines, mais leur étude est surtout intéressante chez les plantes utilisées au point de vue alimentaire ou industriel. Examinons donc ce qui se passe chez les principales.

Formation des réserves de la betterave

Les réserves se forment d'abord dans les feuilles où on rencontre un mélange de saccharose et de sucre interverti (glucose et lévulose). Ce dernier sucre semble être utilisé dans la respiration et c'est le glucose qui émigre dans la racine où il se condense sous forme de saccharose après avoir cédé une molécule d'eau.

M. Girard qui a étudié spécialement cette plante a constaté que la majeure partie du saccharose formé par le végétal pendant le jour, disparaissait la nuit et que plus de la moitié de cette substance sucrée allait dans la racine.

Quant à la formation du saccharose, il a remarqué combien puissante était l'action de la lumière sur ce phénomène et que lorsque la journée avait été lumineuse, on en obtenait une quantité bien plus grande que lorsque la journée avait été d'un éclairage moindre.

Entre Juin et Octobre, la proportion de sucre dans la

racine de betterave s'accroît de 4 à 12 %, tandis que parallèlement, la proportion d'eau s'abaisse. Inversement, la racine replantée l'année suivante perd sa matière sucrée qui repasse à l'état de glucose pour être employé à la formation des premières feuilles.

Lors de la première année, la racine de betterave emmagasine du sucre jusqu'à la fin de sa végétation, car les nouvelles feuilles n'en empruntent pour leur formation que fort peu.

M. Dehérain a montré qu'il n'en était plus ainsi et que le sucre formé diminuait, si on pratiquait un effeuillage exagéré. La racine de betterave renferme à côté du saccharose, une diastase appelée invertine.

Formation des réserves dans le blé

La réserve du blé est formée par l'accumulation de l'amidon dans le grain. C'est dans les dernières semaines de la vie du végétal que cette opération s'effectue.

L'origine de cet amidon ne peut être attribuée aux sucres réducteurs et il faut conclure, avec M. M. Dehérain et Dupont qui ont étudié le phénomène, que sa formation a pour origine des hydrates de carbone solubles élaborés par la partie supérieure des tiges. Ce qui vient corroborer leur théorie, c'est que si ces tiges subissent une dessication prématurée, l'amidon sera en quantité insuffisante dans la récolte.

Formation des réserves du seigle

Cette formation est analogue à celle du seigle, mais M. Müntz, dans les expériences qu'il a faites sur cette plante herbacée, a constaté qu'à partir d'une certaine période de sa maturation, il y avait intérêt à récolter ses grains parce que, à partir de ce moment ils diminuaient de poids.

Le moment propice correspond comme l'indique le tableau

ci-après, dû au même auteur, à celui où le rachis renferme 15 % d'eau.

À partir de cet instant, le grain ne reçoit plus les substances alimentaires en quantité suffisante pour compenser la perte occasionnée par la respiration.

Dans la pratique, l'agriculteur devra retenir le fait que le seigle doit être récolté dès sa maturité complète, sans dépasser celle-ci.

Formation des réserves du seigle (M. Müntz)

Seigle		Poids de 100 grains à l'état sec	Proportion d'eau dans le rachis
	28 Juin	2 gr 85	"
	29 "	2, 96	"
Grains presque mûrs	1er Juillet	3, 30	28, 5
Grains mûrs	2 "	3, 36	30, 2
- d° -	4 "	3, 29	15, 4
Maturité complète	6 "	3, 12	14, 3
" dépassée	11 "	2, 92	7, 7
"	13 "	2, 87	7, 7

Formation des réserves dans les tubercules de pomme de terre

L'amidon qui s'accumule dans la pomme de terre, a pour origine le saccharose qui se forme dans les feuilles ; autrement dit dans les substances hydrocarbonées provenant de l'assimilation. L'emmagasinement de l'amidon dans la tubercule commence vers le mois de Juillet pour se terminer en Septembre.

La lumière solaire active la formation du saccharose dans les feuilles et dès que celles-ci jaunissent l'amidon ne s'accumule plus dans le tubercule.

Lors de la germination de celui-ci l'inverse se produit et l'amidon disparaît sous formes de matières ouvrées solubles. Lorsque les hivers sont longs et rigoureux et que la température se maintient au-dessous de 6° pendant un certain temps, les pommes de terre deviennent sucrées.

Cela tient à ce que ce n'est qu'au-dessous de cette température que la respiration du tubercule est assez active pour brûler le sucre qui se forme en petite proportion, mais d'une façon normale et constante.

Si la respiration se ralentit, le sucre n'étant pas tout brûlé, s'accumule. On peut rapidement enlever à la pomme de terre la saveur douce qui en est le résultat en la portant dans un local dont la température sera supérieure à 6°.

La gelée n'est pour rien dans ce phénomène, comme on le croit souvent ; les tubercules sucrés présentent un avantage sur les autres, c'est qu'ils germent plus vite quand ils sont ensemencés dans le sol.

Ces quelques exemples suffisent à donner une idée de la manière dont s'opère la formation des réserves dans les graines et dans les organes souterrains.

Chapitre XXV

Analyse chimique d'un végétal

Dosage de l'eau - On dose l'eau dans une plante, en la réduisant en petits fragments que l'on porte ensuite dans une étuve à la température constante de 100°. De temps en temps on sort la coupe de porcelaine qui les contient et on pèse le tout ; quand le poids devient invariable l'opération est terminée.

La pesée se fait toujours à froid, à la sortie du dessicateur ; ce dernier est un récipient en verre contenant à sa partie inférieure de l'acide sulfurique concentré ou du chlorure de calcium, corps tous deux hygrométriques qui empêchent l'eau contenue dans l'air de se fixer de nouveau sur les feuilles placées dans la coupe de porcelaine.

Soit P le poids de la coupe et des feuilles, p la tare de la coupe, p' le poids total devenu invariable; la perte d'eau pour cent est donnée par la formule:

$$\frac{100\,(p'-p)}{P-p}$$

Certaines plantes contiennent des essences qui sont des corps très volatils, mais qui ne se rencontrent qu'en petite quantité; elles s'évaporent en même temps que l'eau, dans l'étuve.

Pour le dosage de l'eau, si on veut avoir un chiffre exact, il faut les doser à part et retrancher leur poids de l'expression précédente.

Quand il s'agit de doser l'eau dans des matières altérables au contact de l'air, comme les substances animales, les corps gras ou les essences, on opère la dessication des fragments de la plante, dans le vide, en présence de chlorure de calcium.

Dosage des graisses et des résines.

Si on traite par de l'éther le résidu que l'on obtient dans la dessication dans le vide, puis qu'on fasse évaporer cet éther à une température d'environ 30°, on obtient un mélange dont le poids représente celui des corps gras et celui de la résine contenus dans les fragments de la plante analysée.

Soit P ce poids.

On traite ce mélange par une dissolution étendue d'alcalis caustiques et on fait bouillir 1 à 2 heures; on laisse refroidir et la résine se solidifie, en surnageant le liquide. On recueille cette résine, on la dessèche et on la pèse. Soit p le poids ainsi obtenu. La différence $P-p$ représente celui des corps gras.

Séparation des corps gras solides et des corps gras liquides.

On traite par l'eau et l'oxyde de baryum, le résidu précédemment obtenu, lors de l'épuisement par l'éther. Ce mélange est porté à l'ébullition, que l'on maintient jusqu'à combinaison entre l'oxyde et les matières grasses.

La glycérine reste dissoute, et il se forme un précipité que l'o épuise par de l'alcool absolu. Seul l'oléate de baryte est entraîné par cet alcool qui, traité par de l'acide chlorhydrique, fournit l'acide oléique libre. En traitant par le même acide, la partie qui n'a pu être dissoute dans l'alcool absolu, on obtient les acides gras solides.

Dosage des cendres.

On met dans une capsule de platine préalablement tarée, les fragments de la matière desséchée à l'étuve à 100°. On calcine la matière dans un moufle, au rouge sombre, à l'abri de tout courant d'air. Les cendres se forment mais restent mélangées à du charbon.

Pour enlever ce dernier, on ajoute, à froid et dans la capsule, 2 ou 3 gouttes d'acide nitrique, et on fait évaporer cet acide, à chaud, avec toutes précautions, pour éviter la perte de matière calcinée, par projections.

Cette opération commencée au bain de sable, s'achève au moufle ; on obtient ainsi des cendres dépourvues de carbone.

Soit P le poids de la matière, p celui des cendres. Leur quantité pour cent est donnée par le rapport :

$$\frac{p \times 100}{P}$$

Matières dosables dans les cendres.

Acides
{
carbonique.
sulfurique
phosphorique
chlore
silice

Bases
{
oxyde de fer
    "   d'alumine
    "   de manganèse
chaux (oxyde de calcium)
magnésie ("   " magnésium)
potasse ("   " potassium)
soude ("   " calcium)

(Voir le dosage de ces matières au chapitre de l'analyse des cendres).

Dosage de l'albumine et de la caséine.

On prend un certain poids, qui varie selon la richesse présumée de la plante en albumine, de la matière desséchée. On délaie la substance dans 10 fois environ son poids d'eau froide et on laisse macérer à une température moyenne pendant une durée de 6 à 12 heures; toute une nuit par exemple.

On filtre et la solution qui a été recueillie dans cette opération est portée à l'ébullition ; l'albumine, ainsi, se coagule et on la recueille sur un filtre taré.

On place le précipité dans une étuve à 100° et lorsque son poids ne varie plus, on le pèse. Un simple calcul permet d'obtenir le pourcentage de l'albumine.

A la solution qui a traversé le filtre, on ajoute de l'acide acétique ce qui précipite la caséine, celle-ci est ensuite desséchée et pesée comme il a été dit pour l'albumine.

Dosage de la dextrine.

La dextrine se dose à l'aide de la solution acétique précédente, qu'à cet effet on concentre, à l'étuve, jusqu'à consistance sirupeuse. On laisse alors refroidir et ce qui cristallise est du saccharose ou sucre de canne.

Les eaux mères qui restent dans cette opération sont séparées de ce sucre de canne et on ajoute à la solution 10 fois son volume d'alcool. La dextrine se précipite, on le recueille, dessèche et pèse.

Reste la liqueur alcoolique où se trouve le sucre.

Dosage de la fécule.

On fait macérer de la matière desséchée à 100° dans de l'eau tiède pendant 10 heures. On filtre après ébullition. Le résidu est repris par l'eau froide, pétri et finalement jeté sur un tamis de soie à mailles fines.

On malaxe le résidu sous un filet d'eau, tant que celle-ci passe trouble. On laisse déposer le précipité qui est en suspension dans l'eau, on décante et on filtre. La partie solide qui reste sur le filtre est lavée à l'alcool, pour enlever la graisse et la résine et ce qui n'est pas entraîné dans le lavage est la fécule, que l'on dessèche à l'étuve et pèse.

Dosage de l'inuline.

On reprend la masse restée sur le tamis ; on la fait bouillir en présence d'eau distillée et on la rejette sur le tamis. Au bout de 24 heures environ, il se dépose dans l'eau qui a traversé le tamis, un corps qui est de l'inuline.

On filtre, dessèche et pèse comme précédemment.

Dosage de l'acide pectique.

Dans les opérations du dosage de l'inuline, il est resté un dépôt sur le tamis de soie, qui est recueilli et chauffé avec une solution de potasse étendue. On filtre et lave ensuite.

A la liqueur claire on ajoute de l'acide acétique ordinaire jusqu'à précipitation de flocons blancs. On sépare ces flocons et on les traite par l'acide acétique concentré. Une partie se dissout, et ce qui reste est constitué par de l'acide pectique.

Dosage de la cellulose.

Dans l'opération qui précède, l'acide pectique a été obtenu en traitant les flocons par l'acide acétique concentré, mais auparavant, il avait été obtenu un résidu qui a été retenu par le filtre.

On chauffe ce résidu avec de l'acide sulfurique très étendu, pendant une heure, puis on le jette sur un filtre et on le lave : ce qui reste est de la cellulose.

Chapitre XXVI

Cendres des végétaux

Les cendres d'un même végétal varient de composition suivant la nature du sol dans lequel il se développe ; de là, la difficulté où on est de déterminer avec précision la quantité minima de chaque élément que l'on rencontre dans toutes et qui doit être considérée comme indispensable à son accroissement normal.

Pour y parvenir, il faudrait opérer un très grand nombre d'analyses qui représenteraient un travail fort important. Malgré tout, l'analyse des cendres est utile parcequ'elle permet de déterminer pour chaque espèce de végétal, quels sont les éléments minéraux qu'exige sa croissance et, dans d'autres cas, quelle peut être leur valeur comme engrais lorsqu'elles contiennent en quantités suffisantes, l'acide phosphorique et la potasse.

Éléments acides des cendres

<u>L'acide carbonique</u> existe dans les végétaux à l'état de carbonate de calcium, mais celui que l'on dose dans les cendres peut aussi avoir pour origine l'action de la chaleur sur certains sels organiques tels que les oxalates.

On dose l'acide carbonique par la méthode de M. Schloesing qui consiste à traiter 1 ou 2 gr de cendres dans un ballon en verre, par de l'acide nitrique.

L'acide carbonique se dégage et est entraîné par un courant d'air privé de ce gaz, par son passage sur de la potasse caustique en solution.

Cet air amène l'acide carbonique dégagé des cendres, à travers un barboteur à potasse que l'on pèse avant et après l'opération. Soient p et P les poids ainsi obtenus. La différence:

$$P - p$$

donne le poids d'anhydride carbonique qui existait dans les cendres traitées. Dans cette méthode, le principe est de faire absorber l'acide par la potasse et de le déterminer d'après l'augmentation de poids du barboteur.

<u>L'acide sulfurique</u> est ici le résultat de la destruction par la chaleur, avec oxydation, des matières albuminoïdes, où on trouve, dans le noyau, un corps sulfuré.

L'acide se dose à l'état de sulfate de baryte. Pour cela, on traite 4 gr. de cendres par de l'acide chlorhydrique pur au 1/3. On insolubilise la silice qui s'y trouve par une évaporation à sec et on reprend le résidu par de l'acide chlorhydrique.

Après dissolution, à chaud, on laisse refroidir et on complète le volume à 200°. C'est dans cette liqueur que l'on fait sa prise d'essai. On prend 50 ^{cmc} de cette solution où, à l'ébullition, on verse goutte à goutte du chlorure de baryum jusqu'à ce que ce chlorure n'amène plus de précipité de sulfate de baryum.

On laisse reposer et on décante sur un filtre de Berzélius préalablement humecté d'eau distillée, sur lequel finalement, on recueille le précipité de sulfate de baryum.

Après lavage, on le dessèche et on le calcine dans un creuset de platine. On ajoute à froid 2 gouttes d'acide nitrique et 1 goutte d'acide sulfurique pour faire repasser à l'état de sulfate celui qui aurait pû être réduit par le carbone du filtre, on recalcine et pèse.

Le poids de sulfate multiplié par 0,343 donne le poids d'anhydride sulfurique (SO^3) qui y correspond.

Acide chlorhydrique.

Cet acide se rencontre dans les végétaux sous forme de chlorure de potassium ou de sodium. Chez les végétaux qui vivent à l'intérieur des terres, on trouve peu de chlorure de sodium, dont l'excès est nuisible d'ailleurs, aux plantes, mais la proportion de ce sel croît chez ceux qui vivent au bord de la mer ou qui y ont été transportés.

On dose cet acide à l'état de chlorure d'argent. A cet effet, on traite 1 gr. de cendres, à froid, par 5 ^{cmc} d'acide nitrique et 20 ^{cmc} d'eau distillée. On décante au bout d'un 1/4 d'heure et on lave le résidu à l'eau chaude, sur un filtre.

Dans le liquide clair, on ajoute un excès de nitrate d'argent en chauffant, à l'abri des rayons solaires, à 70°. On lave à l'acide nitrique au 1/3 le précipité obtenu, recueilli sur un filtre de Berzélius, on dessèche, calcine et pèse. Le poids de chlorure multiplié par 0,247, donne le poids de chlorure contenu dans 1 gramme de cendres.

Acide phosphorique.

L'acide phosphorique est assez abondant dans les organes jeunes des végétaux, mais à mesure qu'il vieillissent, ils sont abandonnés par cet acide qui va alors enrichir les graines ou les organes souterrains.

Chez les plantes ligneuses, quand leurs feuilles tombent, l'acide phosphorique les quitte pour aller se déposer jusque dans le liber. Il y constitue une réserve pour les bourgeons de l'année suivante.

L'acide phosphorique des cendres provient en grande partie de la décomposition des phosphatides nucléines et lécithines, sous l'action de la chaleur.

On dose cet acide dans les cendres, comme on le fait dans les engrais (voir analyse des engrais), soit à l'état de phosphate ammoniaco magnésien, quand elles sont riches en cet élément, soit à l'état de phospho molybdate d'ammonium si, au contraire, les cendres sont peu riches en acide phosphorique.

On prend pour ces dosages 1 gr. de cendres dans le premier cas et 2 gr. dans le second.

Silice.

La silice ou acide silicique existe dans tous les végétaux. Cet élément n'est pas réparti dans un même végétal et c'est principalement chez les graminées et dans les feuilles âgées qu'on le rencontre.

Le rôle de la silice est peu connu, elle se combine avec la cellulose ou se dépose simplement par évaporation dans les feuilles.

La silice se dose avec le sable et le charbon, ou bien à part. On fait dissoudre 2 gr. de cendres dans de l'eau acidulée, on filtre, à froid, et on fait évaporer le liquide et les eaux de lavage qui ont pu être ainsi recueillies.

L'opération s'effectue dans une capsule de platine. On porte celle-ci au bain de sable et on évapore à sec, à une température de 100 à 150°.

L'extrait obtenu, on y ajoute de temps en temps, quelques gouttes d'eau et on le laisse vers 100°, pendant 5 heures. On reprend la masse par un peu d'acide chlorhydrique concentré, on lui ajoute de l'eau bouillante et on filtre.

Après dessication à 110°, on pèse le dépôt du filtre qui

au préalable, a été taré, et l'augmentation du poids représente celui du charbon, du sable et de la silice réunis.

On s'en contente le plus souvent, mais si on veut doser la silice seule, on continue ainsi l'opération :

On détache le résidu du filtre, on le fait tomber dans une capsule de platine où on ajoute 10 cm³ de solution saturée de carbonate de potassium et 20 cm³ d'eau.

On porte à l'ébullition que l'on maintient 25 minutes environ. On jette le liquide refroidi sur un filtre où il reste, après lavages à l'eau distillée bouillante, du sable et du charbon.

Dans le liquide filtré et les eaux de lavages qui ont été été recueillis dans la précédente opération, on sursature par l'acide chlorhydrique et on évapore à sec le liquide, dans une capsule de platine, avec les précautions indiquées.

On reprend le résidu par l'acide chlorhydrique, puis par l'eau ; on filtre, lave et dessèche la matière restée sur le filtre qui a été taré. L'augmentation de poids donne celui de la silice.

Si on calcine le résidu précédent de sable et de charbon, celui-ci disparaît sous forme d'acide carbonique et la perte de poids fournit la teneur en sable pur. Par différence, on a celle en charbon.

Éléments basiques

De tous les éléments basiques, le plus important, en chimie agricole est la potasse encore appelée alcali terrestre par opposition à l'alcali marin qui désigne la soude.

La potasse existe dans les végétaux, inégalement réparti dans ses organes, mais en proportion plus grande que la soude ; c'est principalement dans les graines qu'elle s'accumule.

La soude manque même le plus souvent dans les graines et la paille de l'avoine et du blé, dans la pomme de terre, le haricot, le chêne, les feuilles de tabac, etc.-

D'une manière générale, on peut dire que les végétaux terrestres n'absorbent de la soude au-delà d'une limite qui est variable pour chacun d'eux, mais toujours faible, que lorsque les sols où ils poussent sont trop pauvres en potasse.

Dosage de la potasse et de la soude —

On traite 5 gr. de cendres par l'acide chlorhydrique pur à chaud ; on évapore à sec pour séparer la silice ; on reprend par l'eau et l'acide, on filtre et on complète le volume à 250 cmc.

Dans la liqueur obtenue, on fait une prise d'essai de 1 gr. par exemple et on y dose la potasse et la soude à l'état de chloro platinates.

Dans ce procédé, il faut se débarrasser de la silice, du fer, de l'alumine, du manganèse, des acides sulfurique et phosphorique, de la chaux et de l'ammoniaque. On y arrive en traitant la solution chlorhydrique de cendres, aussi peu acide que possible et étendue, par un léger excès de baryte.

On filtre et lave le dépôt de sulfate de baryte et toutes les eaux recueillies sont évaporées presqu'à sec de manière à éliminer le plus d'acide possible. On ajoute quelques gouttes de perchlorure de fer, puis un excès de lait de chaux pure et on fait bouillir 10 à 15 minutes.

On filtre, lave et on précipite dans le liquide clair qui passe, la chaux par le carbonate d'ammoniaque et l'ammoniaque. Après repos, on filtre de nouveau et le liquide recueilli dans une capsule de platine est évaporé à sec et calciné légèrement au rouge. On pèse les les chlorures de potassium et de sodium qui sont ainsi dans la capsule, en bloc. Soit P leur poids.

On reprend le résidu par l'eau et l'acide et on dose la potasse comme il est dit au chapitre des terres ou des engrais par la méthode au prussiate de soude. Soit p le poids de potasse obtenu. La différence $P - p$ indique le poids de soude.

La chaux existe dans les cendres de tous les végétaux et elle doit être considérée comme leur étant nécessaire ; on a même remarqué qu'en l'absence de cet élément les cotylédons des graines se vident mal (Boehm) et que certains végétaux qui ont poussé dans des terres siliceuses très pauvres en chaux, possèdent néanmoins des cendres qui en contiennent une proportion élevée.

La quantité de chaux trouvée dans les cendres de plusieurs végétaux appartenant à une même espèce n'indiquent pas les besoins réels de ces plantes en cet élément, car elle varie suivant la nature des sols où ils ont poussé.

Les chiffres ci-après, dus à M.M. Malaguti et Durocher en sont un exemple :

	Chaux % plantes venues dans un sol calcaire	Chaux % plantes venues dans un sol non calcaire
Crucifères (moyenne)	35,8	20,1
Légumineuses	40,2	28,1

La chaux se dose à l'état d'oxalate de chaux insoluble dans les acides acétique ou oxalique selon le procédé indiqué au chapitre de l'analyse des terres et à celui des engrais.

La magnésie existe dans les cendres à l'état de carbonate et de phosphate. Son rôle est important, plus peut être que celui de la chaux. Quoiqu'il en soit, la proportion de chaux est moindre dans les graines (du moins en général) que celle de la magnésie.

Les cendres des sarments des vignes en contiennent en proportion notable et on a remarqué un fait curieux, c'est que dans l'alios des Landes, lorsque la chaux faisait défaut, elle était remplacée par de la magnésie (M.M. Vassillère, de Careffe et Laborde).

Le dosage de cet élément se fait comme il est dit au chapitre de l'analyse des engrais.

Fer.

Toutes les cendres renferment de petites quantités d'oxyde de fer et on peut admettre que les terres sont naturellement assez riches en cet élément pour subvenir aux besoins des végétaux.

Il arrive quelquefois que la chlorose attaque les plantes et qu'elle disparaisse à la suite d'une application d'engrais ferrugineux ; malgré tout, ce ne peut être à l'absence de fer qu'il faut attribuer cette maladie, puisque les cendres de la chlorophylle en sont privées, mais plutôt au fait que la trop grande richesse d'un sol en calcaire, insolubilise le fer (M.M. Mazé, Rust et Lemoigne).

Quelques nucléines sont ferrugineuses ; celle de l'orge en contient 0, 195 % (M. Petit.)

Le fer se dose dans les cendres comme dans les engrais ou dans les terres, à l'aide du permanganate de potassium.

L'_alumine_ se rencontre dans beaucoup de cendres de végétaux, mais son rôle est encore obscur. Elle peut exister dans les tiges et dans les feuilles, mais c'est surtout dans la racine et dans le liber des arbres, qu'elle est en quantité plus grande. Pour son dosage, voir au chapitre des terres et des engrais.

Le _manganèse_ joue un rôle qui fut longtemps méconnu, depuis lors il a été constaté qu'il n'était pas négligeable. Sa présence dans le végétal active en effet l'action des oxydases, en particulier celle de la laccase, dont les cendres contiennent, d'après M. _Bertrand_, une dose assez élevée de ce métal.

On dose le manganèse dans les cendres de la manière suivante : on traite 1 gr. de cette matière par 25 ^{cmc} d'acide chlorhydrique au 1/5. On laisse l'action se produire à froid, puis on filtre.

Dans la liqueur claire on se débarrasse du chlore, en le précipitant à 70° à l'état de chlorure d'argent. On filtre, on évapore à sec et on calcine légèrement.

On attaque alors le résidu dans une capsule par l'acide nitrique à l'ébullition. On étend ensuite d'eau et on porte le tout, de nouveau, à l'ébullition.

À ce moment on retire du feu et on ajoute 2^{gr}5 de minium en remuant avec une baguette de verre. Il se forme de l'acide permanganique ; on laisse déposer, on filtre sur de l'amiante lavée puis calcinée et on lave le résidu à l'eau bouillante.

Il ne reste plus qu'à titrer la liqueur à l'aide d'azotate mercureux à 5^{gr} par litre d'eau distillée contenant un peu d'acide nitrique. L'opération se fait à l'aide d'une burette graduée dont on verse goutte à goutte le contenu jusqu'à décoloration ou jusqu'au jaune vert, s'il y a beaucoup de manganèse.

La liqueur d'azotate mercureux se contrôle à l'aide de la liqueur de permanganate à 1^{gr} par litre. (Voir au dosage du fer.)

Chapitre XXVII

Répartition des éléments fertilisants dans les diverses parties des végétaux

Dans les graines.

Voici dans quelles proportions les éléments fertilisants sont répartis dans les graines, d'après Wolff et König. Il y a lieu de considérer que si on analyse séparément les cotylédons, l'endosperme et l'embryon, on trouve souvent des différences très marquées pour un même corps.

	Potasse	Chaux	Magnésie	Acide phosphorique
Blé d'hiver	28,5 %	3,5 %	11,5 %	49,7 %
" d'été	32,7	3,2	13,0	47,2
Avoine	27,9	7,4	10,1	47,7
Seigle	32,1	3,8	10,1	49,4
Sarrazin	26,3	2,8	14,1	46,7
Pois	43,1	4,7	7,9	35,9
Haricot blanc	45,0	6,0	5,9	38,0
" d'Espagne	51,3	2,6	8,4	30,6
Betterave	24,5	22,9	16,1	16,6
Châtaignier	56,6	3,8	7,4	18,1

Dans les feuilles.

Les feuilles sont riches en potasse et en acide phosphorique dans leur jeune âge et à mesure qu'elles vieillissent, ces deux corps sont remplacés, en grande partie tout au moins, par la silice et la chaux.

Exemple donné par M. M. Flèche et Grandeau, pour 100 parties de cendres.

	SiO^2	PhO^4H^3	CaO	K^2O
Merisier	%	%	%	%
28 Avril	1,41	15,80	30,57	32,78
3 Juillet	1,76	8,20	38,06	17,80
7 Septembre	2,72	5,93	44,70	12,15
2 Octobre	2,30	3,80	44,05	11,82

La teneur en magnésie est très variable ; il est des feuilles qui en contiennent très peu, d'autres en possèdent beaucoup, quelquefois même plus que de chaux.

Ces deux bases s'accumulent surtout dans les feuilles âgées. La proportion de magnésie, dans les cendres, varie de 3 à 8 % et celle de chaux ne dépasse pas 10 %.

L'acide phosphorique est en proportion plus grande dans les jeunes feuilles que dans les autres. La teneur moyenne, en cet élément, est de 8 à 15 % de cendres, cependant le hêtre, le frêne, le bouleau, le thé, peuvent en renfermer jusqu'à 25 %. En général l'emploi des engrais phosphatés élève ces moyennes.

Le fer se trouve dans les feuilles de tous les âges et on le retrouve dans la proportion de 1 à 4 % dans leurs cendres. L'oxyde de manganèse également, mais en quantités très variables.

Le soufre se trouve dans les cendres des feuilles dans la proportion moyenne de 3 à 6 %, mais qui, quelquefois, atteint 15 à 18 %. Elle augmente à mesure qu'elles s'accroissent, mais diminue un peu avant qu'elles ne tombent.

La silice est l'élément qui varie le plus ; on en trouve dans les cendres depuis de simples traces jusqu'à 80 %. La chaux et la silice sont les deux éléments de la charpente des feuilles et quand la proportion de l'un d'eux diminue, celle de l'autre augmente.

Cette suppléance est très nette quand on considère l'alios des Landes où la magnésie peut remplacer complètement la chaux et réciproquement (M. M. Vassillère et de Careffe).

<u>Dans les tiges.</u>

La répartition des éléments minéraux dans les cendres

des tiges peut être ainsi résumée : la potasse et l'acide phosphorique sont d'autant plus abondants que la tige est moins âgée et quand elle vieillit ces corps disparaissent en partie et la chaux s'y accumule à leur place.

Dans les racines.

La racine est un organe d'absorption et de passage. Sa richesse en éléments minéraux est par conséquent très variable, et elle est modifiée par la composition du sol, l'espèce considérée, les engrais utilisés et son âge.

En dehors de ces considérations, on peut dire que les racines contiennent les plus fortes quantités de potasse et d'acide phosphorique dans les premiers temps de la vie de la plante, mais que par la suite, elles diminuent pour faire place à la silice et à la chaux.

Dans les organes souterrains.

Ce sont des organes de réserve, aussi n'est-il pas étonnant d'y trouver en grandes quantités la potasse et l'acide phosphorique. La chaux y entre en proportions très variables ainsi que la soude. Le fer y est à des doses comparables à celles des graines avec accentuation marquée pour la teneur en soufre.

Les chiffres ci-après, dus à Wolff, représentent les écarts que l'on constate dans la proportion des principaux éléments minéraux contenus dans les tubercules, les bulbes et les racines charnues :

Sur 100 parties de cendres

	Acide phosphorique			Potasse			Chaux	Magnésie	Acide sulfur.
	Max.	Moy.	Min.	Max.	Moy.	Min.			
Pomme de terre	27,1	16,8	8.4	73,0	60,0	44,0	0,4 à 7,2	4,9	6,5
Topinambour	"	14,0	"	"	47,7	"	3,2	2,9	4,9
Betterave à sucre	27,1	12,1	3,4	78,1	53,1	26,9	1,6 à 17,8	7,8	4,2
Carotte	"	14,9	"	"	36,9	"	11,3	3,6	9,6
Radis	"	41,1	"	"	21,9	"	8,7	3,5	7,7
Oignon	"	17,3	"	"	34,0	"	22,8	4,6	5,6

Dans l'écorce -

La teneur en potasse est plus grande lorsque l'écorce est jeune que lorsqu'elle avance en âge. Dans le premier cas elle peut varier de 10 à 61 % de cendres et dans le second entre 3 et 8 %.

La chaux est l'élément le plus abondant avec la silice, surtout quand l'écorce est vieille.

L'acide phosphorique décroit au fur et à mesure que l'écorce vieillit et peut alors descendre jusqu'à 1 %.

Dans le liber -

Les cendres de certains bois sont riches en potasse. C'est ainsi que celles du noyer et du chêne peuvent en avoir jusqu'à 40 %, le hêtre 38,9.

La teneur chez les bois pauvres peut descendre à 5 %. La soude s'y rencontre dans des proportions extrêmement variables mais toujours plus faibles que celles de la potasse, du moins chez les végétaux terrestres.

L'acide phosphorique s'y rencontre également en proportions variables allant de 3 à 20 %.

La chaux est de tous les éléments minéraux, celui qui atteint dans les cendres de bois les chiffres les plus élevés. En voici quelques-uns (Wolff) :

	Chaux % de cendres
Orme	77
Tilleul	75,9
Sorbier	76,1
Peuplier	66,0
Frêne	62,0
Hêtre	26 à 33
Pin sylvestre	41 à 62
Chêne	19 à 27
Bouleau	19 à 45

Cinquième Partie

Chapitre XXVIII

Du Sol

Origine géologique et répartition des Sols

La croûte du globe est superficielle et d'après les théories acceptées par tous, elle a son origine dans le refroidissement de matières primitivement en fusion.

Au-dessous d'elle, il existe d'autres matières que la chaleur centrale maintient fondues, ce qui explique l'accroissement de la température que l'on constate, au fur et à mesure que l'on s'enfonce dans la profondeur de la terre.

On enseigne encore qu'en se refroidissant, ces matières se sont cristallisées et qu'elles ont dû subir l'action puissante d'agents physiques qui auraient désagrégé une partie des rochers dont les éléments violemment mélangés par les eaux, auraient été entraînés, puis déposés, en couches inégales.

C'est alors que de nouveau l'action de la chaleur se serait manifestée et que sous son influence ces couches auraient donné naissance à des roches nouvelles comme les <u>grès anciens</u>, <u>les schistes</u>, les <u>gneiss</u>, etc....

Plus tard, ces roches subissant derechef l'action d'agents physiques auraient formé d'autres couches qui vinrent recouvrir des dépôts formés par des roches plus récentes ou par des débris d'êtres organisés.

Pendant cette colossale évolution, des éruptions volcaniques, des soulèvements, des déplacements énormes de matières liquides ou solides auraient contribué à former le lit des mers et des fleuves et à donner peu à peu à l'écorce terrestre, son aspect actuel. Suivant leur origine présumée, les terrains ont été divisés en : *terrains cristallins* et en *terrains de sédiment* ou *de transport*.

Terrains cristallins ou primitifs

Ces terrains constituent rarement les plaines qui sont ordinairement des terrains de sédiment et ils forment plutôt les montagnes et les crêtes ; le plus généralement, ils sont à l'état de roches consistantes.

Les granits appartiennent à ces terrains ; ils renferment les substances minérales qui jouent un rôle important en agriculture, qui sont : la potasse, la soude, la magnésie, la chaux, l'alumine la silice et le phosphore.

Les terrains primitifs couvrent en France environ 10.000.0 d'hectares, soit le 1/5 de sa surface et se rencontrent dans les Pyrénées, les Cévennes, les Vosges, etc...

Ils existent en Normandie et en Bretagne, recouverts souvent de terrains sédimentaires.

On désigne sous le nom de *sol en place* celui qui a été formé sans transport, par la roche elle-même. Il est aisé de comprendre combien est grande la variété de pareils sols, dont la nature de chacun d'eux dépend de celui de la roche qui lui a donné naissance.

La décomposition des granits durs, des roches quartzeuses, des porphyres, serpentines, etc... donnent des terrains *maigres*, siliceux, ou graveleux.

La décomposition des roches *tendres* donne naissance à des terres différentes des premières qui sont de nature argilo-siliceuse, dépourvues de matière organique ; elles sont communes dans le Morvan, l'Auvergne, le Limousin et dans les landes montagneuses.

Pareilles terres, d'autant plus pauvres que le sous-sol est rocheux ; sont meilleures cependant dans les contrées de peu d'élévation ou de plaine, comme les Deux-Sèvres, les bocages normand et vendéen, le Gâtinais, etc...

Les calcaires cristallins, les grès, les micaschistes, les

quartzites provenant des terrains cristallins proprement dits.

Les terrains volcaniques ou éruptifs doivent être classés dans les terrains cristallins ; ils sont d'origine plus récente et dans le Cantal, l'Ardèche, l'Allier, le Puy de Dôme, ils sont très étendus ; ils couvrent en France près de 255.000 hectares.

Ils sont formés de roches désignées sous le nom de laves, de trachytes et de basaltes, dont la désagrégation donne des terres assez bonnes ; la Limagne est formée de terrains de ce genre.

Terrains sédimentaires

Ce sont ceux qui couvrent la plus grande surface du sol français. Les terrains sédimentaires de la période primaire sont formés, au 3ᵐᵉ et au 2ᵉ étage, de grès anciens, de grès rouges et de grès houillers. à l'étage inférieur, on rencontre les calcaires cristallins, les gneiss, les micaschistes, les quartzites, etc...

Les schistes et les terrains ardoisiers existent dans les Cévennes, le Maine et Loire, la Bretagne, les Vosges, les Ardennes, etc... Ils forment des terres, la plupart du temps peu fertiles, rappelant celle des landes. On ne pratique guère sur elles que la culture forestière et l'élevage du bétail.

Le terrain triasique comprend des marnes et des sables ténus, à la culture assez difficile, mais cependant fertile ; s'ils sont bien assainis et menés ; on en trouve dans la Haute-Saône, le Doubs, la Lorraine, etc... souvent très argileux, ils ont une couleur lie de vin, ocre ou bleuâtre.

Les terrains du lias, tantôt marneux, tantôt argilo-siliceux, se rapprochent des terrains triasiques et des calcaires dits à gryphées. Ils sont communs en France, notamment dans la vallée de la Moselle, le Bourbonnais, le Cher, etc...

C'est dans les terrains du lias qu'il faut classer certains sols calcaires, argilo-calcaires, de couleur ocre, quelquefois mêlés à des fragments de pierres souvent si nombreux qu'ils rendent le sol aride ; tels sont les Causses de la Lozère, ou du Languedoc.

Les terrains sédimentaires de la période secondaire sont

meilleurs que ceux de la période primaire ; ils sont contemporains des marécages et des vastes prairies où évoluaient les grands sauriens et les mammifères. Les sols _crayeux_ de la Champagne appartiennent à ces terrains là.

Quant aux _terrains tertiaires_, ce sont des terres sédimentaires presque toujours meubles. Les dépôts marins (_attériosements_ et laiz de mer); les _dunes_, appartiennent à cette catégorie.

Certains sols _limoneux_ de cette période ont reçu le nom de _paludéens_. Avec les _alluvions_, ils forment les dépôts des eaux courantes.

C'est dans ces deux derniers groupes que l'on trouve les riches sols où se pratiquent la grande culture. Les vastes dépôts argileux et argilo-calcaires des bassins de la Garonne et du Tarn ; des plaines du Nord ; les limons de la Bresse, de la Sologne, de la Vienne, de la Charente Inférieure et de la Dordogne, les sédiments calcaires, souvent sous forme consistante de poudingues, de l'Isère, du Var, des Bouches du Rhône, du Gers, du Lot, du Tarn et Garonne ; les marais de Vendée, les sables des landes, sont également de la période sédimentaire et de formation plus moderne.

Sol et Sous-Sol

Le sol est l'épiderme de la terre ; c'est la couche la plus superficielle de l'écorce terrestre, le support des plantes et le réservoir où elles puisent en grande partie la nourriture nécessaire à leur accroissement.

Il se divise en deux parties : le _sol végétal_ où se propagent surtout les racines et le _sol arable_ dont le nom provient du mot _araire_ qui désigne la charrue primitive des Romains.

Le sol arable est celui qui peut être travaillé à l'aide des instruments aratoires.

Le sous-sol est la partie de la terre qui est immédiatement placée au-dessous du sol.

Composition des sols et des sous-sols

Les sols et les sous-sols sont constitués aux dépens des terrains qui forment la croûte terrestre ; c'est là leur principale origine, mais il faut compter aussi dans leur formation, les apports provenant de la décomposition des êtres organisés du règne végétal ou du règne animal.

Le tableau suivant, dû à M. Lefour, montre combien est complexe la composition des sols et les limites entre lesquelles elle évolue. Cette composition est d'ailleurs en perpétuelle voie de modification sous l'influence des agents physiques et chimiques et de la végétation.

Les proportions données par M. Lefour se rapportent à 1.000 kilos de terre, ce qui correspond à 3 ^{mq} de sol arable ayant de 0^{gr}28 à 0^{gr}35 de profondeur.

	Kil.		Kil.
Silice (pierres, graviers, sables, argiles)	950	à	100
Alumine (argiles, pierres, terres)	300	"	5
Chaux (carbonates, sulfates, etc...)	900	"	5
Magnésie (carbonates)	300	"	5
Fer (oxydes, carbonates, etc...)	100	"	5
Manganèse (oxyde)	10	"	0
Potasse (oxyde, sels divers)	12	"	5
Soude	10	"	0
Chlore (chlorhydrates)	15	"	0
Soufre (sulfates, sulfures)	20	"	0
Phosphore, phosphates	20	"	0
Ammoniaque, sels ammoniacaux	20	"	0
Carbone (des débris organiques, acide carbon.)	600	"	10
Eau	800	"	100
Azote (air, débris organiques)	2,5	"	0,005
Hydrogène (eau, débris organiques)	indéfini		
Oxygène (eau, air débris organiques, etc...)	d°		

Propriétés physiques du sol et du sous-sol

La profondeur de la couche végétale et arable forme le facteur principal de ce qu'il est convenu d'appeler la masse du sol.

Un sol végétal est profond quand il est cultivé à $0^m,30$ ou $0^m,40$ de sa surface ou bien quand son sous-sol peut être pénétré par les racines et contribuer à la subsistance du végétal.

Un sol est d'autant meilleur que son sous sol est lui aussi, favorable à la végétation.

Un sous-sol voit son importance s'accroître lorsque le sol est de faible épaisseur et qu'il n'est pas inerte, c'est-à-dire impénétrable au système radiculaire. Un sous-sol inerte s'appelle encore imperméable.

L'un des rôles du sous-sol est d'absorber l'eau en excédent dans le sol ou de rendre à ce dernier, par capillarité, celle qui monte des profondeurs de la terre.

On appelle sous-sol actif celui qui est capable d'être pénétré par les racines et de concourir ainsi à la végétation. Les sous-sols rocheux et caillouteux, lorsqu'ils peuvent être désagrégés, sont de cette catégorie.

Le calcaire jurassique est aussi un bon sous-sol que les racines pivotantes peuvent pénétrer ; il en est de même des roches porphyriques et volcaniques où la vigne pousse dans de bonnes conditions.

Les sous-sols de micaschistes et de granites tendres conviennent aux arbres possédant un système radiculaire développé comme le châtaignier, le hêtre et le chêne, qui poussent même dans les terres argileuses.

Le sous-sol imperméable présente au contraire des inconvénients ; il empêche l'eau des profondeurs de monter par capillarité pour remplacer celle qui disparaît du fait de l'évaporation ; aussi la sécheresse est-elle à craindre dans un tel terrain.

On fait disparaître ce désavantage quand le sous-sol n'est pas trop épais, à l'aide de défoncements.

En sens inverse, le sous-sol imperméable empêche l'eau qui peut saturer la couche végétale de se perdre dans les profondeurs de la terre et de ce fait rendre possible la culture des plantes aux racines longues ou pénétrantes.

Si on ne veut pas s'adonner à ce genre de culture, un excès d'humidité devient nuisible et pour y remédier, on a recours au drainage.

Dans les Landes, la Sologne, la Dombes, le sol de nature siliceuse, sous l'action de la silice combinée à l'humus acide, se transforme en terre à l'état tuffeux, imperméable.

Dans les landes girondines où agit en sus des corps précédents de l'oxyde de fer, il se forme une véritable couche compacte presqu'imperméable, _mais non tout à fait cependant_, constituant un sous-sol d'épaisseur et de ténacité fort différentes, appelé alios. Parfois, il a de 0^m40 à 0^m50, mais le plus souvent, il n'a que 10 à 20 centimètres d'épaisseur.

Quant à sa ténacité, elle passe par tous les degrés, depuis celui de la terre friable, jusqu'à celle du roc qui fait feu sous le pic. Dans la Gironde, on l'appelle _pierre de fer_, lorsqu'il atteint ce dernier degré de dureté.

De tout temps, on avait remarqué que cette pierre favorisait, lorsqu'elle avait été répandue en petits fragments sur le sol, la poussée de la vigne.

M. _Vassillère_ en a donné l'explication à la suite des analyses qu'il fit faire, en montrant que cette pierre contient des principes fertilisants en quantités appréciables. On a émis une théorie représentant deux alios, l'un organique, et l'autre minéral.

Nous pensons que cette distinction n'est pas fondée et que le second alios dérive du premier qui n'est que l'alios au début de sa formation.

_____

Analyse d'alios _________

Analyse d'alios

(M. M. E. de Careffe et J. Laborde)

	Alios à grain fin, dur, très compact	Alios analogue au n° 1	Roche aliotique très dur	Alios de consistance moins avancée	Alios tendres	Alios voie forma…	
	N° 1	2	3	4	5	6	7
Azote	"	"	"	traces	traces	0,028	0,…
Acide phosphorique	0,067	0,067	0,180	0,077	0,010	traces	t…
Potasse	0,019	0,019	0,014	0,023	0,028	0,028	0…
Chaux	0,120	traces	0,120	0,160	0,120	traces	0…
Magnésie	traces	0,035	traces	traces	traces	0,024	t…
Fer	28,25	23,20	16,75	7,50	1,24	0,30	0…
Alumine	6,35	2,94	1,14	0,47	0,24	0,06	t…
Silice	44,40	60,00	70,40	72,50	95,10	95,50	9…

Ce tableau montre que les éléments fertilisants ne font pas défaut dans l'alios, sauf l'acide phosphorique au début seulement de sa formation et que lorsque la chaux n'existe pas, elle est remplacée par de la magnésie, ou réciproquement.

Il indique également que l'alios peut arriver à constituer un véritable minerai de fer. Par sa presqu'imperméabilité et sa compacité, l'alios est nuisible et doit être défoncé, s'il existe en couche trop épaisse et trop voisine du sol.

L'opération qui se fait à la mine est très coûteuse et n'est pas justifiée dans tous les cas en raison de son prix élevé.

La silice, l'humus acide et l'oxyde de fer peuvent donner lieu à des sous-sols imperméables différents de l'alios. C'est ainsi que des roches de granit, des schistes et des silex en plaquettes, plus ou moins durs, s'agglutinent grâce à un ciment siliceux, ferrugineux ou calcaire. Le grison, le mâchefer, le tuf, appartiennent à cette catégorie.

La présence d'un sous-sol imperméable se reconnaît à ce qu'il est vite saturé d'eau, ou bien à son extrême sécheresse. Quand une partie du sous-sol seulement est imperméable les phénomènes précédents ne se rencontrent que par places.

Les sables, graviers, pierres calcaires ou siliceuses composent le plus généralement les sous-sols _perméables_. Il est favorable d'avoir un sol argileux et un sous-sol perméable, mais encore ne faut-il pas que la perméabilité existe à un degré trop prononcé sans quoi le sol devient parfois trop sec.

Pente du sol

Un terrain est _plan_ ou en _pente_.

Si la pente n'est pas exagérée, elle assure l'écoulement des eaux de pluie et favorise la culture.

Une pente qui dépasse 40 à 45 % empêche les animaux d'être utilisés dans les travaux de culture et à partir de 60 à 65 %, l'homme ne peut la gravir et doit se borner à la culture de la vigne, ou des arbustes, en établissant des terrains où on accède à l'aide d'escaliers établis artificiellement.

État physique des sols

Le sol présente tous les degrés de friabilité, depuis celui de la matière impalpable jusqu'à la dureté de la roche compacte. À ce point de vue, on classe les terres de la manière suivante :

les sables ⎰ comprenant ⎰ les sables schisteux et les sables micacés, formés de lamelles
les sables siliceux
les sables calcaires ⎱ poussiéreux
les sables alumineux ⎰

les sols pierreux ⎰ comprenant ⎰ les terres caillouteuses (petites pierres dures et siliceuses)
les terres à galets (petites pierres arrondies)
les graviers (pierres un peu plus grosses que les précédents)

les terres schisteuses
les terres granitiques.

Densité réelle et Densité apparente de la terre

La densité réelle de la terre végétale ne présente qu'un intérêt secondaire ; on la détermine par le procédé bien connu de la méthode du flacon en ayant soin, dans l'opération, d'enlever l'air adhérent à la terre, au moyen du vide.

La densité apparente, c'est-à-dire son poids rapporté à l'unité de volume est la plus importante à connaître. Cette donnée n'est point absolue, car elle varie avec le degré de tassement, cependant elle est des plus utiles à connaître si, par exemple, on veut pratiquer des charrois.

On pèse dans ce cas un double décalitre qui sera rempli exactement comme on le fera pour le tombereau, et on calcule ensuite facilement le poids du mètre cube, puis du véhicule chargé dont on connaît la capacité de transport.

Quand il s'agit de comparer les terres entre elles, il faut au préalable les sécher à l'air libre jusqu'à ce que leur poids ne varie plus. On opère ensuite de la manière suivante : on remplit un vase de 1 litre et de 1 décimètre de hauteur avec la terre à essayer, en l'y faisant tomber, d'une main de cuivre, toujours de la même hauteur.

On rase à l'aide d'une règle plate le dessus du récipient, ce qui a pour effet d'enlever la terre débordante et on pèse le contenu. On a ainsi le poids d'un litre de terre et celui du mètre cube, en multipliant par mille.

On peut encore procéder à l'aide d'une éprouvette de 200^{cc} par exemple, graduée en centimètres cubes dont chaque division représente par conséquent, un volume d'eau du poids de 1 gramme.

Remplissons-là jusqu'à la division 50 et ajoutons y ensuite 50 grammes de la terre à essayer ; supposons qu'alors l'eau monte jusqu'à la division 70. De la formule comme $D = \dfrac{P}{V}$, on a :

densité de la terre $= \dfrac{50}{70-50} = 2,5$

Densités de terres végétales

Sable calcaire __________________ 2,82
"   siliceux __________________ 2,75
Gypse __________________ 2,36
Argile maigre __________________ 2,70
"   grasse __________________ 2,65
"   pure __________________ 2,59
Calcaire fin __________________ 2,47
Humus __________________ 1,23
Terre de jardin __________________ 2,33
"   du jura __________________ 2,53

Le poids moyen d'un mètre cube de terre varie entre 1100 et 1.700 kgs. environ.

Poids d'un mètre cube (de Gasparin)

Craie sablonneuse __________________ 1.458 Kgs
Terre argilo-calcaire __________________ 1.682
Terre siliceuse __________________ 1.370
Loam d'orange __________________ 1.126

Un sol _remué_ est moins pesant que _tassé_ et la différence peut atteindre près de 300 kilos.

L'accroissement du volume que prend un sol remué varie, avec sa nature. Celui qui augmente le plus est celui du terreau puis viennent par ordre de grandeur : les terres argileuses, les terres calcaires et les sables.

L'humidité augmente également le volume du sol :
le terreau peut s'accroître de 20 % en volume
l'argile   "   "   " 18   "   "
le sable   "   "   . 50   "   "

La gelée agit dans les mêmes proportions, ou à peu près. Le tassement, l'augmentation de la pression, la sécheresse, ont lieu dans l'ordre inverse, et dans des proportions analogues.

Ténacité et Cohésion

La *ténacité* d'un sol est représentée par l'effort qu'il faut faire pour le diviser.

La *cohésion* est la propriété des éléments constituants de pouvoir rester unis entre eux.

L'ensemble de la ténacité et de la cohésion forme la *consistance* d'un sol.

Une terre *dure*, à l'état sec, est dite très *cohérente* ; l'état opposé, est l'état *meuble*.

À l'état humide, une terre cohérente peut être *forte* ou *collante*.

Les terres argileuses sont les plus cohérentes ; les terres légères (terreau) les ameublissent, mais au contraire rendent les sables plus cohérents.

Les propriétés des terres après leur durcissement par la dessication sont intéressantes à connaître tant pour l'agriculteur qui doit les travailler que pour les fabricants d'instruments aratoires.

L'adhérence des terres à ces instruments, lorsqu'elles sont sèches et humides, est un facteur qui a aussi son importance et dont le constructeur doit tenir compte.

La mesure dynamométrique faite sur le champ même, avec la charrue, est le procédé à recommander, parce qu'il permet d'obtenir, avec une précision suffisante, l'effort de traction qui est nécessaire pour le labourage.

La cohésion, l'adhérence et le retrait des terres peuvent approximativement s'établir par la méthode de *Schübler*, mais dans la pratique, la mesure dynamométrique suffit le plus souvent.

De la couleur du sol

La couleur d'une terre permet quelquefois de distinguer sa nature, mais c'est là un caractère accessoire parce qu'elle ne donne pas de précision suffisante sur sa fertilité.

Les sols calcaires sont blanchâtres.

Les sables des grès vosgiens, de certains schistes, les marnes irisées, les sables ocreux, sont d'un rouge rappelant la couleur de la brique.

Les terres riches en matière organique sont noires.

Absorption de la chaleur par la terre

La propriété que possède la terre d'absorber la chaleur a une influence marquée sur la rapidité de la végétation. Les terres les plus foncées absorbent plus de chaleur que celles de coloration claire et de ce fait activent la végétation.

Voici, par ordre de chaleur décroissante, comment se classent les terres sous le rapport de l'absorption de la chaleur :

- terres graveleuses ou pierreuses,
- sables calcaires,
- argiles siliceuses,
- argiles plastiques,
- terreau.

On peut rendre une terre argileuse, plus chaude, en y ajoutant des pierres.

L'inclinaison d'un sol influe sur son échauffement, de sorte que, plus les rayons solaires arrivent obliquement sur une terre, moins grand est son échauffement. C'est pour cette raison que certains côteaux sont si favorables aux récoltes précoces et au bon mûrissement.

Dans une terre humide, l'échauffement sert en grande partie à faire évaporer l'eau ; il en résulte une perte calorifique nuisible aux récoltes, tout au moins à leur précocité.

Mesure de l'absorption

On la détermine par temps chaud et sec de la manière

suivante :

au moment du plein soleil, on plonge horizontalement dans le sol un thermomètre au réservoir fin et allongé, à peu près à 1 centimètre de distance de la surface. Au bout d'un quart d'heure on lit la température sans enlever le thermomètre. Au même moment, on lit la température, d'un thermomètre à boule noire, (actinomètre). Enfin on prend la température de la terre, à l'ombre.

La différence entre la température à l'ombre et celle de l'actinomètre sera partagée en 100 parties et l'excédent de la température du sol sur la température de la terre à l'ombre, donnera un chiffre qui, multiplié par 100, et divisé par la différence entre les températures de l'actinomètre et de la terre à l'ombre, représentera la faculté d'absorption du sol par les rayons calorifiques.

Chaleur emmagasinée par la terre végétale

On a constaté que 30.000 kilos de fumier donnent pour une couche de terre de 0^{m}10 d'épaisseur, une élévation de température de 1/10 de degré.

Entre deux lots, l'un sec et l'autre humide, on a constaté des écarts de 8°. C'est l'évaporation qui en est cause.

Une terre colorée est plus chaude qu'une terre blanche et la différence peut atteindre 8°. C'est ce qui explique que dans les terres claires, la végétation est plus tardive que dans celles qui sont foncées.

Imbibition et hygroscopicité

Dans un sol qui a absorbé de l'humidité, on constate généralement trois couches : dans la première, l'eau d'imbibition est relativement faible ; dans la suivante elle est variable et croissante du haut vers le bas, enfin dans la dernière, elle est uniforme.

L'imbibition varie, suivant le degré de porosité des terres, leur capillarité et leur tassement.

Le sol _humide_, qui est aussi un _sol froid_, est facile à reconnaître au toucher — et surtout à une végétation plus ou moins abondante de roseaux, d'airelle, de renoncules, de persicaires, etc...

Le roseau et l'airelle poussent surtout dans les terrains très humides, dits _marécageux_.

Quand un sol est d'humidité convenable, on dit qu'il est _sain_.

Un sol est _sec_ s'il ne retient que 10 % d'eau, à 0ᵐ 30 de profondeur, après égouttement.

Un sol sain en conserve de 15 à 20 % de son poids.

Classement des terres pour leur facilité d'absorption
(par ordre de valeur décroissante)

---

terreau (jusqu'à 10 et même 12 fois son poids)
argile
argile calcaire
terres crayeuses
terres à dolomie (magnésiennes)
sables fins
sables grossiers.

Le sol ne retient qu'une quantité d'eau limitée qui varie d'ailleurs avec la nature des éléments qui le composent ; il peut perdre en conséquence de l'humidité et cette perte sera fonction de sa _perméabilité_ et du degré de sa _dessication_ qui varie elle-même sous l'influence de l'évaporation.

Le tableau ci-dessous classe les terres selon leur perméabilité :

terreau
terres pierreuses
"   graveleuses
sables siliceux
"   calcaires
terres schisteuses
"   argileuses
"   argilo-calcaires
"   "   -siliceuses

Le terreau augmente la perméabilité des argiles et diminue au contraire celle des sols sablonneux. Plus un sol est meuble, plus il est perméable.

La terre attire l'eau par la surface de ses particules et alors même que l'air ambiant n'est pas saturé, elle a la faculté de retenir une certaine quantité de l'élément liquide. C'est cette faculté qui se désigne sous le nom d'_hygroscopicité_.

La proportion _d'eau condensée_ varie avec la grosseur des éléments qui constituent les terres. Le tableau suivant dû à _Schübler_ montrera combien l'hygroscopité est, pour cette raison, variable, d'un sol à l'autre.

50^g de terre étendue sur une surface de $360^{cm²q}$ ont donné :

Eau absorbée en centigrammes

	au bout de 12 heures	au bout de 24 heures	au bout de 48 heures	au bout de 72 heures
Sable siliceux	0	0	0	0
" calcaire	1,0	15	1,5	1,5
Gypse	0,5	0,5	0,5	0,5
Argile maigre	10,5	13,0	14,0	14,0
" grasse	12,5	15,0	17,0	17,5
Terre argileuse	15,0	18,0	20,0	20,5
Argile pure	18,5	21,0	24,0	24,5
Calcaire en poudre fine	13,0	15,5	17,5	17,5
Humus	40,0	48,5	55,0	60,0
Terre de jardin	17,5	22,5	25,0	26,0
Terre arable du Jura	7,0	9,5	10,0	10,0

Détermination de l'imbibition de l'hygroscopicité et de la dessication

---

Imbibition — On la calcule par la perte de poids qu'éprouve à $100°$ une terre ayant subi, pendant plusieurs jours, l'action des pluies. On ne prélève l'échantillon d'essai que 24 heures après la —

tombée de la dernière ondée.

__Hygroscopicité__ - Elle se détermine par l'augmentation de poids que subit un poids connu de terre placée sous une cloche à température constante qui repose sur de l'eau. Dans cette opération, on étale la terre, en couche mince, sur une soucoupe.

__Dessication__ - On la calcule d'après la perte de poids, à la température ordinaire, dans un endroit aéré et couvert que subissent 50 gr. de terre étalée sur 1 décimètre carré de surface et 1 cm de hauteur environ. La pesée se fait après 4 heures d'expérience.

Faculté d'absorption des terres pour les principes fertilisants

---

Le plus généralement, les terres ont la faculté d'absorber les principes fertilisants, autrement dit de les fixer — en les enlevant aux liquides dans lesquels ils sont dissous et qui les traversent.

C'est une propriété d'importance capitale pour la bonne utilisation des engrais qui dépendra de ce fait de la constitution chimique et de la nature physique du sol, des réactions dont il est le siège, et des proportions d'eau qui le traverseront.

Les propriétés absorbantes du sol variant avec chaque élément fertilisant, il faut les déterminer pour chacun d'eux, comparativement avec d'autres sols, dans des conditions préalablement convenues.

Pour y parvenir, voici la méthode préconisée par M. __Schlœsing__ : dans une grande allonge cylindrique fermée dans sa partie étirée, par un tampon de coton, on met 1 kil. de terre préalablement desséchée à 100°.

D'autre part, on prépare une dissolution du principe fertilisant à essayer, de telle façon qu'un litre contiendra 1 gramme de principe actif de l'engrais, c'est-à-dire 1 gramme de potasse si on essaie du chlorure de potassium ou un nitrate, 1 gramme d'acide phosphorique si on essaie un phosphate, etc...

On verse goutte à goutte, la solution dans l'allonge après avoir recouvert la couche de terre d'un coton effiloché trempé dans la solution à expérimenter.

Quand on a versé de cette solution de manière à avoir recueilli dans un récipient placé au-dessous de l'allonge, la valeur de un litre de liquide, on arrête l'opération.

Le dosage, dans ce litre de liquide qui a traversé la terre contenue dans l'allonge, de l'élément fertilisant, indique par comparaison avec la quantité du même élément contenu dans le volume d'eau que l'on a fait tomber goutte à goutte, le poids de matière fertilisante absorbé par le sol.

<u>Brustlein</u> a constaté que 1^{kg} de terre argilo-calcaire retenait de $0^{gr},3$ à $1^{gr},8$ d'ammoniaque à l'état libre ou combiné. Le terreau en a retenu $12^{gr},5$; la tourbe 7^{gr}.

Quand un terrain contient des carbonates l'absorption est liée à la transformation des carbonates insolubles en bicarbonates solubles et à la transformation en nitrates.

— Dans le terreau et les sols argileux l'absorption est directe. Une partie de l'action bienfaisante de la <u>jachère</u> est due, pense-t-on, à ces propriétés.

Tableau....

Tableau des propriétés physiques des sols
(Schübler)

Terres et Substances	Poids spécifique	Poids du mètre cube	Cohésion	Adhérence	Absorption de l'eau p. 100 en poids	Absorption de l'humidité atmosphérique en 24 heures	Perte d'humidité en 4 heures	Retrait et dessèchement pour 100, en volume	Faculté d'absorber ou de perdre la chaleur
1. Limon argileux, non calcaire, à 5 à 15 % de sable fin	2603	1.600	15,1	0,8	0,6	18,00	34,0	114	68,4
2. Terre argilo-siliceuse, non calcaire, à 15 à 30 % de sable fin	2652	"	12,5	0,5	0,5	15,0	45,7	89	71,0
3. Terre silico-argileuse non calcaire, à 30 à 60 % de sable	2701	1.800	10,4	0,4	0,4	13,0	32,0	60	76,9
4. Terre argilo-siliceux (arg. 40, sable 42, calcaire 1.27, humus 3,4)	2401	1.450	6	0,2	0,52	11,0	52,0	120	70,1
5. Terre silico-argilo-calcaire (sable 63, arg. 33, calc. 2,4, humus 1,2)	2526	1.300	4	0,2	0,48	9,5	40,0	95	74,5
6. Terre argilo-silico-calcaire de jardin, noire et fertile (arg. 52, sable 36,5, calc 3,8, humus 7,2)	2233	1.220	1,28	0,3	0,84	22,3	24,3	149	64,8
7. Argile pure	2591	1660	18,22	1,3	0,70	21,0	31,9	183	63,7
8. Sable siliceux	2753	1700	0	0,19	0,25	0	88,4	0	95,6
9. Sable calcaire	2822	1600	0	0,20	0,29	1,5	75,9	0	10,0
10. Carbonate de chaux	2468	"	1	0,71	0,85	15,5	28,9	50	61,0
11. Sulfate de chaux	2358	1200	1,33	0,53	0,27	0,5	71,7	0	73,5
12. Carbonate de magnésie pulvérulent	2233	"	2	0,42	0,50	38,0	10,8	154	38,0
13. Humus	1225	"	1,5	0,34	1,00	48,5	20,5	200	49,0

Chapitre XXIX

Analyse physique d'une terre ...

Prélèvement d'un échantillon du sol

Le prélèvement d'un échantillon de la terre à examiner est une opération aussi importante que l'analyse elle-même et qui doit représenter autant que possible la moyenne du sol que l'on désire étudier.

Lorsqu'on examine un champ ou un domaine, la première chose à faire est de s'assurer qu'il est bien homogène dans toutes ses parties. Dans le cas contraire, il faut diviser le champ ou le domaine en autant de parcelles qu'il y a de terres différentes, dans leur constitution, leur fertilité, l'aspect physique, prélever des lots, un dans chacune d'elles et de les mettre à part, sans les mélanger, car chaque lot devra servir à constituer un échantillon différent aux fins d'analyse.

Dans le cas de non homogénéité, le terrain ayant été divisé, ainsi qu'il vient d'être indiqué, on constitue chaque lot de terre, en procédant ainsi : sur la surface limitée, on choisit un certain nombre de points différents (15 à 20 par hectare) disséminés de manière à ce que l'étendue de terre soit représentée d'une manière proportionnelle.

Ensuite, on nettoie à la pelle la surface du sol, à chaque point, de manière à enlever les débris qui pourraient s'y trouver accidentellement tels que la paille, des feuilles, ou toute autre substance étrangère à la constitution propre de la terre.

Cela fait, on pratique à la bêche, à chaque surface nettoyée, une tranchée d'environ 0^m50 de longueur, 0^m20 de largeur et 0^m40 de profondeur, puis, sur le bord de cette tranchée, on enlève un prisme de terre, toujours à l'aide de la bêche, en enfonçant celle-ci jusqu'au point où s'arrêtent les labours, c'est-à-dire à 20 ou à 30 centimètres de la surface du sol.

— Ce prisme s'enlève en plaçant la bêche aussi horizontalement que possible dans la terre. On répète cette opération dans chacune des tranchées et on réunit sur une bâche en toile ou sur un plancher tous les prismes provenant d'un même lot.

Le mélange aussi intime que possible en est fait à la pelle et dans le tas devenu ainsi homogène, on prélève un échantillon de 2 ou 3 kilos que l'on enferme dans un flacon ou dans une boîte en métal.

Pendant que s'opère ce mélange, on écarte les pierres et les cailloux dont le volume dépasse celui d'une noix. On note leur proportion en égard au poids des prismes d'un lot.

À l'aide d'acide chlorhydrique on se rend compte si ces pierres ou cailloux sont de nature calcaire; dans ce cas, l'acide produit à leur contact une effervescence avec dégagement de gaz carbonique.

Prélèvement d'un échantillon du sous-sol

L'opération se fait d'une manière identique, seulement il faut avoir soin de donner aux tranchées des dimensions plus grandes. Ceci fait, on enlève au-dessus du sous-sol tout ce qui peut être constitué comme terre arable, autrement dit toute la terre jusqu'à 20 ou 30 centimètres de profondeur, et c'est après cet enlèvement que l'on prélève immédiatement au-dessous, des prismes, ainsi qu'il a été dit pour le sol, dont la hauteur sera déterminée par la longueur des racines qui s'y enfoncent. On continue la prise d'échantillon comme précédemment.

Préparation des échantillons au laboratoire

L'échantillon de terre, qu'il se rapporte à un sol ou à un sous-sol, est d'abord desséché à l'air libre, après quoi on prélève 100 grammes que l'on met dans une étuve à 100°.

Quand le poids de cette prise d'essai ne se modifie plus, on détermine son degré d'humidité qui est ici représenté par la perte de son poids à l'étuve.

Lorsque la dessication à l'air libre est achevée, on émiette la terre avec la main afin de détruire les parties agglomérées (mottes) qui ont pu se former ; quand cet émiettement est trop difficile, on se sert d'un mortier en bronze et d'un pilon en bois dur de manière à ne pas écraser les parties pierreuses de l'échantillon.

On prend alors 1 kil. de cette terre et on la passe dans un tamis dont les mailles ont 5 millimètres d'écartement. Tout ce qui reste sur ce tamis après léger brossage à la main de toutes les parties terreuses adhérentes aux pierres, est classé comme gros _cailloux_. On les enlève, on les traite par l'acide chlorhydrique, on les lave, les dessèche à l'air et on les pèse.

On détermine aisément leur pourcentage par rapport au poids du sol examiné et la proportion de calcaire qui y adhérait en se basant sur le poids P du cailloux, avant le traitement par l'acide, et sur le poids p qu'ils avaient, après cette opération.

La terre passée au tamis de 5 millimètres est ensuite passée au tamis de 1 millimètre. Ce qui reste sur le tamis représente les petits éléments de la terre que l'on désigne sous le nom de _graviers_.

On détermine leur poids et, le cas échéant, celui du calcaire adhérent, comme il a été dit pour les gros cailloux.

Tout ce qui a passé au tamis de 1 millimètre constitue la _terre fine_ qui sert aussi bien à la continuation de l'analyse physique, qu'à l'analyse chimique.

Résumé de l'analyse mécanique

Restent sur le tamis de 5 millimètres { les Cailloux siliceux / le Calcaire des cailloux } s'il y en a.

Restent sur le tamis de 1 millimètre { le gravier siliceux / le calcaire du gravier } s'il y en a.

Passe au tamis de 10 fils au centimètre $\left\{\right.$ terre fine destinée : $\left\{\right.$ à l'analyse chimique à la continuation de l'analyse physico-chimique.

Cas des terres très cohérentes.

Dans le cas précédent, on a surtout envisagé les terres fines, faciles à émietter ; mais quand il s'agit de terres très fortes qui se prennent en masse dure, il faut avoir recours a un autre mode opératoire.

On prend un kilo. de terre desséchée à l'air et on la délaye dans une terrine avec de l'eau ordinaire ; on verse la bouillie ainsi obtenue sur le tamis de 1 millimètre et on lave la terrine de manière à entraîner toutes les particules solides qui s'y trouvent.

Les eaux sont reçues dans un grand récipient que l'on porte ensuite sous un filet d'eau, en plaçant entre eux le tamis contenant les matières qui ne l'ont pas traversé dans la première partie de l'opération.

On malaxe avec les doigts ces matières sur lesquelles on fait, sans arrêt, tomber le filet d'eau, de manière à ce que toutes les particules ayant moins de 1 millimètre passent à travers le tamis et se réunissent dans le grand récipient.

On arrête le malaxage quand l'eau qui passe au tamis est devenue tout à fait claire.

Ce qui reste sur le tamis de 1 millimètre est séché à l'air, pesé et ensuite passé au tamis de 5 millimètres. Le gravier traverse et les cailloux sont retenus. On pèse chaque lot après dessication ; on en détermine le pourcentage et, s'il y a lieu, on dose le calcaire adhérent, en opérant comme il a été dit pour la terre fine, friable.

Quant à la terre qui a passé au tamis de 1 millimètre et qui est toute recueillie dans le grand récipient, on la laisse reposer 24 heures, on décante l'eau claire et le reste est mis à sécher dans une capsule en porcelaine, jusqu'à ce que la masse forme une pâte liante que l'on mélange bien par un long malaxage à la main.

C'est sur cette pâte que l'on prélève l'échantillon destiné à l'analyse.

Analyse physique d'une terre

Des diverses méthodes préconisées pour procéder à l'analyse physique d'une terre, celle de M. Schlœsing nous paraît être la meilleure. C'est celle que nous allons décrire, en la simplifiant autant que possible.

Les analyses mécanique et physique ont pour but de doser dans un sol ou dans un sous-sol les éléments indiqués dans le tableau suivant :

Analyse mécanique du sol tel que le fournit l'échantillon
$\begin{cases} \text{Cailloux et graviers (calcaire adhérent} \\ \qquad\qquad\qquad \text{s'il y en a)} \\ \text{Terre fine.} \end{cases}$

Analyse physico-chimique portant sur la terre fine passée au tamis de 1 millimètre
$\begin{cases} \text{Le sable insoluble} \\ \text{L'argile} \\ \text{L'humus} \\ \text{Le calcaire} \\ \text{L'humidité} \end{cases}$

Ainsi que nous l'avons déjà vu, la proportion des cailloux, celle du gravier et la quantité de terre fine sur 100 parties de terre telle que l'échantillonnage sur le champ l'a produite, se détermine à l'aide des tamis de 5 et 1 millimètres.

Examinons donc comment se dosent les éléments de la terre fine, autrement dit comment se pratique l'analyse physique.

Humidité -

On prend 100 gr de terre fine ayant passé au tamis de 1 millimètre que l'on pèse après sa dessication à l'air. On place cette terre dans une capsule tarée et le tout est porté dans une étuve, à la température constante de 100°.

De temps en temps on la retire ; on la place dans un dessicateur à acide sulfurique ou à chlorure de calcium et, à froid, on fait une succession de pesées.

Quand elles ne varient plus, l'humidité à 100° est représentée par la perte de poids constatée à ce moment là.

Dosage du calcaire et du sable.

On prend 10 grammes de terre séchée à l'air que l'on place dans une capsule de porcelaine à fond plat. On délaye avec l'index la matière à laquelle on a ajouté un peu d'eau ; on laisse reposer et toutes les 10 secondes, on décante le liquide surnageant.

On fait cette opération chaque fois avec 10 à 20 centimètres cubes d'eau distillée et toutes les eaux de décantation sont réunies dans un vase à précipité de 250 cmc. On arrête la décantation quand le liquide surnageant est à peu près clair.

, La partie décantée contient le _sable fin_ ainsi que _l'argile_ et la partie restée dans la capsule, le _gros sable_.

On dessèche ce dernier à 100° jusqu'à ce que son poids ne varie plus. On le pèse ; soit P le poids obtenu. On ajoute dans la capsule de l'acide nitrique étendu jusqu'à cessation d'effervescence, s'il s'en produit une. Si elle y a lieu, c'est qu'il y a du calcaire adhérant aux cailloux.

On filtre alors l'eau d'attaque, acidulée, que l'on recueille; sur le filtre; reste le _gros sable_ qu'on lave, dessèche à 100° et pèse; soit p, son nouveau poids.

La différence P—p donne le poids de calcaire adhérant au gros sable. Lorsque cette proportion de calcaire est très faible, il vaut mieux le doser directement dans la liqueur azotique filtrée, comme il est dit au chapitre du dosage de la chaux dans l'analyse chimique des terres.

Dosage des débris organiques.

On prend le gros sable une fois desséché après son attaque par l'acide nitrique ; on incinère la matière et la perte de poids représente les débris organiques qui étaient contenus dans la terre.

Dosage du calcaire.

Dans la première phase de l'analyse, nous avons vu que les eaux de décantation, après malaxage à l'index, étaient recueillies dans un vase à précipité de 250 cmc ; on les traite par l'acide azotique jusqu'à ce que l'effervescence, s'il y en a une, cesse de se produire.

On laisse reposer, puis on filtre sur un filtre plat de Berzélius, de 1 décimètre de diamètre. On lave pour éliminer tous les
sels calcaires et dans la liqueur filtrée, on dose la chaux comme il
est dit, à l'analyse chimique des terres.

Ce qui reste sur le filtre est le sable fin, l'argile et la matière humique.

Dosage de l'argile unie au sable fin.

On perce le filtre de Berzélius dont il est parlé au paragraphe précédent et on fait tomber les matières qui s'y trouvent dans
un vase à bec de 1ˡ ½.

On commence à amener le volume des eaux de lavage
du précipité, à 200 cᵐ; puis on y ajoute 2 à 3 centimètres cubes d'ammoniaque et on laisse digérer 2 ou 3 heures.

Au bout de ce temps, on ajoute de l'eau distillée en agitant fortement la masse et on parfait le volume à 1 litre. Le tout
est mis au repos pendant 24 heures au bout desquelles on siphonne
le liquide clair.

On ajoute de nouveau, dans le vase à bec, 1 litre d'eau
distillée et 2 à 3 centimètres cubes d'ammoniaque, puis on laisse
encore reposer 24 heures.

On répète 2 à 4 fois cette opération suivant la cohésion
de la terre à analyser.

Les liqueurs décantées sont réunies dans un récipient,
dans lequel on ajoute 30 à 40 centimètres cubes de solution saturée
de chlorure de calcium ou de potassium.

L'argile se coagule en entraînant les fines parties de
sable au fond du vase et la matière humique reste en dissolution;
après repos on décante la partie claire puis on filtre sur un papier
poreux de 1 décimètre de diamètre; enfin on lave le dépôt.

Au moyen d'un jet fin de pissette, on ramène au
fond du filtre la matière adhérente; de façon à ce qu'y soit réunie
toute la partie solide.

Souvent, à la fin des lavages, l'eau ne passe pas; dans
ce cas, on laisse reposer et on décante le liquide qui surnage dans le
filtre, en l'absorbant dans une pipette.

On prend alors le filtre et on le place étalé sur un

buvard, juste assez longtemps pour enlever l'excès d'humidité.

On replie ensuite ce filtre une moitié sur l'autre et on soulève celle qui reste dessous, en appuyant avec le doigt, et de l'extérieur, sur les parties où se trouve l'argile; en procédant ainsi, celle-ci reste collée à l'autre moitié.

Cette argile se dessèche après, très facilement et tout d'une pièce; on la place dans une capsule tarée, on la sèche à 100° et on la pèse.

La matière ainsi obtenue représente ce que l'on appelle conventionnellement de l'argile. En réalité c'est du sable fin agglutiné par de l'argile colloïdale.

Dosage de l'humus.

Le liquide précédent, d'où l'argile a été précipitée par le chlorure de calcium, et les eaux de lavage du filtre où cette matière a été retenue, renferment la matière humique. On les réunit et on y ajoute 10 cent. cubes d'acide chlorhydrique.

La matière humique se précipite; on laisse déposer, on décante et on filtre sur un filtre plat de Berzélius, qui, au préalable, a été séché à 100° et pesé dans un flacon bouché.

Le dépôt est lavé jusqu'à ce que l'eau de filtration ne donne plus de précipité par l'azotate d'argent. De nouveau, on dessèche à 100° le filtre qui, cette fois, renferme un dépôt et on pèse de nouveau dans le flacon bouché.

L'augmentation de poids donne celui de la matière humique. Comme celle-ci contient souvent une petite quantité de matières minérales, si on veut un dosage précis, on incinère le filtre, on pèse, et la perte de poids représente la quantité de ces matières, que l'on retranche du poids de la matière humique totale, précédemment obtenu.

La différence représente l'humus réel contenu dans la terre essayée.

Chapitre XXX

Analyse chimique d'une terre

Les acides minéraux n'attaquant pas tous, les terres, d'une façon uniforme et il est nécessaire d'adopter une méthode déterminée d'attaque pour avoir des résultats analytiques comparables.

À cet effet, le Comité consultatif des Stations Agronomiques et des laboratoires agricoles a préconisé l'attaque des terres, d'une durée de 5 heures, par l'acide nitrique bouillant.

C'est le procédé adopté ici, pour le dosage des éléments autres que l'azote.

Dosage de l'azote total

Environ 97 % de l'azote qui existe dans un sol se trouve à l'état de combinaisons organiques variées; il est donc rare par conséquent que l'on ne puisse se contenter de doser seulement l'azote organique. Dans la pratique, c'est ce qui a presque toujours lieu.

L'azote organique se dose soit par la méthode à la chaux sodée, décrite dans tous les livres de chimie organique, à l'aide d'un tube à analyse qui doit avoir au moins 40 cent. de longueur, soit par la méthode de Kjeldahl.

Ce dernier procédé, très employé aujourd'hui, consiste à attaquer par 20 cc d'acide sulfurique pur, dans un ballon de 150 cc de capacité, 10 gr de terre desséchée, en présence de 0 gr,5 de mercure.

On remplace quelquefois le mercure par 0 gr,25 de sulfate de cuivre ou 10 gr de bisulfate de potassium ce qui dispense d'employer le sulfure de sodium au cours de l'analyse.

On porte à l'ébullition que l'on fait ensuite durer 1

heure et on laisse refroidir.

On ajoute peu à peu de l'eau distillée ; on laisse reposer et on décante le liquide surnageant du premier ballon, dans un second ballon à distiller de 3 à 400 cc de capacité.

Plusieurs fois on répète cette opération et ainsi reste dans le ballon d'attaque seulement des matières solides inutiles pour le dosage. Dans le ballon plus grand qui a reçu les liquides de décantation, on jette un petit morceau de papier de tournesol neutre et on y ajoute de la lessive de soude à 45° B (environ 50 à 55 cc) jusqu'à ce que ce papier bleuisse franchement.

Pour terminer, dans ce même ballon, on ajoute 2 ou 3 morceaux de grenaille de zinc pur qui, en présence de la soude, donnera de l'hydrogène en vue de faciliter l'ébullition de la masse, puis du sulfure de sodium en solution.

On distille comme il est dit au dosage de l'azote dans les engrais, en recevant l'ammoniaque qui se dégage pendant cette opération dans 5 cent. cubes d'acide sulfurique normal ou dans 10 à 20 cent. d'acide déci normal.

On titre l'excédent d'acide après saturation par l'ammoniaque recueilli précédemment, au moyen de la liqueur demi ou déci - normale d'ammoniaque comme il est dit à l'analyse des engrais et on détermine aisément le pourcentage en azote organique, en multipliant le résultat par 0,823 puis par 10, si on a opéré sur 10 gr de terre.

Dosage de l'acide phosphorique

On prend 20 gr de terre que l'on calcine au moufle, porté au rouge sombre, pour détruire les matières organiques.

La terre retirée de la capsule de platine où a eu lieu la calcination est placée dans une autre capsule en porcelaine de 11 cent. de diamètre environ, on l'imprègne d'eau puis, peu à peu, jusqu'à cessation d'effervescence, on ajoute de l'acide azotique à 36° B.

Souvent, cette opération se fait dans un ballon à fond

plat afin d'éviter les pertes de matière. On ajoute alors 20 cent. cubes d'acide azotique pur, et on chauffe au bain de sable, pendant 5 heures.

Au bout de ce temps, tout l'acide phosphorique est entré en dissolution. On ajoute un peu d'eau chaude dans le ballon, on jette sur un filtre la partie insoluble qui s'y trouve et on la lave avec de petites quantités d'eau chaude, en recueillant les liquides dans un second ballon.

C'est dans la nouvelle solution ainsi obtenue que se trouvent l'acide phosphorique, l'oxyde de fer, l'alumine, la chaux, la magnésie et la silice qui est entrée en dissolution.

Pour séparer cette dernière, on évapore à sec à 110°, 120°, au bain de sable, la solution nouvelle; cette opération insolubilise la silice. Ceci fait, on rajoute dans le ballon 5 cent. cubes d'acide azotique et 5 cent. d'eau distillée; on chauffe au bain de sable jusqu'à ce qu'aucun dépôt aqueux ne persiste dans le liquide; ainsi, tout l'oxyde de fer est dissous.

On filtre et on lave avec de petites quantités d'eau bouillante de telle sorte que le volume total ne dépasse pas 25 à 30 cent. cubes. On ajoute ensuite 25 cent. cubes de nitromolybdate d'ammonium et le tout est abandonné au repos pendant 24 heures.

Dans cette opération, il s'est formé du phosphomolybdate d'ammonium. On filtre sur un filtre plat de Berzélius en lavant le dépôt avec de l'acide nitrique pur au 1/10; on retire le verre qui a reçu les eaux de lavage pour le remplacer par un verre à précipiter.

On continue le lavage du dépôt, cette fois avec de l'ammoniaque tiède au 1/3; il se forme du phosphate d'ammonium et du molybdate d'ammonium qui passent, du filtre, dans le verre à précipiter.

Après lavage complet, on verse dans ce dernier un peu de citrate d'ammonium, de la solution citro-magnésienne, de l'ammoniaque et on abandonne le tout, au repos, pendant 12 heures. Il se forme un précipité de phosphate ammoniaco-magnésien que l'on filtre et lave avec de l'eau ammoniacale au 1/3.

Le précipité et le filtre sont mis à sécher à 100°, à l'étuve, dans une capsule de platine tarée, puis le tout est porté au moufle, au rouge sombre.

Il se forme du _pyrophosphate de magnésie_ que l'on pèse après refroidissement. Si le contenu de la capsule était resté noirâtre, il suffirait d'ajouter, à froid, 2 gouttes d'acide nitrique, d'évaporer avec précaution, puis de reprendre la calcination, au moufle. Le poids de pyrophosphate multiplié par 0,639 et par 500 (si on a opéré sur 20 gr de terre) donne la quantité d'acide phosphorique contenue dans mille parties.

En multipliant par 2,18 au lieu de 0,639, on aura le poids de phosphate tricalcique.

Dosage de la potasse

La potasse existe dans le sol à des états différents. Il en est de combinée avec la matière brune ou avec de la silice hydratée ; c'est la plus assimilable par les plantes.

Une autre partie peut-être unie à des silicates qui entrent dans la constitution de l'argile ; elle ne se dégage que sous l'influence des agents du sol, et plus ou moins rapidement.

Lorsque la potasse se trouve dans des silicates tendres, elle est rapidement assimilable, tandis qu'elle reste inerte dans les débris rocheux.

Si donc nous nous bornions à attaquer la terre par de l'eau, nous n'aurions que la potasse à l'état de sels et l'autre partie, qui peut être rendue, dans certains cas, peu à peu assimilable, serait incomplètement dissoute.

D'autre part, il faut tenir compte que le sol, par ses propriétés absorbantes, s'opposerait à l'élimination par l'eau pure de toute la potasse assimilable, même de celle qui est soluble directement.

Il est donc nécessaire de procéder à l'attaque de la terre à l'aide d'un acide concentré et pur. Cette attaque se fait avec de l'acide nitrique pur, pendant 5 heures, au bain de sable.

On prend 20 gr de terre desséchée à l'air préalablement,

que l'on met dans un ballon de 250 grammes avec un peu d'eau pour l'imprégner.

Avec précaution, on ajoute peu à peu de l'<u>acide nitrique pur à 36° B.</u> jusqu'à cessation d'effervescence, en agitant le ballon.

Quand tout le calcaire a été ainsi décomposé on ajoute 20 cent. cubes du même acide et on chauffe au bain de sable pendant 5 heures. Il faut s'arranger de manière à ce qu'au bout de ce temps la matière solide du ballon ne se soit pas desséchée.

On ajoute alors de l'eau chaude, on filtre et on lave celui-ci à l'eau bouillante ; le tout est reçu dans une capsule de porcelaine à fond plat, assez grande.

Le liquide ainsi recueilli contient la potasse, la soude, la magnésie, la chaux, l'oxyde de fer et l'alumine, des traces d'acides phosphorique et sulfurique.

Dans la liqueur filtrée, on ajoute successivement de l'ammoniaque et de l'oxalate d'ammonium pour séparer le fer, l'alumine, et la chaux ; on filtre. La liqueur claire obtenue après lavages à l'eau ammoniacale au 1/3 est évaporée à sec et le résidu calciné avec une petite quantité d'acide oxalique et un léger fragment d'acide tartrique. On reprend le résidu par l'eau.

La partie insoluble est recueillie sur un filtre et calcinée, on a ainsi, si on veut la doser, la magnésie à l'état d'oxyde.

La liqueur qui a passé au filtre est acidulée par l'acide chlorhydrique et évaporée. Le résidu est formé de chlorure de potassium et de chlorure de sodium.

On le dissout dans un peu d'eau ; on y ajoute du chlorure de platine, on évapore jusqu'à consistance sirupeuse ; et on ajoute de l'alcool à 95°. On laisse reposer environ 12 heures et il se forme un dépôt de chloroplatinate de potassium insoluble. On filtre et on lave le dépôt avec de l'alcool à 95° jusqu'à ce que l'alcool de lavage ne se colore plus en jaune.

On retire alors le récipient qui a reçu l'alcool de lavage de dessous le filtre et on le remplace par une capsule de porcelaine sans stries, bien vernissée ; on lave à l'eau chaude le précipité de chloroplatinate resté sur le filtre jusqu'à décoloration de ce dernier.

On porte la capsule au bain de sable et à chaud, on ajoute peu à peu une solution de formiate de soude. On évapore à sec ; puis on recueille le platine métallique qui s'est produit dans l'opération précédente, sur un filtre plat après l'avoir lavé avec de l'acide nitrique au 1/10. On dessèche le filtre, on calcine au moufle et on pèse le platine.

Le poids de métal recueilli multiplié par 0, 482 et par 500 (quand on opère sur 20 gr. de terre) donne la proportion pour mille de potasse.

Voir à la fin du chapitre pour la préparation de la solution de bichlorure de platine et de formiate de soude)

Dosage de la chaux

On place 20 gr. de terre préalablement desséchée à l'air dans un ballon en verre ; peu à peu on y ajoute de l'acide nitrique pur jusqu'à ce que l'effervescence ait cessé.

On porte le tout au bain de sable et on maintient à une petite ébullition pendant 5 heures. On ajoute alors de l'eau chaude, et à froid, on filtre en nettoyant le ballon et la partie insoluble qui s'y trouve avec de l'eau également chaude.

Tout le liquide est reçu dans une capsule de porcelaine assez grande et on le concentre au bain de sable après y avoir ajouté 5 à 6 cent. cubes d'acide chlorhydrique pour obtenir des chlorures, solubles dans l'alcool.

Quand le volume de la liqueur est suffisamment réduit, on la laisse refroidir.

Deux cas peuvent se présenter :

1° _ la terre est riche en calcaire.

2° _ la terre est pauvre ou de richesse moyenne.

_ à _ Supposons qu'elle soit riche en carbonate de calcium ; dans ce cas on verse la liqueur précédente dans un flacon gradué de 200 cent. cubes et on complète le volume jusqu'au trait de jauge avec les eaux qui ont servi à nettoyer la capsule.

On agite et dans la liqueur obtenue, on prend 10 ou 20

centimètres cubes de solution suivant la richesse présumée du sol, en chaux.

Admettons qu'on en prenne 10 ^{cmc}, correspondant à 1 gr. de terre ; on les met dans un verre à pied, puis on y ajoute 8 fois le volume de la prise, soit 80 ^{cmc} d'alcool à 92°.

Cela fait, on y verse goutte à goutte de l'acide sulfurique pur jusqu'à ce qu'une goutte ne laisse plus derrière elle de traînée blanche dans le mélange. On laisse reposer quelques heures et le dépôt de sulfate de calcium qui s'est formé, insoluble dans l'alcool, se rassemble au fond du verre à précipiter.

On filtre, lave le dépôt à l'alcool, on dessèche, calcine le dépôt au rouge sombre et on multiplie le poids de sulfate par 0,412 pour avoir celui de l'oxyde de calcium (chaux).

Le résultat sera à son tour multiplié par 1.000, puisque nous avons opéré sur un gramme, pour avoir la quantité de chaux contenue dans 1.000 gr. de terre.

Le procédé est assez exact pour l'analyse d'une terre.

_6_ Supposons maintenant que la terre n'est pas riche en calcaire Le plus souvent, lorsqu'il en est ainsi, elle est au contraire riche en fer et en alumine ; il est donc nécessaire de changer de procédé.

Dans le flacon gradué où nous avons précédemment complété à 200 ^{cmc} la liqueur nitrique provenant de l'attaque des 20 gr. de terre, nous ferons une prise de 50 ou 100 ^{cmc}, suivant la richesse présumée de la terre, en calcaire.

Nous écoulerons cette prise dans un matras en verre où peu à peu nous ajouterons de l'ammoniaque jusqu'à ce que le précipité de fer et d'alumine qui se forme cesse d'augmenter.

Comme il arrive quelquefois que le précipité de fer entraîne un peu de chaux, on évite cet inconvénient en ajoutant à la liqueur de prise et avant d'y faire tomber l'ammoniaque, un peu de chlorure d'ammonium en solution.

Reprenons le contenu du matras et filtrons le pour retenir le fer et l'alumine, lavons le dépôt à l'eau acidulée, en recueillant tout le liquide qui passera au filtre, dans une capsule de porcelaine qui sera portée au bain de sable.

Nous ferons concentrer la liqueur, puis nous la retirerons

et, à froid, nous y ajouterons un peu de teinture de tournesol et de l'acide acétique jusqu'à ce que la teinture vire au rouge.

Nous concentrerons de nouveau le liquide au bain de sable et nous ajouterons de l'oxalate d'ammonium qui donnera un précipité d'oxalate de chaux insoluble.

Nous filtrerons, laverons à l'acide acétique, dessècherons et calcinerons le dépôt. Après cette dernière opération nous ajouterons dans la capsule de platine où aura lieu la calcination, un peu d'acide sulfurique pour transformer toute la chaux en sulfate ; nous évaporerons au bain de sable jusqu'à siccité et nous terminerons l'analyse par une seconde et dernière calcination.

Le poids obtenu, multiplié par $0,412$ donnera celui de la chaux contenue dans 10 gr. de terre. Si le sulfate obtenu était rouge on le reprendrait par de l'acide chlorhydrique à chaud et on reprécipiterait le sulfate à l'aide d'alcool à $92°$. Il suffirait ensuite de filtrer, calciner et peser de nouveau.

Il est des cas où la terre est si pauvre en calcaire que les méthodes précédentes ne permettraient pas de doser la chaux qui s'y trouve. C'est ce qui arriverait avec les sables des landes. Pour déceler d'aussi petites quantités de chaux, voici le procédé qu'ont employé M. M. Laborde et de Careffe.

Après évaporation à sec de la liqueur nitrique, correspondant à 20 gr de terre, obtenue après 5 heures d'attaque, on calcine le résidu de manière à détruire la matière organique.

On reprend ce résidu par l'acide chlorhydrique et dans cette nouvelle liqueur on ajoute de l'oxalate d'ammoniaque, puis de l'ammoniaque en excès qui précipite le fer et l'alumine ainsi que la chaux ; on laisse reposer quelques heures.

Le précipité est alors redissous par addition d'acide oxalique jusqu'à ce que la liqueur prenne une teinte verte plus ou moins foncée suivant la quantité de fer qu'elle contient.

L'oxalate de chaux formé, d'abord en suspension dans cette liqueur, se précipite en entier au bout de quelques heures ; il est recueilli sur un filtre, lavé, et l'on opère le titrage de la chaux par le permanganate.

Ce titrage s'opère ainsi. On filtre l'oxalate de calcium formé et on lave le dépôt à l'eau chaude jusqu'à ce qu'il ne passe plus d'acide oxalique, ce qui se reconnait à l'aide du chlorure de calcium qui ne doit plus donner de trouble au contact de l'eau de lavage. On perce le filtre et on fait tomber le dépôt dans un matras, on nettoie le filtre avec un jet de piosette, d'acide sulfurique au 1/4, en recueillant le liquide dans le matras.

Celui-ci est chauffé à 60° et goutte à goutte, on y fait tomber la solution de permanganate jusqu'à persistance de la coloration rosée. La solution de permanganate doit être titrée de manière à ce que 1 ^{cmc} corresponde à 0,005 de chaux ou 0,01 de fer.

<u>Remarque</u> - Quand on ne veut pas seulement se borner à faire des dosages séparés de potasse, chaux et magnésie, mais que l'on désire au contraire doser tous ces éléments, il est plus simple, au lieu de faire des attaques séparées pour chacun d'eux, de traiter 100 grammes de terre par l'acide nitrique pur, pendant 5 heures, de compléter le volume à 500 cent. cubes et, dans cette liqueur, d'y faire ses différentes prises d'essais.

Pour doser l'acide phosphorique, il vaut mieux opérer à part parceque une calcination préalable du sol est nécessaire.

Dosage des éléments accessoires

Dosage de la magnésie

Comme la magnésie entre dans la constitution des végétaux, il est utile de doser cet élément. En général le sol en contient en quantité suffisante surtout s'il provient de la décomposition de roches magnésiennes comme les micaschistes ou les dolomies.

On prend 10 gr. de terre, si elle est calcaire ou présumée riche en magnésie, ou 20 gr. dans les autres cas, que l'on traite pendant 5 heures à l'acide nitrique pur. On évapore à sec.

On traite le résidu par l'acide chlorhydrique et dans la liqueur obtenue on sépare la chaux par l'acide oxalique, comme il a été dit plus haut.

Les eaux de lavage du précipité d'oxalate de chaux sont concentrées et on y ajoute du citrate d'ammoniaque. Après 12 heures, il s'est formé un précipité de phosphate ammoniaco-magnésien que l'on pèse, après transformation au moufle en pyrophosphate de magnésie, comme il est dit au dosage de l'acide phosphorique; le résultat est multiplié par 0,36 pour avoir la magnésie contenue dans 10 grammes de terre, si on a opéré sur cette quantité (Voir préparation du phosphate de soude à la fin du chapitre).

Fer et Alumine

On traite 10 gr de terre, 2 gr si on le présume riche en fer, par de l'acide nitrique pur, au bain de sable pendant 5 heures. Au bout de ce temps on ajoute un peu d'eau bouillante et on filtre en lavant le dépôt à l'eau chaude.

On reçoit tout le liquide dans un matras à bec et on l'évapore à sec. On reprend le résidu par l'acide chlorhydrique pur qui le redissout.

La nouvelle liqueur est versée dans un verre à pied auquel on ajoute de l'ammoniaque en excès. Le fer et l'alumine se précipitent. On filtre, lave à l'eau ammoniacale au 1/3, dessèche le précipité et on le pèse. On obtient ainsi en bloc le fer et l'alumine.

Dans le cas où la terre serait trop calcaire, le précipité pourrait contenir de la chaux. On évite cet inconvénient en prenant la précaution, dans tous les cas, d'ajouter à la liqueur, avant de verser l'ammoniaque, quelques cent. cubes d'une solution saturée de chlorure d'ammonium.

Fer

Le fer étant indispensable à la plante, quelquefois on en demande le dosage. Voici comment il s'opère : On reprend à chaud le précipité de fer et d'alumine obtenu dans le dosage précédent, par l'acide chlorhydrique, puis lorsqu'il est dissous, on ajoute peu à peu de la grenaille de zinc pur.

De l'hydrogène se dégage qui réduit le fer, ici, à l'état de peroxyde. On ajoute du zinc tant qu'il y a dégagement de bulles gazeuses. On reconnait encore que la réduction est achevée à l'aide de sulfocyanure d'ammonium en solution. On en prend une goutte avec une baguette de verre et on la met sur le fond d'une assiette, on en prend une autre goutte dans la liqueur acide et on la projette sur la première goutte ; si la réduction est complète, on a une coloration pouvant aller du rose au rouge franc.

Arrivé à ce point on fait tomber goutte à goutte dans la liqueur, à l'aide d'une burette graduée de Gay-Lussac, une solution titrée de permanganate de potassium. On s'arrête quand la coloration rose devient persistante (Voir titrage du permanganate).

Soude

Certains sols renferment de la soude en trop grande quantité pour qu'elle ne soit pas nuisible à la végétation. Il est donc des cas où son dosage s'impose.

Voici comment on procède :
On prend 5 à 10 gr. de terre que l'on attaque pendant 5 heures à l'acide nitrique. On évapore à sec et à la fin de l'opération, on reprend par l'eau. On filtre, lave la partie insoluble avec de l'eau chaude.

Dans la liqueur filtrée on ajoute quelques gouttes de carbonate d'ammonium et on évapore à sec au bain de sable. La magnésie, la baryte, la chaux passent à l'état de carbonates insolubles.

On reprend par de très petites quantités d'eau et l'on filtre sur un filtre de Berzélius, en lavant avec fort peu d'eau. La soude se trouve dans la partie liquide recueillie, avec un peu de chlorhydrate d'ammonium.

On ajoute un peu d'acide sulfurique qui transforme les chlorures de sodium et d'ammonium, en bisulfates. On évapore et on porte au rouge. On pèse le sulfate de sodium qui reste seul et on multiplie le poids obtenu par 0,437, ce qui donne la soude contenue dans le poids de terre essayé.

Dosage de l'acide sulfurique

Il est en général en faible proportion dans la terre et le plus souvent à l'état de sulfate de calcium. Il existe du soufre également combiné à la matière organique du sol.

Comme les plantes ont besoin de cet élément, il est quelquefois utile de se rendre compte si la terre en contient en quantité suffisante.

On la dose en attaquant 50 gr. de terre, à l'acide chlorhydrique étendu, pendant une 1/2 heure ; on filtre à froid et on lave à l'eau chaude. On concentre le liquide recueilli et on porte, à la fin, à l'ébullition.

On ajoute alors 5 cent. cubes d'une solution saturée de chlorure de baryum en s'assurant qu'une nouvelle addition de sel ne produit plus de précipité.

On laisse déposer un jour. On filtre, lave à l'eau bouillante, dessèche, calcine et pèse. Le poids de sulfate de baryum multiplié par 0,3433 donne la quantité d'acide sulfurique contenue dans les 50 gr. de terre.

Dosage du chlore

La présence du chlore est indispensable à la végétation et son absence est nuisible aux plantes, surtout aux fourrages. S'ils sont trop abondants, ils entravent et arrêtent la végétation. C'est ainsi que les terrains trop salés sont stériles.

À la dose de 1/1.000, le sel marin doit être regardé comme dangereux. Le dosage du chlore a donc son utilité.

Pour les terrains présumés pauvres, on traite 200 gr. de terre placés dans un entonnoir bouché à sa partie inférieure par de l'amiante, par de l'eau bouillante. On concentre les eaux de lavages à 40 ou 50 cent. cubes.

Si la terre est pauvre, on opère sur tout le liquide ; si elle est riche en chlorure, on n'en prend qu'une partie, 5ème par exemple. On ajoute alors à la prise d'essai 10 cent. cubes d'acide nitrique pur et assez d'azotate d'argent pour que la précipitation du chlorure soit complète. On laisse déposer, on filtre, lave à l'eau acidulée, dessèche et pèse. Le poids multiplié par 0,247 donne celui du chlore.

Dosage du carbone

Les matières organiques jouant un rôle très important dans les phénomènes chimiques qui se produisent dans la terre, leur dosage peut être très utile et s'il doit être fait avec précision, il ne faut pas se contenter d'une simple incinération parceque la perte de poids se trouverait influencée par la perte de poids de l'eau des silicates hydratés qui disparaîtraient dans cette opération. Le mieux alors est de doser le carbone par la méthode Schlœsing.

Dosage de l'acide humique

Ce dosage peut être important pour la transformation des terres acides au moyen du chaulage ou du marnage. On opère comme il est dit au dosage de l'humus, à l'analyse physique des terres.

Dosage du manganèse

La présence du manganèse, qui est favorable aux plantes pour la formation de leurs oxydases, est utile à doser. On y procède par la méthode Leclerc.

On prend 20 grammes de terre qu'on calcine. On la verse dans un ballon de 200 cent. cubes, avec 30 cent. cubes d'eau et 40 à 50 d'acide chlorhydrique pur.

Quand l'effervescence a cessé, on fait bouillir 1/2 heure; on filtre et on évapore à sec, la liqueur qui a été transvasée, avec les eaux de lavage du ballon, dans une capsule de porcelaine. On rajoute 20 cent. d'acide nitrique de densité 1,2 et 10 cent. cubes d'eau.

On porte à l'ébullition en ajoutant souvent, puis, en 2 ou 3 fois, on projette du bioxyde de plomb; en tout on en met 10 grammes. Quand l'oxyde a été ajouté, on arrête l'ébullition et on agite.

Le manganèse donne alors un composé rose. On transvase immédiatement après le contenu de la capsule dans une éprouvette graduée de 100 cent. cubes, on agite et on laisse déposer. Sur ces 100 cent. cubes on prend 50 cent. cubes de liqueur que l'on verse dans un matras en verre et aussitôt après, en remuant constamment, on fait tomber une solution titrée de nitrate de protoxyde de mercure. On s'arrête quand la solution, de rose, devient incolore.

Voir à la fin du chapitre, le titrage du nitrate de mercure, ainsi que la préparation de la liqueur de mercure.

Dosage de l'ammoniaque

L'ammoniaque est toujours en très petite quantité et en raison des propriétés absorbantes du sol, l'analyse doit se commencer par une attaque de l'acide.

A cet effet, on prend 200 gr. de terre que l'on humecte d'eau préalablement bouillie; peu à peu on ajoute de l'acide chlorhydrique étendu au 1/5 de manière qu'après l'effervescence achevée, la liqueur soit acide, mais sans excès.

D'autre part, on dose l'humidité de la terre à 190°. On calcule d'après cela combien il faut attribuer d'humidité à 200 gr. de terre et comme on a mesuré l'eau qui a servi à humecter la terre et l'eau acidulée au 1/5, on ajoute à ces deux quantités réunies de liquide, assez d'eau distillée pour que le total des trois liquides fasse 500 cent. cubes.

On agite, laisse déposer et on filtre à l'abri de l'air en couvrant l'entonnoir d'une plaque de verre et en recueillant toute la liqueur dans un ballon à long col.

On mesure 250 cent. cubes de la liqueur filtrée et on dose l'ammoniaque par le procédé Kjeldahl après avoir saturé par de la magnésie calcinée au lieu de soude. On recueille l'ammoniaque dans de l'acide déci-normal.

Dosage de l'azote nitrique

Ce dosage peut être important, la terre étant d'autant plus fertile que la nitrification y est intense.

On prend 100 gr de terre que l'on place dans une allonge dont un bout est fermé par un tampon d'amiante. A la surface on étale une mèche de coton humectée destinée à répartir uniformément la liqueur de lavage qui est une solution de 1 gr de chlorure de calcium dans 1 litre d'eau distillée.

On fait tomber cette liqueur goutte à goutte, par exemple à l'aide du flacon de Mariotte. Le chlorure de calcium empêche la terre de se tasser.

On recueille ainsi 500 cent. cubes de liquide que l'on réduit au bain de sable à 10 ou 15 cent. cubes. On transvase dans une capsule de porcelaine et on évapore à la température de 100°. On achève le dosage comme il est dit à l'analyse de l'azote nitrique au chapitre des engrais.

Recherche des matières qui nuisent à la fertilité

Sulfate de fer

On lessive 100 gr. de terre, on évapore à sec dans une

capsule de platine ; des vapeurs blanches d'acides sulfureux et sulfurique se dégagent et ce qui reste est du sesquioxyde de fer que l'on dose après dissolution dans l'acide chlorhydrique et réduction par le zinc, à l'aide d'une solution titrée de permanganate de potassium.

Ce dosage peut être utile après le traitement d'un sol par le sulfate de fer pour détruire la cuscute et se rendre compte s'il n'en reste pas en trop grande quantité pour la culture.

Sulfure de fer

Sa présence n'est pas favorable parce qu'il prend de l'oxygène à la terre pour se transformer en sulfate. On le dose en enlevant à froid le calcaire par l'eau acidulée, puis on traite le résidu pendant plusieurs heures, à chaud, par l'eau régale.

On ajoute de l'eau, on filtre et dans la liqueur qui passe on recherche l'acide sulfurique au moyen du chlorure de baryum. Auparavant, il faut s'assurer qu'il n'existe pas de plâtre.

Sulfure de carbone

Voir au tome II chapitre des sulfocarbonates.

Recherche du ferment nitrique

Voir la partie relative à la microbie agricole.

Analyse de l'atmosphère d'un sol

Il arrive quelquefois qu'un sol est privé d'oxygène ce qui le rend stérile. D'autrefois il manque d'acide carbonique et dans ce cas la solubilisation de principes fertilisants, comme les phosphates ou la désagrégation des roches est impossible.

Il peut aussi se produire que l'acide carbonique est en excès et la végétation s'en ressent défavorablement.

On voit par là qu'une analyse des gaz du sol peut parfois fournir des indications précieuses à l'agriculteur.

Pour recueillir les gaz de la terre, on emploie un dispositif composé d'un vase de Mariotte, servant d'aspirateur, relié d'abord à deux tubes en U contenant une dissolution de baryte, puis à un ballon, lequel, à son tour, communique avec un long tube en verre plongeant dans le sol, à la profondeur voulue, et terminé par une pomme d'arrosoir remplie de cailloux siliceux de petit volume.

Le ballon en verre est isolable à l'aide de 2 robinets placés l'un à sa droite et l'autre à sa gauche, sur le trajet des tubes de communication.

On ouvre ces deux robinets et 24 heures après on met l'aspirateur en mouvement, de façon à ce que 1 litre de gaz de sol soit aspiré en 1 heure. Au bout de 4 heures on arrête l'expérience. On ferme les 2 robinets du ballon qui contient les gaz du sol. On les analyse ensuite par les procédés ordinaires.

Quant à l'acide carbonique, il a été absorbé par l'un des tubes en U où, au contact de l'eau de baryte, il aura formé du carbonate de baryum insoluble, qu'il suffira de recueillir sur un filtre, de dessécher et de peser.

Titres des solutions analytiques

1° - Analyse de l'azote

__Acide sulfurique pur concentré__ - C'est celui qui marque 66° à l'aréomètre de Baumé.

Lessive de soude - On emploie celle qui marque 45° Baumé ; elle contient 700 gr par litre de soude dite, à la chaux.

Mono-sulfure de sodium - On fait dissoudre 200 gr de sulfhydrate de sulfure de sodium dans un litre d'eau ; la liqueur agit par son hydrogène sulfuré.

Acide sulfurique déci-normal - On fait un mélange d'acide sulfurique et d'eau d'après les tables de densité de manière qu'un litre renferme 4 gr d'acide anhydre, ou un peu plus. On prend 100 centicubes de cette liqueur et on y dose l'acide sulfurique par le chlorure de baryum. Un simple calcul indique la quantité d'acide sulfurique ou d'eau à y ajouter pour que la solution renferme juste 4 grammes d'acide pur par litre.

Ammoniaque déci-normale - On prend 0 gr 9 environ d'ammoniaque pure que l'on met dans 1 litre d'eau distillée. On fait une prise de 10 cmc et on dose l'alcali, en présence de teinture de tournesol, par la liqueur sulfurique déci-normale. Par un simple calcul, on voit l'eau à ajouter au litre pour obtenir exactement la liqueur déci-normale ammoniacale.

2°- Analyse de l'acide phosphorique

Acide nitrique - Il doit marquer 36° à l'aréomètre de Baumé.

Liqueur nitro-molybdique - On dissout 100 gr d'acide molybdique dans 400 gr d'ammoniaque de densité 0,95. On filtre et on reçoit petit à petit le liquide dans 1,5 d'acide nitrique à 1,2 de densité, en agitant sans cesse. On abandonne au repos, pendant quelques jours. Pour l'emploi, on utilise la partie claire qui est au-dessus.

Citrate d'ammonium - Dans un grand vase à précipité, on fait dissoudre 400 gr d'acide citrique dans 500 cent. cubes d'ammoniaque à 22°; quand la masse qui s'est échauffée, s'est refroidie, on verse dans un ballon jaugé à 1 litre et on complète avec de l'ammoniaque jusqu'au trait de jauge.

Liqueur citro-magnésienne

Acide citrique ————————— 400 gr
Carbonate de magnésium pur —— 22 gr
Eau distillée ——————————— 200 gr

Après dissolution on ajoute 400 cent. cubes d'ammoniaque à 22°. Le liquide s'échauffe et après refroidissement on complète à 1 litre avec de l'eau distillée.

Pour 40 milligrammes d'acide phosphorique à doser, on emploie 10 cent. cubes de cette solution, environ.

Analyse de la potasse

Solution de chlorure de platine à 4 % —

Formiate de sodium —

Dans un récipient, on projette par petites portions environ 875 grammes de carbonate de sodium dans 450 cent. cubes d'acide formique. Il faut saturer l'acide par le carbonate. On a ainsi 1 litre de formiate de sodium à 29° Baumé.

Analyse de la chaux

Teinture de tournesol —

On réduit en poudre le tournesol en pains et on le fait bouillir avec de l'alcool à 85° qu'on jette ensuite; on ajoute 10 parties d'eau, on chauffe, on filtre, on ajoute 1 partie d'alcool et on conserve dans un flacon bouché par un tampon de coton. On prend la moitié de cette teinture, on y ajoute de l'acide sulfurique étendu, goutte à goutte, jusqu'à ce que la coloration soit presque rouge et on réunit à l'autre moitié. On obtient de la teinture très sensible dite neutre.

__Oxalate d'ammonium__ - Solution à 33 %

__Acide oxalique__ - Solution à 10 %.

__Liqueur de permanganate de potassium__ - On dissout à peu
près 5 gr. de permanganate pur cristallisé dans l'eau distillée en procédant ainsi : on met la matière dans un ballon, on ajoute un peu
d'eau, on agite, et on décante sur un filtre bouché par un tampon d'
amiante. On continue jusqu'à ce que les eaux qui sont recueillies dans
un ballon gradué de 1 litre, arrivent au trait de jauge.

Pour titrer cette solution, on pèse 2 gr. d'acide oxalique
pur cristallisé que l'on fait dissoudre dans 200 gr. d'eau distillée ; 63
parties de cet acide équivalent à 56 de fer ou à 28 de chaux.

On prend 20 cc de dissolution acide et on les verse dans un
vase à précipiter avec 60 cc d'eau distillée et 8 cc d'acide sulfurique pur,
puis on chauffe à 60°.

On remplit alors une burette de Gay-Lussac de la solution
de permanganate jusqu'au zéro de sa graduation et on laisse tomber
goutte à goutte le liquide jusqu'à coloration rosée persistante.

Pour la simplicité des calculs, il est bon que le titre de la
solution de permanganate soit 0,01 de fer ou 0,05 de chaux par litre.
Supposons que dans l'essai précédent on ait trouvé que 1 cmc de permanganate corresponde à 0,0109 de fer, autrement dit qu'il ait
fallu employer 16 cc 3 divisions de la burette. On a :

$$1^{cc} \text{ de la burette correspond à} \underline{\hspace{3cm}} 0,0109 \text{ de fer}$$
$$1^{cc} \text{ } '' \text{ } '' \text{ } '' \text{ devrait correspondre à} - 0,01 \text{ de fer}$$

Il y a donc par cent. cube $\quad\quad\quad\quad 0,0009$ de fer en trop

Pour faire les essais, supposons que l'on ait pris dans le
flacon du permanganate jaugé à 1 litre, 75 cent. cubes de liquide,
il en restera donc 926 cc. Soit x, la quantité d'eau à ajouter, on a :

$$926^{cc} \text{ de liqueur correspondent à } 0,0109 \times 926, \text{ de fer}$$
$$926 + x \quad\quad d^7 \quad\quad\quad à (0,01(926+x) \quad d^7$$

la quantité de fer devra être la même dans ces deux volumes, d'où l'équation :

$$926 \times 0,109 = 0,01(926 + x)$$
$$= 926 \times 0,01 + x \times 0,01$$
$$x = \frac{926(0,0109 - 0,01)}{0,01} = 83^{cc},34$$

Dans l'exemple choisi, il faudrait ajouter 83^{cc},34 d'eau avec 926^{cc} de la solution pour ramener le titre à 0,01.

<u>Phosphate de sodium</u> - Solution à 4 %.

<u>Traitement de l'alcool des résidus et du chlorure platineux</u> - On les recueille dans un flacon bouché à l'émeri, de grande capacité; quand il y en a une certaine quantité, on le met à distiller dans l'appareil de Schlœsing avec de la soude et du zinc. On chauffe au bain marie et on recueille l'alcool qui distille. Il n'est pas pur et contient de l'éther, mais il peut servir aux dosages de chaux. On peut le rectifier par une distillation fractionnée.

Quant au platine qui reste dans le ballon à distiller et qui provient de la réduction du chlorure platineux, on le purifie par l'acide nitrique. On le filtre et on le dissout dans l'eau régale, à chaud. On ajoute un excès d'acide chlorhydrique, on évapore à sec et on reprend par l'acide chlorhydrique. On évapore de nouveau et on obtient du chlorure de platine.

Dosage du fer et de l'alumine

<u>Chlorure d'ammonium</u> - Solution à 30 %
<u>Sulfocyanure d'ammonium</u> - Solution à 1/20

Dosage de la soude

<u>Carbonate d'ammonium</u> - Solution à 10 %.

Dosage de l'acide sulfurique

Chlorure de Baryum - Solution à 10 %.

Dosage du Chlore

Nitrate d'argent - Solution à 3 à 10 %

Dosage du manganèse

Nitrate de mercure - Solution à 5 gr. par litre de nitrate de protoxyde de mercure cristallisé.

On détermine le titre à l'aide d'une solution de 0 gr 53 de bioxyde de manganèse pur préalablement traité par 5 cc d'acide chlorhydrique, et 1 cc d'acide sulfurique.

Avant d'ajouter ce dernier acide, on évapore le premier, puis le second est évaporé à son tour. On reprend alors le sel de manganèse que l'on fait dissoudre dans un ballon jaugé avec de l'eau distillée. On complète ensuite le volume à 100 cuc.

Chaque centimètre cube contient 1 milligr. de manganèse. On établit le titre du nitrate en décolorant un volume connu de la solution manganique.

Dosage du calcaire actif dans une terre

Le calcaire pour agir dans le sol, doit d'abord se dissoudre à l'état de bicarbonate et cette modification ne se fait guère qu'à la surface des graines.

Doser la chaux totale dans une terre est donc une opération qui donne une indication précieuse, mais elle ne va pas jusqu'à fournir la proportion de calcaire utile.

Le moyen d'arriver à une meilleure évaluation est d'attaquer le calcaire à froid, par un acide peu énergique et de déterminer la proportion dans laquelle il se trouve dans le sol par la mesure de l'acide carbonique dégagé pendant l'opération.

Pour cela, on utilise l'appareil de M. _de Mondésir_ qui fonctionne à l'aide d'acide tartrique ; on a choisi cet acide parce qu'il est peu énergique et que son action sur le calcaire se rapproche de celle des racines puisque celles-ci agissent à la surface seulement du calcaire, tout comme l'acide tartrique qui attaque la surface en produisant un tartrate de chaux insoluble, protecteur du reste du carbonate mis à son contact.

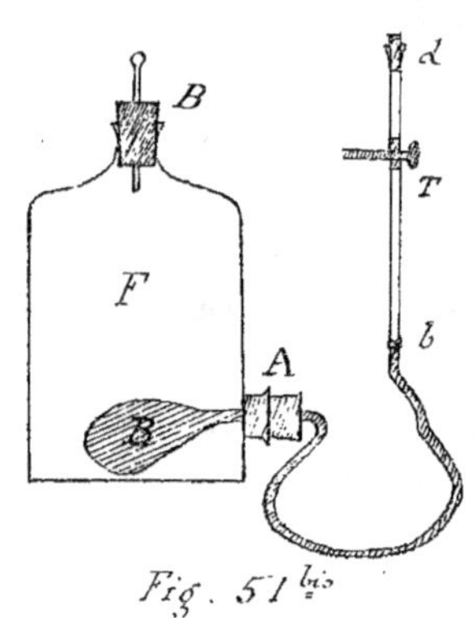

Fig. 51 bis

L'appareil Mondésir se compose d'un flacon bi-tubulé de 600 gr. environ. La tubulure inférieure porte fixé au bouchon A un tube manométrique T relié à un ballon B en caoutchouc flexible. On introduit dans le ballon F de la terre à essayer et on en met d'autant moins qu'elle est plus calcaire. On ajoute 125 gr. d'eau, on agite une minute et on amène le niveau de l'eau du manomètre à celui de l'eau du flacon. A l'aide d'un anneau de caoutchouc b, on marque ce niveau.

Cela fait, on met dans un petit morceau de papier poreux 3 fois le poids employé, de terre à cet essai, d'acide tartrique. On agite, on soulève le tube manométrique, on ôte le bouchon d et on amène le niveau de l'eau au point de repère en caoutchouc.

Comme l'appareil a été taré préalablement et que la pression manométrique est proportionnelle au volume d'acide dégagé on obtient facilement la quantité de calcaire utile de la prise d'essai. Une table est jointe à l'appareil qui dispense des calculs.

L'emploi de cet appareil a montré que le carbonate de chaux existe à des degrés de finesse très différents et que c'est celui qui est à l'état le plus divisé qui est le plus actif. Celui des gros fragments reste à peu près inerte dans le sol.

Le tableau suivant montre qu'une même terre, suivant la ténuité de son calcaire, donne des proportions très variables de ce corps si l'on pratique les essais avec l'appareil Mondésir sur les parties qui ont traversé des tamis de différents calibres.

	Tamis de 10 fils au centimètre	Tamis de 15 fils au centimètre	Tamis de 30 fils au centimètre
Proportions croissantes { terre N° 1 —	11,3 %	17,4 %	22,60 %
terre N° 2 —	12,5	15,4	22,70
Proportions décroissantes { terre N° 3 —	26,70	23,0	20,90
terre N° 4 —	65,30	64,0	62,00
Proportions égales { terre N° 5 —	41,5	41,3	40,8
terre N° 6 —	12,8	"	12,3

Comme on le voit, les proportions de calcaire sont croissantes, décroissantes ou égales. D'autre part, il a été reconnu qu'un même sol peut présenter des variations du calcaire, très remarquées.

C'est ainsi que sur un sol expérimenté, on a constaté qu'en un point une bande de calcaire donnait à l'analyse ordinaire 8,23 % de carbonate de chaux ; qu'une autre bande, à 6^{m}65 de la première n'en avait plus que 5,57 % et qu'une troisième située à 5^{m}35 de la seconde avait sa proportion réduite à 2,69 %.

Cet exemple montre qu'il est souvent utile de faire des essais répétés de calcaire, sur un même sol, si on veut bien connaître la nature de ce dernier.

Analyse des terres

Établissement d'un Bulletin d'analyse

Le chimiste qui reçoit un échantillon de terre à analyser peut se trouver en présence de plusieurs cas.

1°. On lui demande une simple analyse mécanique.

Dans ce cas il dosera les éléments suivants qui seront retenus d'abord par le tamis de 5 millimètres, puis, par celui de 1 millimètre :

Cailloux siliceux _____________ "
Cailloux calcaires_____________ "
Graviers calcaires_____________ "
Terre fine _____________________ "

Total   100,00

2º.- On désire une analyse physico-chimique -

Il détermine la proportion des cailloux, des graviers et de la terre fine, comme précédemment et y ajoute le dosage des éléments suivants :

Sable insoluble _____________ "
Argile _______________________ "
Humus _______________________ "
Calcaire _____________________ "
Humidité _____________________ "

Total   100

C'est suffisant dans la pratique.

3º.- On désire une analyse chimique -

Dans ce cas, il détermine la proportion des éléments que voici dosés dans la terre fine :

Azote ________________ (Az) ___ pour mille
Acide phosphorique ___ (P²O⁵)__   d⁷
Potasse _______________ (K²O)___   d⁷
Chaux _________________ (CaO)___   d⁷
Humidité ______________________ pour cent

L'humidité est donnée sur 100 parties et les autres éléments sur 1.000, en raison des chiffres peu élevés que l'on obtient toujours pour eux, dans l'analyse des terres.

4º.- On demande l'analyse complète -

Le chimiste doit établir son bulletin de manière à comprendre les trois genres d'analyses précédemment indiqués (Analyse mécanique, analyse physico-chimique et analyse chimique).

Il est dans les usages d'établir un prix (variable suivant les laboratoires) pour *l'analyse physique*, qui comprend dans ce terme général, l'analyse mécanique et l'analyse physico-chimique puis un autre prix pour *l'analyse chimique*.

Le plus souvent, l'analyse complète comporte un prix réduit. En dehors des éléments dont nous venons de parler, on demande quelquefois le dosage d'un ou de plusieurs éléments accessoires : *magnésie, manganèse, chlore, sulfates, fer, alumine, etc...*; sauf convention contraire chaque dosage se paie en supplément de l'analyse ordinaire.

Correction des résultats obtenus dans l'analyse chimique.

Les chiffres obtenus se rapportent à la terre fine, mais non pas à la terre *telle qu'elle existe* dans les champs, autrement dit avec ses *cailloux* et ses *pierres*.

Les résultats obtenus dans l'analyse chimique doivent donc être diminués le plus souvent proportionnellement à la quantité des matières restées sur les tamis et qui proviennent de la terre à son *état naturel*.

Ce n'est que lorsqu'il n'est rien resté sur le tamis, ce qui est le cas pour les sables fins, qu'il n'y a aucune correction à faire.

Interprétation des résultats analytiques

Classification des sols

En se basant à la fois sur la composition des sols, leur richesse en matières organiques, sur leur profondeur et leur perméabilité.

M. _Lefour_ a présenté une classification des terres qui rappelle celle de _Thaer_ et de M. _de Gasparin_.

Deux grandes divisions ont été créées : les sols à base minérale et les sols à base organique.

1re Division - Sols à base minérale

1re Classe - _Sols non calcaires_ — Catégories — Caractère particulier

__1er ordre, où domine l'argile__ —

- 1re espèce - Sol argileux
- 2me " - Sol argilo-siliceux
- 3me " - Sol schisteux

   } Limons / Terres { Sableuses — Graveleuses — Pierreuses ou Caillouteuses

__2e ordre, où domine la silice__ —

- 1re espèce - Sol siliceux
- 2e espèce - Sol silico-argileux

   } Sables { Graveleux — Pierreux ou Caillouteuses

   } Terres { Sableuses — Graveleuses — Pierreuses ou Caillouteuses

2e Classe - _Sols calcaires_ —

__1er ordre, où domine le calcaire__ —

- 1re espèce - Sol calcaire
- 2e " - Sol calcaire argileux
- 3e " - Sol calcaire siliceux

   } Limons / Terres { Sableuses — Graveleuses — Pierreuses ou Caillouteuses

__2e ordre, où domine l'argile__ —

- 1re espèce - Sol argilo-calcaire
- 2e espèce - Sol argilo-silico-calcaire

   } Limons / Terres { Sableuses — Graveleuses — Pierreuses ou Caillouteuses

__3e ordre, où domine la silice__ —

- 1re espèce - Sol siliceux-calcaire
- 2e espèce - Sol silico-argilo-calcaire

   } Sables { Graveleux — Pierreux ou Caillouteuses

   } Terres { Sableuses — Graveleuses — Pierreuses ou Caillouteuses

__Caractère particulier :__ Très riches, riches, pauvres, très pauvres, profonds, minces, à sous-sol perméable, imperméable, etc...

2ᵉ Division - _Sols à base organique._

1ʳᵉ Classe - _Sols de riche terreau_
   Pur ⎯⎯⎯⎯⎯⎯⎯⎯⎯⎯⎯⎯ } Terreau
   Argileux, siliceux, ou calcaire ⎯ } doux } Limoneux { Très riches / riches / pauvres / très pauvres / profonds / minces.

2ᵉ Classe - _Sols de terreau acide_ -
   De tourbe } Pur, argileux, { Terreau { Sableux, { à sous-sol : perméable / imperméable etc…
   De bruyère } ou siliceux ⎯ { acide Graveleux

Examinons quels sont les principaux caractères de ces groupements.

1º - Sols non calcaires

Ces sols se reconnaissent facilement à ce qu'ils ne font pas effervescence sous l'action des acides et que les plantes des sols acides, comme les aprics, les bruyères, les fourragères, s'y rencontrent plus ou moins abondamment.

Ces sols sont pauvres en éléments alcalins et sont dépourvus de magnésie. Leur porosité est moins grande que celle des terres calcaires. Les engrais y donnent des résultats moins complets que dans les autres sols et les légumineuses, telles que le trèfle, la luzerne, y poussent péniblement. Le blé ne peut y végéter d'une façon convenable qu'avec le secours d'amendements.

2º - Sols argileux non calcaires

Les _argiles pures_, appelées terres à poterie, sont de mauvais terrains agricoles. Ils sont inertes, froids, retiennent l'eau, et en été ou lorsque l'humidité fait défaut, ils deviennent secs et très durs. Seul le marnage peut les rendre cultivables.

Les _limons argileux_, les _terres argileuses_ ont les défauts des argiles pures, mais atténués cependant et d'autant plus qu'on y rencontre des éléments grossiers, en quantité plus considérable.

Les _glaises argileuses_ sont des argiles unies à des graviers, elles sont plus mauvaises encore que les argiles pures et leur labourage est des plus difficiles.

Les _argiles et les glaises_, unies aux cailloux, sont également très rudes, mais s'ameublissent plus aisément car les cail-

Tous les divisent et permettent leur échauffement. C'est ce qu'on appelle communément des _terres fortes_.

3° Sols silico-argileux, non calcaires

Dans ce genre de terres, l'argile est en moins grande quantité que dans les précédentes et sa proportion y descend de 25 à . Il y a beaucoup de _limons_ de cette catégorie. Si on ajoute seulement de chaux à ces terres, on obtient des sols analogues aux limons siliceux calcaires. Ces deux sortes de limons sont fréquemment perméables comme ceux de la Dombes. Les plantes qui les caractér sont celles des terres humides.

Pour éviter que ces terres ne forment croûte sous la p on ne se transforment en boue, que la gelée ne les soulève ou que sécheresse n'en fasse des mottes, il faut les mélanger de sable si et y ajouter des amendements alcalins qui en font alors d'e lents sols.

4° - Sols schisteux

Les sols schisteux, suivant la nature des roches dont proviennent sont argileux ou silico-argileux. Le chaulage, le mar le défoncement, l'assainissement, et les phosphates les améliorent sensiblement.

5° - Sols volcaniques

Ce sont des terres argilo-siliceuses, riches en éléments calins, ce qui les rapproche des terres calcaires. Ce sont des sols de ne qualité.

6° - Sables non calcaires

Ce sont des terres sans consistance, sans cohésion quan elles sont sèches, sans adhérence, si elles sont humides. Les sable pauvres sont à peu près stériles (dunes); beaucoup sont même inert à l'engrais qui y passe à l'état tourbeux.

On les améliore par des drainages, des défoncements et des amendements alcalins. Les sables en couche profonde, imperméable, quand sont mêlés à une grande quantité de matières organiques et que leur sol est frais sont d'excellents terrains de culture maraîchère. Les vallées de la Loire, de la Seine, de l'Oise et d'autres rivières présentent de ces terres où le chanvre et le lin poussent très bien également.

Une terre sablonneuse est d'autant meilleure que les grains de son sable sont plus ténus ; la présence des cailloux lui est favorable. Le thym et le chiendent sont les plantes caractéristiques des sables, ainsi que la sabine.

Sols calcaires ou contenant du carbonate de calcium

Ces sols font effervescence sous l'action des acides ; ils sont perméables, favorisent l'effet des engrais et sont aptes à la culture. Les fourrages appartenant à la famille des légumineuses comme la luzerne, le trèfle, le sainfoin, la lupuline, la vesce, etc...

8°. - Limons et terres calcaires

Les sols exclusivement calcaires sont ordinairement à l'état de terres ou de sables, rarement à l'état de limons. La France compte de nombreuses terres calcaires dont les unes sont appelées calcaires jurassiques et les autres calcaires tertiaires. Il y a d'autres types également de terres calcaires, mais ces deux là sont les plus remarquables.

Les craies appartiennent aux calcaires jurassiques ; elles très répandues en Champagne et présentent plusieurs variétés. À l'état de carbonate de calcium tuffeux presque pur et en surface ; ils sont sèches et stériles, mais après labourage et apport d'engrais, ils deviennent assez bonnes.

La couleur est ordinairement blanchâtre, ce qui a pour effet de refléter les rayons calorifiques du soleil et souvent de brûler la végétation.

Secs, ces terrains sont facilement labourages ; s'ils sont

humides, ils se collent à la charrue, mais point d'une façon tenace
sécheresse les fendille et ils absorbent l'eau aussi facilement qu'i
la perdent. La gelée les désagrège en les soulevant. On les améliore p
l'apport d'engrais ce qui permet d'y faire pousser le sainfoin et
luzerne. Le pin Sylvestre, le saule Marceau et le peuplier de Virginie
contentent des craies même infertiles (M. Lefour).

Les calcaires jurassiques et les calcaires marins ou d
douce, sont des sols terreux, plus ou moins ténus, graveleux et pierre
mélangés aux sables et aux argiles.

De couleur jaunâtre, le plus souvent, il en est parmi
calcaires qui constituent des sols légers, maigres, secs, très poreux, rete
nant mal l'engrais.

On les améliore par de copieuses fumures, ce qui perme
à l'avoine et à la luzerne d'y pousser d'une façon convenable. Da
le Gâtinais et la Touraine principalement, on trouve des calcaires
eau douce, de nature siliceuse, qui constituent des sols ingrats surto
si leur sous-sol est perméable.

9e. - Sols argilo-calcaires et calcaires argileux

Une terre contenant de 10 à 40 % d'argile et du cal
re, s'appelle : <u>calcaire argileux</u>. Quand la proportion d'argile va
entre 40 et 50 %, on le dit : <u>argilo-calcaire.</u>

La première est moins tenace que la seconde et les fo
rages légumineux y poussent plus aisément. Les limons de cette
se forment d'importants dépôts, tantôt dans des bassins qui ont sa
doute été le fond de grands lacs, tantôt sur le bord de la mer.

Dans le premier cas ces limons se désignent aussi sou
le nom de <u>terres paludéennes</u>. Les limons du Nil, de la Durance,
Rhône, etc... sont de la catégorie des sols argilo-calcaires et calcair
lieux, comme d'ailleurs la <u>terre de Bri</u>, dans la Charente Infé
rieure. Il en est de même des limons des plantes de Nîmes, de l'Hé
rault, de la Chalosse, du bassin de la Garonne, etc...

Ces terres sont dites, <u>fortes, grasses, marneuses</u>, elles so
difficiles à labourer et compactes. Ces limons deviennent de bonnes ter
si on y ajoute des parties dures et grossières.

Les terres argilo-calcaires sont bonnes pour la culture du froment.

Analyse d'un limon du Nil (1883)

Analyse physique.

Eau	9,40 %
Sable	44,40
Argile	35,20
Calcaire	4,15
Humus	6,85
	100,00

Analyse chimique.

Azote	0,15	pour 1.000
Acide phosphorique	0,71	
Potasse	0,21	
Chaux	2,33	
Magnésie	0,45	
Acide sulfurique	0,04	

10°. Sols argilo-siliceux-calcaires et Silico-argileux-calcaires

À l'état de limon, ils forment le type des terres normales, c'est la terre franche favorable à l'emploi des engrais et en général à toutes les cultures.

11°. Sables calcaires

Ces sables ne peuvent passer à travers un tamis de 20 fils au centimètre et contiennent 0,50 de sable grossier, siliceux et calcaire. On les rencontre souvent au bas des coteaux de grès calcaires ou sur le littoral de la mer (dunes) et en sous-sol. En les mélangeant à de l'humus, ils peuvent être rendus accessibles à la végétation.

Sols à base organique

12° - Sols de riche terreau.

On les appelle aussi terres _humeuses_ ou _humifères_. C'e
bon terreau des jardiniers. Les légumes, le lin et le chanvre y pou
très bien. On les rend propres à toutes les cultures en y ajoutant
mélange d'argile, de sable ou de calcaire. Les marais du Nord,
Manche, certaines palus, sont des terrains humifères, aux gras
fertiles pâturages. Ils sont riches en matières organiques.

13° - Sols acides

Les terres dont l'humus est acide ou insoluble sont
les _sols acides_; tels sont les _tourbes_, les _terres de bruyère_, les _terres a
Les tourbes qui proviennent de la décomposition imparfaite de
tes des marais, sont des terres spongieuses, faciles à dessécher o
s'humidifier. Pures, elles sont employées comme combustible. Po
rendre les terres tourbeuses cultivables, il faut y apporter des m
de matériaux pour les consolider, puis des amendements calca
et enfin les brûler à leur surface. L'irrigation à l'eau courante p
enlever leur acidité.

Les _terres de bruyère_ sont des sables imperméables co
par la décomposition des bruyères. Les amendements calcaires, les
grais dont le noir animal, leur donnent une fertilité qui s'épui
pidement si on n'emploie que le fumier et les assainissements.

2° - Interprétation des résultats de l'analyse chimique

L'analyse chimique d'une terre étant faite, l'agr

ne possède ainsi que des chiffres qui expriment simplement la teneur en principes fertilisants de son sol. Il faut ensuite qu'il sache les interpréter pour en tirer des conclusions pratiques propres à l'amélioration de ses cultures.

Cette interprétation nécessite souvent l'intervention de l'homme de science à qui il ne faut pas hésiter à avoir recours dans les cas douteux ou complexes.

Par eux-mêmes, les chiffres de l'analyse chimique ne signifient donc que peu de chose et leur valeur agricole réside en entier dans leur comparaison avec les résultats culturaux.

De nombreuses observations dues surtout à M. M. Risler Joulie et de Gasparin ont établi la relation qui existe entre la composition chimique d'un sol et sa fertilité, et c'est grâce à leurs travaux qu'aujourd'hui, à la seule vue de l'analyse, on peut conclure s'il y a lieu de lui ajouter un ou plusieurs éléments fertilisants et dans quelles proportions.

Il arrive fréquemment que le fumier, malgré un apport abondant, est à lui seul impuissant à faire obtenir de bonnes récoltes. Cela tient presque toujours à ce qu'un élément minéral au moins, est en quantité insuffisante dans le sol cultivé.

Or le fumier, produit sur le domaine, ne comblera jamais ce déficit, car si le sol d'où il provient est pauvre en potasse, par exemple, lui même le sera également. En pareil cas l'analyse le signale et on lui ajoute des engrais chimiques complémentaires pour rétablir l'équilibre.

En somme l'emploi des engrais doit être raisonné et pour ne pas être onéreux doit être basé sur la connaissance du sol qui peut être obtenue soit par des considérations géologiques, soit par des expériences directes de culture, soit par l'analyse chimique.

Ce dernier mode de procéder est le meilleur, car il évite les tâtonnements, les essais coûteux, les lentes expériences, et fournit des indications précises qui permettent les résultats immédiats et certains.

Azote

L'azote existe dans la terre surtout à l'état d'humus ; sous cette forme il n'est pas immédiatement assimilable et doit être auparavant nitrifié pour que les plantes en puissent tirer parti. Cette nitrification se fait plus ou moins vite, suivant la nature du sol ; de sorte que dans les sols où elle est lente, les engrais azotés doivent être apportés en quantité plus grande que dans les autres.

Un terrain calcaire, assez perméable, donne au maximum par année 2,5 % d'azote assimilable pris sur son azote total.

Par conséquent, un hectare de terre de 4.000.000 de kilogs. ayant 1 pour mille d'azote ne donnera au plus que 100 kilogs d'azote nitrique.

Au surplus, d'après M. Risler, tout cet azote nitrifié ne sera pas absorbé par la récolte, car une partie sera entraînée par les pluies et d'autre part les plantes se comportent différemment dans l'absorption de l'azote nitrique ; c'est ainsi que les céréales et les racines ont besoin de plus grandes quantités d'azote que les plantes pérennes qui restent dans le sol d'une façon permanente (herbes de prairie par exemple).

Terres très riches en azote

Il est des terres, souvent de couleur foncée, comme les terres de défrichement, de bruyères, de landes, tourbeuses, les terreaux, vieilles terres de prairies, terres de jardiniers, d'alluvion qui contiennent de 2 à 10 pour mille d'azote, d'après l'analyse chimique.

Il est inutile d'apporter des engrais azotés à de pareilles terres surtout si elles contiennent, en outre des matières organiques, du calcaire. Si le carbonate de chaux fait défaut (terres granitiques) il suffira d'apporter un amendement calcaire pour que l'azote de l'état inerte où il était, se transforme en nitrate.

Terres très pauvres en azote

Ce sont celles qui ont moins de 1/2 pour mille d'azote à l'analyse chimique.

M. Risler conseille, si possible, d'y apporter des engrais

azotés à bas prix (car il en faudra beaucoup) comme des gadoues, du fumier de ville, des matières de vidanges, mais si l'opération était malgré cela, trop onéreuse, on pourrait les mettre en période forestière.

Terres de richesse moyenne en azote.

Elles ont de 0,5 à 2 pour mille d'azote.

Résumé

M. M. Risler, de Gasparin et Joulie ont classé les terres de la manière suivante au point de vue de leur teneur en azote :

Terres très pauvres en azote	—	au-dessous de ½ pour mille
" pauvres "	—	de 0,5 à 1
" de richesse moyenne	—	1
" riches	—	1 à 2
" très riches	—	2 à 3

C'est dans les limites de 0,8 à 1,2 pour mille que le besoin des engrais azotés est le plus marqué. Au-dessus de 1,5, l'agriculteur doit maintenir simplement la fertilité acquise en apportant sous forme d'engrais, l'azote enlevé par les récoltes.

L'azote n'étant assimilable que lorsqu'il a pu passer de la forme organique à l'état nitrique et que cette transformation exige pour se réaliser la présence de chaux à l'état de calcaire ou d'humate de chaux, le dosage de cet élément doit être toujours accompagné de celui de la chaux à l'état de calcaire.

Le sulfate de calcium n'est pas apte à favoriser la nitrification. On peut se rendre compte de l'assimilabilité de l'azote par un autre procédé que le dosage de la chaux, mais il est plus complexe, c'est la recherche du nitrate dans le sol.

L'absence d'azote nitrique indique que le sol n'est pas apte à la nitrification.

Acide phosphorique

Au point de vue de leur richesse en cet élément, on les divise en :

1º - Terres très riches qui contiennent plus de 2 p. mille de cet acide ; elles sont insensibles à l'apport des engrais phosphatés.

2º - Terres riches qui ont de 1 à 2 p. mille d'acide ; elles sont peu sensibles aux engrais phosphatés.

3º - Terres moyennement riches (0,5 à 1 p. mille d'acide) ; elles sont assez sensibles aux engrais phosphatés.

4º - Terres pauvres qui ont de 0,1 à 0,5 d'acide ; elles sont très sensibles aux phosphates.

5º - Terres très pauvres qui ont moins de 0,1 d'acide p. mille ; elles sont transformées par les engrais phosphatés.

Ce qui précède ne constitue que des indications très utiles mais non d'valeur absolue, car la nature du terrain influe sur l'aptitude des plantes à absorber l'acide phosphorique et tel sol, à 1 p. mille d'acide, sera bien plus sensible à l'apport d'un même engrais phosphaté que tel autre ayant la même teneur.

Malgré tout, on peut dire, d'une façon générale, qu'au dessous de 1 p. mille, une terre a besoin d'engrais phosphaté et qu'au-dessus, il suffit de lui procurer ce que les récoltes lui enlèvent, de cet élément.

Potasse

Jusqu'à 1 pour mille de potasse, on peut admettre avec M. Risler qu'un sol a besoin d'engrais potassique et qu'au-dessous il suffit d'équilibrer les pertes de la terre par les récoltes en y introduisant des doses correspondantes de cet élément.

Chaux

La chaux doit être considérée comme étant utile : 1°. pour aider, comme élément fertilisant, à la production des récoltes, 2°, à la bonne constitution du sol.

Dans le premier cas, l'expérience indique que des doses de chaux voisines de 1 p. mille seraient suffisantes, mais la question est plus complexe et il y a lieu de considérer que la chaux joue un rôle dans les réactions chimiques comme la combustion de la matière organique, la nitrification et la décomposition des sels d'ammoniaque et de potassium qui se trouvent dans le sol.

Ces diverses transformations éliminent la chaux à l'état de bicarbonate, de sulfate, de nitrate, de chlorure, de sorte que la proportion de 1 p. 1000 doit être considérée comme insuffisante.

En ce qui concerne le rôle de la chaux dans la constitution physique des terres, on peut dire que dans les sols qui contiennent une notable proportion d'argile, il faut plusieurs centièmes de calcaire pour qu'ils soient transformés en terres franches ; il en faut moins, par contre pour les terres légères.

Dans les terres riches en matières organiques, il est utile que la chaux s'y trouve en quantités assez importantes de manière à pouvoir y saturer l'acide humique ; cela est vrai surtout pour les tourbes, les landes et les terres de bruyère.

Il y a des terres de cette catégorie qui sont assez riches en chaux avec 1 p. mille de calcaire, alors que d'autres en exigent 3 ou 4. L'expérience doit dans ce cas compléter l'analyse chimique, alors insuffisante.

Magnésie, Acide sulfurique, Manganèse

Malgré l'insuffisance des données, il est à conseiller d'appliquer des engrais qui renferment ces substances, si elles font défaut dans le sol, car elles paraissent jouer, en agriculture, un rôle qui n'est pas négligeable.

Acide phosphorique soluble dans l'acide citrique

Sous cette forme l'acide phosphorique peut être considéré comme immédiatement assimilable par les plantes et après les expériences de M. M. Dyer et Grandeau, il doit être admis que lorsqu'un sol renferme moins de 0,01 p % d'acide phosphorique soluble dans la liqueur d'acide citrique à 1 p %, il y a lieu de le considérer comme réclamant immédiatement une fumure phosphatée.

Dosage. Pendant 7 jours on laisse en contact 100 gr. de terre séchée à l'air avec 1.000 gr. d'eau distillée contenant 10 gr. d'acide citrique pur. On remue souvent. On prélève 800 cent. cubes du liquide et on évapore à sec. On calcine le résidu à basse température, on reprend par 10 cent. cubes d'acide chlorhydrique, on évapore à sec, reprend par l'acide, on filtre, lave et précipite l'acide phosphorique par le molybdate, à froid.

Après 48 heures de repos on filtre, lave par décantation avec de l'acide nitrique très étendu, puis avec de l'eau distillée. On dissout le phospho-molybdate dans l'ammoniaque et on évapore à sec au bain marie jusqu'à cessation de perte de poids ; le résidu contient 3,5 % de son poids d'acide phosphorique. (O. Hehner).

Valeur de la terre

Un mauvais sol est celui qui est dépourvu d'humus ; qui n'est formé que de roches, de cailloux, de graviers, d'argile plastique, de sables inertes ou qui souffre d'un excès d'humidité. C'est celui qui est froid, tenace, ou qui ne conserve pas la fraîcheur.

Un bon sol, au contraire, contient en proportions convenables tous les éléments fertilisants exigés par les plantes pour leur croissance ; c'est celui qui est bien exposé, dont les éléments sont suffisamment ténus, qui est assez profond et dont le sous-sol est de bonne qualité.

C'est celui également qui, par sa fraîcheur, sa perméabilité, la proportion convenable de l'argile, de la silice et du calcaire, réunit toutes les propriétés physiques exigibles pour faire une terre favorable aux bonnes récoltes.

Fertilité du sol

La fertilité d'une terre est formée par la réunion de deux éléments : sa richesse et sa puissance.

La richesse ne peut s'évaluer par le dosage direct de ses principes fertilisants, mais on y arrive en dosant dans les récoltes mêmes, ceux de ces principes qui ont été enlevés au sol et, dans les engrais, les principes restitués.

On peut dire que la richesse d'un sol est proportionnelle à l'abondance de ces éléments (M. Lefour).

La puissance d'un sol est constituée par trois éléments : sa profondeur, sa perméabilité, sa faculté à retenir l'eau et les engrais. Il faut aussi tenir compte des effets qu'ont sur lui les agents extérieurs comme l'action solaire, l'action météorique et celle des eaux.

Classification des sols

Au point de vue de leur productivité et de leur valeur intrinsèque, on a pu classer les terres de France en 20 catégories :

1re classe — Vignobles exceptionnels : Médoc (Gironde) Côte d'Or (Rhône).

2e   "   — Jardins, Treilles, vergers hors ligne.

3e   "   — Bons vignobles, vergers, olivettes de premier ordre.

4e   "   — Riches herbages, prairies arrosées sous les sols.

5e   "   — Bons sols à l'arrosage dans le Midi.

6e   "   — Riches terres d'alluvion, à légumes, à chanvre.

7e   "   — Très riches, frais ou arrosés, oseraies, houblonnières.

8e   "   — Sol à froment de 1re classe, à garance, luzerne, colza, betterave.

9ᵉ Classe — Vignobles de 3ᵉ qualité, productifs en quantité.

10ᵉ   "   — Sol à froment de 2ᵉ classe, orge, avoine, luzerne, colza, 2ᵉ trèfle.

11ᵉ   "   — Sol à seigle, 1ʳᵉ classe, pommes de terre, haricots, choux.

12ᵉ   "   — Sol forestier, 1ʳᵉ classe, chêne, châtaignier, charme, etc…

13ᵉ   "   — Sol à froment, 3ᵉ classe, argileux, 2ᵉ trèfle.

14ᵉ   "   — Sol calcaire à orge, 2ᵉ classe, lentilles, pois, sainfoin.

15ᵉ   "   — Sol à seigle, 2ᵉ classe, siliceux, sarrazin, choux.

16ᵉ   "   — Sol forestier, 2ᵉ classe; essences de la première classe.

17ᵉ   "   — Sol à seigle, 3ᵉ classe; sable, craie, sarrazin, raygrass.

18ᵉ   "   — Sol à avoine, en montagne, trop froid pour céréales d'hiver, pommes de terre, raves.

19ᵉ   "   — Sol à seigle ou à sainfoin, 4ᵉ classe, pâtures arides; forestier 3ᵉ classe.

20ᵉ   "   — Terres incultivables, rochers, riez, garrigues, sol forestier de 4ᵉ classe.

En France, avant la guerre, la valeur vénale des terres était à peu près celle indiquée dans le tableau ci-après. Elle variait pour une même catégorie, selon les lieux, entre des limites quelquefois assez éloignées.

———

Valeur vénale des terres

—

1ʳᵉ et 2ᵉ classe	40 à 80.000 frs l'hectare	
3ᵉ " 4ᵉ "	15 " 25.000 "	"
7ᵉ "	10 " 15.000 "	"
8ᵉ, 9ᵉ, 10ᵉ "	2 " 6.000 "	"
11ᵉ, 12ᵉ, 13ᵉ "	1.000 " 1.500 "	"
15ᵉ et 16ᵉ "	600 " 800 "	"
17ᵉ, 18ᵉ, 19ᵉ, 20ᵉ "	600 " 200 "	"

Depuis lors la hausse apparente de la terre a varié de 20 à 40 % en général, souvent davantage, surtout quand il s'agit de vignobles.

———

Exemples d'analyses de terres (E. de Careffe)

Terre fine	Analyse physico-chimique				Analyse chimique				
	Sable	Argile	Matières organiques	Calcaire	Eau à 110°	Azote	Acide phosphorique	Potasse	Chaux
Sol	90,15 %	3,95 %	3,20 %	0,55 %	2,10 %	1,05 p ‰	0,48 p ‰	1,52 p ‰	3,10 p ‰
Sous-Sol	86,25	6,15	2,69	0,69	3,86	1,12	0,58	1,55	3,90
Sol	88,80	4,90	3,17	0,64	2,18	1,19	0,48	1,66	3,60
Sous-sol	85,90	5,66	2,84	0,75	4,19	0,77	0,58	2,31	4,22
Sol	76,00	15,00	1,00	3,40	3,50	1,12	0,81	0,65	1,35
Sous-sol	78,85	15,75	3,80	0,80	2,80	1,40	0,75	1,54	4,50
Terres sablonneuses des landes de la Gironde									
Sol	93,60	2,13	2,92	0,50	0,85	0,71	0,15	0,50	0,28
Sous-Sol	93,31	2,46	2,78	0,48	0,97	0,65	0,13	0,49	0,26
Bonne terre normale									
Sol	30,00	30,00	5,00	30,00	5,00	5,00	1,00	2,50	100,00

Sixième Partie

Chapitre XXXI

Des Roches

L'analyse des roches présente un intérêt, en chimie agricole, car elle permet de se rendre compte des réserves alimentaires pour les végétaux qu'elles contiennent et qu'elles sont susceptibles de leur fournir par suite de leur désagrégation ultérieure.

Il en est de même des résidus insolubles du sol. On y dose généralement les éléments suivants :

Silice

Alumine

Oxydes de fer et de manganèse

Chaux

Magnésie

Potasse

Soude

Acide phosphorique.

Les silicates ne sont pas directement attaquables par les acides ordinaires, aussi faut-il au préalable les transformer en silicates basiques sur lesquels l'action des réactifs peut avoir lieu. C'est la méthode de la voie moyenne. On peut cependant les attaquer par le fluorhydrate d'ammonium et l'acide sulfurique.

On prépare un échantillon de la roche à analyser et on en pulvérise grossièrement une certaine quantité. On mélange et on pèse 3 gr. qu'on place dans un petit creuset de platine à couvercle. On chauffe au rouge blanc, au four de Schloesing pendant 1/4 heure. On refroidit et on pèse. On a ainsi le perte au feu.

On transforme ensuite la matière en poudre impalpable au mortier d'Abich et c'est sur cette poudre que l'on fait l'attaque.

On en prend 2 grammes que l'on place dans une capsule de platine ; on y ajoute du fluorhydrate d'ammonium et de l'acide sulfurique. On laisse d'abord en contact, à chaud, 1/4 heure puis on chauffe plus fort, mais toujours au bain de sable, de manière à dessécher le mélange. On reprend par l'eau et l'acide chlorhydrique. Il reste un résidu que l'on reprend par le fluorhydrate et l'acide.

On attaque de nouveau par l'acide chlorhydrique et on réunit les deux liqueurs pour y doser les bases : alumine, oxyde de fer, chaux, magnésie, potasse et soude, par les procédés ordinaires.

Quant à l'acide phosphorique on le dose sur 5 grammes de matières pulvérisées que l'on a mélangés avec 15 gr. d'un composé formé de 53 parties de carbonate de sodium pour 69 parties de carbonate de potassium.

On place le tout dans un creuset de platine recouvert et on porte au four Schloesing pendant 20 minutes. On fait refroidir rapidement en plongeant le creuset dans l'eau ; on pulvérise la matière et on l'attaque à l'acide nitrique dans un creuset de platine, pendant plusieurs heures.

On évapore à sec ; on reprend par l'acide nitrique étendu au 1/3. On ajoute le réactif molybdique et on achève comme à l'ordinaire.

Composition de quelques roches

Roches primitives	Silice	Alumine	Potasse	Soude	Chaux	Magnésie	acide phosphorique
Feldspathorthose	65 %	19 %	11 %	1 à 2 %	0 à 1 %	0 à 0,2 %	"
Granit	70	17	4 à 6	2 à 4	0,5 à 1,5	0,5 à 1,0	0,1 à 0,2 %
Gneiss	65	22	3,5	2,0	0,5	0,5	0,2
Schistes	60	30	5,0	5,0	"	"	"
Micaschistes	73	13	6,0	"	0,2	2,5	"
Porphyres	65	15	5,0	2,0	1,00	1,5	"

Roches volcaniques.

Basaltes	40 à 50	10 à 25	1 à 3	1 à 2	10 à 12	6 à 10	0,5 à 1,0
Trachytes	35 " 60	15 à 20	3 à 5	"	5 à 10	1 à 2	0,5
Laves	50 " 60	15 à 20	3 à 6	"	5 à 10	2 à 5	1,00

Roches sédimentaires.

Grès	"	"	0,02	"	0,02	"	0,02
Calcaires oolithiques	"	1,2	0,02	"	38,70	0,7	0,80
Calcaires jurassiques	"	3,0	0,05	"	35,00	0,7	0,95
Craie	"	traces	0,03	"	41,50	0,4	0,46

Feldspath

	Roches non altérées	Roches transformées (Kaolin)
Silice	64,2 %	46,8 %
Alumine	18,4	37,3
Potasse	17,0	2,5
Eau	0,0	13,0
$\dfrac{\text{Silice}}{\text{Alumine}}$	3,49	1,25
$\dfrac{\text{Alumine}}{\text{Potasse}}$	1,08	14,92

Basaltes

Silice	46,1	36,0
Alumine	13,2	30,5
Chaux	7,3	8,9
Magnésie	7,0	0,6
Alcalis	4,5	1,5
Oxyde de fer	16,6	4,3
Eau	4,9	16,9
$\dfrac{\text{Silice}}{\text{Alumine}}$	3,49	1,18

Le premier de ces tableaux permet de prévoir quelle sera la qualité agricole d'une roche lorsqu'elle sera désagrégée ou de déterminer la valeur d'une terre en se basant sur son origine géologique. Il peut être ainsi résumé :

Roches primitives	{ Feldspath - Granites — Gneiss - Schistes — Micaschistes - Porphyres — }	donnent des terres riches en potasse, mais pauvres en chaux et en acide phosphorique.
Roches volcaniques	{ Basaltes — Trachytes — Laves — }	donnent des terres fertiles, bien constituées
Roches sédimentaires	{ Grès — Calcaires oolithiques — " jurassiques Craies — }	donnent des terres riches en acide phosphorique, mais pauvres en potasse

Les deux derniers tableaux montrent les changements profonds qui se rencontrent dans les proportions des éléments constitutifs d'une roche désagrégée, par rapport à celles de la roche non altérée dont elle est issue.

Septième Partie

Chapitre XXXII

Origine, Analyse et Commerce des engrais et amendements

Amendements

Les amendements sont des matières dont l'apport à une terre modifie son état mécanique et augmente sa puissance.

L'eau, dans son genre est un amendement, car sans elle un sol est incultivable. Si même on augmente ou si on diminue sa proportion, les propriétés de la terre sont de ce seul fait, très changées.

Les sables modifient la ténacité des argiles et il en est de même des graviers et des scories qui eux aussi sont des amendements. Sur le côtes, on recouvre quelquefois les sols argileux d'une couche de sable de 1 à 2 centimètres d'épaisseur pour l'améliorer; dans ce cas la dose de 400 m. cubes de sable par hectare peut convenir pour une terre compacte. Si le terrain est argileux, privé de chaux, il faut choisir de préférence du sable calcaire pour cette opération.

L'argile rend le sable consistant; on l'emploie sèche, pulvérulente et peu à peu; pour bien opérer le mélange on laboure et on herse au fur et à mesure qu'on l'utilise. L'argile d'amendement doit être autant que possible peu homogène.

On l'emploie quelquefois calcinée à l'aide de fagots de bois, dans des fosses de longueur variable, de 0^{m}50 de largeur et 0^{m}40 de profondeur, par exemple, le tout étant recouvert, en forme de voûte, d'argile humide.

Les pierres modifient heureusement les tourbières et

les terres compactes. Les déblais de terrassement, les débris de démolition de maison, les cailloux eux-mêmes, peuvent souvent être d'un apport utile.

La _chaux_ est également un amendement et des plus importants ; il y en a de deux sortes :

La _chaux grasse_, faite avec du calcaire ne contenant pas plus de 0,10 % de matières organiques. L'eau la transforme en hydrate de calcium (chaux éteinte) et dans cette opération elle _foisonne_ en augmentant de 1/3 à 2 1/2 en volume. Elle agit, dans le sol énergiquement.

La _chaux maigre_ est faite avec des calcaires contenant de 10 à 30 % de corps étrangers. Elle foisonne peu et doit s'employer à doses plus hautes que la précédente.

Quand une chaux maigre contient de notables proportions d'argile, on la désigne sous le nom de _chaux hydraulique_. L'action de la chaux maigre dans le sol est plus lente mais dure davantage que celle de la chaux grasse employée dans les mêmes conditions.

Les résidus des fours à chaux ou _poussiers_, sont un mélange de cendres et de 30 à 40 % de chaux. C'est un bon amendement, qui, avant la guerre, valait de 1 à 2 frs l'hectolitre de 70 kilo environ.

On peut fabriquer la chaux, à la ferme, de la manière suivante :

Fig. 52

On fait avec des briques réfractaires un four vide de 3 à 4 m de hauteur, à l'intérieur duquel on construit une voûte avec de gros fragments de calcaire. Au-dessous on place des fragments moins gros jusqu'en haut du four.

On fait du feu sous la voûte de manière à élever la température peu à peu jusqu'au rouge vif. On arrête la cuisson lorsque la flamme sort en haut du four sans être accompagnée de fumée. Après refroidissement, on retire la chaux que l'on place dans des tonneaux bien fermés.

La chaux provenant des _dolomies_ (calcaires magnésiens) agit très énergiquement sur le sol et conserve longtemps sa causticité. Il est bon de l'employer, mais avec prudence.

Chaulage

Il y a divers procédés : ou forme de petits tas de chaux éloignés les uns des autres de quelques mètres et quand la chaux est éteinte et réduite en poussière, on la répand aussi uniformément que possible, à la pelle.

On peut aussi former des tas de chaux, les recouvrir de terre, en bouchant les crevasses au fur et à mesure qu'elles se forment puis, au bout d'un certain temps, on retourne les tas et huit jours après on répand les mélanges obtenus.

Une bonne méthode est de former un compost avec des couches de matières organiques séparées par de la chaux. Les couches interposées peuvent être du fumier, des curures de fossés ou d'étangs, etc.

Quand on utilise le fumier frais on ne l'incorpore que lorsque la chaux est éteinte et qu'elle a été mélangée à de la terre. On met en général 10 hectolitres de chaux, 15 mètres cubes de fumier et 20 mètres cubes de terre.

On peut encore procéder autrement : On choisit dans un champ gazonné et dans la partie la plus élevée, une bande de terre de 2^m,50 que l'on laboure légèrement.

On répand ensuite une couche de chaux ; on recouvre le tout à la charrue et on recommence deux fois cette opération à des intervalles de quelques jours. Pendant les labours, les pieds des chevaux doivent être enveloppés.

Une règle générale est de n'appliquer la chaux que par temps sec et sur un sol qui n'est pas humide. Il est même recommandé, quand la chose est possible, de répandre d'abord la chaux et de ne l'enfouir que quelques jours après.

Le labourage ne doit pas être trop profond et un hersage doit achever l'opération.

Proportions de chaux employées (M. Lefour)

En Angleterre	jusqu'à 500 hectolitres	
En Allemagne	10 à 15 "	chaque 4 ans
Calvados	60 " 80 "	d°
Ain	80 " 100 "	" 9 "
Nord, Mayenne, Vendée	40 " 50 "	" 10 "
Sarthe	8 " 10 "	" 3 "
Moyenne générale en France	5 " 6 "	par année

M. Garola conseille d'employer — tous les trois ans les doses suivantes : 12 à 15 hectolitres dans les terres siliceuses ou granitiques
18 à 25 " " " " de consistance moyenne
24 à 30 " " " sables des landes
30 à 40 " " " terres argileuses.

Les récoltes qui suivent ordinairement le chaulage sont les pommes de terre, les légumineuses, le froment, etc…

Effets du chaulage

Pour mieux se rendre compte de ses effets, considérons leur composition moyenne fournie dans le tableau ci-après :

	Chaux très grasse	Chaux grasse	Chaux maigre	Chaux hydraulique
Chaux	97,2 %	91,6 %	60 à 70 %	70 %
Magnésie	"	1,5	26 à 0	"
Oxyde de fer	"		14 à 0	"
Argile	2,8	6,00	0 à 3	290
Fer	"	"	0 à 25	"

Si au point de vue physique une chaux doit ameublir un sol, le rendre plus perméable et lui permettre de s'échauffer davantage, il est certain que toutes les chaux ne jouissent pas de ces propriétés au même degré et qu'il sera utile de ne les employer qu'à des doses correspondant à leur nature, à leur composition.

Au point de vue chimique le rôle du chaulage est très important. D'abord il apporte au sol un élément indispensable, la chaux et, souvent, il fournit des phosphates, des sulfates, des silicates solubles, en proportions qui varient avec la composition du calcaire apporté.

Son action la plus remarquable est d'activer la décomposition des matières organiques ainsi que l'indique le tableau suivant :

| | Chaux employée par Kgr. de terre | Durée de l'expérience | Ammoniaque formé par | Azote nitrique formé par Kgr. de terre |
			Kgr. de terre	hectare	
Terre non chaulée	0	1 mois	5 ^{mmgr}	20 ^{Kgo}	233 ^{mmgr}
	0	2 mois	10 "	40 "	226 "
Terre chaulée	0 ^{gr},3	6 jours	12 "	48 "	"
	2, 0	10 "	7 "	28 "	5 "
	10, 0	2 "	34 "	136 "	"
	10, 0	1 mois	76 "	304 "	9 "
	10, 0	2 "	79 "	316 "	3 "

On le voit, l'azote des matières organiques passe à l'état d'ammoniaque très rapidement, ce qui épuise vite le sol. De là, la nécessité de n'utiliser le chaulage qu'à bon escient et à des périodes espacées.

Pour éviter l'épuisement prématuré d'une terre confiée à un fermier, il est prudent de préciser dans son bail les conditions où le chaulage devra être pratiqué, sans quoi, s'il n'est que de passage, son intérêt sera d'en abuser.

Au contact de l'air, la chaux se transforme en carbonate, c'est une bonne chose qui a pour effet de faciliter la nitrification ; mais là ne se borne pas son action, car elle décompose aussi les sels de magnésie, de fer, de manganèse, de sodium, de potassium et les silicates alumineux.

Elle se combine à l'azote nitrique qui se dégage lors de la nitrification des matières organiques du sol pour former du nitrate de calcium. C'est enfin un neutralisant des sols tourbeux et des landes à bruyères, qui sont des terres acides.

La chaux est également un bon anticryptogamique. Un sol chaulé doit toujours être précédé ou suivi d'une fumure, sauf en terre très riche.

Dans ces conditions, les légumineuses, les crucifères, le blé, la pomme de terre, les choux, les navets, le colza, etc... sont fort bien influencés par le chaulage et les produits obtenus sont de bien meilleure qualité, sans que l'on ait à craindre pour cela un épuisement consécutif de la terre.

Colmatage

Le colmatage est l'opération qui consiste à répandre sur une terre, des limons de cours d'eau ou d'étangs. Cette pratique est bonne en soi et chacun peut à cet effet se rappeler que la fertilité de la vallée du Nil est due au dépôt d'un limon de bonne qualité.

Dans cette opération il y a lieu de ne pas perdre de vue que la composition du sol à fertiliser et celle du limon à répandre sont à considérer ; ainsi l'opération qui consisterait à répandre un limon très argileux sur un sol, lui-même fortement argileux, ne serait pas sans inconvénient ; en revanche, ce limon ferait merveille s'il était répandu sur des graves siliceuses.

L'opération du colmatage serait économique si elle était pratiquée avec l'aide de l'administration du service hydraulique qui devrait posséder des draguaises avec machines refoulantes lesquelles déverseraient à l'aide de tubes en fonte, la vase de nos fleuves jusque sur les sols à fertiliser.

Le colmatage abondant fait exhausser sensiblement le sol ; c'est quelquefois un inconvénient pour la culture de la vigne par exemple.

Le tableau ci-après montre la valeur agricole que peut avoir dans certains cas le colmatage, opération qui est recommandable pour créer des terrains de cultures sur les marais qui bordent les cours d'eau.

On peut ainsi assainir et donner naissance en même temps à des sols de bonne culture.

Vases de la Garonne (E. de Careffe)

	Analysés de la vase prise en deux endroits du fleuve		Comparaison avec du fumier frais
	Echantillon N°1	Echantillon N°2	
Eau	6, 88 %	7, 89 %	75 %
Azote	0, 13	0, 15	0, 39
Matières org. totales	8, 92	8, 97	"
Acide phosphorique	0, 11	0, 10	0, 18
Potasse	0, 58	0, 33	0, 45

Marnage

La marne est une formation calcaire dont la richesse dépend de sa teneur en carbonate de calcium. Ses effets sont comparables à ceux de la chaux, mais ils sont moins rapides et plus durables.

Composition de quelques marnes

	Marne sableuse	Marne argileuse	Marne crayeuse	Marne magnésienne
Eau	5, 4 %	5, 4 %	2, 5 %	" %
Carbonate de calcium	10, 6	2, 6	69, 2	38, 0
— " "— magnésium	1, 4	1, 9	0, 4	33, 6
Argile	"	54, 9	"	4, 6
Sable	74, 9	"	"	"
Silice soluble	"	17, 9	8, 3	"
Potasse	0, 8	1, 4	0, 4	"
Soude	"	1, 1	"	"

Fer et Alumine —————   "   -15, 5   0, 4   "
Acide phosphorique —— traces   0, 5.   0, 6   "

La marne s'emploie à doses plus hautes que la chaux. La proportion des éléments constituants de la marne sont variables d'où trois sortes de marnes au moins, qui sont :

- les marnes sableuses ou siliceuses qui ont de 35 à 75 % de sable, et 50 à 60 % de calcaire

- les marnes argileuses qui ont de ...... 50 à 60 % d'argile, et 30 à 49 % de calcaire.

- les marnes calcaires qui ont de .... 50 à 95 % de calcaire

Leur couleur est variée car elles peuvent contenir du fer ou des matières organiques (jusqu'à 10 % de fer et 12 de matières organiques dans les marnes tourbeuses). La magnésie peut y exister dans la proportion de 5 à 30 %.

Le tussilage ou pas d'âne décèle souvent la présence d'un terrain marneux que l'on recherche ensuite à l'aide de sondages pratiqués avec des tarières à marne dont le manche a environ 3 mètres de longueur ou davantage, si c'est nécessaire.

L'extraction des marnes se fait soit à ciel ouvert, soit par puits et galeries ; dans ces derniers cas, elle n'est économique que lorsqu'on la pratique dans les craies, les tuffs, sans étais, ni étrésillons, ni épuisement d'eau.

Les couches de marnes sont à des profondeurs très variables et le prix de l'extraction varie avec les conditions qui l'entourent. C'est à l'agriculteur de calculer, d'après son prix de revient, s'il a intérêt à la réaliser.

Une marne se reconnait aux caractères suivants : elle fait effervescence sous les acides, se délite sous l'action de la gelée et de l'air, forme une bouillie avec l'eau.

Quand elle est argileuse, elle convient aux sols légers ; si elle est calcaire ou siliceuse, elle améliore plutôt les terres tenaces. C'est une opération très bonne dans les terres riches qui facilite la végétation surtout du blé, des trèfles, des luzernes, du colza, mais qui doit être, dans les terres ordinaires, précédée ou suivie d'une bonne fumure sans quoi il y aurait épuisement rapide du sol en azote.

———

Tangues et trez

Ce sont des sables limoneux de la Manche et de la Bretagne. Ils sont formés de 25 à 60 % de carbonate de calcium, 3 à 6 % de matières organiques, de 0,5 à 2 % de sels de potassium et de sodium, 25 à 60 % de sable micacé et 3 à 4 % d'argile.

On doit laisser ces tangues à l'air deux mois environ de manière à ce qu'elles perdent leur eau de mer. Ces tangues ne sont, au fond, que des limons de rivières précipités par le chlorure de sodium de l'eau de mer et refoulés, vers les côtes, par le flot. Il est très bon de les mélanger au fumier ou aux plantes marines.

Dose moyenne par hectare : 20 à 100 mètres cubes, tous les 4 ans, suivant leur composition. Ces amendements ont les avantages et les inconvénients des marnes.

Merl et Débris coquillers

Ce sont des amendements calcaires qui existent sous forme de banc sur le littoral du Finistère et de la Manche. Voici leur composition :

	Merl	Coquillages
Carbonate de calcium	72 à 80 %	90 à 98 %
Phosphate	" "	1 à 2
Débris animaux	4 à 10	"

Le merl s'emploie tous les 9 ans à la dose de 15.000 à 30.000 kgs. par hectare, après désagrégation à l'air ou associé à du fumier ou des varechs, en composts.

Les coquillages difficiles à décomposer se désagrègent plus facilement si on suit la méthode de M. Bortier qui recommande de les chauffer quelques instants au four, puis, brusquement, de les laisser tomber dans de l'eau froide.

Plâtre
$(SO^4Ca + 2H^2O)$

Le _plâtre_ est du sulfate de calcium ; c'est un corps peu soluble dans l'eau qui, lorsqu'il a été déshydraté à 130°, perd sa transparence, devient blanc et friable. On le désigne encore sous le nom de _gypse_, quand il est hydraté.

On le trouve en abondance dans le voisinage du sel gemme, dans les couches triasiques et dans les terrains tertiaires du bassin parisien. Les eaux qui en contiennent en dissolution sont appelées _séléniteuses_ ; elles sont indigestes, impropres au savonnage et à la cuisson des légumes.

On prépare le plâtre employé dans la construction, dans des fours à chaux ; la cuisson dure de 10 à 12 heures.

Composition d'un plâtre

	Plâtre cru	Plâtre cuit
Eau	18, 8 %	7, 5 %
Sulfate de calcium	70, 4	90, 0
Carbonate de calcium	7, 6	2, 0
Carbonate de magnésium	"	0, 05
Silice	3, 2	0, 1

Le broyage du plâtre se fait avec des moulins à noix ou sous des meules verticales. Il ne doit pas faire d'effervescence sous les acides, pour être de bonne qualité.

On répand le plâtre sur les fourrages et les légumineuses (trèfle, luzerne, sainfoin, vesces). Il réussit aussi sur les choux, le colza, la navette, le lin, mais son action est à peu près nulle sur les autres cultures.

On conseille l'emploi du plâtre dans celle de la vigne, en sol riche en matières organiques, à la condition toutefois qu'il s'agisse d'un cru ordinaire où la quantité est plus recherchée que la qualité.

On ne sait pas exactement comment agit le plâtre et on en est réduit aux hypothèses à son sujet, mais il est probable que son action est la suivante :

Il fait passer les alcalis, surtout la potasse du sol, dans le sous-sol ce qui le rend utile dans les cultures à racines profondes.

Il fournit de la chaux aux terres qui en manquent et rend assimilables les acides humiques.

Le plâtre agit favorablement sur les sols secs, les terres légères et riches, les limons argilo-siliceux. On l'emploie rarement dans les sols calcaires ou contenant du sulfate de calcium. Le plâtre et les débris calcaires de démolition agissent dans le même sens.

Les plâtras sont encore plus actifs et s'emploient avec avantage sur les prairies. Dose : 2 à 3 hectolitres par hectare et par année ou tous les deux ans.

Influence du plâtrage sur les récoltes

par Hectare	Sainfoin	Trèfle blanc
Terre plâtrée	6.594 Kilos	2.776 Kilos
Terre non plâtrée	4.119	976
Différence	2.475	1.600

	Sainfoin sur terre légère			Trèfle sur terre argilo-siliceuse	
	Dose du plâtre par hect.			Dose du plâtre par hect.	
	300^K	600^K	800^K	500^K	700^K
Terre plâtrée	4000	3.300	3.500	5.000	4.000
Terre non plâtrée	2000	2.100	2.200	2.500	2.400
Différences	2000	1.200	1.300	2.500	1.600

Matières minérales enlevées à l'hectare par une récolte de trèfle

	Sol non plâtré	Sol plâtré	Différence
Poids de la récolte	1.100 K	5.000 K	3.900 K
Acide phosphorique	11, 0	24, 2	-13, 2
Potasse	26, 0	95, 6	69, 6
Chaux	32, 2	79, 4	47, 2
Magnésie	8, 6	18, 1	9, 5
Fer et alumine	1, 4	2, 7	1, 3
Soude	1, 4	2, 6	1, 2
Acide sulfurique	4, 4	9, 2	9, 8
Chlore	4, 6	10, 3	5, 7
Silice	22, 7	28, 1	5, 4

Ce dernier tableau indique la nécessité, comme pour le marnage et le chaulage, de faire précéder ou suivre le plâtrage, d'une bonne fumure.

Le plâtre s'emploie cru ou cuit, mais toujours en poudre, à la dose de 300 à 500 Kilogs. par hectare. La cuisson le rend plus facile à pulvériser. On le répand sur les plantes ou sur le sol, ou sur le fumier, de préférence le matin ou le soir, quand la feuille est un peu humide.

Le plâtrage au printemps est meilleur que celui pratiqué en automne car la gelée est invisible pour cette opération. Il est recommandé de faire le plâtrage en deux fois : une première moitié est répandue sur le sol où doit être créée la prairie, avant l'hiver, et l'autre moitié est jetée à l'automne suivant, sur la jeune plante.

Le plâtre ne doit être acheté qu'avec garantie sur facture d'un titre minimum de sulfate de chaux anhydre.

Cendres végétales

Les cendres végétales constituent un bon amendement

car elles sont assez riches en acide phosphorique et en potasse. On les partage en cendres ordinaires et en cendres lessivées. Ces dernières ont moins de valeur en agriculture que les premières, parce que le lessivage réduit la proportion des sels de potasse.

Comme les cendres sont alcalines, leur emploi est recommandé dans les terres acides où elles apportent la chaux et la potasse. Les tableaux ci-après serviront de guide pour l'emploi des cendres, en montrant la valeur agricole de chacune des catégories de cette substance.

Composition des cendres des végétaux (M. Boussaingault)

Substances	Cendres % de matière sèche	Acide carbonique	Acide sulfurique	Acide phosphorique	Chlore	Chaux	Magnésie	Potasse	Soude	Silice
Pommes de terre	4,00	13,4	7,10	11,30	2,70	1,8	3,4	51,5	traces	5,6
Betteraves	6,30	16,1	1,60	6,00	5,20	7,0	4,4	39,0	6,0	8,0
Navets	7,60	14,0	10,90	6,10	2,90	10,9	4,3	33,7	4,1	6,4
Topinambours	6,00	11,0	2,20	10,80	1,60	2,3	1,8	44,5	traces	13,0
Froment	2,40	"	1,00	47,00	traces	2,9	15,9	39,5	traces	1,3
Paille de blé	7,00	"	1,00	3,10	0,60	8,5	5,0	9,2	0,3	67,6
Avoine	4,00	1,70	1,00	14,90	0,50	3,7	7,7	12,9	0,3	53,3
Paille d'avoine	5,10	3,20	4,10	3,00	4,70	8,3	2,8	24,5	4,4	40,0
Trèfle	7,70	25,00	2,50	6,30	2,60	24,6	6,3	26,6	0,5	5,3
Pois	3,10	0,50	4,70	30,10	1,10	10,1	11,9	35,3	2,5	1,5
Haricots	3,50	3,30	1,30	26,80	0,10	5,8	11,5	49,1	0	1,0
Fèves	3,00	1,00	1,60	34,20	0,70	5,1	8,6	45,2	0	0,5

Autres cendres

Autres cendres (Analyses de M. Berthier)

	Potasse	Soude	Acide phosphorique	Chaux
Bois de charme	"	"	8, 11	31, 31
Charbon de charme	9, 12	2, 14	7, 22	35, 75
" " hêtre	10, 45		4, 77	35, 66
Bois de chêne	8, 11		0, 71	48, 41
Charbon de chêne	9, 43		6, 27	39, 95
Écorce de chêne	4, 33		"	47, 78
Bois de tilleul	6, 55		2, 51	46, 50
" " bouleau	12, 72		3, 61	43, 85
" " aulne	"		6, 25	40, 76
" " sapin	16, 80		3, 14	29, 72
Charbon de sapin	15, 32		0, 90	13, 60
Bois de pin	4, 41		0, 91	38, 51
" " mûrier	13, 60		1, 36	34, 85
" " noyer	11, 27		4, 19	37, 06
Sureau	21, 54		5, 83	34, 57
Fougères	19, 84		5, 68	30, 39
Bois de hêtre	15, 00		3, 22	"

Suie

Elle contient de l'azote, de l'acide phosphorique et de la potasse. La suie de houille est plus riche en azote que celle du bois. On l'utilise surtout dans les terrains calcaires, à la dose de 20 à 30 hectolitres par hectare, mais il faut avoir soin de ne faire cette opération que lorsqu'il ne fait pas sec.

Elle écarte les insectes et peut fort bien s'employer mélangée aux cendres ou à des composts.

Des Engrais

Engrais azotés - Nitrate de sodium

Synonyme : Nitrate ou azotate de soude
Formule : $AzO^3Na = 85,09$

Le *nitrate de sodium* existe sous forme de gisements importants, principalement au Chili, où cent soixante sociétés commerciales l'exploitent. En 1910, la production valait près de 54.000.000 de francs, correspondant à une consommation mondiale de 2.278.000 tonnes.

Le minerai qui produit le nitrate se désigne sous le nom de *caliche* et existe près de la surface du sol, sous une mince couche d'argile.

Composition du Caliche (M.M. Semper et Michels)

Nitrate de soude	34,2	à 43,3	%
" " potasse	1,6	à "	"
Sulfate de soude	8,1	à 25,3	"
" " chaux	6,3	à 30,9	"
" " magnésie	2,0	à "	"
Chlorure de sodium	32,0	à traces	"
Iodate de soude	0,2	à "	"
Insoluble	14,0	à 0,4	"
Eau	1,1	à "	"

Le nitrate de sodium cristallise en rhomboèdres ; sa densité est de 2,24 en moyenne.

C'est un corps qui absorbe très facilement l'eau et qui est très soluble dans cet élément. Lorsqu'il s'y dissout, il le fait avec absorption de chaleur.

Il doit être conservé dans un endroit sec.

Solubilité du nitrate de sodium

Poids de sel qui se dissout
dans 100 parties d'eau

à 0°	71
" 10°	78
" 20°	88
. 30°	98
. 40°	109
" 50°	120
" 60°	131
" 70°	142
" 80°	154
" 90°	165
" 100°	178

Ces chiffres peuvent être modifiés par la présence d'autres sels comme les chlorures par exemple.

Pour l'emploi des engrais composés, il sera bon de se rappeler qu'à l'état de dissolution le nitrate de sodium peut réagir sur certains sels de potassium (carbonate, sulfate, chlorure), sur le chlorure d'ammonium, etc..., et à l'avance, il est utile de savoir quels sont les corps nouveaux qui seront obtenus et s'ils ne seront pas nuisibles aux récoltes.

Pour extraire le caliche, on procède d'abord à des sondages espacés en général de 100 à 300 mètres, sur les terrains nitratiers. Si la roche est trop dure pour la sonde, on utilise la mine.

On analyse rapidement les échantillons recueillis dans les trous pratiqués et on peut ainsi établir une carte du gisement qui indique les points et les profondeurs où l'extraction est avantageuse à réaliser.

On fait sauter ensuite le minerai à la poudre et le caliche obtenu est porté, par charrettes, à l'usine. Son traitement est en principe fort simple : On le purifie à l'aide d'une solution aqueuse de nitrate de sodium saturée, qui laisse le nitrate de caliche intact et ne lui enlève que ses impuretés, dont l'iodate de sodium. C'est dans les eaux mères ainsi formées que l'on retirera plus tard, l'iode.

Le traitement se fait à chaud et le nitrate de sodium obtenu après ce lavage, titre ordinairement 95 % de sel pur.

Composition de nitrates (Semper et Michels)

Nitrate de soude	94,164 %	94,24 %
" potasse	1,73	1,24
Chlorure de sodium	0,93	1,18
Iodure " "	0,01	0,01
Perchlorate de potassium	0,28	0,23
Sulfate de magnésium	0,21	0,30
Chlorure " "	0,28	0,34
Sulfate de chaux	0,10	0,04
Insoluble	0,12	0,17
Eau	2,10	2,21

Lorsqu'un nitrate est obtenu avec le titre de 96 %, il est gardé pour les besoins de l'industrie chimique.

Les sous-produits de l'industrie nitratière sont :
- le sel marin,
- l'iode dont l'extraction se fait à l'aide du bisulfite de sodium
- le perchlorate de potassium.

L'exportation des nitrates a lieu par les ports chiliens et de tous les pays, ce furent la France, la Belgique, la Hollande, l'Angleterre et surtout l'Allemagne qui, avant la guerre, employèrent le plus de nitrates naturels pour l'agriculture.

Les nitrates de potasse pour engrais renferment généralement de 41 à 46 % de potasse et 12 à 13,7 % d'azote nitrique.

On estime que les nitrières d'Amérique pourraient fournir pendant 60 ans seulement, le nitrate qui serait nécessaire aux divers états du globe, mais cela n'est pas préoccupant depuis que l'on fabrique artificiellement le nitrate de calcium et que M. Georges Claude a réussi la synthèse de l'ammoniaque en partant de l'azote atmosphérique.

Le nitrate doit être acheté avec garantie d'un minimum de 15 % d'azote. On le falsifie en y ajoutant du sable ou des sels de potasse.

Nitrate de calcium (Notation atomique)
En Agriculture : Nitrate de Chaux (Notation par équivalents)
$$(Az O^3)^2 Ca = 164$$

C'est un corps déliquescent qui absorbe quatre volumes d'eau. Desséché à 170°, il perd cette eau et devient anhydre. Il cristallise difficilement ; sa solubilité est la suivante :

à 0° - 100 parties d'eau dissolvent 100 p. de nitrate

à 100° - 100 " " " 350 p. de ce sel

La densité est 1,8.

Sa préparation industrielle est obtenue de la manière suivante : sous l'action d'un arc électrique de grande puissance, on fait combiner directement l'oxygène et l'azote de l'air ; le corps ainsi obtenu est l'oxyde azotique, de formule $Az O$.

Cet oxyde, mis en présence de l'eau et d'un excès d'air se change en acide azotique, que l'on unit ultérieurement au calcium pour constituer le nitrate.

Le nitrate de calcium se fabrique surtout en Norvège où on utilise le procédé de M.M. Byrkeland et Eyde. A l'usine de Notoden, on se sert de fours ayant une puissance moyenne de 740 à 1.000 kilowatts. La flamme de l'arc qui produit la réaction a une forme étalée afin que son contact avec l'air soit plus grand et atteigne le diamètre maximum de $1^m 40$ en produisant une température de 3000°.

Les électrodes ne durent que trois à quatre semaines et la garniture réfractaire du four électrique, cinq mois. Le courant (triphasé, à 50 périodes) arrive sous une tension de 10.000 volts.

L'oxyde d'azote obtenu est rapidement refroidi puis est dirigé dans des fours d'oxydation où les réactions signalées précédemment se produisent, pour donner finalement lieu à de l'acide nitrique à 50 % de concentration.

Cet acide se vend à l'industrie ou sert à la fabrication du

nitrate de calcium.

Cette fabrication se fait dans de grandes cuves en gr[...]
nit en présence de carbonate de calcium. La réaction est la sui[...]
vante :

$$2\,AzO^3H + CO^3Ca = (AzO^3)^2Ca + H^2O + CO^2$$

acide nitrique — carbonate de calcium — nitrate de calcium — Eau — Acide carbonique

L'usine de Svaelfös qui donne la force à celle de No[...]
den dispose de 34.000 chevaux, mais celle de Rjukan en aura 227.0[...]
On ne peut songer à fabriquer le nitrate de calcium que si l'on disp[...]
comme en Norvège, de forces très puissantes.

Pour la culture des pommes de terre, c'est, de tous les engr[...]
azotés le plus favorable.

Le précédent procédé a été modifié ; c'est ainsi que Sc[...]
net a construit un four électrique qui porte son nom où l'air passe[...]
autour d'un arc de grande longueur, en suivant un mouvement [...]
hélicoïdal.

M. Schlœsing a perfectionné les fours d'oxydation et gr[...]
à son dispositif, les gaz qui sortent des fours Byrkeland et Eyde, a[...]
dessication, peuvent être combinés à de la chaux vive portée à 35[...]
Ce procédé donne du nitrate de chaux à 4 % d'azote sans vapeur[...]
nitreuse, ni nitrique. On n'a pas besoin ainsi de fabriquer l'acid[...]
azotique.

D'autres procédés encore ont été imaginés.

La Société norvégienne met en vente du nitrate de calcium[...]
qu'elle livre en barils, à 13 % d'azote. Le produit présente l'aspect gr[...]
nulé et le baril contient 100 Kgs nets de nitrate.

Cyanamide Calcique
$Ca\,CAz^2$

C'est une combinaison d'azote et de carbure de calci[...]
Pour le préparer, ce dernier corps est placé dans des fours cylindri[...]
ques à double enveloppe dont la paroi intérieure est percée de trou[...]
pour laisser passer un courant d'azote privé au préalable de son a[...]
de carbonique et de son humidité.

Le carbure est chauffé dans ces cylindres à l'aide d'un charbon dont la température s'élève par suite de la résistance qu'il oppose au passage d'un courant électrique.

On fait passer le courant d'azote pendant 24 heures et en général, au bout de ce temps, la réaction est complète.

Composition de 2 cyanamides commerciales

	N° 1	N° 2
Azote	15,5 %	19,21
Charbon	15,0	54,85
Chaux	60,0	13,95
Fer, alumine, etc...	9,5	"

En France la cyanamide est fabriquée par l'usine de R.O. de Briançon. En 1911, elle en produisait 5.000 tonnes.

Mise dans le sol, la cyanamide se décompose sous l'influence de l'eau en produisant de l'ammoniaque qui, ensuite, se nitrifie :

$$\underbrace{CaCAz^2}_{\text{cyanamide}} + \underbrace{3H^2O}_{\text{eau}} = \underbrace{CO^3Ca}_{\text{calcaire}} + \underbrace{2Az H^3}_{\text{ammoniaque}}$$

C'est ce qui permet de l'employer comme engrais.

Nitrate d'ammonium
$$Az O^3 Az H^4 = 80$$
En Agriculture : Nitrate d'ammoniaque

Le nitrate d'ammonium renferme 30 % d'azote. Sa densité est de 1,70. Il cristallise en prismes et se dissout dans l'eau, à chaud, en toute proportion.

À 10°, il se dissout dans son poids d'eau en abaissant la température jusqu'à - 15° ; sa décomposition, en eau et acide azoteux, a lieu vers 250°. On l'emploie pour fabriquer les explosifs de sûreté destinés aux mines grisouteuses.

Le nitrate d'ammonium serait avantageusement utilisé en agriculture à cause de sa pureté et de sa concentration ;

mais les procédés de préparation connus sont encore trop coûteux.

On peut directement traiter une solution ammoniacale par l'acide nitrique pour obtenir ce sel.

Nitrure d'aluminium
$$Az^2 Al^2 = 82$$

C'est un composé industriel qui dégage de l'ammoniaque au contact de l'eau. On en fabrique en France, à St Jean de Maurienne. Ici, l'azote atteint un prix comparable à celui de la cyanamide. Il pourrait se faire qu'il fut utilisé, dans l'avenir, comme engrais.

Engrais ammoniacaux

Gaz Ammoniac
$$Az H^3 = 17$$

C'est un gaz d'odeur piquante, incolore, extrêmement soluble dans l'eau, surtout à 0°. À 15°, l'eau en dissout 850 fois son volume environ. Sa densité est 0,596 à 0°. La dissolution de ce gaz dans l'eau prend le nom d'ammoniaque.

On combine l'ammoniaque à l'acide sulfurique pour obtenir le sulfate d'ammonium employé comme engrais. Le principe de cette production est le suivant : dans les eaux industrielles on trouve des composés volatils d'ammoniaque et d'autres, qui sont fixes.

On distille ces eaux en présence de chaux, et l'ammoniaque qui s'en dégage est recueillie dans de l'acide sulfurique étendu, auquel il se combine, pour former le sulfate d'ammonium, couramment appelé sulfate d'ammoniaque.

Voici la liste des composés que l'on peut rencontrer dans les eaux ammoniacales de l'industrie :

Combinaisons volatiles	Combinaisons fixes	
Ammoniaque	Chlorure d'ammonium	
Carbonate d'ammonium	Ferrocyanure	d⁰
Cyanure d'ammonium	Sulfate	d⁰
Sulfure d'ammonium	Sulfite	d⁰
Sulfhydrate d'ammonium	Thiocyanure	d⁰
	Thiocarbonate	d⁰
	Thiosulfate	d⁰

L'ammoniaque existe dans l'air, en petite quantité, soit à l'état gazeux, soit à l'état de carbonate. On en trouve également dans les eaux courantes, les eaux de pluie, la terre végétale, les végétaux et les matières excrémentitielles.

Industriellement, on peut la retirer :

1° - des matières de vidange
2° - de la houille
3° - de la tourbe
4° - des schistes charbonneux
5° - des vinasses de betteraves
6° - des os.

Il n'est pas étonnant que les matières de vidange renferment de l'ammoniaque, car elles contiennent de nombreux corps azotés, parmi lesquels il faut citer l'urée (90 %).

L'urine pure peut donner 7 à 8 kilogs. d'ammoniaque au mètre cube et celle des fosses, plus diluée, arrive à fournir 3 à 5 kilogs, soit 15 kilogs, en moyenne, de sulfate, à peu près.

La transformation de l'urée en ammoniaque se fait sous l'influence de microorganismes parmi lesquels on peut citer l'Urococcus de M. Pasteur et les micrococcus de M. Van Tieghem.

Leur température optima est comprise entre 33 et 40°. Ils recherchent la lumière et préfèrent les milieux neutres ou alcalins. L'acide hippurique, qui est assez abondant dans l'urine du cheval, est également décomposé, en ammoniaque, par des bactéries.

La houille utilisée dans la fabrication du gaz d'éclairage fournit des eaux ammoniacales diluées, dans la proportion de 60 à 70 kilogs. de ces eaux, pour 100 kilogs. de houille.

On peut compter qu'en général une tonne de bonne houille donne 10 kilogs. de sulfate d'ammonium. Dans les hauts-fourneaux il y a également production de gaz parmi lesquels on rencontre de l'ammoniaque.

Ce corps peut être recueilli soit dans des appareils mécaniques, soit dans des appareils chimiques et finalement donne lieu à une production de sulfate d'ammonium, dans la proportion d'environ 10 kil. pour 1.000 de charbon, mélangé au minerai.

La tourbe peut avoir une teneur en azote atteignant 4 % ce qui permet, par distillation, d'obtenir 8 % de sulfate d'ammonium. La question est donc intéressante et méritait d'être signalée comme source d'azote.

Les schistes bitumeux d'Écosse, distillés en présence de vapeur d'eau et d'air, dans des cornues, donnent les proportions suivantes d'ammoniaque :

74 % pendant la distillation
20 % dans les goudrons
5 % dans le coke qui reste

La calcination en vase clos des os fournit aussi de l'ammoniaque pouvant donner lieu à une production ultérieure de 2 à 7 % de sulfate d'ammonium.

La torréfaction des cornes, cuirs et déchets organiques donne également de l'ammoniaque ; il en est de même de la distillation des vinasses de betteraves.

Une vinasse de 1.074 de densité a donné 85 % d'azote ammoniacal et 15 % d'azote sous forme de triméthylamine, après fermentation ammoniacale préalable (M. Pluvinage).

Fabrication du sulfate d'ammonium
$$SO^4 (AzH^4)^2$$
En agriculture : Sulfate d'ammoniaque

L'ammoniaque provenant des diverses sources qui viennent d'être indiquées pourrait être directement combiné à de l'acide sulfurique, mais le sel qui serait ainsi obtenu présenterait trop d'impuretés, de sorte que l'on fait usage d'un autre procédé qui consiste d'abord à recueillir les eaux dans des fosses spéciales, puis de les distiller dans des chaudières, en présence de chaux.

L'ammoniaque qui se dégage est envoyée dans un saturateur qui contient de l'acide sulfurique obtenu à l'aide de pyrites ou de soufre, titrant 42 à 44° Baumé.

Le sulfate d'ammonium se forme et il se dépose lorsque le liquide du saturateur devient assez concentré. On le retire et on le laisse égoutter 24 heures, souvent même on le turbine. Il contient après ces opérations 2 à 3 % d'eau.

Le sulfate se vend en sacs de 100 ^{k} mais il n'est ensaché qu'au moment du départ, car il ronge assez rapidement son enveloppe par suite de l'acide en excès qu'il contient (0,4 % environ).

Sa couleur est grise ou blanche et il doit renfermer 20 % d'azote au minimum et 1,5 à 3 % d'eau.

Le sulfate d'ammoniaque du commerce est vendu en Angleterre avec la garantie de contenir 24 à 25 % d'ammoniaque et en France, 20 à 21 %.

En 1910, la France a consommé 83.000 tonnes de sulfate alors que la Belgique en a utilisé 53.000 tonnes, l'Allemagne 350.000 et l'Angleterre 87.000 (M. Pluvinage).

Crud ammoniac

Le crud ammoniac est un sous-produit que l'on obtient lors de la fabrication du gaz d'éclairage, on l'appelle encore crude d'ammoniaque. On le rencontre dans le barillet dans les condenseurs ou dans les laveurs.

D'après M. Bargerm sa composition serait la suivante:

Eau	10 à 25 %
Ferrocyanure ferrique	5 „ 15
Ammoniaque libre	0 „ 2
Sulfate d'ammonium	0,5 „ 5
Sulfocyanure d'ammonium	0,5 „ 3
Cyanure d'ammonium	0,5 „ 1
Soufre libre	20 „ 45

Chaux, Fer, Goudron, etc...

La France en produit environ 14.000 tonnes par an, dont une partie est utilisée en agriculture.

Engrais potassiques

Carbonate de potassium
$$CO^3 K^2 = 183,30$$
En Agriculture : Carbonate de potasse.

Le carbonate de potassium est un excellent engrais potassique, mais son prix élevé le fait plutôt utiliser dans l'industrie qu'en agriculture.

En Agriculture on le désigne encore sous le nom de carbonate de potasse.

On le retire en macérant certaines plantes, puis en procédant au lessivage des cendres ainsi obtenues. Après concentration, les eaux de lavage sont évaporées et il reste le _salin_ qui, après calcination à l'air, pour détruire les matières organiques, contient 70 % de carbonate.

On prépare également le carbonate en mélangeant de la magnésie à une solution de chlorure de potassium et en faisant subir au tout, l'action d'un courant d'acide carbonique.

En traitant les vinasses et les salins de betteraves par la distillation, on peut également obtenir du carbonate de potassium.

Le lavage, à froid, des laines de mouton (_suint_) peut donner 80 % de carbonate de potassium ; 1.000 K. de laine donnent par le lessivage 75 à 77 % de carbonate pur environ.

Les vinasses de betteraves renferment, d'après M. Troost, les corps suivants :

Carbonate de potassium		32 %
Sulfate " "		4
Chlorure " "		20
Carbonate de sodium		18
Insoluble		26

Chlorure de potassium
$KCl = 74,5$

C'est le chlorure qui sert de point de départ à la fabrication industrielle des sels de potassium utilisés en agriculture.

On le retire :

1°. des mines de Stassfurt et d'Alsace.

2°. en raffinant les cendres des varechs.

3°. en traitant les eaux mères des marais salants ou celles des vinasses de betteraves.

À Stassfurt, la potasse se rencontre en gisements superposés par étages.

L'étage inférieur est formé de sel gemme et d'<u>anhydrite</u>.

Le second étage est formé de sel gemme, de sels de potassium et de magnésium avec des lits de <u>polyhalite</u> (sulfate triple de calcium, de potassium et de magnésium, de formule :

$$2 SO_4 Ca , SO_4 Mg , SO_4 K_2 + 2 H_2O$$

Le troisième étage contient du sel gemme et de la <u>Kiésérite</u> ($SO_4 Mg + H_2O$).

L'étage supérieur est un mélange de sel gemme et de <u>carnalite</u> (chlorure double de potassium et de magnésium de formule : $KCl , Mg Cl_2 + 6 H_2O$).

On y trouve encore, entre autres composés :

- la <u>Sylvine</u> ou chlorure de potassium KCl
- la <u>boracite</u> ou <u>stassfurtite</u> ($2 B_4 O_{15} Mg_3 Mg Cl_2$)
- la <u>tachydrite</u> ($Ca Cl_2 , 2 Mg Cl_2 + 12 H_2O$)
- la <u>kaïnite</u> qui est un sulfate double de potassium et de sodium ; sa formule est : $SO_4 K_2 , SO_4 Mg , Mg Cl_2 + 6 H_2O$

<u>Préparation</u> – On fait dissoudre dans de l'eau le minerai de Stassfurt dans de grandes cuves en fonte chauffées par de la vapeur ; on laisse reposer et on décante. Par refroidissement, le chlorure de potassium se sépare en partie du chlorure de magnésium qui est très soluble, et cristallise.

L'eau mère est chauffée, puis mise en présence de nouveau minerai ; en agissant comme précédemment, on obtient une nouvelle quantité de chlorure de potassium et ainsi de suite. Avec 800 kilogs de sel brut, on peut obtenir 100 kilogs. de chlorure de potassium.

L'alsace contient des gisements de potasse puissants et de grand avenir ; ils sont formés de sylvine (30 à 44 %).

On peut encore produire de la potasse par le raffinage des cendres de varech, dont voici la composition moyenne, d'après M. Troost :

Chlorure de potassium _____ 13, 48 %.
"   "   sodium _____ 16, 02
Sulfate de potassium _____ 10, 20
Iode _____ 0, 60
Brome et sels solubles _____ 2, 70
Matières insolubles _____ 57, 00

Pour ce faire, on soumet les cendres à des lavages méthodiques dans une série de cuves en bois, à double fond. La première dissolution obtenue est évaporée dans de grandes chaudières en tôle, et par concentration ; on sépare le chlorure de sodium qui n'est guère plus soluble à chaud qu'à froid.

On l'enlève, puis on fait refroidir l'eau mère obtenue d'où, par cristallisation, se sépare le chlorure de potassium. On le purifie à l'aide de simples lavages à l'eau froide.

Le traitement des eaux mères des marais salants fournit également du chlorure de potassium qu'on sépare comme précédemment du chlorure de sodium, en se basant sur des différences de solubilité.

Sulfate de potassium
$$SO^4K^2$$
En Agriculture : Sulfate de potasse -

Le sulfate de potassium s'extrait des cendres de varech, des salins de betterave ou des mines de Stassfurt. On le désigne en Agriculture encore sous le nom de sulfate de potasse anhydre sa formule est $SO^4K^2 = 174, 36$.

Le sulfate acide de formule SO^4KH n'est pas utilisé comme engrais.

Le sulfate de potassium se sépare des eaux de lavage des cendres ou des salins, par simple concentration des eaux qui le contiennent. Il se dépose en cristallisant.

Potasse du suint

La moyenne du rendement est de 50 %, mais il peut descendre jusqu'à 30 % avec certaines toisons et atteindre 80 % avec d'autres.

Le suint est formé de savons solubles à base de potasse et de corps gras.

Le traitement se fait mécaniquement et comporte deux phases :

Dans la première, on procède au désuintage autrement dit on enlève les poussières et les corps solubles dans l'eau.

Dans la 2ème, on dégraisse la laine à l'aide de sulfure de carbone.

Les sels potassiques donnent lieu à un commerce important ainsi que l'indique le tableau ci-après :

Consommation des sels de potasse en Europe en l'année 1911

	Chlorure de potassium à 80 %	Sulfate de potassium à 90 %
Allemagne	1.100.168	23.288
Angleterre	106.395	70.190
France	398.600	142.850
Italie	76.204	51.900

La découverte des gisements d'Alsace ne peut qu'accroître les transactions et elle constitue une véritable richesse pour la France.

Engrais phosphatés

L'acide phosphorique existe dans la plupart des roches, surtout dans les roches primitives et éruptives.

Composition moyenne %
des roches en acide phosphorique

Basalte _____________ 0,75
Granite _____________ 0,15
Porphyre _____________ 0,04

Il semble que beaucoup de gisements de phosphates ont pour origine des transports de fluophosphate de calcium appelé encore apatite ($Ph^2 O^{12} Ca^5 Fl$), matière faiblement soluble dans l'eau chargée d'acide carbonique.

L'acide phosphorique anhydre a pour formule $Ph^2 O^5$. Avec l'eau, il forme trois composés. Ce sont :

1° - l'acide métaphosphorique $Ph O^3 H$
2° - l'acide pyrophosphorique $Ph^2 O^7 H^4$
3° - l'acide orthophosphorique $Ph O^4 H^3$

Le premier est un monoacide et donne des métaphosphates.

Le second est un tétraacide et donne des pyrophosphates.

Le troisième est un triacide et fournit trois sels différents.

L'hydrogène se comporte ici comme un acide et d'une façon absolument différente de l'hydrogène de l'eau de cristallisation de ces sels.

Considérons, comme exemple, les combinaisons que l'on peut obtenir entre le potassium et ces divers acides. On aura :

Avec l'acide métaphosphorique un sel seulement qui sera le métaphosphate de potassium ($Ph O^3 K$).

Avec l'acide pyrophosphorique on aura deux sels qui seront :

- le pyrophosphate acide de potassium ($Ph^2 O^7 K^4$)
- le pyrophosphate neutre de potassium ($Ph^2 O^7 H^2 K^2$)

Avec l'acide orthophosphorique, on aura trois espèces de sel :

$$Ph\,O^4K^3$$
$$Ph\,O^4K^2H$$
$$Ph\,O^4KH^2$$

L'acide métaphosphorique se prépare en portant au rouge sombre l'acide orthophosphorique et ce dernier, en traitant un phosphate par l'acide sulfurique. Quant à l'acide pyrophosphorique, il peut être obtenu en décomposant par l'hydrogène sulfuré, l'acide pyrophosphorique.

L'acide orthophosphorique forme 3 sels avec la chaux que l'on appelle :

- le sulfate monocalcique ou orthophosphate monocalcique.
- le phosphate bicalcique ou orthophosphate bicalcique.
- le phosphate tricalcique ou orthophosphate tricalcique. Avec le silicium il donne lieu à une combinaison dont la formule est :

$$Si\,O^2,\ 2\,Ph^2O^5,\ 2\,H^2O$$

Phosphates de calcium
Synonyme : Phosphates de chaux

<u>L'orthophosphate monocalcique</u> a pour formule :
$(Ph\,O^4)^2\,Ca\,H^4,\ H^2O$, son poids moléculaire est 252.

On obtient du phosphate bi ou tricalcique en le traitant par un acide minéral ; il est soluble dans l'eau dans la proportion de 1 pour 200. Cette dissolution se fait en donnant lieu à la décomposition de l'orthophosphate, en phosphate bicalcique hydraté et acide phosphorique libre. L'action est la même avec des solutions alcalines ou salines.

<u>L'orthophosphate bicalcique</u> existe dans certains guanos ; sa formule est $Ph\,O^4\,Ca\,H,\ 2\,H^2O = 172$.

Il se produit quand on traite un phosphate par un acide minéral ou que l'on met en présence les phosphates monos et bicalciques.

Une partie de phosphate bicalcique ne se dissout que dans 6600 parties d'eau ; c'est-à-dire qu'il y est très peu soluble.

Le citrate d'ammoniaque dissout le phosphate bicalcique, soit en le décomposant, soit sous forme de sel double.

L'<u>orthophosphate tricalcique</u> existe abondamment dans la nature presque toujours uni au chlore ou au fluor, comme dans l'<u>apatite</u>.

Sa formule est $Ph^2 O^8 Ca^3$ et son poids moléculaire 310; il existe dans la proportion moyenne de 84 % dans la cendre d'os.

Le phosphate tricalcique est d'une importance extrême en agriculture car il s'emploie seul, comme engrais, ou à l'état de super-phosphate, en grande quantité.

Sa solubilité est des plus faibles, puisqu'il faut de 10.000 à 28.000 parties d'eau, suivant le phosphate, pour en dissoudre 1 partie seulement. En revanche il est un peu plus soluble dans l'eau chargée d'acide carbonique qui en dissout dans la proportion de 1 partie de phosphate pour 2.000 d'eau.

La présence de liquides salins (chlorure et sulfate d'ammonium ou de sodium) facilite la dissolution des phosphates tricalciques dans l'eau.

Les acides minéraux transforment ces phosphates en donnant lieu à du phosphate bicalcique, lorsque le phosphate traité est en excès, et à de l'acide orthophosphorique libre, si c'est l'inverse.

Les phosphates solubles donnent avec l'azotate d'argent un précipité jaune de phosphate d'argent $Ph O^4 Ag^3$.

Les phosphates dissous dans des acides étendus, de même que l'acide phosphorique, sont précipités sous forme de phosphate ammoniaco magnésien $(Ph O^4 Mg Az H^4 + 6 H^2 O)$, dans une liqueur rendue alcaline par un excès d'ammoniaque et contenant un mélange de chlorures de magnésium et d'ammonium.

L'acide phosphorique est précipité, en solution nitrique, par le molybdate d'ammonium:

$$(2o Mo O^3, 2 Ph O^4 (Az H^4)^3 + 12 H^2 O).$$

Ces deux réactions servent de bases à l'analyse des phosphates. A côté des divers phosphates qui viennent d'être signalés, il existe des phosphates de fer et d'aluminium qui, le plus souvent, sont mélangés à eux. Voici les principaux :

- le phosphate ferreux, insoluble dans l'eau.
- le phosphate diferreux, soluble dans les acides étendus.
- le tétraphosphate ferrique, insoluble dans l'eau froide.
- le phosphate de fer ordinaire, décomposable par l'eau froide ou chaude.
- les phosphates acides de fer, décomposables par l'eau à 100°.
- le phosphate basique de fer, soluble dans l'oxalate d'ammonium.
- le phosphate neutre d'aluminium, soluble dans les acides des phosphates basiques et acides d'aluminium.

Gisements et extraction des phosphates naturels

Les phosphates français sont des produits de la période jurassique. Les principaux gisements sont :

à St Thibault (Côte d'Or)
à Cajarc (Lot)
à Limoges (H^te Vienne)
à Périgueux (Dordogne)

ainsi que dans les Ardennes, l'Aube, la Marne, le Nord, le Pas-de-Calais, la Somme, l'Oise, le Vaucluse et les Pyrénées. Plusieurs d'entre eux ne sont plus guère exploités.

Voici quelques chiffres, relativement à leur composition :

	Acide phosphorique	Phosphate tricalcique %
Phosphate des Ardennes	14 à 28	30 à 60
" de la Meuse	16 " 23	35 " 50
" de la Somme	20 " 35	45 " 75
" du Lot	20 " 36	45 " 77
" du Gard	"	84 " 60
Sable phosphaté blanc	"	80 " 85
" " jaune	"	60 " 70
" " rougeâtre	"	50
Nodules	"	41,40

Composition de divers phosphates français
(M. Pluvinage)

Substances	Bellegarde	Quercy	Boulogne	Ardennes	Somme	Meuse
Eau	2,95 %	5,31 %	0,79 %	25,10 %	3,02 %	15 %
Acide phosphorique	27,76	35,33	21,27	21,10	35,70	18,72
" carbonique	7,10	3,42	5,25	"	4,10	"
Chaux	41,88	48,72	35,80	50,89	51,20	31,00
Acide sulfurique		"	0,89	"	0,76	"
Fluor		"	2,08	"	1,92	"
Magnésie	10,56	0,08	0,25	"	"	2,10
Sesquioxyde de fer		2,24	3,63	1,20	1,40	4,30
Alumine		2,78	3,66	"	0,70	"
Insoluble	9,75	2,12	23,56	1,65	1,20	27,98

À côté des gisements français, il faut placer ceux d'Algérie et de Tunisie qui sont de la plus grande puissance. Ce sont des nodules qui les forment ou des phosphates calcaires.

Voici la composition de deux de ces phosphates, parmi lesquels il en est qui peuvent renfermer de 24 à 31 % d'acide phosphorique.

	N° 1	N° 2
Eau et matières organiques	5,30 %	6,60
Acide phosphorique	27,40	30,00
" " soluble dans		
— le citrate	1,90	3,10
Potasse	1,28	0,15
Chaux	48,20	49,00
Magnésie	1,40	0,99
Silice combinée	0,37	0,41
Fer et alumine	1,28	1,11
Acide sulfurique	2,00	2,03
Acide carbonique	9,10	5,60
Sesquioxyde de chrome	traces	traces
Matières insolubles	1,67	1,01

En 1908, la France produisait 500.000 tonnes de phosphates ; l'Algérie 300.000 et la Tunisie 1.270.000.

Le tableau ci-après donne la teneur en phosphate tricalcique des phosphates des principaux États.

Origine	Nom du minerai	Proportion % de phosphate	Proportion % d'azote
1º. France —			
Ardennes	Phosphorites	36,40	"
Bellegarde	Coprolithes	26,60	"
Lot	Phosphorites	80,95	"
Pas-de-Calais	Coprolithes	45,80	"
Vaucluse	Phosphorites	43,42	"
Somme	dº	70,50	"
2º. Allemagne	Coprolithes	35 à 74	"
"	Ostéolithes	53 " 80	"
"	Phosphorites	40 " 64	"
3º. Autriche	Apatite	66,00	"
"	Coprolithes	15,30	"
"	Phosphorites	64,50	"
"	Guano de chauve-souris	8,40	9,15
4º. Angleterre	Coprolithes	32 à 61	"
"	Phosphate minéral	60,40	"
5º. Belgique	Craie phosphatée	47 à 60	"
6º. Canada	Apatite	80 à 87	"
7º. Etats-Unis	Phosphates	45 à 80	"
"	Apatite	79,50	"
8º. Espagne	Phosphoriques	59 à 85	"

Origine	Nom du minerai	Phosphate %	Azote %
9°.- Haïti et Petites Antilles	Phosphate	74,00	"
	Phospho - guano	25 à 70	0,8 à 0,15
	Phosphate - coralien	73,09	0,13
	Phosphate d'alumin.	44 à 80	"
	Phosphate de fer	36 à 38	"
10°.- Italie	Guano de chauve-souris	11	5,8

L'apatite est une roche dure, plus ou moins colorée, mélangée de calcaire, d'oxyde de fer et de silice.

Les sables phosphatés se rapprochent des sables calcaires; ils sont voisins de l'argile à silex.

Les phosphorites sont des concrétions grises ou jaunes, dures quelquefois, assez souvent friables, mélangées à du calcaire et à du sulfate de calcium.

Les nodules et les coprolithes sont souvent mélangés de grès verts.

Les guanos forment des dépôts de phosphates; on les distingue des autres phosphates en ce qu'ils contiennent de l'acide oxalique et de l'azote.

Les phosphates en roche sont ordinairement les plus riches en acide phosphorique.

Leur exploitation se fait à ciel ouvert, jusqu'à 7 mètres de profondeur, à la pelle et à la pioche; on emploie l'excavatrice si le gisement est assez important et que la nature de la roche le permette. Au-delà de cette profondeur, l'extraction a lieu par les moyens ordinaires des exploitations souterraines ou sous-marines, si le gisement est submergé.

Traitement du minerai

Une fois extrait du sol, le minerai subit d'abord une dessication qui se fait soit dans des fours à flamme directe, soit dans des séchoirs à air chaud.

Une fois séchée, la matière est broyée à l'aide d'un des nombreux broyeurs utilisés dans l'industrie à cet effet. Ces machines permettent de broyer de 1 à 5 tonnes à l'heure, suivant le type adopté. Les moulins à meules horizontales, ceux à disques dentés, les moulins à boulets ou à gobilles, etc... peuvent également réduire les phosphates en poudre passant au tamis de $0^{mm},32$.

Il arrive fréquemment que le phosphate est trop dur pour subir l'action immédiate du broyeur ou du moulin ; dans ce cas, il doit au préalable subir l'action d'un concasseur à machoires mobiles.

Pour fixer les idées, on peut dire qu'un de ces concasseurs exige 9 chevaux pour broyer 7 tonnes de minerai à l'heure, et un moulin demande 20 chevaux de force pour réduire en poudre 5 tonnes de phosphate à 120 tours par minute, dans le même temps.

Pour terminer les opérations, on procède au tamisage des phosphates à l'aide du blutoir et du tamis à secousses. Le phosphate le plus fin est celui qui donne, en agriculture, les résultats les plus rapides. Ce sont eux que l'on doit rechercher de préférence comme engrais.

Les toiles qui garnissent les blutoirs ont $0^{mm},175$, $0^{mm},20$, $0^{mm},24$, $0^{mm},28$ ou $0^{mm},32$. Le tamis à secousses (2 à 300 oscillations par minute) est formé le plus souvent par un fond de tôle perforée.

Dans la pratique, on considère que les phosphates algériens doivent passer au tamis 100 dans la proportion d'au moins 75 % de leur poids.

L'apatite des États-Unis, au même tamis, doit passer dans la proportion d'au moins 85 % et les phosphates d'os et les guanos, dans celle de 100 % au tamis 50.

Les divers éléments constituant un phosphate, n'ayant pas la même densité, on a construit des appareils qui, basés sur ce fait séparent ces éléments et donnent par là le moyen d'enrichir les phosphates en enlevant les parties les moins riches en acide phosphorique ou celles qui n'en contiennent pas.

L'enrichissement mécanique se pratique à l'aide de classeurs ou de trieurs.

On a essayé de procéder à l'enrichissement des phosphates par la voie chimique, mais les méthodes indiquées n'ont qu'une valeur scientifique en raison des prix de revient encore trop élevés.

Les phosphates bruts se classent au point de vue commercial en six catégories, qui sont les suivantes :

Phosphates titrant de 75 à 80 % de phosphate pur
"   "   " 70 " 75 " "   "   "   "
"   "   " 65 " 70 " "   "   "   "
"   "   " 60 " 65 " "   "   "   "
"   "   " 55 " 60 " "   "   "   "
"   "   " 50 " 55 " "   "   "   "

Le taux en phosphate, et dans les limites indiquées dans le tableau précédent, doit toujours figurer dans le contrat de vente. Pour l'humidité on accorde une tolérance de 3 à 5 %.

Quand on passe un marché pour des phosphates destinés à la fabrication des superphosphates, on doit stipuler qu'ils devront passer au tamis 60, dans la proportion de 95 à 98 %.

Superphosphates

Le superphosphate est le nom donné à un phosphate tricalcique quand il a été traité par un acide minéral. Dans l'industrie on emploie seulement l'acide sulfurique en raison du prix trop élevé de l'acide nitrique et des propriétés hygrométriques, nuisibles en agriculture, du chlorure de calcium que l'on obtiendrait si on utilisait l'acide chlorhydrique.

Pour mieux se rendre compte des réactions complexes de ce traitement, il faut étudier successivement l'action de l'acide sulfurique sur les divers composés qui peuvent se rencontrer dans un phosphate. Supposons donc que nous ayons à traiter un phosphate contenant les éléments ci-après :

1°. - Substances organiques.

2° - Phosphate tricalcique de calcium.

3° - Phosphate de magnésium.

4° - Carbonate de calcium.

5° - Silicates divers.

6° - Oxydes de fer — et d'aluminium.

7° - Des fluorures.

L'acide sulfurique calcine les matières organiques, quelles que soient leur origine, sans détruire l'azote, de sorte que les superphosphates fabriqués avec des os non dégraissés, ni dégélatinisés renferment une proportion intéressante de cet élément.

Dilué d'une certaine quantité d'eau, l'acide sulfurique transforme le phosphate tricalcique en phosphate monocalcique, selon la formule :

$$(PhO^4)^2 Ca^2 + 2 So^4 H^2 + 5 H^2O = (PhO^4)^2 Ca H^4, H^2O + 2 SO^4 Ca, 2 H^2O$$

phosphate   acide   Eau   Phosphate   Sulfate de
tricalcique   sulfurique   monocalcique.   calcium

Il faut 160 parties d'acide sulfurique (SO^3) et 126 parties d'eau pour traiter — 310 parties de phosphate tricalcique, par ce procédé.

Si le traitement a lieu avec une quantité insuffisante d'acide on a du phosphate bicalcique et si c'est l'inverse, on obtient de l'acide phosphorique. Pour bien réussir le superphosphate, il faut donc au préalable faire l'analyse complète du phosphate à traiter — et d'après le degré de l'acide, on calcule les doses à employer — de ce dernier —, dans la fabrication.

L'acide sulfurique attaque les carbonates de calcium et de magnésium pour former — les sulfates correspondants avec dégagement gazeux d'acide carbonique qui facilite la réaction de la formation — du superphosphate. La présence de ces corps est donc utile, à la condition qu'elle ne dépasse pas 50 %, et lorsqu'ils font défaut, on peut y remédier — en ajoutant de la craie phosphatée à la masse.

La silice se trouve dans les phosphates à l'état de silicate de calcium ou d'aluminium. L'acide sulfurique et l'eau les attaquent en donnant lieu à une production — d'acide silicique qui s'unit souvent au fluor, si le phosphate traité en contient —.

Les oxydes et les phosphates de fer sont irrégulièrement attaqués par l'acide sulfurique ; cela dépend de la composition du phosphate traité et du degré de concentration de l'acide. L'inconvénient des composés ferrugineux est de réagir sur le phosphate monocalcique et de l'insolubiliser. —

On peut tolérer sans inconvénient 2 % de fer dans le phosphate à transformer ; mais la dose ne doit pas dépasser 3 %.

Les sels d'alumine agissent différemment suivant la nature de l'acide qui les forme ; ainsi le phosphate d'alumine n'exerce pas d'action nuisible, mais au contraire les sulfates et les silicates d'alumine peuvent être la source d'une <u>rétrogradation</u>, autrement dit, de l'insolubilisation de l'acide phosphorique des superphosphates et de le ramener à l'état où était auparavant, dans le phosphate naturel, avant son traitement.

Les autres substances (chrome, manganèse, etc...) vu la faible proportion dans laquelle ils se trouvent dans les phosphates naturels, sont sans action sensible dans le traitement par l'acide sulfurique.

Fabrication du superphosphate

Le phosphate à traiter ayant été broyé et réduit en poudre fine, la masse ainsi obtenue est placée en tas où des godets BB, appliqués sur une chaîne sans fin (fig. 53) mise en mouvement par un tambour A tournant autour d'un axe horizontal, viennent la puiser.

Sur ce même tambour et derrière la première chaîne s'en trouve une seconde dont les godets b, b, plus petits, transportent une quantité d'acide sulfurique calculée d'après le poids de phosphate entraîné par les godets BB.

Les godets des deux catégories se vident de leur contenu dans le manchon C qui conduit le phosphate et l'acide versés, dans un cylindre clos D où des palettes E les mélangent en poussant peu à peu la matière vers un tube F qui a son tour l'amène dans une grande chambrée G dont les dimensions ont été calculées de manière

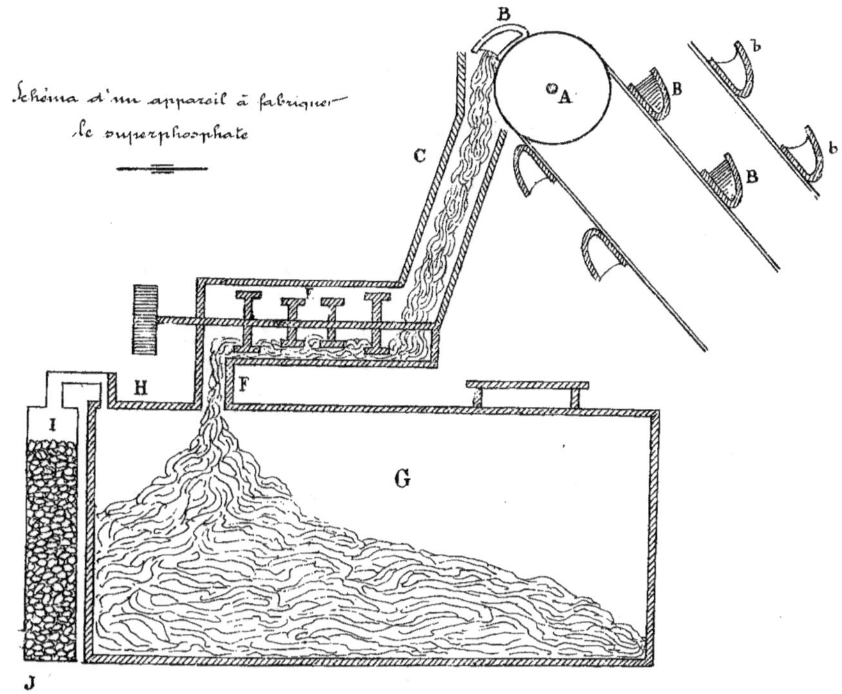

Fig, 53

à recevoir le travail d'une journée.

C'est dans cette chambre que s'achève les réactions qui conduisent à la formation du superphosphate.

Comme il se forme, pendant l'opération, des vapeurs d'acides carbonique, chlorhydrique et même quelquefois fluorhydrique, un aspirateur J, force ces vapeurs, par son action, à travers une colonne de coke mouillé, I.

Quand on a employé des quantités convenables d'acide sulfurique, le superphosphate formé contient de l'acide phosphorique sous forme monocalcique soluble dans l'eau.

Cet état de solubilité dure assez longtemps, si le phosphate ne contenait pas de sels de fer et d'aluminium.

Peu à peu cependant, il se reforme lentement du phosphate bicalcique $(PhO^4)^2 Ca^2 H^2$ insoluble dans l'eau (rétrogradation) par l'action du phosphate acide sur le carbonate de calcium et les sels de fer et d'aluminium.

Phosphate précipité

Le _phosphate précipité_ est le produit obtenu en traitant par un lait de chaux bien criblé, l'acide phosphorique dilué qui se forme quand on traite un phosphate par l'acide sulfurique.

On arrête l'opération avant neutralisation complète de manière à obtenir un produit bibasique qui, peu à peu, se dépose. On le sépare du liquide par l'action d'un filtre presse et on le dessèche modérément. La réaction est la suivante :

$$2\,PhO^4H^2 + (PhO^4)^2 CaH'' + 3\,CaO = 4\,PhO^4CaH + 3H^2O$$

Superphosphate d'os

On dégraisse d'abord les os et on les concasse. Ces opérations achevées, on les broie de manière à en faire une poudre qui puisse passer au tamis 50. On traite ensuite, comme pour les superphosphates, par l'acide sulfurique.

Si on n'a pas détruit au préalable la matière organique, on obtient un _superphosphate d'os vert_ qui peut contenir 2 à 4 % d'azote et 10 à 12 % d'acide phosphorique.

Superphosphates divers

On connait encore comme phosphates utilisables en agriculture :

1º. — _Le phosphate amoniaco-magnésien_, que l'on peut obtenir en faisant agir sur une solution ammoniacale, le phosphate de maguésie. Il contient 10 % d'azote et 50 % d'acide phosphorique

2º. Le phosphate d'ammonium ($PhO^4 AzH^2$), obtenu en traitant les eaux ammoniacales par l'acide phosphorique. Il contient 10 % d'azote et 25 % d'acide phosphorique.

3º. Le phosphate de potassium qui résulte de la saturation de l'acide phosphorique par la potasse. Ce produit renferme 25 % d'acide phosphorique et 25 % de potasse.

Noir animal

Le noir animal est le résidu de la calcination, en vase clos, des os verts. C'est un décolorant énergique qui peut être revivifié de 20 à 25 fois. À la fin il garde la composition suivante :

Phosphate de chaux — 65 à 75 %
Carbonate de chaux — 15 à 25
Azote et humidité — 5 à 10

On le pulvérise en poudre fine et on l'emploie en agriculture tel quel, ou transformé en superphosphate.

Scories de Déphosphoration

Cet engrais devenu peu à peu si important est le produit de la déphosphoration de la fonte destinée à la fabrication de l'acier par les procédés Bessemer, Martin, etc...

On y parvient en ajoutant à la fonte un excès de chaux et de magnésie ce qui a pour résultat d'amener tout son phosphore, ou à peu près, dans la scorie.

L'acide phosphorique se ramasse dans les scories à l'état de phosphate tétracalcique, rapidement soluble dans le citrate d'ammonium acide à 15 % d'acide citrique libre, mais moins soluble, et plus lentement, dans le citrate d'ammonium alcalin.

Ce tétraphosphate se présente dans les géodes des scories à l'état cristallin.

Analyse d'une scorie (Otto)

Acide phosphorique ——————— 19,02
Chaux ——————————— 49,90
Magnésie ———————————— 3,40
Oxyde de manganèse ————— 5,24
Alumine ———————————— 1,10
Protoxyde de fer ——————— 8,06
Peroxyde de fer ———————— 5,14
Silice ——————————————— 8,20
Soufre ——————————————— 0,60

$\overline{\qquad\qquad}$ 100,66

Composition centésimale (Otto)

Phosphate tétracalcique ————— 49,02
Silicate de calcium —————————— 15,85
Chaux libre ——————————— 11,00
Sulfure de calcium —————————— 1,35
Oxyde de manganèse ————— 5,24
Protoxyde de fer ——————— 8,06
Sesquioxyde de fer ——————— 5,14
Magnésie ———————————— 3,40
Alumine ———————————— 1,10

$\overline{\qquad\qquad}$ 100,16

La teneur des scories en acide phosphorique peut varier de 8 à 24 % et même davantage. Elles doivent donc s'acheter au degré d'acide phosphorique avec minimum garanti. On accorde une tolérance de ½ % au-dessus ou au-dessous de ce minimum.

Pour être de bonne qualité les scories doivent présenter une grande finesse de mouture et l'acheteur doit exiger que 75 à 80 % de la poudre passent au tamis 100, à l'écartement de 0 mm 17.

Les scories sont achetées avec la garantie que 75 % de la matière sera soluble dans le réactif de Wagner (Citrate acide à 15 %).

Les scories titrent le plus ordinairement, dans le commerce, de 14 à 16 % d'acide phosphorique. Carnot a trouvé dans les scories, du tétraphosphate de calcium $Ph^2O^5 SiO^2. 3CaO$ et des cristaux de ferrite et d'aluminate de calcium.

Phosphate Palmaer

C'est un _biphosphate de calcium_ obtenu par le procédé Palmaer qui consiste à électrolyser une solution de perchlorate de sodium.

L'acide hyperchlorique va à l'anode et l'hydrate de sodium à la cathode. On fait réagir l'acide ainsi obtenu sur le phosphate brut, puis on ajoute l'hydrate de la cathode, jusqu'à ce que le mélange présente une faible acidité.

Dans ces conditions, il se précipite du biphosphate de calcium qui peut renfermer de 36 à 38 % d'acide phosphorique dont 95 % est soluble dans le citrate.

Cet engrais est avantageux parce qu'il permet l'utilisation des phosphates pauvres ; son transport ne s'élève qu'à la moitié environ du prix de celui des superphosphates ; il donne de 34 à 36 % d'acide phosphorique soluble dans le citrate, qui ne subit pas de rétrogradation.

En tas, il ne forme pas masse, de plus il n'attaque pas les sacs.

Analyse complète d'un engrais Palmaer
(Söderbaum)

Perte au feu	25, 31 %
Insoluble dans les acides	0, 89
Silice	0, 59
Acide sulfurique	0, 70
Acide phosphorique	39, 02
Oxyde de fer	1, 92

Chaux	30, 52
Magnésie	0, 70
Perte (alcalis)	0, 35
	100, 00

Superphosphates Schlœsing

La découverte de M. Schlœsing présente deux phases : dans la première il prépare industriellement l'acide chlorhydrique à l'aide du chlorure de magnésium par l'action sur ce sel, de la vapeur d'eau et de la chaleur.

Le chlorure provient, dans ce procédé; des eaux mères des marais salants et est destiné surtout à la Tunisie où abondent les phosphates qu'il serait avantageux de transformer sur place.

Dans la seconde phase, on obtient un phosphate précipité à l'aide de cet acide chlorhydrique et pour éviter l'action nuisible en agriculture du chlorure de calcium qui s'y forme, lequel est très hygrométrique, on remplace la chaux par la magnésie.

Pour cela on utilise le sulfate de magnésie des eaux mères. À la fin de l'opération, il reste du chlorure de magnésium qui permet de récupérer l'acide chlorhydrique.

Il faut attendre l'application en grand de cette découverte pour se rendre réellement compte de sa valeur pratique.

Engrais organiques

Engrais animaux. Sang et viande.

Un animal (cheval, bœuf, mouton) de venue moyenne renferme ; pour cent :

Chair ———————— 40 à 48 %
Os ———————— 12 " 15 "
Sang ———————— 5 " 6 "
Viscères vides ———————— 15 " 20 "
Peau ———————— 5 " 6 "
Graisse ———————— 4 " 5 "
Matières fécales ———————— 7 " 8 "

Le meilleur moyen d'employer ces déchets qui, enfouis à l'état naturel ordinairement à 0^m25, attirent les chiens et occasionnent de mauvaises odeurs, c'est de les réduire en poudrette, selon le procédé indiqué par M. Rohart.

On établit une première couche de tourbe, sciure, cendres, etc... de 0^m30 d'épaisseur ; on y étale une couche de déchets d'animaux que l'on recouvre d'une autre couche semblable à la première et à laquelle on ajoute du plâtre mélangé de sulfate de fer, dans la proportion de 3 à 4 % du poids de la viande traitée. Au bout de 5 mois la poudrette est obtenue, prête à servir.

Quand il s'agit d'animaux morts de maladies contagieuses (charbon, morve, etc...), il vaut mieux les enfouir profondément et les recouvrir de chaux ou de les faire longuement bouillir au préalable.

Le sang renferme 2,75 à 3 % d'azote ; on le vend dans les abattoirs, à l'hectolitre. On l'emploie à l'état liquide ou mieux en arrosement des fumiers, mais dans ce cas on ajoute du plâtre pour éviter les pertes d'ammoniaque.

On peut également utiliser le sang après dessication, soit par évaporation dans des sécheurs, soit dans l'autoclave à 115° sous pression de 1 atm. ½, pendant 2 heures. Le caillé soumis à une pression de 3 atmosphères, donne un tourteau noir contenant 50 % d'eau.

On peut aussi coaguler le sang à l'aide de 3 % de son poids de chaux. Le précipité obtenu s'emploie directement comme engrais ; ou bien on le traite par 3 à 7 % de sulfate de péroxyde de fer, ou mieux par un mélange de sulfate de protoxyde de fer, de nitrate de sodium et d'acide sulfurique.

Dans ce dernier cas, le sang égoutté pendant 24 heures

sera vérifié et son excès d'acide neutralisé par de la chaux, avant son emploi.

On vend dans le commerce de la poudre de viande qui provient du traitement des déchets des abattoirs ; c'est le plus souvent un mélange de poudre de viande et de poudre d'os qui contient de 6 à 7 % d'azote et 11 à 17 % d'acide phosphorique.

On obtient la poudre de viande par cuisson, séchage et pulvérisation dans des appareils spéciaux. Lorsque la poudre a subi la torréfaction à la vapeur, elle peut renfermer jusqu'à 5 % d'azote et 8 % d'eau.

Corne torréfiée - Azotine

Les résidus des cornes employées dans les tabletterie sont d'assimilation lente ; aussi est-il nécessaire de les torréfier à la vapeur ou à feu nu, avant de les employer. Ainsi traités, les déchets divers, laines, onglons, cornes, etc... donnent une azotine renfermant de 8 à 12 % d'azote.

Cuir desséché et moulu

Les résidus de tannerie sont souvent utilisés en vue de la fabrication des engrais ; ils contiennent de 4 à 11 % d'azote. Le cuir grillé renferme de 5 à 8 % d'azote, lentement assimilable. On fait cuire également le cuir pour le rendre plus rapidement actif (ce qui n'est guère économique), ou on le traite à l'acide sulfurique et à la vapeur d'eau. Dans ce dernier procédé, on additionne ensuite la masse d'eau salée et de phosphate de chaux en poudre fine.

Chiffons de laine

Ils renferment de 15 à 18 % d'azote, mais ils sont

rarement vendus purs et les mélanges font abaisser souvent ce taux, dans le commerce, entre 3 et 7 %.

On distingue parmi eux : les tontisses qui proviennent de la tonte des draps ; les poussières de laine qui sont le produit du battage et les chiffons qui sont le résidu des triages.

On vend sous le nom de suints de laine un mélange contenant de 2,5 à 3 % d'azote, composé de tontines, de poussières et de chiffons.

Engrais de poisson

Bon engrais actif, s'il provient de chair de poisson déshuilée et réduite en poudre par la cuisson et la dessication. Si on veut employer le poisson en nature, il faut, au préalable, le mettre en contact pendant quelques semaines avec de la chaux vive (1 hectolitre de chaux pour 3 de poisson).

Saumures

D'après M. Marchand, le liquide rougeâtre appelé saumure utilisé dans la conservation des poissons titrant, 20° à 25°, contient, pour 318 gr. de matière séchée :

225 gr. de sel — soit 7,08 %.
5 à 6 d'azote — soit 0,01 à 0,02
3 à 4 d'acide phosphorique — soit 0,01

On ne doit l'employer, vu sa dose de sel, que par quantité limitée de 15 hectolitres à l'hectare et dans des terres riches en calcaire.

Marcs de colle

Leur composition est variable suivant qu'ils proviennent

des fabriques d'huile de pied de bœuf, de colle de peau ou de gélatine. Les résidus de colle d'os, traités par l'acide chlorhydrique sont
assez riches en phosphates.

Déjections animales
Vidanges, poudrette, résidus d'égout

La composition chimique des déjections liquides (urines)
et des déjections solides (excréments) a été étudiée par des savants
tels que M. M. Boussaingault, Barral, Valentin, Liebig, etc...
Voici d'après M. Boussaingault la composition moyenne de ces diverses substances :

A. Urine.

	Homme	Cheval	Vache	Mouton	Porc
Eau	93,33 %	87,60 %	90,30 %	88,50 %	97,92 %
Matière sèche	6,67	12,39	9,69	0,50	22,08
Azote	1,43	2,00	0,70	1,30	0,25
Acide phosphorique	0,27	0,00	0,00	0,01	0,05
Potasse et soude	0,40	1,20	1,20	1,40	0,60
Chaux et Magnésie	1,10	1,40	0,80	1,00	0,05
Matières diverses	0,35	1,30	1,60	1,80	0,20

B. Excréments.

	Homme	Cheval	Vache	Mouton	Porc
Eau	75,00	75,30	85,50	57,60	84,00
Matière sèche	24,30	24,07	14,50	12,40	16,00
Azote	0,40	0,55	0,33	0,72	0,70
Acide phosphorique	0,20	0,31	0,10	0,64	0,58
Potasse et soude	1,50	1,80	0,36	1,00	0,20
Chaux et Magnésie	0,70	0,60	0,46	0,20	0,10
Silice, etc...	2,00	1,60	0,70	0,20	0,30

De ces chiffres on peut conclure que chez l'homme, les
urines sont plus riches en phosphates que les excréments et que

c'est l'inverse pour l'azote. Cependant il y a lieu de tenir compte que chez lui, les urines sont de 6 à 7 fois plus abondantes que les excréments. Le cheval a des urines sans phosphate qui ne se rencontre que dans ses excréments ; en revanche, elles sont plus riches en azote que ces derniers.

Chez la vache et le mouton, on peut faire des constatations analogues. Au point de vue de leur valeur générale, on peut dire que les crottes de mouton sont plus riches que le crottin de cheval et que ce dernier l'est davantage que la bouse de vache. Entre les crottes de mouton et le crottin de cheval, on peut placer la fiente de porc.

D'après le Dr Way, 100 kilos des aliments d'une vache seraient transformés de la manière suivante :

lait	39, 71
fumier	48, 12
exhalaison	12, 17
	100, 00

On peut admettre qu'un animal ne produit en azote, par son fumier que la moitié à peu près du poids de fourrage qu'il absorbe.

Dans les centres où les règlements municipaux ne sont pas rigoureux, on recueille la vidange dans des fosses mobiles ou dans des tinettes. Au contraire, il est des villes où le tout à l'égout fonctionne d'une manière permanente et dans d'autres où les matières excrémentielles sont reçues dans des fosses étanches.

On utilise à la campagne ces matières, telles quelles ou mélangées de paille, mais dans les centres plus importants on transforme la partie liquide de la vidange en sels ammoniacaux et la partie solide, en poudrette.

L'épandage de la manière complète se fait à l'aide de tonneaux ou de caisses portant à leur base un robinet avec cône (système Moll) qui oblige l'engrais liquide à s'écouler en forme de gerbe.

Quelquefois, avant son épandage, on la garde jusqu'au moment opportun, dans des fosses pouvant atteindre 200 m³ étanches, placées au milieu des champs, où l'engrais liquide subit une fermentation favorable à son utilisation agricole. Ces fosses sont dites "flamandes".

En Angleterre, on emploie, dans les fermes importantes, pour l'épandage de la vidange, des canalisations souterraines en grès ou en fonte portant de distance en distance des tuyaux d'arrosement.

La force mise en jeu pour mettre l'engrais en mouvement dans ce procédé, est le refoulement ou la simple action de la pesanteur, quand le terrain est en pente.

La quantité à employer varie avec la culture : 60 mc pour le colza, 30 pour le tabac, 12 pour le froment et l'avoine. On mêle souvent aux vidanges 3/4 de leur poids d'eau, avant de les employer.

Poudrette

Les poudrettes s'obtiennent par plusieurs procédés : l'un des plus employés est le suivant :

La vidange est amenée dans les dépotoirs ou tout venant; elle contient alors de 85 à 95 % de liquide. Abandonnée à elle-même, elle se sépare en deux parties, l'une liquide qui constitue l'eau vanne et la seconde, solide qui se dépose sous forme de boue noire.

Dans l'eau vanne, il se produit par fermentation, du carbonate, du sulfate, du sulfhydrate et du chlorure d'ammonium, ainsi qu'un peu de phosphate ammoniaco-magnésien.

La fermentation dure 3 ou 4 semaines et au bout de ce temps on peut envoyer l'eau vanne dans les colonnes à distiller pour retirer l'ammoniaque. La partie solide donne, après dessication, de la poudrette.

Dans le procédé Kuentz, on additionne au dépôt épais, du chlorure d'aluminium, du chlorure de fer et du phosphate acide de calcium qui désinfecte la matière et l'enrichit.

On la soumet ensuite à l'action du filtre presse et finalement on obtient des tourteaux; dont voici la composition :

Azote _______________ 3 à 3,5 %
Acide phosphorique
assimilable __________ 10 à 12 %

Voici les principaux moyens utilisés pour la désinfection des vidanges ou pour l'absorption des parties volatiles :

Matières absorbantes
{
1º.- Résidu des places à charbon (frais) 3 litres par hectolitre de matières fécales.
2º.- Goudron, déchets d'huile tannée, terre végétale, plâtre.
}

Désinfectants
{
3º.- Sulfate de fer, dose : 20 à 30 Kgs par mètre cube.
4º.- Sulfate de zinc, dose : 15 à 20 litres à 28° un pièce sel par mètre cube.
5º.- Chlorure de chaux à 0°12
6º.- Poudre Sirel : plâtre 53, sulfate de fer 40, sulfate de zinc 5, charbon en poudre 5.
}

Eaux d'égouts

La question d'épandage des eaux ayant été traitée dans un chapitre spécial, il ne nous reste qu'à faire connaître le mode d'emploi des matières solides qui se déposent dans cette opération, les parties liquides s'écoulant à la rivière, après traitement sur les lits oxydants.

Ces matières sont le plus généralement mêlées à des matières absorbantes de toutes sortes : cendres, poussier, terreau, etc. et c'est sous cette forme que l'agriculture les utilise.

Boues, gadoues, tourteaux

Les boues ou gadoues des villes sont un mélange du produit du nettoyage des chaussées et des déchets de la vie quotidienne, légumes, fruits, poissons, viandes, gibier, papiers, etc...)

Les détritus inutilisables en agriculture, séparés des gadoues constituent un combustible valant presque le bois et, au point de vue calorifique, le 1/3 environ d'une bonne houille.

La teneur moyenne d'une gadoue est la suivante :

Azote _____________ 0,6 à 1,00 %

Acide phosphorique — 0,5 à 0,80 %

Potasse _____________ 0,4 à 0, 60 %
Chaux _____________ 4,0 à 5,00
Matières organiques — 25,0 à 40,00

Le traitement des gadoues donne lieu à toute une industrie et dans des usines spéciales on procède d'abord à leur tirage, à leur broyage et tamisage, puis à leur ensachement sous forme de poudre.

Tourteaux

Ce sont les résidus du traitement des graines en fruits d'où l'on extrait l'huile et que l'on présente dans le commerce sous l'aspect de gâteaux, aux formes géométriques diverses roguées aux angles, pesant de 1 à 3 Kgs. On les obtient par coction, par pression ou par dissolution.

Quelques-uns de ces tourteaux sont utilisés pour l'alimentation du bétail et les autres comme engrais, dans les terres calcaires. Ils produisent peu d'effets, employés seuls, sur les terres argileuses ou humides.

Les tourteaux qui doivent être mis par temps humide sur les terres, conviennent au blé, au lin, au pavot, au colza, à la betterave, etc ...

Avant l'épandage qui se fait à la volée, il doit avoir été réduit en poudre dans des meules par exemple. Dans le Nord, on le mêle aux urines et aux purins.

La composition des tourteaux est donnée u tableau général des engrais.

Guanos

On désigne sous le nom de guanos, des engrais provenant de l'accumulation des excréments d'oiseaux, de déchets de mammifères ou de poissons. La composition des guanos varie selon leur origine.

Voici trois analyses complètes et récentes dues à Allachès, Bartel et Voelker.

	Guano fauve foncée	Guano de Liverpool	Guano de Lima
Urates d'ammoniaque	12, 20 %	3, 44 %	1, 0 %
Oxalate — d°	17, 73	13, 35	10, 6
d° de chaux	1, 70	16, 36	7, 0
Phosphate d'ammonique	6, 90	6, 25	2, 6
d° double d'amm. et de magnésie	11, 63	4, 19	5, 5
Sulfate de potasse	4, 00	4, 22	3, 8
d° soude	4, 92	1, 11	"
Chlorure de sodium	0, 40	0, 10	4, 2
d° d'ammonium	2, 25	6, 50	"
Humate — d°	1, 06	"	"
Phosphate de soude	"	5, 29	"
Carbonate de chaux	1, 65	0, 60	"
Cires	0, 75	5, 90	"
Sable et argile	1, 68	"	"
Eau	4, 31	22, 71	32, 30
Matière organique	8, 26	"	"
Phosphate de calcium	20, 16	9, 94	14, 30
Carbonate d'ammonium	0, 80	"	"

Le guano est l'objet de nombreuses fraudes que l'on décèle par l'analyse. Ses cendres quand elles sont brunes ou rougeâtres indiquent l'addition de phosphates plus ou moins ferrugineux.

Les conglomérats du vrai guano donnent un résidu très faible au lavage à l'eau, tandis que dans les fausses concrétions, il y a un fort dépôt ocreux. Un vrai guano doit contenir au moins $\frac{1}{100}$ d'acide oxalique.

Dosage de l'acide oxalique

On broie longuement dans un peu d'eau distillée, 10 gr de guano de façon à avoir un volume de 50 cm³ environ. On verse le tout dans un ballon où on ajoute 10 gr d'acide sulfurique pur. On filtre, lave à l'eau distillée de manière à recueillir en tout 150 cc et on verse de l'eau bromée jusqu'à persistance de l'odeur, puis un peu de chlorure de calcium qui donne un précipité de phosphate et d'oxalate de calcium.

Quelques heures après, on ajoute de l'acide acétique qui dissout le phosphate et on filtre. Le précipité après lavage est redissous à l'aide d'acide sulfurique au $\frac{1}{10}$. On complète le volume à 50 cmc, ce qui correspond à 10 gr de guano.

C'est dans cette solution que l'on titre l'acide oxalique par la liqueur de permanganate dont 1 cm correspond à 0 gr 0063 d'acide oxalique, à 0,0071 d'oxalate d'ammoniaque ou à 0 gr 0082 d'oxalate de chaux.

On emploie le guano, soit pur, soit mélangé à de la terre sèche, de la poudre d'os, du plâtre, des cendres ; son épandage se fait à la volée ou au semoir, mais toujours de manière à être placé au-dessous de la graine dont il pourrait détruire la faculté germinative.

Pour la betterave, on l'enfouit à 15 cent. de profondeur. Le guano craint l'humidité et avant de l'appliquer, il faut le réduire en poudre. Quelquefois, on l'utilise en arrosement délayé dans 200 fois son poids d'eau.

Fumier

Le fumier est un mélange de déjections animales et de matières absorbantes, comme la paille, les feuilles, la tourbe et, en général, de tout ce qui peut être utilisé comme litière.

La qualité d'une litière dépend surtout de ses facultés d'absorption ; le tableau suivant donnera à cet égard une idée du pouvoir absorbant de quelques substances, et permettra de faire un choix judicieux, le cas échéant, parmi elles.

Absorption d'eau par 100 Kgs de matière (Lefour)

Paille de sarrazin, féverole	250	à 300 kg d'eau
Fétces, roseaux	260	" 280
Pailles d'orge, d'avoine	260	" 280
Paille de froment	200	" 250
Paille de seigle	200	" 220
Tiges de colza	200	
Tiges de topinambours	160	" 200
Feuilles mortes	160	" 200
Tourbe	150	" 200
Genêts et bruyères	100	" 150
Cendres	70	" 90
Terres argileuses	50	" 60
Marne	30	" 50
Sable	25	" 30
Tourbe	500	" 700
Sciure de bois	425	

La faculté d'absorption d'une litière est un des principaux éléments de la constitution d'un fumier, car si la litière retient bien les déjections animales, les pertes en éléments fertilisants n'en seront que plus réduites.

Sous ce rapport, la tourbe peut être placée en tête des meilleures litières, cependant il y a lieu de considérer qu'elle ne se décompose qu'assez lentement dans le sol, moins vite en tout cas que la paille de blé qui, outre de sa porosité, donne une litière souple et flexible.

Il en est de même des pailles de céréales, en général. Les tiges de colza, d'œillette, de topinambours, les genêts, les fougères les bruyères, le buis, etc… ont besoin, avant usage, d'être un peu écrasées ou piétinées.

Quant à la tannée et à la sciure de bois, il est nécessaire de les laisser fermenter avant de les utiliser.

Le pouvoir absorbant d'une litière n'est pas le seul

élément à envisager et quand on a le choix des matières, il est recommandable de n'employer que des mélanges judicieux ou de choisir celles qui sont le plus riche en éléments fertilisants.

Cette façon de procéder suppose évidemment que les matières disponibles sont en quantités suffisantes ; dans le cas contraire, la première chose à considérer sera leur faculté absorbante qui, si elle est élevée permettra de réduire le poids de la litière à employer.

Composition des matières utilisées comme litières

Nom de la matière	Matières salines %	Acide phosphor. %	Potasse %	Azote %
Bruyère	3, 61	0, 18	0, 48	1, 00
Genêt à balai	1, 89	0, 16	0, 69	"
Fougère	5, 80	0, 57	2, 52	"
Prêle	20, 44	0, 44	2, 70	"
Varech	11, 80	0, 37	1, 71	"
Feuilles de hêtre	5, 74	0, 24	0, 30	0, 80
" " chêne	4, 17	0, 34	0, 15	0, 80
Aiguilles de pin	1, 18	0, 19	0, 82	0, 50
Roseau	3, 85	0, 08	0, 33	"
Carex	6, 95	0, 47	3, 31	"
Jonc	4, 56	0, 29	1, 67	"
Scirpe	7, 44	0, 48	0, 72	"
Feuilles de peuplier	9, 30	"	"	0, 53
" " poirier	"	"	"	1, 36
" " buis	"	"	"	1, 17
" d'acacia	x	"	x	0, 72
Gazon des prairies	"	"	"	0, 53
Sciure de chêne sèche	"	0, 04	"	0, 54
" " sapin "	"	0, 03	"	0, 16
Tannée	6, 48	"	"	0, 60
Fanes de colza	3, 87	0, 30	"	0, 75
" " vesces	5, 10	0, 28	"	0, 10
" " sarrazin	3, 20	0, 28	"	0, 48

Nom de la matière	Matières salines %	Acide phosphor. %	Potasse %	Azote %
Fanes de fèves	3, 12	0, 22	"	0, 20
" " lentilles	3, 89	0, 48	"	1, 01
" " pois	4, 97	0, 40	"	1, 79
" " haricots	"	"	"	0, 10
" " pommes de terre	1, 73	"	"	0, 55
" " topinambours	2, 76	"	"	0, 37
" d'œillette	"	"	"	0, 95

Quand les pailles sont rares et chères, on peut avoir recours à la terre préalablement bien séchée au soleil et conservée en lieu sec ; à ce point de vue les terres argileuses sont les plus absorbantes.

Quand aux marnes, il y a lieu de ne les utiliser que le moins possible, car elles favorisent trop le dégagement de l'ammoniaque dans le fumier.

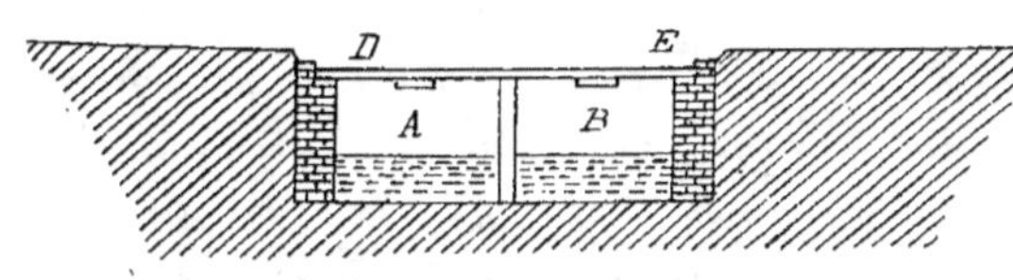

Fig. 54

Lorsqu'on a recours aux terres comme litière et même lorsqu'on emploie d'autres matières, il est avantageux d'avoir sous les pieds des animaux un plancher à claire-voie DE (fig. 54) soutenu en son milieu par une colonne C et placé au-dessous d'une fosse de 0m50 de profondeur, où les déjections animales tombent sur les matières absorbantes formant litière que l'on y jette après usage.

C'est dans les déjections liquides qu'on trouve la majeure partie de l'azote et de la potasse. L'acide phosphorique est surtout rejeté dans les déjections solides. Quand à la chaux et à la magnésie, elles se rencontrent en plus grande quantité dans les solides que dans les liquides. Aussitôt après l'émission des excréments, le fumier entre en fermentation ; il se forme de l'ammoniaque et la réaction est d'autant plus marquée que la température de l'étable est élevée.

Une grande quantité de microbes jouissent de la propriété de donner lieu à la fermentation ammoniacale et on trouve parmi eux des sarcines, des urobacillus, des coccus, des urosarcines
et même des moisissures.

Parmi les coccus on remarque surtout l'action de l'U-
rococcus de Pasteur, du micrococcus de Van Tieghem, et parmi
les urobacillus, celle des urobacilles de Pasteur et de Duclaux.

Pendant la fermentation l'urée contenue dans l'urine
est transformée selon la formule :

$$CO \begin{cases} Az\,H^2 \\ Az\,H^2 \end{cases} + 2\,H^2O = CO^3\,(Az\,H^4)^2$$

Urée   Eau   Carbonate
                                d'ammonium

La température optima des ces microbes est comprise entre
33° et 40°, mais il en est, parmi eux, qui font fermenter le premier
à partir de 10°. La stérilisation d'un fumier par la chaleur
exige une température prolongée de 100°. L'acide hippurique est attaqué aussi par des ferments qui, par hydrolyse, donnent lieu à une
formation d'acide benzoïque et de glycocolle. Cet acide est assez a-
bondant dans l'urine du cheval.

On peut évaluer à 50 % de l'azote total, la perte que
subit un fumier par suite du dégagement, dans l'air, de l'ammoniaque produit par la fermentation. On peut cependant réduire cette proportion en prenant quelques précautions que nous
allons indiquer.

Tout d'abord, il faut enlever fréquemment, tous les
jours si possible, les litières salies et les placer dans la fosse ou sur la
plateforme destinée à les recevoir.

Le fumier doit être bien tassé, égalisé à la surface, à
la fourche, puis arrosé fréquemment. L'arrosement est très nécessaire car il favorise le développement des ferments aérobies et évite la
déperdition de l'azote sous forme de carbonate d'ammoniaque.
Dans un fumier bien tassé et bien arrosé la température est plus
élevée à la partie supérieure qu'à la base. Pour un tas de 2^m,40
d'épaisseur, M. Dehérain a indiqué les températures suivantes:

à 2^m du sol, elle dépasse 60°

399

à 1^m ou 1^m,50 elle est de 30° à 35°

près du sol, elle est de 20 à 25°

Toutes les fois que la température du fumier est élevée, c'est la preuve que la fermentation se fait dans de bonnes conditions; dans ce cas, l'acide carbonique se dégage abondamment et c'est là ce qu'il faut chercher à obtenir, pour éviter la déperdition de l'ammoniaque.

Comme dernière précaution, on recommande de ne pas laisser séjourner les urines non absorbées par les litières, dans les rigoles, mais de les entraîner par des lavages jusqu'à la fosse à purin.

Quand l'air ne peut pénétrer le fumier bien tassé, il se produit des pertes de carbone et d'eau ; les matières organiques se désagrègent et les acides produits fixent l'ammoniaque à l'état de composés solubles. Il reste une matière noirâtre, appelée fumier fait, excellente pour donner au sol les qualités d'une bonne terre arable.

Pendant cette transformation, si le fumier s'est fait sous toiture ou s'il a été couvert par des planches, il ne perd que 14 % d'azote. Au contraire, s'il a été laissé à la pluie, il s'en perd facilement 30 %.

Enfin, si le fumier a été mal tassé, soumis à l'action du soleil et de la pluie, c'est plus de 60 % de l'azote qui s'en va quelquefois.

Il faut donc donner au fumier des soins attentifs : le soustraire à l'action des eaux pluviales en le couvrant au besoin de terre ou de toute autre matière solide, le disposer en tas de peu de surface par couches successives bien foulées pour empêcher la pénétration de l'air, enfin, favoriser la fermentation par des arrosages fréquents faits avec du purin, de l'urine ou des eaux de ménage dont l'excédent sera soigneusement recueilli dans des fosses à purin.

M. Gayon a démontré que le fumier qui avait fermenté en vase clos produisait de l'acide carbonique en grande quantité, mais que le fumier en résultant n'avait perdu aucun de ses éléments fertilisants, pas même l'azote.

La composition des fumiers est une chose très variable car elle dépend à la fois de la nourriture donnée aux animaux, de la nature des litières employées, aux soins du fumier lui-même.

Voici d'après M. Boussaingault, la composition de divers fumiers. Les chiffres se rapportent à 100 parties de matière sèche.

	Eau	Matières organiques	Matières minérales	Azote	Azote phosphorique
Fumier de Bechelbronn	79,3	14,20	6,50	2,0	1,00
" " Lielfrauenberz	83,0	10,80	6,20	2,06	1,50
" d'une ferme angl.ᵉ	65,0	24,70	10,30	1,82	2,23
" de l'École de Grignon	70,5	19,20	11,40	2,45	3,00
" du Jardin des Plantes	66,8	28,00	5,20	1,60	0,79
" d'auberge	60,5	"	"	2,00	"

Composition d'un fumier normal

Eau	80 %
Azote	0,40
Acide phosphorique	0,90

Composition moyenne du fumier de ferme
(E. de Careffe)

État du fumier	Azote %	Acide phosphor. %	Potasse %	Chaux %	Magnésie %	Poids du mètre cube
Fumier frais	0,45	0,22	0,44	0,38	0,15	410
Fumier demi consommé	0,50	0,30	0,50	0,50	0,20	765
Fumier consommé	0,58	0,33	0,54	0,66	0,22	920

Composition de divers fumiers (M. Boussaingault)
Fumier à l'état ordinaire

	Cheval	Boeuf Vache	Mouton	Porc	de Ferme
Matière sèche de 1.000 Kᵍˢ	326	282	384	272	200
Eau de 100ᴷ de fumier	674	818	616	728	800

Composition de 100 Kgs de fumier sec

	Cheval	Bœuf	Mouton	Porc	Ferme
Acide phosphorique	0,71	0,71	0,52	0,76	0,97
Acide sulfurique	0,23	0,37	0,25	0,86	0,63
Chlore	0,23	0,26	0,23	0,32	0,19
Potasse	2,07	1,80	2,05	6,25	2,51
Soude	0,14	0,13	0,15	0,00	0,00
Chaux	1,62	1,48	1,72	0,65	0,27
Magnésie	0,78	0,73	0,73	0,86	1,16
Silice	4,20	3,80	4,33	4,14	21,26
Oxyde de fer et manganèse	0,12	0,09	0,09	0,09	1,93
Azote	0,25	1,88	2,14	2,89	2,00

Du tableau qui précède et des résultats acquis par l'expérience, on peut conclure :

Que le fumier de porc bien fait est celui qui se rapproche le plus du fumier de ferme qui, au fond, n'est qu'un mélange de plusieurs fumiers différents ; que sa richesse en sels alcalins et en azote est même plus grande et qu'il faudra par conséquent l'employer avec discernement, mélangé au besoin avec d'autres fumiers moins riches que lui en éléments fertilisants.

Le fumier de cheval est plus énergique que celui du mouton et il en serait de même de celui du mulet et de l'âne, si trop souvent ces animaux n'avaient à leur disposition qu'une trop médiocre nourriture.

On admet que le fumier produit annuellement par les divers animaux est représenté par les quantités suivantes (M. Lefour)

Pour un cheval	11.000 Kgs ou par 100 Kgs de poids vif	2.000 Kgs
" " bœuf	11.000 " " "	1.700
" une vache	12.000 " " "	3.000
" un mouton	400 " " "	1.400
" " porc	900 " " "	4.500

Dans le but de réaliser des conditions favorables et par

conséquent d'obtenir un fumier de bonne qualité, n'ayant perdu que le minimum de son azote, on a préconisé divers dispositifs.

Nous nous bornons à en indiquer deux qui sont représentés dans les fig. 55, 56 et 57.

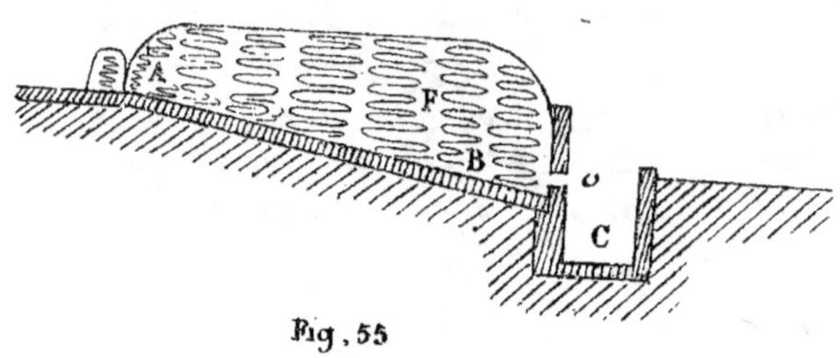

Fig. 55

Dans le premier cas le fumier est tassé en masse sur une aire inclinée AB, formée d'argile ou de pierres rejointoyées au mortier.

Le purin s'écoule dans une fosse latérale C, d'où on prend le liquide pour arroser le fumier. Cette fosse est placée autant que possible près des étables de manière à ce que le purin de celles-ci s'y écoule également.

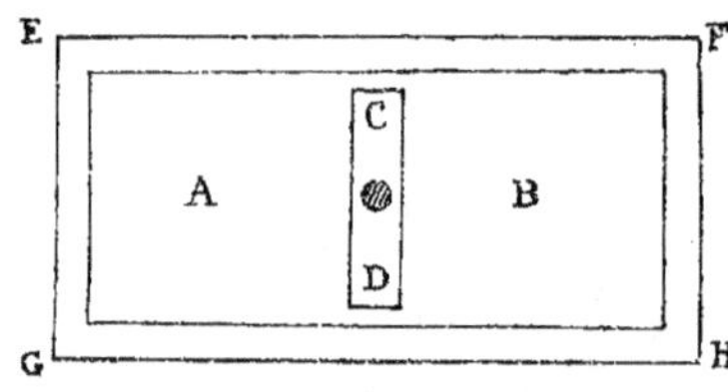

Fig. 56

Dans le second cas, la fumière est formée par deux plans inclinés D et E, qui reçoivent le fumier, et le purin s'écoule dans une fosse centrale C d'où on le puise à l'aide d'une pompe P pour arroser la masse.

Pour plus de commodité, la pompe tourne sur elle-même, de sorte que l'on peut asperger aussi aisément la masse de fumier A que la masse B.

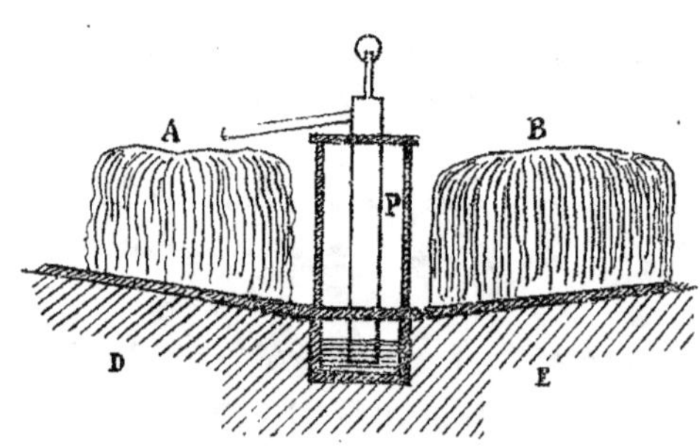

Fig. 57

La pompe à purin est le plus souvent du système le plus simple. c'est alors une pompe rustique aspirante et élévatoire.

La grandeur d'une fosse dépend du nombre d'animaux de la ferme, en tout cas, il est recommandé de ne jamais élever le fumier à plus de 2 m 50 au-dessous de la plateforme.

On a essayé de garder pendant une période prolongée le fumier sous le pied des animaux. Ceux-ci n'ont pas paru en souffrir, et après 2 ou 3 mois, il a été constaté une grande amélioration dans la constitution du fumier.

Voici les résultats donnés à cet égard par la Société Anglaise d'Agriculture.

Sur 100 parties de matière sèche	Azote %	Acide phos. phorique	Potasse et soude	Matière organique soluble
Fumier gardé sous les animaux	1,95	0,30	2,00	1,95
Même fumier porté à la fosse	1,40	0,21	0,80	1,40

Un système encore meilleur est de mettre le fumier dans un hangar et ensuite de le faire piétiner, par les animaux, chaque jour.

Le fumier consommé est plus riche en azote, en matières organiques et en sels minéraux solubles que le fumier frais et à poids égal, il a plus de valeur.

On peut rendre la fermentation nulle sans rien faire perdre au fumier de ses avantages, en le privant d'eau; c'est ainsi que font les maraîchers en attendant l'époque de la culture sur couches.

On peut la modérer en couvrant le tas d'une petite épaisseur de terre et de plâtre. Jusqu'au moment de l'employer, dans ces deux cas, le fumier ne devra pas être remué.

D'après <u>Kœrte</u>, 100 Kilogs de fumier soumis à la fermentation prolongée se réduisent :

à 73 Kilogs en 84 jours
,, 64 ,, ,, 254 ,,
,, 62 ,, ,, 286 ,,
,, 47 ,, ,, 339 ,,

La valeur d'un fumier devrait toujours être établie d'après les proportions d'éléments fertilisants qu'il contient.

Dans le commerce, il a deux valeurs : la valeur vénale ,

qui est celle du cours de l'endroit et la valeur comptable calculé d'après son prix réel de revient.

Avant la guerre, le fumier se vendait aux prix suivants:
- un mètre cube de fumier de vache 800 K valait de 2,50 à 3,50 ou 2 à 3 fr par vache et par mois.
- un mètre cube de fumier de cheval 2,50 à 3 fr par mois et par bête.

Ces prix ont beaucoup augmenté depuis lors.

Le tableau ci-après, dû à M. Lefour indique les variations du poids d'un mètre cube du fumier produit par divers animaux et suivant son état.

Il fournit en même temps la raison pour laquelle le fumier doit s'acheter au poids et non au volume.

	Poids du mètre cube
Fumier de cheval ou de mouton, pailleux, frais peu tassé, à 40 % d'eau	300 K
Le même, plus tassé, à 50 % d'eau	410
Le même, moins pailleux, fermenté, à 60 % d'eau	600
Le même, tassé, à demi consommé, à 70 % d'eau	700
Fumier de vache, ou de bœuf, pailleux, frais, peu tassé à 60 % d'eau	600
Le même, moins pailleux, peu tassé, à 70 % d'eau	750
Le même, à demi consommé à 75 % d'eau	800
Le même, consommé	900 à 1.000

D'après M. **Ringelmann**, voici les dimensions à prévoir pour l'établissement de la fumière d'un troupeau composé selon ce qui est indiqué dans le tableau suivant:

Animaux	Fumier annuel total en tonnes	Dimensions de la fumière
4 chevaux	19,2	Doit s'établir sur
8 bœufs de travail	29,6	deux emplacements
30 vaches	105,0	ayant 13 m de long
100 moutons	60,0	sur 6 m 50 de large
10 porcs	14,0	chacun et pour hau-
	227,8 tonnes	teur, 2 m 50.

De ces chiffres on peut aussi déduire la quantité moyenne de fumier produite annuellement par un animal de chaque catégorie.

Législation des fumières

L'art. 10 de la loi du 15 février 1902 établit autour des sources, un périmètre de protection, dans lequel il est interdit d'épandre des engrais humains et d'y forer des puits, sans autorisation préfectorale.

L'indemnité qui peut être due de ce fait, est réglée par la loi du 3 mai 1841.

La Société française d'hygiène a publié les instructions suivantes qui ont servi de base à maints arrêtés préfectoraux.

Ce qu'il ne faut pas faire :

Le fumier ne doit pas être placé à même le sol, non loin du puits, contre les murs des bâtiments.

Le purin ne doit pas s'écouler au ruisseau, ni surtout se répandre dans les cours.

Le sol même sur lequel repose le fumier étant toujours en contact avec lui et avec les liquides qu'il contient, s'infecte graduellement et cette infection gagne peu à peu les couches profondes et les nappes souterraines.

Les purins qui s'écoulent du fumier ruissellent de tous côtés, pénètrent dans le sous-sol par toutes les crevasses et contaminent encore les nappes souterraines.

Il forment dans les cours des flaques croupissantes et malsaines. Ils contaminent le sol des cours et, par suite, des habitations.

Par la pente du terrain, ils peuvent même atteindre l'orifice des puits et les contaminer directement. Enfin si les fumiers sont adossés aux bâtiments, les fissures qui existent entre le terrain et les fondations offrent aux liquides une plus grande facilité pour atteindre le sous-sol.

Ce qu'il faut faire :

L'emplacement sur lequel est déposé le fumier doit être recouvert d'un revêtement imperméable.

Le sol doit être légèrement incliné vers un trou à parois également imperméables où se réunissent les liquides qui s'écoulent du fumier.

L'emplacement doit être aussi éloigné que possible des puits. Il ne doit pas être adossé aux murs des bâtiments, surtout des bâtiments d'habitation.

Il convient de couvrir le fumier avec une couche de terre placée directement à la surface. Cette terre se transforme elle-même, peu à peu en humus fertilisant.

En opérant ainsi, les fumiers et les purins ne sont plus une cause d'insalubrité et toute valeur agricole est conservée.

Engrais végétaux

Certaines plantes sont cultivées comme engrais vert que l'on enfouit à la charrue, dans le sol, après leur croissance.

Voici quelques précisions à leur sujet, dues à M. Lafour :
— Le lupin blanc doit être employé en terres légères et saines ; cette plante est riche en azote et s'enterre de Juin à Septembre suivant la latitude.

La féverole d'hiver est très azotée ; elle se sème en automne pour être enfouie en avril, dans le Midi. Il en est de même de l'ers.

Les vesces et les pois s'enfouissent également en vue d'une récolte de froment. Le sarrazin se sème en Juillet pour être enterré en Octobre, mais cette plante est peu riche en éléments fertilisants.

La spergule peut s'enfouir trois fois de suite dans les terres sableuses fraîches.

Le colza, la navette se sèment en Juin et s'enfouissent en Novembre.

Quand on a une surabondance de fourrages printaniers, on sème du trèfle en Septembre et on l'enfouit en Novembre.

Le brin, riche en azote, après avoir été écrasé sous le pied des animaux s'utilise comme engrais vert de la vigne et des oliviers, mais il faut qu'elles soient assez profondément enfouis.

Les joncs, roseaux, rouches, s'utilisent pour la fumure des vignes, mais avant de les enfouir, on les laisse se faner sur le sol, au contact de l'air.

Le goëmon ou varech est riche en potasse et contient presqu'autant d'azote qu'un bon fumier. Il s'emploie à l'état vert, enfoui, ou en stratification avec le fumier; on en fait aussi des composts.

C'est un bon engrais pour les céréales, mais on ne le recommande pas pour les trèfles et les vignobles. On en fait des tourteaux, par compression, qui ont l'avantage d'être peu volumineux, faciles à transporter.

Marcs et pulpes

Marc de pommes. Cet engrais est pauvre en azote, mais riche en phosphates; avant de l'employer, on le laisse fermenter.
Marc d'olives. peu employé.
Marc de raisins. Riche en potasse, contenant de 1 à 4 % d'azote; il convient aux terres argileuses.

Résidus industriels

Résidus de distillerie. Engrais liquide, riche en azote et en sels de potasse; on peut s'en servir pour arroser les fumiers. Un excès de cet engrais est nuisible aux céréales. On l'emploie surtout pour la culture des betteraves et des pommes de terre.
Résidus de sucrerie. Ces résidus sont formés d'écume de défécation et de boues de balayage. On les mélange à de la paille, ou à d'autres matières absorbantes et on les emploie après un

séjour plus ou moins prolongé, dans des fosses.

Résidus de brasserie. — On appelle encore ces résidus, des __tourail-lons__ ; ils sont riches en azote (4 %) et s'emploient comme engrais, dans la culture du lin et du chanvre.

Les teintureries donnent encore quelques résidus comme ceux des bains de garance qui, après fermentation, peuvent être utilisés comme engrais.

Poussières des routes

Bon engrais lorsque les chemins sont entretenus avec des pierres calcaires. Les vases des fossés des routes également sont bonnes, mais avant leur emploi, il est bon de les mélanger à un peu de chaux et de les abandonner deux ou trois mois à l'air.

Composts

Ce sont des amas de débris de toute nature : végétaux, animaux, excréments, boues, etc... On y ajoute souvent pour les améliorer, de la chaux, du plâtre, des cendres et on arrose le tout avec des eaux grasses, des urines, des eaux de lessive, etc... Après fermentation suffisante, ils font de bons engrais de prairie.

Engrais factices

Ce sont des engrais résultant de mélanges divers. Il en existe une grande quantité, parmi lesquels les __noirs animalisés__ qui sont des terreaux carbonisés en vase clos, puis mélangés à des matières fécales. Ce sont des sortes de poudrettes.

Dans ces engrais on trouve encore des poudres charbon-neuses, du tan, du plâtras, des cendres, du sang, des chairs d'animaux, etc... La qualité des engrais factices est variable et si ils sont composés de bons éléments fertiles, qui ne réagissent pas défavorablement les uns sur les autres, leur emploi n'est pas à déconseiller.

Analyse des engrais : Ce qu'on y dose ordinairement :

| Nom de l'engrais | Éléments à doser |

1º - Engrais azotés.

Sang desséché, déchets de laine, de corne, chiffons, cuirs, poils, rognures, débris de viande } Azote organique (Az)

2º - Engrais azotés et phosphatés.

Tourteaux,
Noir de raffinerie
Poudrette
Poudre d'os } Azote organique (Az).
Acide phosphorique soluble dans les acides (P^2O^5)

Superphosphates azotés
Guanos bruts
Guanos traités par l'acide sulf.
Phosphoguanos } Azote organique (Az)
Azote ammoniacal (AzH^3)
Acide phosphorique soluble dans l'eau, dans le citrate et dans les acides (P^2O^5)

3º - Engrais phosphatés.

Phosphates naturels
Phosphate précipité } Acide phosphorique soluble dans les acides (P^2O^5)

Cendre d'os
Scories de déphosphoration } Acide phosphorique soluble dans le citrate (P^2O^5)

4º - Engrais phosphatés et potassiques -

Cendres } Acide phosphorique soluble dans les acides. Potasse (K^2O)

5º - Engrais potassiques -

Carbonate de potasse
Salins de betterave
Chlorure de potassium
Sulfate de potasse } Potasse (K^2O)

6°. Engrais complets artificiels

{ Azote (Az)
Acide phosphorique (P^2O^5)
Potasse (K^2O)
Sous les diverses formes où ils peuvent
s'y trouver.

Chapitre XXXIII

Analyse chimique des engrais

Prise d'échantillon

Lorsque l'engrais est pulvérulent et ensaché, cette prise se fait à l'aide d'une sonde que l'on plonge en diagonale, dans le sac, en opérant successivement sur chacun de ses quatre angles.

On répète cette opération sur un certain nombre de sacs du même lot, puis on mélange intimement les prises partielles. De la matière obtenue, on en prend de 3 à 400 gr. que l'on place dans un flacon de verre aux fins d'analyse.

Quand il s'agit de prendre un échantillon (Voir Circulaire N° 18 aux agents du Service de la répression des fraudes et Décret du 3 Mai (Officiel du 20 Mai 1911). Voir Loi du 4 février 1888) avant livraison; on prépare de la même manière quatre prises, dont chaque flacon est bouché à la cire, cacheté et sur une étiquette extérieure on indique la nature du lot, son importance, le lieu et la date de prise d'échantillon; sa provenance. En outre deux témoins y apposent leur signature.

Le vendeur conserve un échantillon et les trois autres sont éventuellement destinés aux experts. Tout prélèvement est constaté par un procès-verbal sur papier libre signé de l'agent verbalisateur, constatant sa résidence, les nom, prénoms et résidence de la personne chez qui a lieu le prélèvement, un exposé succinct des circonstances. On y joint une copie du contrat de vente. L'étiquette des échantillons porte signature de l'agent et de deux témoins.

Lorsque l'engrais pulvérulent est dans un tonneau, on fait des trous dans les deux fonds de manière à pouvoir y faire passer la sonde.

Si l'engrais est en tas, la sonde peut encore servir, mais à la condition qu'elle puisse pénétrer jusque dans les parties centrales. Si la masse est trop volumineuse pour cela, on pratique au préalable des tranchées à la pelle et on fait des prises dans diverses directions.

Dans le cas où l'engrais est en masse pâteuse ou compacte, il est indispensable de vider plusieurs sacs ou plusieurs tonneaux pris au hasard, de mélanger le tout à la pelle, de prélever des doses en différents points, de mélanger de nouveau et dans le tas finalement obtenu, de prendre l'échantillon que l'on concassera, pulvérisera et que l'on mettra en flacon comme il est dit précédemment.

En aucun cas, il ne faut éliminer les pierres ou les parties étrangères à l'engrais; elles doivent faire partie de l'échantillon.

On agit d'une manière analogue pour les rognures, chiffons, débris, etc...

Les engrais en pâte plus ou moins liquide sont, ou homogènes et la prise d'échantillon est facile après mélange prolongé à la pelle ou bien ils se séparent en deux parties, l'une fluide, l'autre solide. Dans ce dernier cas, on prélève de ces deux parties dans une proportion égale à la proportion dans laquelle elles existent dans le lot à analyser.

Préparation de l'échantillon au laboratoire

Cette opération est très importante et varie selon la nature de l'engrais.

Lorsque l'engrais est en poudre homogène, on peut procéder à son analyse sans manipulation supplémentaire, mais il n'en est pas toujours ainsi et dans ce cas voici comment on procède.

<u>1°.- La matière n'est pas pulvérulente</u> - On la pulvérise tout d'abord et on en fait le mélange au mortier. Quand il s'agit de superphosphates on les fait d'abord passer au tamis de 1 mm, on pulvérise au mortier ce qui ne le traverse pas, puis on ajoute la poudre ainsi obtenue à celle qui a traversé le tamis. On mélange ensuite le tout.

<u>2°.- Les matières sont pâteuses</u> - On malaxe dans ce cas au mortier à l'aide d'une spatule ou on y incorpore un poids déterminé de sable de Fontainebleau dont on tient compte dans l'analyse.

<u>3°. - La matière est hygrométrique</u> - On la dessèche et on tient compte de l'humidité dans les calculs analytiques. Quelquefois ce procédé ne peut être utilisé parce qu'il altèrerait l'engrais. C'est le cas pour les superphosphates. On tourne la difficulté en lui ajoutant du sulfate de chaux.

<u>4°.- Pour les rognures, chiffons, etc...</u>, on les divise autant que possible au ciseau, puis on mélange bien les débris.

5°.- Quand il s'agit d'<u>engrais liquides</u> ou en <u>pâte</u>, on les dessèche auparavant à 100° en y mettant une quantité connue d'acide oxalique pour empêcher le départ de l'ammoniaque. Le produit est ensuite passé au moulin.

La dessication doit se faire toujours avec prudence, si par exemple on a affaire à un mélange de superphosphate et de nitrate, il faut au préalable neutraliser par la chaux le phosphate acide, sans quoi il y aurait perte d'azote nitrique.

Si l'engrais renferme à la fois des sels ammoniacaux et des nitrates, il faut en dessécher deux lots, l'un sans acide oxalique et le second avec cet acide.

Les considérations qui précèdent montrent l'utilité de l'analyse qualitative préalable des engrais.

Analyse qualitative des engrais

1°. - Recherche de l'azote.

a)- à l'état d'azote ammoniacal. On traite 2 gr. d'engrais par 5 cc d'eau ; on décante dans un tube à essai une partie du liquide surnageant, après repos ; on ajoute un peu de potasse et on chauffe. S'il y a de l'ammoniaque on le reconnaît à l'odeur — à l'aide du papier — de tournesol ou encore aux vapeurs blanches produites lorsqu'on approche une baguette de verre chargée d'acide chlorhydrique.

b)- à l'état d'azote organique. Si l'engrais contient de l'azote ammoniacal on ne pratique l'essai qu'après l'avoir éliminé par un traitement à l'eau distillée. La matière qui reste, ou l'engrais tel qu'il se trouve quand il ne contient pas d'ammoniaque, est introduite dans un tube avec de la chaux sodée. Ce tube est fermé à un bout. On chauffe et s'il y a de l'azote organique, il se dégage de l'ammoniaque facile à reconnaître.

c)- à l'état d'azote nitrique. On met dans un tube à essai un mélange d'engrais et de limaille de cuivre. On humecte la masse d'un peu d'eau acidifiée par l'acide sulfurique et on chauffe. S'il y a de l'azote nitrique il se produit un dégagement de vapeurs rutilantes de peroxyde d'azote.

Recherche de l'acide phosphorique.

On fait bouillir pendant 2 ou 3 minutes dans un tube à essai, un mélange de quelques centigrammes d'engrais et d'acide nitrique à 50 %. Après repos on décante et dans le liquide clair on ajoute 4 à 5 cent. cubes de nitromolybdate d'ammonium. On chauffe à 80° environ et s'il y a de l'acide phosphorique, il se forme un précipité jaune.

Recherche de la potasse.

On calcine 2 ou 3 gr. d'engrais, puis on traite le résidu par 4 ou 5 cent. cubes d'eau. On filtre et dans la liqueur claire on ajoute 2 ou 3 gouttes de solution de bichlorure de platine et un peu d'alcool à 95°. S'il y a de la potasse, il se forme un précipité jaunâtre de chloroplatinate de potassium.

Dosage des éléments fertilisants

Dosage de l'azote (Az) -

Une méthode rapide, très employée dans les laboratoires est celle de _Kjeldahl_.

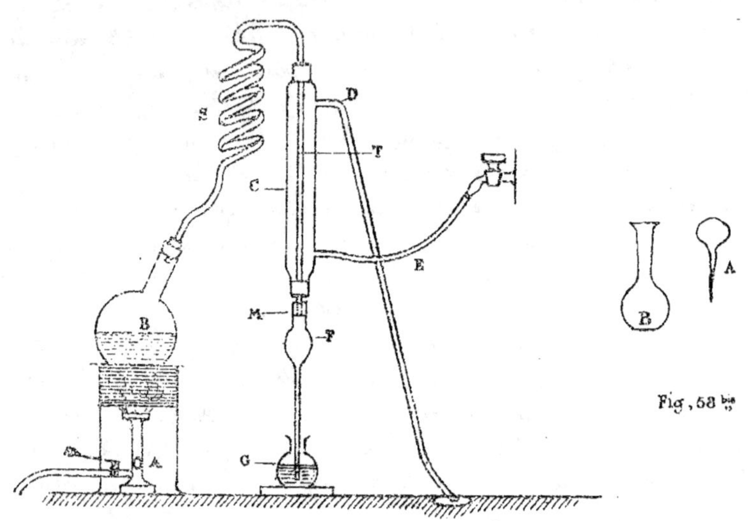

Fig, 58

Son principe est le suivant : on transforme tout l'azote organique de l'engrais en azote ammoniacal à l'aide de mercure métallique, d'oxyde de mercure ou de sulfate de cuivre, additionné d'acide sulfurique.

Elle n'est pas applicable s'il y a de l'azote nitrique dans l'engrais, sauf à transformer préalablement cet azote en ammoniaque à l'aide d'acide phénylsulfurique, par exemple.

L'attaque pour la première de ces transformations se fait dans un ballon à fond plat B (fig. 58 bis) de 200 cent. cubes où on met suivant la richesse présumée en azote, ½ gr. ou 1 gr. d'engrais avec 1 ou 2 gr. de mercure et 20 cent. cubes d'acide sulfurique pur.

Pour éviter les projections on coiffe le col du ballon B d'une ampoule A, à queue assez longue, et on porte le tout au bain de sable.

Si on analysait un fourrage, il serait bon de mettre un peu de paraffine pour empêcher le boursouflement. On chauffe graduellement et on arrête l'opération quand le liquide est devenu clair, sans chercher pour cela la décoloration complète. On laisse refroidir puis, peu à peu, on ajoute 100 cent. cubes d'eau distillée. On décante alors le liquide dans un grand ballon de 1 litre, B (fig. 58) et on y ajoute les eaux du lavage du résidu resté dans le ballon où a eu lieu l'attaque.

Tous les sels ammoniacaux passés à l'état de sulfate étant ainsi réunis dans la dissolution mise dans le grand ballon B, on y ajoute de la lessive de soude jusqu'à réaction franchement alcaline au papier de tournesol et quelques morceaux de grenaille de zinc.

Un petit excès de lessive n'est pas à craindre et, au contraire, est utile. Pour terminer on verse dans le ballon un peu de monosulfure de sodium en solution et on distille le liquide dans un appareil dont l'ensemble est représenté par la fig. 58.

L'ammoniaque qui se forme et l'eau passent à travers un serpentin en étain S et un tube T ; ce dernier est entouré d'un manchon en verre C, refroidi par un courant d'eau qui, entrant par la tubulure E, ressort par la tubulure D.

Le tube T se termine à sa partie inférieure par une allonge dont la tige effilée plonge dans un ballon G, à large col, contenant de l'acide sulfurique normal ou décinormal, suivant la richesse présumée de l'engrais.

L'ammoniaque se combine à une partie de cet acide et on connaît sa proportion en titrant le liquide du ballon à l'aide d'une solution demi normale d'ammoniaque et d'un peu de teinture de tournesol sensible.

On arrête la distillation quand on a recueilli dans le ballon G assez de liquide, ce qui se reconnaît à l'aide du papier de tournesol. À ce moment là, en effet, une goutte de liquide recueillie sur du papier de tournesol neutre, à l'extrémité M du tube, est sans action sur lui.

(Voir la préparation des solutions employées, au chapitre des solu_tions analytiques).

Exemple du calcul de l'azote dans ce dosage

Supposons que l'ammoniaque a été recueillie dans 20 ^{cc} d'acide déci_normal et que pour achever sa saturation il faille 2 ^{cc} de liqueur demi_normale. Combien l'engrais contenait_il d'azote, calculé à l'état ammoniacal, si on a opéré sur 1 gr. de matière ?

10 ^{cc} de liqueur acide normale correspondent à 10 ^{cc} de liqueur ammo_niacale normale

10 ^{cc} de liqueur N .... à 20 ^{cc} de liqueur $\frac{N}{2}$

10 ^{cc} de liqueur $\frac{N}{10}$ .... à 2 ^{cc} de liqueur $\frac{N}{2}$

20 ^{cc} de liqueur $\frac{N}{10}$ .... à 4 ^{cc} de liqueur $\frac{N}{2}$

Si donc il a fallu employer 2 ^{cc} de liqueur $\frac{N}{2}$ pour achever la saturation des 20 ^{cc} d'acide déci_normal, c'est que l'ammoniaque dégagée pendant la distillation correspond à celle qui est contenue dans 2 ^{cc} de liqueur alcaline $\frac{N}{2}$.

Or 1 ^{cc} de liqueur alcaline $\frac{N}{2}$ correspond à 0 ^{gr} 0085 d'ammoniaque.

2 ^{cc} " " " $\frac{N}{2}$ " " 0 ^{gr} 017 "

Telle est la quantité d'azote ammoniacal contenu dans 1 gramme d'engrais, ce qui fait pour cent : _ 1 ^{gr} 17.

En multipliant ce chiffre par le coefficient 0,823, on a le résultat en azote.

Cas où l'engrais contient de l'azote ammoniacal seul _

C'est le cas qui se présente quand on analyse du sul_fate d'ammonium ou tel autre sel ammoniacal non mélangé. Ici, les opérations sont simplifiées et il suffit de faire dissoudre l'en_grais dans l'eau du grand ballon à distiller; d'y ajouter de la lessive de soude et de la grenaille de plomb et de porter le tout à l'ébullition. L'ammoniaque qui se dégage est recueillie dans de l'acide sulfurique normal que l'on titre ensuite avec de l'ammo_niaque demi_normale.

Cas où l'engrais renferment de l'azote nitrique en même temps que de l'azote organique ou ammoniacal.

Dans ce cas, il faut au préalable, transformer l'azote nitrique en azote ammoniacal et on trouve facilement par différence l'azote sous tel ou tel état.

Pour ce faire, on chauffe l'engrais dans le petit ballon d'attaque (fig. 58 bis) avec un peu de protochlorure de fer additionné d'acide chlorhydrique. Les nitrates sont décomposés ; on évapore à sec puis, à froid, on reprend par l'acide sulfurique et le mercure et on continue comme il a été dit précédemment.

Dosage simultané de l'azote sous ses trois états.

Au lieu de chasser l'azote nitrique on le transforme lui aussi en ammoniaque. Pour y parvenir on traite la matière par 30 cent. cubes d'un mélange contenant 200 gr. d'anhydride phosphorique par litre d'acide phosphorique.

L'opération se fait dans un ballon plongeant dans de l'eau froide, dans lequel on a ajouté 2 à 3 gr. de zinc pulvérisé. Deux heures après, on ajoute le mercure et on fait l'attaque suivant les indications précédemment données.

Dans la pratique, quand il s'agit d'un engrais complexe, on se contente de doser l'azote en bloc sous une seule forme. Nous allons cependant indiquer comment peut se faire le dosage de l'azote sous ses divers états et séparément.

a/ - Dosage de l'azote organique.

Cet azote se rencontre en général à la fois à l'état soluble et à l'état insoluble. On dose cet élément sous une seule forme. Pour cela, on prend 2 gr. d'engrais que l'on met dans une capsule de porcelaine à fond plat de 9 centimètres environ de diamètre avec 10 cent. cubes de liqueur de protochlorure de fer et 10 cc d'acide chlorhydrique.

On recouvre la capsule d'un entonnoir et on porte à l'ébullition jusqu'à cessation du dégagement des vapeurs nitreuses. On évapore ensuite à sec au bain sec en ayant soin d'arrêter l'opération lorsque les vapeurs ne sont plus acides.

On ajoute 4 gr. de craie pulvérisée et la matière ainsi obtenue est placée dans un tube à chaux sodée de 45 centimètres de longueur.

On achève le dosage comme à l'ordinaire et on obtient l'azote qui représente la somme de l'azote organique et de l'azote ammoniacal. En dosant celui-ci à part, on a, par différence, l'azote organique.

Dosage de l'ammoniaque

On introduit 1 gramme d'engrais dans l'appareil à distiller (fig. 58). On y ajoute 200 ᶜᶜ d'eau et 1 ᵍʳ de magnésie calcinée. Si l'engrais est riche, on recueille l'ammoniaque qui se dégage dans de l'acide titré normal et, s'il est pauvre, dans de l'acide déci-normal.

Dosage de l'azote nitrique

On prend 66 ᵍʳ d'engrais que l'on broie dans un mortier en verre en présence d'eau distillée. On décante dans un ballon et on continue cette opération jusqu'à obtenir 1 litre. C'est dans cette solution que l'on dosera l'azote nitrique de l'engrais.

D'autre part on fait dissoudre 66 ᵍʳ de nitrate de soude pur et sec dans 1 litre d'eau distillée. Ce sera la liqueur témoin.

On prépare en outre une solution de protochlorure de fer que l'on obtient en faisant dissoudre,

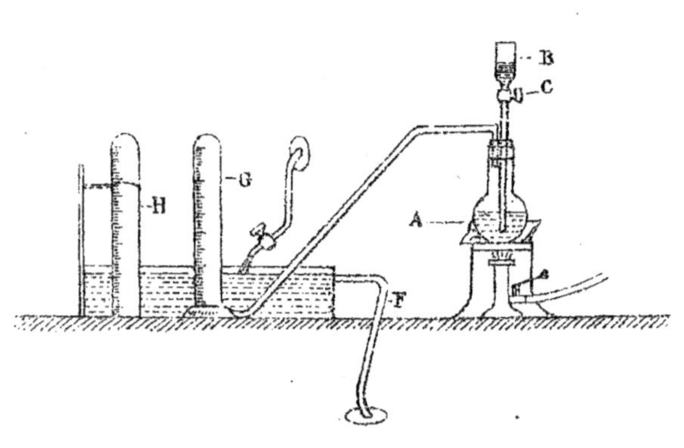

Fig, 59

à chaud, 200 ᵍʳ de pointes de Paris, dans un ballon de verre contenant 100 cent. cubes d'acide chlorhydrique pur. Après dissolution on complète le volume à 1 litre.

Le dosage se fait dans un appareil représenté par la fig. 59 qui se compose d'un ballon de verre A de 150 cent. cubes, muni d'un bouchon de caoutchouc percé de 2 trous, l'un pour laisser passer le tube à dégagement D et l'autre pour retenir un tube capillaire B muni d'un robinet en verre et d'un petit entonnoir.

L'extrémité du tube capillaire plonge dans le liquide du ballon A. Dans ce ballon, on commence par mettre 40 cent. cubes de solution de protochlorure de fer et de l'entonnoir B on fait tomber peu à peu dans le ballon A, en manœuvrant le robinet i, 40 cent. cubes d'acide chlorhydrique pendant que le contenu de ce ballon est porté à l'ébullition.

Ainsi sont purgés d'air le ballon et le tube à dégagement, dont l'extrémité plonge dans une cuve I parcourue par un courant d'eau froide.

A ce moment on place à l'extrémité du tube un bec à gaz surmonté d'une cloche G pleine d'eau, graduée à 100 cent. cubes. Deux opérations suivent immédiatement :

Dans l'entonnoir B on met 5 cent. cubes de la solution de nitrate de soude pur, et peu à peu, en évitant les rentrées d'air, on la fait tomber dans le ballon A. On ajoute pour laver l'entonnoir B deux ou trois fois 5 cent. cubes d'acide chlorhydrique pur que l'on introduit de la même façon, dans le ballon A.

La réaction s'opère et il se dégage du bioxyde d'azote que l'on recueille dans la cloche G. Quand le dégagement gazeux cesse, on retire cette cloche que l'on met en H et on la remplace par une seconde cloche pleine d'eau.

C'est alors que l'on met dans l'entonnoir B, 5 cent. cubes de la solution aqueuse de l'engrais à analyser et en opérant comme il vient d'être dit, on recueille le bioxyde d'azote qui provient de la décomposition de son azote nitrique.

Soit V le volume de gaz recueilli dans le premier cas (liqueur témoin) et V' celui qui est obtenu dans le second.

Le rapport $\dfrac{V'}{V}$ donnera la quantité de nitrate réel contenu dans 100 de l'engrais.

Quand l'engrais essayé est pauvre en nitrate, au lieu de faire le dosage sur 5 cent. cubes de solution aqueuse, on prend plusieurs fois 5 cent. cubes, autant de fois que cela est nécessaire. Soit n ce nombre de fois. On a dans ce cas :

$$\text{Nitrate} = \frac{V'}{V n}$$

S'il s'agit d'analyser un nitrate de potassium, on

prend 50 gr. de nitrate pur pour l'essai et 80 gr. pour l'analyse.

Quand l'engrais à analyser contient des carbonates il est utile de faire la trituration non avec de l'eau pure, mais avec de l'eau contenant 3 à 4 % d'acide chlorhydrique, tout au moins jusqu'à cessation d'effervescence afin que pendant le dosage, un dégagement d'acide carbonique ne fausse pas le résultat.

Dosage de l'acide phosphorique (P_2O^5)

Dans un engrais l'acide phosphorique peut être
1° - à l'état d'acide phosphorique soluble dans l'eau,
2° - à l'état d'acide phosphorique soluble dans le citrate,
3° - à l'état soluble seulement dans les acides.

Dans un superphosphate, l'acide phosphorique se rencontre sous les trois formes et c'est en raison de ce fait que nous le prendrons comme exemple dans le dosage de cet acide.

Un superphosphate est ordinairement composé des corps suivants :

1° - { Acide phosphorique libre
{ Phosphate monocalcique } solubles dans l'eau

2° - { Phosphate bicalcique
{ Phosphate de fer
{ Phosphate d'alumine } solubles dans le citrate d'ammonium

3° - { Phosphate tricalcique } Insolubles dans l'eau et dans le citrate, soluble dans les acides

Dosage de l'acide phosphorique soluble dans l'eau

Dans un mortier en verre dont le bec a été préalablement vaseliné, on met 2 gr. d'engrais que l'on remue légèrement sans le broyer, dans 10 cc d'eau distillée.

On décante après 1 minute de repos sur un filtre plat de Berzélius placé dans un entonnoir dont la queue plonge dans une fiole jaugée à 200 cc.

Trois fois on répète cette trituration. À la 4ᵉᵐᵉ, on

broie finement l'engrais avec un peu d'eau dans le mortier, puis, avec un jet de pissette on fait tomber la matière sur le filtre dont on continue le lavage jusqu'à parfaire les 200 ^{cc} du flacon jaugé. S'il se produit un trouble dans le flacon, on le fait disparaître en y ajoutant 1 ou 2 gouttes d'acide chlorhydrique pur.

Après avoir rendu, par agitation, le liquide du flacon homogène, on y fait une prise de 50 cent. cubes que l'on verse dans un verre à pied. On y ajoute 20 ^{cc} de liqueur citro-magnésienne et 40 à 50 cent. cubes d'ammoniaque à 22°.

On agite et après 12 heures de repos, on filtre le précipité formé, en le lavant avec de l'eau ammoniacale au 1/3. On fait sécher le résidu et on le calcine au moufle. On obtient du pyrophosphate de magnésie.

Le poids du pyrophosphate multiplié par 0,64 donne celui de l'acide phosphorique contenu dans la prise d'essai. On ramène, pour terminer, le tout à cent.

Formule de la liqueur citro-magnésienne

Acide citrique	400 ^{gr}
Carbonate de magnésie pur	22
Eau distillée	200

Après dissolution ajouter :

Ammoniaque à 22°	400 cent. cubes.

Dosage de l'acide phosphorique soluble dans le citrate d'ammonium

On retire de l'entonnoir, le filtre qui a servi dans l'opération précédente et qui contient le résidu du superphosphate insoluble dans l'eau, puis on introduit ce filtre dans un ballon jaugé à 1000 cent. cubes.

D'autre part on verse dans le mortier qui a précédemment servi au broyage, 40 ^{cc} de citrate d'ammonium ; on y lave le pilon et l'on transverse le citrate dans le ballon jaugé à 100 ^{cc}, en utilisant l'entonnoir qui a déjà servi. On termine en nettoyant au jet de pissette, le mortier, le pilon et l'entonnoir, puis on laisse le contact durer 12 heures ; au bout de ce temps, on complète à 100 le volume du ballon et on filtre. Dans le liquide clair, on prélève 50 cc auquel on ajoute, dans une verre à pied conique, 10 cc de liqueur magnésienne et 30 cent. cubes d'ammoniaque.

On agite et 12 heures après on a un précipité de phosphate ammoniaco-magnésien. On achève le dosage comme il a été dit précédemment.

Citrate d'ammonium (Joulie)

Acide citrique ———————— 400 gr
Ammoniaque à 22 °/o ——— 500 cent. cubes

Après dissolution et refroidissement on transvase dans un ballon dosé à 1 litre et on achève de remplir avec de l'ammoniaque à 22°.

Liqueur magnésienne

Chlorure de magnésium cristallisé   100 gr
Chlorhydrate d'ammonium pur ——   140
Ammoniaque pure ——————————   700
Eau distillée, QS pour parfaire 2 litres

Remarque. — Dans la pratique on dose rarement l'acide phosphorique soluble dans l'eau et on se contente de doser en bloc l'acide phosphorique soluble dans l'eau et dans le citrate.

Dans ce cas, on broie 1 gr d'engrais dans 40 cc de citrate d'ammonium et on verse le tout dans le flacon jaugé à 100 cc. Après 12 heures, on filtre, complète à 100 et on prend 50 cc de liqueur pour doser l'acide ainsi qu'il a été dit plus haut.

Dosage de l'acide phosphorique soluble seulement dans les acides.

La méthode que nous allons indiquer pour un

superphosphate, se rapporte à tout engrais contenant de l'acide phosphorique sous cette forme. Le poids de l'engrais à attaquer par l'acide seul variera selon la richesse présumée de la matière à analyser.

On attaque 1ᵍʳ de superphosphate préalablement mélangé à de la chaux et calciné, s'il contient de l'azote organique, par 10 cent. cubes d'acide chlorhydrique et 10 cent. cubes d'eau.

Après 1/4 heure d'ébullition, on transvase dans une capsule de porcelaine et on évapore à sec. On reprend par 10 cent. cubes d'acide chlorhydrique et 10 cent. d'eau. On filtre, lave, au-dessous d'un verre à précipité en ayant soin que le volume total ne dépasse pas 80 cent. cubes.

On ajoute 50 cent. cubes de liqueur citrique et on dose l'acide comme à l'ordinaire, à l'état de phosphate ammoniaco-magnésien.

Cas où le superphosphate contient de la magnésie

Dans ce cas on traite au préalable 1ᵍʳ de superphosphate par 5 cent. cubes d'eau, dans un mortier. On répète 5 ou 6 fois l'opération de sorte que la magnésie qui est à l'état soluble soit enlevée en même temps que l'acide phosphorique solubilisé. Chaque fois, l'eau est reçue sur un filtre de Berzélius plat, que l'on jette à la fin, dans un autre mortier où on le broie avec 40ᶜᶜ de citrate d'ammonium.

On filtre, une heure après, et on complète à 100ᶜᶜ. D'autre part on amène le liquide du traitement à l'eau, à 40ᶜᶜ et si on veut doser en bloc l'acide phosphorique assimilable, autrement dit la somme de celui qui est soluble dans l'eau et de celui qui est soluble dans le citrate, on fait une prise de 50ᶜᶜ dans la solution citrique et une autre de 20ᶜᶜ dans la solution aqueuse ; on les mélange et on continue l'opération comme il a été dit.

Dosage de la chaux

La chaux existe dans un superphosphate à l'état de sulfate, de phosphates et souvent de carbonate. On la dose en attaquant 5 gr. d'engrais par 10 cc d'acide chlorhydrique à 50 %, pendant 10 minutes, à l'ébullition.

On transvase dans une capsule, évapore à sec et on reprend par l'acide chlorhydrique étendu. On filtre, lave le résidu insoluble et on complète le volume du liquide recueilli à 100 cc. On fait une prise de 10, 20 cc ou plus, suivant la richesse de l'engrais que l'on sature par l'ammoniaque au 1/3. On reprend par l'acide acétique et on filtre pour séparer les phosphates d'alumine et de fer.

Dans la liqueur filtrée, on ajoute 10 cc d'oxalate d'ammonium qui précipite la chaux. On filtre, lave, sèche et calcine l'oxalate de calcium obtenu que l'on pèse ensuite à l'état de carbonate.

Dosage de la magnésie

Dans la liqueur séparée de l'oxalate de calcium, on peut y doser la magnésie. Pour cela il suffit d'ajouter de l'ammoniaque en excès et d'agiter le mélange. La magnésie se dépose à l'état de phosphate ammoniaco-magnésien.

Dosage de l'acide phosphorique dans une scorie de déphosphoration

On traite 1 gr. de scorie par l'acide chlorhydrique bouillant ; on évapore à sec et on reprend par l'acide chlorhydrique auquel on ajoute à l'ébullition et peu à peu, 5 cc d'acide nitrique. On fait bouillir jusqu'à disparition des vapeurs rutilantes et on continue le dosage comme à l'ordinaire.

Dosage de l'acide phosphorique dans un phosphate naturel (M. Aubin)

On attaque 1 gr de phosphate par 10 cc d'acide chlorhydrique maintenu 10 minutes à l'ébullition ; on ajoute ensuite 10 cc d'une solution saturée d'acétate de soude cristallisé dans l'acide acétique à 8° Baumé, puis on amène le volume à 40 cc sans retirer du bain de sable.

À l'ébullition on ajoute 2 à 3 gr d'oxalate d'ammonium et on arrête l'opération 10 minutes après. On laisse éclaircir puis on décante sur un filtre en lavant le résidu.

Après refroidissement, on verse de l'ammoniaque et 20 cc de la solution de citrate d'ammonium qui maintient le fer et l'alumine en dissolution, puis du réactif magnésien. L'acide phosphorique se précipite à l'état de phosphate ammoniaco-magnésien.

Dosage de l'acide phosphorique dans un phosphate précipité

On opère comme pour doser l'acide phosphorique soluble dans le citrate, dans un superphosphate.

Dosage de l'acide phosphorique par l'urane (Méthode Joulie)

Au lieu de peser l'acide à l'état de pyrophosphate de magnésie on peut le doser à l'aide d'une solution titrée d'azotate d'urane en pratiquant des essais avec du ferrocyanure de potassium.

Dosage de l'acide phosphorique par le molybdate d'ammonium

Ce procédé a l'avantage d'éliminer toutes les substances qui entravent le dosage dans les autres procédés.

L'attaque se fait par l'acide nitrique à 50 % pendant ¼ heure. Après refroidissement on complète le volume à 100 cc. Dans cette liqueur on fait sa prise d'essai et on y ajoute 10 cc d'acide nitrique et 6 ou 7 gr. d'azotate d'ammonium cristallisé.

L'opération se fait dans un vase de bohème de 300 cc. On verse en sus des deux matières précédentes, 50 cc de liqueur molybdique par chaque décigramme d'acide phosphorique supposé contenu dans la liqueur et on porte le mélange à 90° pendant 1 heure.

Un précipité de phospho molybdate d'ammonium se forme, que l'on filtre et lave avec une solution à 1 % d'acide nitrique et 3 % de nitrate d'ammonium. On place sous le filtre un verre à précipité et on dissout le phosphomolybdate à l'aide d'une solution d'ammoniaque au ⅓.

Dans la liqueur recueillie on précipite l'acide phosphorique à l'état de phosphate ammoniaco-magnésien, en y ajoutant 10 cc de liqueur magnésienne, ou on le dose par la liqueur titrée d'urane.

Préparation du molybdate d'ammonium

Faire dissoudre 100 gr. d'acide molybdique dans 400 gr. d'ammoniaque de 0,95 de densité. On filtre et on recueille le liquide goutte à goutte dans 1ᵏ5 d'acide nitrique à 1,20 de densité, en agitant sans cesse. Après plusieurs jours on utilise la partie claire.

Préparation de la Liqueur magnésienne

Faire dissoudre :

- Carbonate de magnésium pur ... 50 gr.

dans 100 gr. de chlorhydrate d'ammonium et 120 centimètres cubes d'acide chlorhydrique additionné de 500 cc d'eau.

La dissolution opérée, on ajoute 100 cc d'ammoniaque à 22° et, avec de l'eau, on complète à 1 litre.

Dosage de la potasse

La potasse se rencontre dans les engrais sous forme de sels solubles dans l'eau (nitrate, carbonate, phosphate, chlorure, sulfate) et sous forme soluble seulement dans les acides (silicates) dans les terres et les roches.

Méthode de Corenwinder et Contamine

C'est un procédé d'application générale qui exige seulement que la matière à analyser soit exempte d'ammoniaque et de trop grandes quantités de fer et d'alumine.

On prend un certain poids de la matière que l'on attaque par l'acide chlorhydrique à 50 %. S'il y a beaucoup de fer et d'alumine on s'en débarrasse par précipitation à l'aide d'ammoniaque et filtration.

La liqueur filtrée est évaporée à sec pour insolubiliser la silice et on reprend le résidu par l'eau régale qui chasse les produits ammoniacaux. Deux fois on reprend par l'acide chlorhydrique qui chasse tout l'acide nitrique et on ajoute de la liqueur de chlorure de platine (100 gr de Pt par litre) en quantité telle que cela représente 4 fois le poids présumé de potasse.

On évapore jusqu'à consistance sirupeuse au bain de sable et, après refroidissement, on ajoute de l'alcool à 95°. Il se forme un dépôt de chloroplatinate de potassium que l'on filtre quelques heures après.

On dissout le précipité recueilli sur le filtre après lavage à l'alcool à 95°, dans un peu d'eau bouillante et au liquide recueilli dans une capsule de porcelaine, on ajoute une solution de prussiate de soude (875 gr de carbonate de sodium dissous dans 450 cc d'acide formique) qui réduit le chloroplatinate à l'état de platine métallique que l'on filtre, lave à l'acide nitrique au 1/10, dessèche et pèse. Le poids de platine multiplié par 0,482 donne celui de la potasse contenu dans la prise d'essai.

Analyses diverses (préliminaires)

<u>Poudrettes</u> - Lorsqu'elles sont humides, il faut avant l'analyse les dessécher après y avoir ajouté 2 % d'acide oxalique.

<u>Chair, Sang, marcs de colle, pains de creton, chiffons, rapures de cornes, rognures de peaux, etc....</u> Il faut avant tout, les traiter jusqu'à dissolution de la matière par l'acide sulfurique, à chaud.

<u>Tourteaux, résidus d'industrie, touraillons, marcs, etc.</u> On dessèche la matière; on la réduit en poudre au moulin avant d'y doser l'azote - On dose les autres éléments dans les cendres, après leur incinération au moufle, au rouge sombre.

<u>Engrais verts</u> - On traite d'abord au hache paille, puis on mélange et on dessèche la matière ainsi obtenue.

<u>Varechs, goëmons, etc...</u> - On les dessèche au préalable et on les divise, aux ciseaux, avant de les mélanger.

<u>Litières</u> - On les passe au hache paille, on les dessèche et on en fait un mélange intime.

<u>Tourbe</u> - Elle s'écrase au mortier - si elle est fibreuse on se divise aux ciseaux dans les autres cas.

<u>Fumier de ferme</u> - On divise aux ciseaux, on ajoute 30 gr d'acide oxalique par kilogr, on dessèche et on mélange. Ainsi l'ammoniaque ne s'évapore pas.

Chlore

Se dose à l'aide d'une solution titrée de nitrate d'argent. L'opération a lieu en solution aqueuse. La liqueur contient 4 gr. 79 d'azotate d'argent par litre et 1 cc correspond à 1 cc de chlorure.

Dosage de la potasse dans les cendres

On calcine de nouveau la cendre si c'est nécessaire pour détruire la matière carbonée qui pourrait y rester — et on la traite ensuite par l'acide chlorhydrique pur à 60 %.

Dosage de la potasse dans les sulfo-carbonates

On traite 5 gr. de matière par l'acide chlorhydrique dans un ballon, au bain de sable, jusqu'à ce qu'un dépôt se forme. On retire du feu et à froid on complète le volume à 100 cc. On filtre et dans le liquide qui passe, on fait sa prise d'essai. On continue ensuite le dosage comme il a été dit précédemment pour l'analyse de la potasse par le procédé de Corenwinder et Contamine.

Chapitre XXXIV

Indications analytiques

Tableau des équivalents et des poids atomiques des principaux corps

Métalloïdes

Nom	Symbole	Equivalent	Poids atomique
Hydrogène	H	1	1, 008
Brome	Br$_2$	80	79, 92
Chlore	Cl	35, 5	35, 46
Iode	Io	127	126, 92
Fluor	Fl	19	19, "
Oxygène	O	8	16, "
Soufre	S	16	32, 07
Azote	Az ou N	14	14, 01
Phosphore	Ph ou P	31	31, "
Arsenic	As	75	74, 96
Carbone	C	6	12, "
Silicium	Si	14	28, 3
Hélium	He	"	4, "
Néon	Ne	"	20, "
Argon	Ar	"	39, 9
Krypton	Kr	"	83, "
Xénon	Xe	"	130, 7

Métaux

Nom	Symbole	Équivalent	Poids atomique
Sodium	Na	23, "	23, ,
Potassium	K	39, ,	39, 10
Calcium	Ca	20	40, 09
Baryum	Ba	68, 5	137, 34
Radium	Ra	"	226, 40
Magnésium	Mg	12, "	24, 32
Zinc	Zn	33, "	65, 37
Chrome	Cr	26, 25	52, 30
Manganèse	Mn	27, 50	54, 93
Fer	Fe	28, "	55, 85
Uranium	U	60, "	238, 50
Aluminium	Al	13, 75	27, 10
Etain	Sn	59, "	119, "
Cuivre	Cu	31, 5	63, 57
Argent	Ag	108, "	107, 88
Mercure	Hg	100, "	200, "
Plomb	Pb	103, 5	207, 10
Or	Au	98, 6	197, 20
Platine	Pt	99, 5	195, "
Molybdène	Mo	48, "	96, "

Remarque - L'équivalent en poids d'un corps et son poids atomique sont égaux lorsque l'équivalent en volume de ce corps est le même que celui de l'hydrogène. Pour ceux dont l'équivalent en volume est la moitié de celui de l'hydrogène, l'équivalent en poids est la moitié du poids atomique.

Renseignements analytiques

La loi du 4 février 1888 porte à son article 6 "qu'un "règlement d'administration publique prescrira les procédés d'a- "nalyse à suivre dans la détermination des matières fertilisantes "des engrais et statuera sur les autres mesures à prendre pour as- "surer l'exécution de la présente loi."

Il y a lieu cependant de considérer que le décret du 3 mai 1911 qui a servi de règlement d'administration publique à la loi précédente, n'indique aucune nouvelle méthode d'analy- se et qu'au contraire il spécifie que les méthodes à employer de- vront être celles de la Commission permanente.

Jusqu'à ce que de nouveaux arrêtés prescrivant de nou- velles méthodes paraissent, ce sont donc celles qui sont décrites dans l'ancien règlement d'administration publique et dans ce Cours qui restent en vigueur. En ce qui concerne la façon d'expri- mer les résultats analytiques obtenus elle est précisée par l'article 2 du décret précité, qui dit textuellement :

"Les indications prescrites par l'article qui précède doi- "vent être complétées par la mention de la composition de l' "engrais ou amendement.

"Cette composition doit être exprimée par les poids des éléments "fertilisants contenus dans 100 Kgs de la marchandise facturée, "telle qu'elle est livrée et dénommée ci-après:

"Azote nitrique

" " ammoniacal

" " organique

"Acide phosphorique en combinaison soluble dans l'eau

" " " " " " le citrate

"d'ammonium

"Acide phosphorique en combinaison insoluble dans l'eau

"Potasse en combinaison soluble dans l'eau

"Pour l'azote organique, l'azote ammoniacal et la "potasse en combinaison soluble dans l'eau, l'origine ou l'in- "dication de la matière première dont ils proviennent doit "être mentionnée."

"Dans tous les cas, la teneur des engrais ou amendement
"est exprimée en azote élémentaire (Az); en acide phosphorique a.
"anhydre (P^2O^5) et en potasse anhydre (K^2O). Cette teneur—
"est obligatoirement exprimée pour cent, ces deux derniers mots
"écrits en toutes lettres.

Quant aux prix, le vendeur d'engrais ou d'amendements est tenu de les rapporter au kilogramme d'azote élémentaire (Az); d'acide phosphorique anhydre (P^2O^5) et de
potasse anhydre (K^2O).

Il est en outre tenu de préciser la forme sous laquelle
se trouvent les éléments fertilisants et, à cet effet, il ne peut se
servir que des expressions suivantes :

Azote nitrique

Azote ammoniacal

Azote organique

Acide phosphorique, soluble dans l'eau

Acide phosphorique, soluble dans le citrate d'ammoniaque.

Acide phosphorique insoluble

Potasse, soluble dans l'eau

La circulaire ministérielle du 16 mai 1911 signale
que les mots :

— Azote nitrique, désignent l'azote des nitrates et des nitrites.

— Azote organique, désignent l'azote des matières organisées (
sang, cuir, laines, cornes, tourteaux).

— Azote ammoniacal, désignent l'azote de tous les autres produits azotés (sulfate d'ammoniaque, crud ammoniac, cyanamide, etc...)

L'adjectif soluble peut être employé par abréviation
de " soluble dans l'eau "" soluble dans le citrate d'ammoniaque'
ou dans les acides.

Les engrais s'achètent aux 100 kilogrammes avec
un titre minimum garanti. Nous ne conseillons pas de les
acheter au degré, sans garantie de minimum.

M. Müntz dans son remarquable rapport fait
au Comité des Stations agronomiques et des laboratoires agricoles, a fait ressortir que dans les transactions commerciales, il

"suffit d'avoir des chiffres se rapprochant assez de la vérité absolue
"pour que l'écart soit sans préjudice appréciable pour l'acheteur
"ou pour le vendeur — et qu'il y a une certaine latitude dans
"laquelle peuvent se mouvoir les résultats que l'on peut appeler
"pratiquement exacts. Il faut donc admettre un écart permis,
"une tolérance, entre le titre indiqué et celui que donne l'a-
"nalyse chimique ".

Dans la pratique, on peut considérer comme concor-
dants les résultats qui ne diffèrent entre eux que d'un petit nombre d'unités de la première décimale et on ne peut convaincre de
fraude un vendeur qui aurait promis un titre au-dessous duquel
il aura livré, avec un _demi_ pour cent d'écart au moins.

Exemple - On garantit 37% de matière fertilisante ; l'engrais livré donne à l'analyse 36,5% ou 37,5. L'engrais doit
être accepté sans réclamation.

Dans le commerce, il est admis que tout manquant
sur le titre minimum garanti, si du moins il ne dépasse pas
un degré, est déduit selon sa valeur, établie en la calculant
au prix de l'unité.

La réfaction se calculera sur _le double_ de la valeur
du manquant si ce manquant va au-delà de _un degré_

Voici quelques indications pratiques pour la com-
mande des engrais, indiquées par _M. Garola_ et qui intéressent les chimistes au même degré que les vendeurs ou les a-
cheteurs :

Le soumissionnaire garantit d'une manière pré-
cise la pureté, l'origine et le dosage des engrais indiqués ci-
après :

Superphosphate d'os - Le vendeur doit garantir qu'ils sont
d'os pur, exempts de phosphate précipité ou de superphosphate
minéral. Azote 0,5 à 1% ; acide phosphorique soluble à l'eau
et au citrate 16% au minimum, dont au moins les 2/3
solubles dans l'eau.

Superphosphate minéral soluble à l'eau et au
citrate - Minima : 12, 14 ou 16% d'acide phosphorique.

Superphosphate minéral soluble dans l'eau - Acide
phosphorique soluble, 14% au minimum.

Nitrate de soude. - 15 % d'azote au minimum.

Sulfate d'ammoniaque. - Exempt de cyanures, sulfo-cyanures et sulfate de protoxyde de fer. - Azote ammoniacal 20 % au minimum.

Phosphates minéraux. - Mouture impalpable. - Acide phosphorique minimum 18 %.

Scories de déphosphoration. - Poudre impalpable. - Acide phosphorique 18 % au minimum.

Chlorure de potassium. - Exempt de chlorure de magnésium ; potasse 50 %.

Kaïnite. - Potasse 12 % au minimum.

Sang desséché pur. - 13 % d'azote au minimum, garanti exempt de toute matière azotée étrangère.

Corne torréfiée. - 14 % d'azote au minimum.

Phospho-ordinaire. - Azote nitrique 3 % quand il s'agit d'un engrais à employer au printemps, d'azote ammoniacal s'il doit être utilisé à l'automne et 12 % d'acide phosphorique soluble dans l'eau et le citrate. Ces proportions sont les minima à exiger.

Nomenclature des engrais

Dans l'ancienne nomenclature chimique on désignait les sels en les considérant comme le résultat d'une combinaison d'un acide et d'une base oxygénée.

Ex : Nitrate de soude
Nitrate de potasse
Sulfate d'ammoniaque
Carbonate de potasse
etc...

Actuellement on désigne les mêmes sels en les regardant comme résultant de la substitution d'un métal à de l'hydrogène, dans l'acide, de sorte que les sels précédents sont appelés, dans les ouvrages modernes :

Nitrate de sodium

Nitrate de potassium

Sulfate d'ammonium

Carbonate de potassium

Dans le commerce des engrais et en Chimie agricole on emploie encore les premières désignations, c'est-à-dire celles de l'ancienne nomenclature. Ce sont celles qu'il est préférable encore de faire figurer sur les bulletins d'analyse et pour les commandes d'engrais ou d'anticryptogamiques.

Tableau des principaux poids atomiques d'un usage courant en Chimie agricole

Métalloïdes		Poids atomique
Brome	Br	80
Chlore	Cl	35,5
Iode	I	127
Fluor	F	19
Oxygène	O	16
Soufre	S	32
Azote	N ou Az	14
Phosphore	Ph ou P	31
Arsenic	As	75
Carbone	C	12
Silicium	Si	28

Métaux

Sodium	Na	23
Potassium	K	39

Calcium	Ca	40
Baryum	Ba	137
Magnésium	Ca	24
Zinc	Ba	65
Manganèse	Mn	55
Fer	Fe	56
Molybdène	Mo	96
Uranium	Ur	238,5
Aluminium	Al	27,0
Bismuth	Bi	208
Argent	Ag	108
Cuivre	Cu	63,6
Mercure	Hg	200
Plomb	Pb	207
Or	Au	197,2
Platine	Pt	195

Coefficients de Transformation

Ces multiplicateurs analytiques ont pour but de faciliter les calculs du chimiste, en lui permettant de les abréger.

Voici comment on s'en sert : supposons que l'on ait à doser de l'acide phosphorique dans un engrais. On a trouvé $0^{gr}052$ de pyrophosphate de magnésie après avoir opéré sur $1/2$ gramme de matière. La table des coefficients fournit dans ce cas le multiplicateur $0,6396$. On aura donc :

$$P^2O^5 \% \text{ dans l'engrais} = 0,052 \times 0,6396 \times 2 \times 100$$
$$\text{acide phosphorique anhydre} = 6,65 \%$$

Calcul des Analyses

Tableau des principaux coefficients de transformation agricole

Corps obtenu	Corps cherché	Coefficients
Alumine Al^2O^3	Phosphate d'alumine $AlPO^4$	2, 3824
Azote Az	Sulfate d'ammoniaque $(Az H^4)^2 SO^4$	4, 7147
Azote Az	Nitrate — d°. — $Az H^4 Az O^3$	2, 8571
Azote nitrique Az	— d°. — d°. —	5, 7142
Azote Az	Ammoniaque $Az H^3$	1, 2143
Azote Az	Acide azotique anhydre $Az^2 O^6$	3, 8571
Anhydre azotique Az^2O^5	Azote Az	0, 2592
Azote Az	Nitrate de soude $Na Az O^3$	6, 0710
Azote Az	Matières albuminoïdes	6, 2500
Anhydre phosphorique P^2O^5	Phosphate de chaux $Ca^3 P^2 O^8$	2, 1830
d° sulfurique SO^3	Acide sulfurique $SO^4 H^2$	1, 2250
Carbonate de chaux $Ca CO^3$	Chaux $Ca O$	0, 5600
Chaux $Ca O$	Carbonate de chaux $Ca CO^3$	1, 7855
Chlorure d'argent $AgCl$	Chlore Cl	0, 2472
— d°. — $Ag Cl$	Chlorure de potassium KCl	0, 5200
— d°. — $AgCl$	Chlorure de sodium $Na Cl$	0, 4074
Cuivre Cu	Sulfate de cuivre $Cu SO^4 5H^2O$	3, 9320
— d°. — Cu	Oxyde de cuivre $Cu O$	1, 2520
— d°. — Cu	Nitrate de cuivre $Cu (Az O^3)^2 4 H^2 O$	4, 0960
— d°. — Cu	Verdet $Cu (C^2 H^3 O^2)^2 H^2 O$	3, 1420
— d°. (oxyde) $Cu O$	Cuivre Cu	0, 7986
— d°. d°. $Cu O$	Sulfate de cuivre $Cu SO^4, 5H^2O$	3, 1410
Fer Fe	Protoxyde de fer $Fe O$	1, 2860
Fer Fe	Sesquioxyde de fer $Fe^2 O^3$	1, 4285
Fluorure de calcium $CaFl$	Fluor Fl	0, 4872
Manganèse Mn	Sulfate de manganèse $Mn SO^4$	2, 7410
d° (oxyde) $Mn^3 O^4$	Manganèse Mn	0, 7203
Phosphate d'alumine $AlPO^4$	Alumine $Al^2 O^3$	0, 4197

Corps obtenu	Corps cherché	coefficients
Phosphorique (anhydride) P^2O^5	Phosphate d'alumine $Al\,PO^4$	1,7232
Pyroarséniate de magnésie — $Mg^2As^2O^7$	Arsenic ———————— As	0,4841
Pyrophosphate de magnésie $Mg^2P^2O^7$	Phosphate de chaux — $Ca^3P^2O^8$	1,3963
Pyrophosphate de magnésie $Mg^2P^2O^7$	Magnésie ———————— MgO	0,3622
Pyrophosphate de magnésie $Mg^2P^2O^7$	Anhydride phosphorique P^2O^5	0,6397
Phosphate de chaux $Ca^3P^2O^8$	Anhydride phosphorique P^2O^5	0,4582
Phosphomolybdate d'ammoniaque $P^2O^5 24\,MoO^3(3AzH^4)^2OH^2O$	Anhydride phosphorique P^2O^5	0,0373
Potasse ———————— K^2O	Nitrate de potasse —— $KAzO^3$	2,1465
-d°- ———————— K^2O	Carbonate de potasse —— KCO^3	1,4680
-d°- ———————— K^2O	Chlorure de potassium — KCl	1,5820
-d°- ———————— K^2O	Sulfate de potasse —— K^2SO^4	1,8490
Perchlorate de potasse $KClO^4$	Potasse ———————— K^2O	0,3390
Platine ———————— Pt	Potasse ———————— K^2O	0,4820
Sulfurique (acide) SO^4H^2	Acide acétique —— CH^3,CO^2H	1,2245
Sulfure d'arsenic As^2S^3	Arsenic ———————— As	0,6098
-d°- -d°-	Acide arsénieux —— As^2O^3	0,8049
-d°- -d°-	Acide arsénique —— As^2O^5	0,9349
Sulfate de chaux anhydre —— $CaSO^4$	Chaux ———————— CaO	0,4117
-d°- ————————	Sulfate de chaux hydratée $CaSO^4 2H^2O$	1,2628
Sulfate de baryte $BaSO^4$	Sulfate de chaux —— $CaSO^4$	0,5829
-d°- -d°-	Soufre ———————— S	0,1374
-d°- -d°-	Acide sulfureux —— SO^2	0,2750
-d°- -d°-	Acide sulfurique —— SO^3	0,3433

Corps obtenu	Corps cherché	Coefficient
Sulfate de soude $Na\,SO^4$	Soude _____ Na^2O	0,4368
Sesquioxyde de fer Fe^2O^3	Fer _____ Fe	0,7000
-d°- -d°-	Protoxyde de fer _____ $Fe\,O$	0,9000
Tartrique (acide) $CO^2H\,CH(OH)\,CH(OH)\,CO^2H$	Tartrate neutre de chaux $C^4H^4O^6Ca,\,4H^2O$	1,7333
- d° -	Bitartrate de potasse $C^4H^5O^6K$	1,2542
Tartrate de potasse (bi) $C^4H^5O^6K$	Acide tartrique $(CO^2H)^2(CHOH)^2$	0,7979
Sucre (réducteur)	Amidon $(C^{12}H^{20}O^{10})^n$	0,9000
Sucre d°	Saccharose $C^{12}H^{22}O^{11}$	0,9500

Index analytique

Formules et propriétés de corps se rapportant aux analyses agricoles

Corps	Formules (Notation atomique)	Poids moléculaire	Solubilité dans 100 parties d'eau
Alumine	Al^2O^3	102	Insoluble
" hydratée	$Al^2O^3, 3H^2O$	156	"
Ammonium (carbonate)	$(AzH^4)^3H(CO^3)^2$	175	25
" (chlorure)	AzH^4Cl	53	100
" (oxalate)	$C^2O^4(AzH^4)^2H^2O$	"	4,5 - bouillant 41
" (phospho-molyb.)	$(AzH^4)^3PO^4+(MoO^3)+10\,\tfrac{3}{2}aq$	303	0,06 ; b. ins
" (sulfate)	$(AzH^4)^2SO^4$	132	71 à 98
" (sulfure)	$(AzH^4)^2S$	68	G
Argent (chlorure)	$AgCl$	143	0,00064
" (nitrate)	$AgAzO^3$	170	très sol.
Arsenic (ac. arsénieux)	As^2O^3	198	b. 11
" (ac. arsénique)	$AsH^3O^4, \tfrac{1}{2}aq$	142	t o
Baryum (baryte crist.)	$BaH^2O^2, 8aq$	315	sol. 3,33
" (carbonate)	$BaCO^3$	197	0,007
" (chlorure)	$BaCl^2, 2aq$	244	24 à 86
" (sulfate)	$BaSO^4$	233	0,0002
Chaux	CaO	56	s'hydrate
" (hydratée)	$Ca^2H^2O^2$	74	0,18
" (carbonate)	$CaCO^3$	100	0,029
" (chlorure)	$CaCl^2, 6aq$	219	70
" (fluorure)	$CaFl^2$	78	0,038
" (nitrate)	$Ca(AzO^3)^2$	164	94 ; b 300
" (phosph. bas.)	$Ca^3P^2O^8$	310	insol.
" (" acide)	$CaH^4(PO^4)^2, aq$	252	sol.
" (" retrog.)	$CaH^4(PO^4)^2, 2aq$	172	insol.
" (sulfate)	$CaSO^4\ 2aq$	172	0,23
Fer (protoxyde hyd.)	FeH^2O^2	90	0,0006

Corps	Formules (Notation atomique)	Poids moléculaire	Solubilité dans 100 parties d'eau
Fer — (sulfate ferreux)	Fe^7, 7 aq	278	20 ; b 178
" (" amm.)	$Fe (Az H^4)^2 (SO^4)^2$, 6 aq	392	17 ; b t. o.
" (" ferrique)	$Fe^2 (SO^4)^3$ 9 aq	562	sol.
Magnésium (oxyde)	$Mg O$	40	insol.
" hydrate	$Mg H^2 O^2$	58	0, 02
" carbonate	$Mg H^2 C^2$, 4 $MgCO^3$, 6 aq	502	0, 01
" chlorure	$Mg Cl^2$ 6 aq	203	160 ; b 370
" phosphate	$Mg H PO^4$, 7 aq	246	0, 3
" phosph. am.	$Mg Az H^4 PO^4$, 6 aq	245	0, 2
" pyrophosph.	$Mg^2 P^2 O^7$ 5 aq	312	ins.
Manganèse oxyde	$Mn^3 O^4$	229	"
" bioxyde	$Mn O^2$	87	"
" carbonate	$Mn CO^3$	115	0, 01
" chlorure	$Mn Cl^2$, 4 aq	198	150 ; b 620
" sulfate	$Mn SO^4$, 4 aq	223	-110 ; b 146
Molybdène (acide)	$Mo O^3$	144	0, 2
Phosphore acide	$PO^3 H^3$	·82	to
" anhyd. phos.	$P^2 O^5$	142	déc
" acide	$PO^4 H^3$	98	t. o.
Platine (dichlorure)	$Pt Cl^4$	330	t. o.
" chlor. plat. et sodium	$Na^2 Pt Cl^6$, 6 aq	564	t. o.
" " " " potass.	$K^2 Pt Cl^6$	488	0, 93 ; b. 53
Potassium (oxyde)	$K^2 O$	94	décomposé
" hydrate	$K HO$	56	200
" carbonate	$K^2 CO^3$	138	83 à 154
" chlorure	$K Cl$	74	28 à 57
" iodure	$K Fl$, 2 aq	94	sol ; b. t. o.
" manganate	$K I$	166	128 à 209
" permanganate	$K^2 Mn^2 O^8$	197	sol.
" nitrate	$K Az O^5$	316	6, 3
" phosphate bib.	$K^2 H PO^4$	-101	13 à 247
" silicate	$K^2 Si O^3$	174	t. o.

Corps		Formules notation atonique	Poids molécu- laire	Solubilité dans 100 parties d'eau
Potassium	sulfate	$K^2 SO^4$	174	8 à 26
"	sulfure	$K^2 S$	110	t. s.
Silicium	silice	$Si O^2$	60	ins.
"	fluorure	$Si F^4$	104	t. s.
Sodium	hydrate	$Na HO$	40	60 ; b. 250
"	carbonate crist.	$Na^2 CO^3, 10 aq$	286	21 à 274
"	bicarbonate	$Na H CO^3$	84	7 à 16
"	chlorure	$Na Cl$	58	82 à 204
"	nitrate	$Na Az O^3$	85	71 à 178.
"	phosph. bibro.	$Na^2 HPO^4, 12 aq$	358	15 à 260
"	trib.	$Na^3 PO^4, 12 aq$	380	20 à 250
"	silicate	$Na Si O^3, 6 aq$	230	t. s.
Soufre anhyd.	sulfureux	SO^2	64	50, 0°80
" "	sulfurique	SO^3	80	déc
" acide	sulfurique	$H^2 SO^4$	98	∞
Urane (nitrate)		$U Az O^4, 3 aq$	252	265
"	phosphate	$(UO)^2 Az H^4 PO^4, naq$	385	ins.

Minéralogie

Composition centésimale de quelques minéraux se rapportant aux choses agricoles

Nom	Composition atomique	Composition %
Albâtre	$Ca\ SO^4\ H^2O$	"
Ambre ou Succin	Résine fossile	"
Apatite	$Ca^5\ Ph^3\ Fl\ O^{12}$	$Ph\ O^4 Ca^3$, 92 ; $Ca\ Fl^2$ 7-4
Aragonite	$Ca\ CO^3$	$Ca\ CO^2$, 99-89
Argiles	$Al^2O^3,\ 2\ SiO^2, 2H^2O$	SiO^2, 28-56 ; Al^2O^3, 20-40
Barytine	$SO^4\ Ba$	$SO^4 H^2$, 34,3 ; BaO, 65,7
Bauxite	$Al^2O^3\ 2H^2O + Fe^2O^3$	Al^2O^3, 85-74
Biotite (Mica)	$(K^2 Mg)\ O,\ Al^2O^3$	SiO^2, 41-36 ; Al^2O^3, 21-12
Calcaire	$CO^3\ Ca$	CO^2, 43-40 ; CaO, 56-48
Calcite	$CO^3\ Ca$	CO^2, 43-40 ; CaO, 55-46
Carnalite	$KCl,\ Mg\ Cl^2,\ 6\ H^2O$	KCl, 27-24 ; $MgCl$ 36-30
Craie	$CO^3\ Ca$	CaO, 56-48 ; CO^2, 43-40
Cryolite	$Al^2\ Fl^6,\ 6\ Na\ Fl$	Fl, 54-53 ; Al 13-12 ; Na, 32
Dolomie	$CO^3 Mg,\ CO^3 Ca$	$Ca\ CO^3$, 70-54 ; $Mg\ CO^3$, 46-25
Gypse	$SO^4 Ca,\ 2\ H^2O$	$SO^4 H^2$, 46-44 ; CaO, 32-29
Hématite brune	$2\ Fe^2 O^3,\ 3\ H^2O$	$Fe^2 O^3$, 86-68
" rouge	$Fe^2 O^3$	Fe, 70 ; O-30
Houille	C	C, 80-90
Kaïnite	$SO^4\ Mg\ KCl,\ 3\ H^2O$	$SO^4 H^2$, 28,9 ; MgO, 14,7 ; K 17,8
Kaolin	$Al^2O^3,\ 2\ SiO^2, 2H^2O$	SiO^2 56-46 ; Al^2O^3 41-17
Marbre	$CO^3 Ca$	CO^2 43-40 ; CaO 56-48
Micas		SiO^2, 54-36 ; Al^2O^3, 38-12
Muscovite (Mica)	$(KNa)OH, Al^2O^3 2SiO^2, mFl^2$	SiO^2 47-43 ; Al^2O^3, 36-31
Nitre	$Az\ O^3 K$	$Az\ O^3 H$, 59,4 ; K^2O, 46,6
Ocre jaune (limonite)	$2\ Fe^2 O^3,\ 3H^2O$	$Fe^2 O^3$, 86-68
Phosphorites		$2(PO^4)\ Ca^3$, 91 - $Ca\ Fl^2$ 7-4
Pyrite	$Fe\ S^2$	S, 53 ; Fe, 46
Talc	$3\ MgO,\ 4\ SiO^2, H^2O$	SiO^2, 62-56 ; MgO, 35-26
Tourbe	"	C, 50-60

Chapitre XXXV

Engrais composés

Les engrais composés sont ceux qui contiennent au moins deux éléments fertilisants ; ils sont dits complets quand ils renferment à la fois de l'azote, de l'acide phosphorique, de la potasse et de la chaux.

Les engrais composés ont leurs avantages et leurs inconvénients.

Comme avantages ils évitent à l'agriculteur la minutie de l'opération du mélange et des calculs qu'il peut comporter, mais à côté de cela, il faut considérer que l'engrais que l'on ne compose pas soi même peut être l'objet de nombreuses falsifications, aussi est-il nécessaire de ne pas l'accepter sans analyse chimique préalable, d'autre part il représente un plus grand volume, dont une partie inutile, à transporter.

Les mélanges les plus divers peuvent être demandés aux fabricants qui obtiennent facilement des engrais composés homogènes, à l'aide de broyeurs et de mélangeurs, mais il faut avoir soin de ne commander que des matières premières qui ne réagiront pas défavorablement les unes sur les autres.

Voici quelques mélanges fréquemment demandés.

Superphosphate d'ammoniaque

Cet engrais qui a fourni de bons résultats est un simple mélange de superphosphate de chaux et de sulfate d'ammoniaque, dans lequel, grâce à l'acide sulfurique du sulfate, l'acide phosphorique se rétrograde moins facilement que dans un superphosphate seul.

Quand on opère le mélange, et pendant les quinze jours environ qui suivent, il se produit plusieurs réactions. C'est ainsi que se forment des phosphates d'ammonium, du sulfate de calcium, du sulfate double de calcium et d'ammonium, des sulfates de fer et d'aluminium.

Les réactions se font dans des proportions fort variables et on obtient ordinairement des mélanges dont la teneur se rapproche des suivantes :

	Azote %	Acide phosphorique %
N° 1	9	9
N° 2	5	10
N° 3	6	12

Pour éviter le durcissement de cet engrais, on sature le plâtre d'un peu d'eau ou on ajoute du sable, des déchets de laine en poussière, de la sciure de bois, etc...

Mélangés à la ferme, à la pelle, le sulfate d'ammoniaque et le superphosphate doivent être finement broyés avant leur emploi.

Superphosphate nitraté

C'est un mélange de superphosphate de chaux et de nitrate de soude. Cet engrais ne peut être composé que lorsque le superphosphate ne contient pas un excès d'acide sulfurique, sans quoi cet acide déplaçant l'acide nitrique, occasionnerait des pertes d'azote sous une forme où il coûte très cher.

Si on opère ce mélange, il faudra n'employer que des matières très sèches et un superphosphate sans excès d'acide sulfurique.

Superphosphate ammoniaco nitrique

Les recommandations relatives au superphosphate nitrate sont applicables à ce mélange qui renferme en général 4 % d'azote ammoniacal, 2 % d'azote nitrique et 10 % d'acide phosphorique soluble dans le citrate d'ammonium.

Superphosphate ammoniaco-potassique

C'est le mélange, très répandu, de superphosphate de chaux, de sels de potasse et de sulfate d'ammoniaque qui donne de bons résultats mais dans lequel le chlorure de magnésium agit partiellement sur l'acide phosphorique soluble pour le rétrograder.

Phosphate ammoniaco magnésien

C'est un excellent engrais composé, qui est très assimilable quoique presque insoluble dans l'eau. Sa composition est la suivante :

Ammoniaque	12, 14 dont 10 d'azote
Acide phosphorique	50, 00
Magnésie	28, 50
Eau	9, 36
	100, 00

On l'obtient en faisant agir le phosphate de magnésie sur l'ammoniaque.

Engrais composés divers

On peut composer une multitude d'engrais complexes

en mélangeant les substances fertilisantes entre elles. Le seul écueil à éviter est qu'elles ne réagissent pas défavorablement les unes sur les autres, ou que les réactions ne donnent lieu qu'à des composés de fertilisation supérieure ou égale à celle des composantes.

Calculs des mélanges

Ces calculs peuvent se ramener à 4 cas :

1° - Deux engrais renferment l'un une proportion de a % d'un élément fertilisant et le second b % de cet élément. Dans quelle proportion faut-il les mélanger pour avoir un engrais d'une teneur de n % ?

Soit x la quantité du premier engrais à mélanger à une quantité y du second. On a les équations :

$$\begin{cases} \dfrac{ax}{100} + \dfrac{by}{100} = n \\ x + y = 100 \end{cases}$$

d'où :
$$x = 100 - y$$

$$\frac{a(100-y)}{100} + \frac{by}{100} = n$$

$$x = \frac{100(b-n)}{b-a}$$

$$y = \frac{100(n-a)}{b-a}$$

2° - Trois engrais ont des teneurs respectives a, b, c d'un même élément fertilisant - Comment les mélanger pour avoir un composé ayant une teneur centésimale n, de ce même élément ?

Soit x, y, z les quantités à mélanger des engrais de teneur a, b, c.

Si on fixe à l'avance à P le poids du premier engrais, par exemple, à mélanger, on aura :

$$x = P$$

On aura :
$$x + y + z = 100$$

$$\frac{ax}{100} + \frac{by}{100} + \frac{cz}{100} = n$$

On a :
$$y + z = 100 - P$$

$$\frac{aP}{100} + \frac{by}{100} + \frac{cz}{100} = n$$

D'où on tire :
$$x = P$$

$$y = \frac{100(c-n) + P(a-c)}{c-b}$$

$$z = \frac{100(n-b) + P(b-a)}{c-b}$$

3º - Supposons que l'on ait :

x kilogs. d'engrais contenant a % d'azote

y " " " b % d'acide phosphorique

z " " " c % — dº —

Il s'agit d'obtenir un engrais à p % d'azote et à n % d'acide phosphorique.

Comment les mélanger ?

On a les équations :

$$\begin{cases} \dfrac{ax}{100} = p \\[2mm] \dfrac{by}{100} + \dfrac{cz}{100} = n \\[2mm] x + y + z = 100 \end{cases}$$

D'où l'on tire :

$$x = \frac{100\,p}{a}$$

$$y = \frac{100\,[a(c-n) - cp]}{a(c-b)}$$

$$z = \frac{100\,[a(n-b) + np]}{a(c-b)}$$

Remarque - Si l'une des substances à mélanger était inerte

il suffirait dans les équations précédentes de faire égal à zéro celle qui correspondrait à cette substance.

4° — Considérons un engrais à obtenir, à l % d'azote et t % d'acide phosphorique. Dans quelles proportions mélanger trois engrais dont le premier aura a % d'azote et b % d'acide phosphorique, le second c % d'azote et le troisième d % d'acide phosphorique ?

Désignons ces proportions par x, y, z, correspondant aux premier, second et troisième engrais.

On aura les équations suivantes qu'il sera aisé de résoudre :

$$\begin{cases} \dfrac{ax}{100} + \dfrac{cy}{100} = l \\[2mm] \dfrac{bx}{100} + \dfrac{dz}{100} = t \\[2mm] x + y + z = 100 \end{cases}$$

Chapitre XXXVI

Les engrais et les principales cultures

Céréales — Les éléments fertilisants qui manquent le plus souvent au blé sont l'azote et l'acide phosphorique. C'est une culture qui épuise le sol et qui est fort exigeante.

Les engrais en couverture réussissent bien avec les céréales ; quand on a semé des variétés d'automne on applique la matière fertilisante en deux fois. Une première fois on met de l'azote sous forme ammoniacale et les phosphates, au moment des semailles après le dernier labour, et le reste, au printemps sous forme d'azote nitrique, sans dépasser Mars.

Les blés de printemps sont moins exigeants en engrais, mais leur végétation étant plus courte, il arrive souvent qu'ils sont moins productifs.

Les semailles ont lieu du 1ᵉʳ Octobre au 15 Novembre et du 1ᵉʳ février au 15 mars ; on voit donc par là vers quelles époques il y a lieu d'utiliser les engrais.

Pour ménager le sol, on fait en général alterner le blé avec une récolte sarclée (betteraves, pommes de terre, topinambours, carottes, maïs, colza, choux à fourrages, etc...) dont les racines vont chercher leur nourriture plus profondément que les céréales.

Quand le blé succède à une légumineuse qui a enrichi le sol en azote, il faut craindre la verse et augmenter la proportion d'acide phosphorique dans l'engrais que l'on veut employer.

Lorsqu'on a affaire à un sol léger, sablonneux, assez riche, mais insuffisant pour le blé seul, qui est plus exigeant que le seigle en azote et que d'autre part on ne veut pas employer trop d'engrais, on sème du _méteil_, qui est un mélange à parties égales de ces deux céréales.

L'orge est une culture moins épuisante que celle du blé, mais elle préfère les sols calcaires. Elle exige des engrais facilement assimilables et elle en profite mieux que les autres céréales.

L'avoine n'exige pas des engrais décomposés mais elle demande beaucoup d'azote. Elle profite bien des matières fertilisantes qu'on lui donne.

Le maïs constitue une culture très épuisante qui demande des fumures copieuses. Il ne craint guère la verse et profite bien des engrais. Afin d'éviter un épuisement du sol inutile il faut arracher ses racines immédiatement après la récolte et les brûler sur place ou les faire entrer dans des composts.

Le sarrazin ou blé noir est une plante qui se rapproche du seigle, c'est-à-dire qu'il pousse bien tout comme lui, dans les sols sablonneux et frais.

Pour la culture d'une céréale quelconque, il est nécessaire d'avoir un sol bien préparé et bien propre. Quand on cherche à obtenir un grand rendement, il est indispensable de choisir des variétés de céréales améliorées, à paille ferme ne craignant pas la verse qui, on le sait, peut être occasionnée par les trop copieuses fumures, dans le cas, pourtant indispensables.

Les matières fertilisantes qui donnent les résultats les meilleurs dans la culture des céréales, sont l'azote et l'acide phosphorique.

L'azote seul donne beaucoup de paille, occasionne la verse et n'agit guère sur la production du grain. C'est l'acide phosphorique qui complète son action et évite ces inconvénients.

On peut utiliser différentes fumures :

1° — le fumier de ferme, seul, enfoui à l'automne, à la dose de 10 à 60.000 Kgs. à l'hectare, celle de 30.000 Kgs constituant une fumure moyenne. Il a l'inconvénient d'apporter trop d'azote, pas assez d'acide phosphorique, et à haute dose de pousser à la verse.

Le fumier traité à l'étable au phosphate de chaux naturel ou mieux au phosphate de magnésie, ne présente plus ces inconvénients.

Cette pratique permet en outre d'abaisser le taux de fumier à employer et au lieu de 30.000 K par exemple de réduire la dose à 10 ou 20.000 Kgs.

Dans tous les cas, on devra, en Mars, répandre en couverture une certaine dose de nitrate de soude que l'on réduira de moitié, si on a phosphaté le fumier comme il vient d'être dit, mais alors, si le sol manque de calcaire, on y joindra du plâtre.

Si on veut utiliser les engrais chimiques seuls on emploiera, à l'automne, avant les semailles, du phosphate de chaux et au printemps, en Mars, du nitrate de soude pour activer la végétation.

Le phosphate ammoniaco-magnésien, quand il est possible de s'en procurer à de bonnes conditions, employé à l'automne, donne les meilleurs résultats et permet de réduire encore la dose de nitrate nécessaire au printemps.

Le superphosphate peut être utilisé au printemps avec le nitrate, mais ce mélange fait perdre de l'azote nitrique si le superphosphate contient un excès d'acide sulfurique ou que les pluies abondantes surviennent après pandage de l'engrais, car elles entraînent dans le sol le nitrate utilisé

Tubercules.

Les tubercules ne craignent pas les fortes fumures, aussi sont elles employées dans les assolements pour faciliter le nettoyage complet du sol.

En effet l'application du fumier, surtout à forte dose, fait apparaître une foule de plantes étrangères à la culture qui sont les résultats de la germination des graines inutiles ou nuisibles.

Les nombreuses façons que l'on donne au sol quand on y cultive les tubercules (sarclages, binages, buttages, etc....) font disparaître les herbes mauvaises et nettoient le sol, c'est pour cette raison que l'on cultive fréquemment les plantes racines après les céréales.

Pommes de terre.

Elles viennent bien dans tous les terrains pas trop humides, bien fumés et ameublis. L'alluvion fraîche et sablonneuse leur est particulièrement favorable. Les principes fertilisants qu'elles réclament sont l'azote, l'acide phosphorique et surtout la potasse.

La fumure ordinaire est le fumier de ferme appliqué à l'automne. Il peut arriver cependant qu'un trop grand développement des fanes se produise avec un excès de cet engrais au détriment des tubercules qui deviennent spongieux. Le même fait pourrait se produire si on ajoutait trop d'azote dans un engrais autre que le précédent.

Le meilleur mode de procéder est d'ajouter à une fumure de 25 à 40.000 Kilogs. de fumier ordinaire qui doit s'effectuer à l'automne, un complément d'engrais chimique contenant seulement deux éléments, l'acide phosphorique et de la potasse.

L'acide phosphorique peut être apporté sous forme de phosphate minéral, par exemple, mais on peut lui substituer le phosphate de magnésie qui a sur lui l'avantage de rendre la potasse plus assimilable.

On peut employer les engrais chimiques seuls, en tenant compte que la pomme de terre prend à l'air une partie de l'azote qui lui est nécessaire.

M. G. Ville préfère le carbonate de potasse au chlorure de potassium tout au moins quand on fait la culture de la pomme de terre industriellement, pour sa fécule.

En grande culture, l'engrais se répand sur tout le terrain mais en petite culture on le place pendant la semaille, sous le tubercule et non au-dessus, de peur de brûler ses yeux.

Le nitrate de soude employé en couverture ne donne pas de résultat satisfaisant, il faut que tout l'engrais soit appliqué avant ou au moment de la semaille, exception sera faite cependant en faveur d'un sol absolument dépourvu d'azote ce qui se reconnaît lorsque dès le début, les fanes sont jaunâtres.

La pomme de terre est sujette à plusieurs maladies comme la frisole qui ride les feuilles et empêche la croissance des tubercules, la gale et le peronospora infestans. On combat ce dernier à l'aide de la bouillie bordelaise.

Le fumier est incontestablement favorable au développement des parasites végétaux et on l'assainit en ajoutant du sulfate de fer au purin qui sert à l'arroser, pendant sa mise en tas.

Betteraves

C'est une racine pivotante qui demande un sol riche, profond et bien ameubli. La fumure à lui appliquer diffère selon qu'on la destine à la fabrication du sucre ou pour la nourriture des bêtes à corne et des porcs.

Pour la betterave à sucre ou pour la distillerie, on cherche à produire une croissance rapide afin d'obtenir la plus petite absorption utile des matières minérales, la potasse et la soude principalement qui nuisent à la fabrication du sucre.

Les engrais à diffusion rapide dans le sol et qui s'assimilent rapidement permettent d'arriver à ce résultat. On ne donne pas les engrais potassiques directement à la plante on les fournit à la terre, à la récolte précédente.

En général on opère ainsi : l'année précédente on cultive une céréale avec forte fumure où on augmente la dose d'acide phosphorique, pour éviter la verse.

Le fumier tardivement appliqué à la betterave à sucre ne donne pas de résultats favorables ; on a beau l'enfouir à l'automne, il donne lieu à des racines fourchues, en outre, il se décompose trop lentement et prolonge la durée de la végétation. On est alors obligé de récolter avant que tout le sucre ne soit formé.

La pratique a indiqué qu'une fumure à 2 d'acide phosphorique pour 1 d'azote était la meilleure or, dans le fumier, ces éléments s'y trouvent dans la proportion inverse. Le fumier de ferme ordinaire n'est pas par conséquent un bon engrais pour la betterave à sucre.

Il faut l'enrichir à l'étable, avec du phosphate de chaux ou mieux du phosphate de magnésie à l'état pulvérulent. Une quantité de 15.000 Kgs. de fumier au phosphate de magnésie, enfoui hâtivement à l'automne, constitue une très bonne fumure.

Il est beaucoup d'agriculteurs qui préfèrent opérer différemment. Ils réservent la fumure au fumier pour la rotation et les engrais chimiques seuls pour la betterave à sucre. C'est certainement une bonne pratique.

Avant le semis et selon la richesse du sol on incorpore du nitrate de soude, du chlorure de potassium et du super-phosphate de chaux.

Il ne faut pas répandre en couverture, c'est-à-dire à la surface du sol, le nitrate de soude, car non seulement la betterave n'augmenterait pas sa richesse en sucre, mais il y aurait accroissement du feuillage et absorption trop grande de matières minérales nuisibles à la fabrication parmi lesquelles, la soude.

Cet engrais ne doit pas être employé en excès et sa dose,

suivant les cas, paraît devoir varier entre 200 et 350 Kgs. à l'hectare.

La betterave fourragère est un aliment d'hiver apprécié des bœufs, des moutons et des porcs. On la coupe en tranches et on la mélange à la paille hachée.

Le mélange est donné tel quel aux chevaux, mais pour les bœufs et les moutons on le laisse fermenter préalablement pendant deux jours.

Dans ce genre de culture, on n'a pas à craindre l'excès d'azote et la teneur en sucre n'est pas le but principal à atteindre, cependant il faut éviter, dans la racine, l'excès de nitrate de potasse qui nuirait aux animaux.

Plus la racine est grosse et aqueuse, plus il y a de nitrate de potasse; on réduit cet inconvénient, en n'espaçant pas trop les plants.

Topinambours -

On peut les cultiver d'une manière continue dans un même sol en fumant bien celui-ci tous les deux ans. On leur donne le même engrais qu'aux pommes de terre. Les fanes et les tubercules sont très appréciés des moutons.

Carotte fourragère -

C'est une excellente nourriture d'hiver pour le cheval et la vache laitière. La carotte à collet vert peut donner au moins 30.000 Ks à l'hectare si le sol a été bien fumé.

Raves, navets, turneps, panais, etc...

Ces aliments qui conviennent aux bêtes à cornes donnent des récoltes moyennes de 35.000 Kgs. à l'hectare en sol également bien fumé.

Chou navet ou rutabaga -

Il se développe en hiver et, dès février, donne une récolte convenant à la nourriture des bestiaux, mais qui a l'inconvénient d'être épuisante.

Ainsi, 45.000 Kgs de racine sont une récolte moyenne. Il faut donc contrebalancer ces pertes par des apports de fumier calculés en conséquence.

Où vont les éléments fertilisants.

D'une manière générale on peut dire que l'azote va dans les fanes et la potasse dans les racines. Il faut tenir compte de ce fait dans l'rapport et la constitution des engrais.

Choux fourrages.

Ce sont des cultures épuisantes. On peut les cultiver au fumier de ferme avec, au besoin, un complément d'en-grais azoté.

Les navets, carottes, rutabagas et les choux exigent plus d'acide phosphorique que la betterave. Les engrais qui leur sont destinés devront en conséquence contenir par rapport à ceux utilisés pour la culture de la betterave moins d'azote et de potasse d'autant qu'en terre moyennement riche, elles puisent de l'azote, dans l'air atmosphérique.

Légumineuses.

Pois. Se placent à un point quelconque de la rotation des cultures. Elles demandent un terrain riche en humus, cal-caire et sec, ils donnent des récoltes de 15 à 18 hectolitres à l'hectare et de 3.000 à 3.500 Kgs de fanes.

Les engrais azotés leur sont inutiles puisqu'ils jouis-sent de la propriété de prendre l'azote dans l'air. On ne leur donne que l'acide phosphorique, la potasse et la chaux qui leur sont nécessaires.

La chaux et la potasse sont en grande quantité dans les pailles, tandis que dans les graines dominent l'azote, l'acide phosphorique et la magnésie.

Haricots.

Ils demandent une terre meuble, de ne pas être enterrés trop profondément. On récolte dans ces conditions de 15 à 25 hectolitres à l'hectare, avec 1.200 à 2.000 kilogrammes de fanes.

Les haricots viennent mieux sur les terrains calcaires que sur ceux d'une autre nature et ce sont les engrais facilement assimilables qui doivent de préférence leur être donnés.

Lentilles.

La récolte varie entre 10 et 20 hectolitres de graines et 1600 à 2000 K. de fanes. Elles sont moins épuisantes pour le sol que les autres légumineuses. La fumure préconisée pour les haricots leur convient.

Fèves.

Mêmes conseils que pour les pois.

Prairies

C'est une culture très importante puisqu'elle a trait à la production du bétail, à celle du fumier et qu'elles servent dans la rotation des récoltes à maintenir la fertilité du sol.

Elles se divisent en deux classes : les prairies permanentes et les prairies artificielles.

Les prairies permanentes ne demandent que peu de soins ; elles sont avantageuses à créer dans un sol argileux, frais et compact. Le fumier employé seul pour les prairies apporte trop d'azote.

L'irrigation leur donne de la potasse et de l'azote et ce qui leur manque le plus, en général, c'est l'acide phosphorique et la chaux. Le mieux est donc de leur donner l'acide sous forme de phosphate de chaux naturel ou, quand elles sont anciennes, sous forme de scories de déphosphoration.

Quand on fume tardivement, au printemps, on peut employer au besoin le superphosphate ou le phosphate précipité. L'acide phosphorique rend le fourrage plus fin et plus nourrissant.

L'herbe des prairies non irrigables est meilleure, mais elles exigent des engrais complets contenant, cette fois, plus d'azote et de potasse.

Dans une prairie irriguée l'épandage de l'engrais se fait en deux fois, au printemps, après la première coupe et dans celle qui ne l'est pas, la fumure se fait en une seule fois, à la même époque.

Les doses d'engrais à employer sont des plus variables et dépendent de la nature du sol, de la possibilité ou non de l'irriguer, de la valeur fertilisante de l'eau d'arrosage et du régime de la ferme.

Passons rapidement en revue quelques cas : Supposons d'abord qu'il s'agisse d'une prairie dont l'herbe est consommée sur place par le bétail. On conçoit aisément que par ses déjections, celui-ci restituera au sol une partie de ce qui lui aura été enlevé surtout le carbone, l'hydrogène et l'oxygène du fourrage.

Dans ce cas, une très faible fumure contenant surtout du phosphate de chaux et du plâtre sera suffisante. Mais il arrive souvent que les prairies nouvelles sont destinées à l'élevage et les prairies anciennes à nourrir des vaches laitières.

Dans les deux cas, mais dans le premier surtout, l'apport d'azote, d'acide phosphorique, de potasse, de chaux est une nécessité.

Dans les premières années, principalement, de la formation d'une prairie, il faut augmenter la dose de phosphate afin que le squelette des animaux qui se nourriront à ses dépens puisse facilement se constituer.

Dans la fumure d'une prairie, il y a d'autres éléments à considérer. Par exemple si un excès d'azote existe dans cette fumure ce seront les graminées qui s'accroîtront le mieux parmi les plantes du pré ; au contraire ce seront les légumineuses, si la potasse domine.

Quand on crée une prairie, on choisit un bon mélange des graines et on observe la végétation. Si les légumineuses prédominent, à l'engrais à ajouter, et qui dans tous les cas devra apporter de l'acide phosphorique et de la chaux, il faudra y mettre plus d'azote, c'est la dose de potasse qu'il faudra forcer si les graminées ont la meilleure végétation.

En terre trop humide on fera disparaître les plantes a_quatiques par le drainage et l'apport des phosphates.

Le manque d'engrais dans une prairie facilite la poussée des avoines et des fétriques.

L'excès d'azote est à éviter car il accroît trop les feuilles, retarde la maturité et peut occasionner la verse; il favorise également l'apparition de plantes inutiles.

Au contraire un engrais judicieusement composé d'azote, d'acide phosphorique, de potasse, de chaux et de magnésie, favorise les bonnes plantes et fait disparaître les mauvaises qui meurent étouffées par les bonnes.

Pelouse et gazon

Ici, on doit chercher à obtenir une surface verdoyante et uniforme. C'est à l'aide du ray-grass qu'on y arrive fumé par un engrais contenant surtout de l'azote, pas de potasse et peu d'acide phosphorique. La fumure se fait à l'aide d'engrais chimiques répartis à la volée, après chaque tonte.

Légumineuses fourragères
Prairies artificielles

Luzerne_

Une luzernière dure de 5 à 10 ans. Elle donne en moyenne trois coupes annuelles, soit 10.000 K. de foin. Après le dernier fauchage on l'enfouit dans le sol, profondément. Elle l'améliore en formant de l'humus et en lui donnant l'azote qu'elle ont puisé dans l'atmosphère.

Trèfle_

C'est une plante très employée dans la culture par assolements pour réparer l'épuisement qu'un sol a pu subir du fait des céréales. Les engrais liquides, comme le purin, agissent sur cette plante d'une façon très efficace.

Sainfoin ou esparcette -

Pendant quatre années consécutives, il peut donner de 4 à 5.000 K. de foin.

Trèfle incarnat -

Ce trèfle convient spécialement aux terres sablonneuses.

Luzerne minette ou lupuline -

Cette plante pousse bien surtout dans les terres sablonneuses et calcaires.

Vesces -

Elles exigent pour se bien développer, un sol bien fumé après un léger labour.

Engrais des légumineuses fourragères

Les légumineuses possédant la propriété d'absorber et de fixer l'azote de l'air, enrichissent un sol par leurs racines et par les fourrages, les fumiers qui en découleront.

Par contre, elles appauvrissent le sol et même le sous-sol, en acide phosphorique, potasse et chaux. L'inconvénient est plus réduit quand ces légumineuses sont consommées sur place par le bétail qui fournit le fumier.

Le fumier, les composts, le purin, agissent bien sur les légumineuses comme la luzerne, le trèfle, etc. mais l'azote qui s'y trouve n'a que peu d'action et ce sont les matières minérales qui agissent surtout, c'est pourquoi il est plus avantageux de réserver à ces plantes, des engrais purement minéraux.

La potasse se trouve dans les fourrages, aussi lorsqu'

ils sont exportés, faut-il en tenir compte dans la fumure, sauf pour les terres argileuses, riches en cet élément.

La chaux est abondante dans les légumineuses, aussi les plantes de cette espèce ont-elles une préférence pour les terres calcaires. De là les effets bienfaisants des marnages, chaulages, plâtrages et des apports de phosphates dans les terres pauvres en chaux.

L'acide phosphorique n'est pas l'élément qui est le plus exporté dans cette culture, cependant il ne doit pas manquer parceque, non seulement il est nécessaire à la végétation mais surtout à la qualité du fourrage.

Le plâtre doit s'adjoindre à l'engrais dans la proportion de 4 à 500 K. et s'épandre en Avril-Mai.

Plantes industrielles

Tabac — Le tabac est une plante qui vient bien dans les terres argilo-calcaires ou argilo-siliceuses et assez fraîches. La récolte donne de 1.000 à 2.000 Kgs. de feuilles ; elle épuise le sol en azote et en potasse.

Les fumures azotées lentement assimilables comme les fortes doses de fumier lui conviennent très bien. Si le sol est suffisamment riche en azote il n'y a pas lieu d'en apporter sous forme d'engrais car on pourrait craindre la formation de trop de nicotine et une trop grande épaisseur de feuilles.

La potasse se fournit sous forme de carbonate de nitrate ou de sulfate, mais non sous celle de chlorure qui donnerait un tabac incombustible. L'engrais du tabac doit en outre être assez riche en chaux.

Houblon — La récolte moyenne varie entre 1.000 à 2.000 Kgs. de cônes.

Le fumier ou les matières organiques non consommées conviennent au houblon qui recherche surtout l'azote. Au moment de la floraison, il est avantageux d'ajouter de l'engrais soluble, tel que le nitrate ou le sulfate d'ammoniaque. La dépense d'engrais, dans cette culture doit dépendre de la qualité des cônes que l'on pourra obtenir.

Plantes textiles

Lin – Le lin exige des engrais facilement assimilables et qui se diffusent vite dans le sol. Une récolte ordinaire peut donner 3.500 K. de tiges et 500 de graines à l'hectare. Le fumier consommé lui convient.

Chanvre – Il donne par hectare de 5 à 700 K. de filasse et de 2 à 2.500 K. de graines. Les fumures énergiques sont nécessaires à cause de la propriété épuisante de cette culture. On donne l'engrais, moitié avant le dernier labour et moitié avant le dernier hersage. Ce sera ou un engrais facilement assimilable comme pour le lin, ou bien du fumier consommé.

Arbres fruitiers

Pommier, Olivier, Murier – Les cultures des arbres fruitiers sont peu épuisantes ; c'est la potasse qui leur est le plus nécessaire et qui doit dominer dans l'engrais à leur fournir. Dans la culture des pommiers ou des poiriers il faut tenir compte des éléments fertilisants enlevés par les fourrages, quand le sol qui les porte produit en même temps du foin.

Culture maraîchère ou potagère

Ici c'est l'humus qui joue le rôle principal, aussi emploie-t-on beaucoup le fumier ou les matières organiques dans cette culture. Comme l'accumulation trop grande du fumier peut rendre la terre acide on peut avantageusement combiner le fumier aux engrais chimiques dans la culture en plein air, tout au moins.

La composition de l'engrais varie selon le genre de culture et s'il faut surtout de la potasse et de l'azote pour les racines, les pommes de terre, les betteraves et les carottes, par contre c'est l'acide phosphorique qui doit dominer pour les choux pommés, les choux de Bruxelles, les choux raves, les choux fleurs, les choux-navets, les radis, etc.

Quand on recherche à développer la partie foliacée on augmente la dose d'azote et on diminue celle de l'acide phosphorique. C'est ainsi que l'on agit pour les salades, les épinards, l'oseille, etc. ...

L'asperge exige moins d'acide phosphorique, mais demande de la potasse et de l'azote en quantités dominantes

—

Arbustes

—

Les cassis, les framboisiers et les groseillers demandent surtout de la potasse.

—

Vigne

—

La vigne se nourrit à l'aide d'un système radiculaire très développé et une grande surface foliacée, c'est ce qui lui permet de se développer dans la plupart des terrains.

Il ne faut pas perdre de vue cependant que l'absence de fumure pendant une période prolongée dans des terres pauvres, rend la végétation languissante et les feuilles deviennent jaunâtres.

Pour la remonter, il faut de l'azote et de l'acide phosphorique sous forme rapidement assimilable.

À ce point de vue, le phosphate ammoniaco-magné-sien qui, pour la vigne comme pour bien des cultures, a été si justement préconisé par des savants tels que M. Hélouis et M. Vassilère, donne d'excellents résultats.

Quand on veut créer un vignoble, on doit préférer l'acide phosphorique sous forme lentement assimilable et on réserve les engrais qui renferment leur acide sous forme soluble, pour les fumures ultérieures.

La potasse est un élément très utile à la vigne et on peut ce qu'il favorise, dans le raisin, la formation du sucre. Elle est surtout utile dans les terrains calcaires ou siliceux. Il n'y a pas lieu d'en apporter dans les sols granitiques ou argileux riches en potasse.

Toutes proportions gardées, un engrais contenant de la potasse, de l'acide phosphorique, de la chaux, de la magnésie et même du fer, donnera une bonne et abondante fructification de la vigne.

Il faut, dans cette culture, épandre l'engrais de bon-ne heure. Il donnera son plein effet la deuxième année, autre-ment dit lorsque les éléments fertilisants auront pu descendre assez profondément dans le sol pour atteindre les jeunes racines.

Dans les vignes phylloxérées on recommande l'em-ploi du phosphate ammoniaco-magnésien ou de tout engrais où l'azote et l'acide phosphorique à l'état rapidement assi-milables dominent de façon à refaire le système radiculaire atteint.

Chapitre XXXVII

Comment utiliser les engrais azotés

L'azote peut être apportée par les engrais sous trois formes:

1º. d'azote organique
2º.   "   nitrique
3º.   "   ammoniacal

Les conditions d'emploi de ces diverses formes d'azote n'étant pas les mêmes, il est utile de les examiner séparément.

Utilisation des engrais organiques

Les engrais organiques sont très nombreux ; parmi eux, nous citerons :

Les boues et gadoues, les tourteaux, les poudrettes, le sang desséché, la poudre de viande, la corne torréfiée, le cuir desséché moulu, les engrais de laine, les guanos, les engrais humiques et les engrais verts.

Leur composition moyenne figure au tableau générale des engrais, donné plus loin.

Les engrais organiques azotés ne sont pas immédiatement assimilables par les plantes et leur azote doit au préalable être transformé en azote nitrique. Cette modification se fait assez lentement et chez certains engrais elle est moins rapide que chez d'autres.

D'après M. M. Meintz et Girard, voici comment on peut les classer relativement à la rapidité de leur nitrification :

Sang desséché
Viande desséchée
Corne torréfiée
Cuir desséché et moulu
Engrais de laine.

Cette classification se rapportant aux engrais qui ne sont intéressants que par leur teneur en azote.

Les avantages des engrais organiques sont de ne perdre que très peu d'azote après sa nitrification, car à mesure que l'acide nitrique se forme il est absorbé par la plante, et d'agir sur la végétation pendant plusieurs années.

On peut même ajouter que certains d'entre eux agissent mécaniquement dans le sol en le divisant et en l'aérant.

Lorsque les engrais organiques sont mis dans des sols humides et de peu de perméabilité, soit encore quand les ferments nitriques font défaut, au lieu d'azote nitrique, on obtient de l'azote ammoniacal.

Les engrais organiques se comportent d'une manière différente suivant la nature du sol. C'est ainsi que dans les terres légères, la nitrification est assez rapide, et pour y éviter les pertes d'azote nitrique, il est plus prudent de n'y employer les engrais organiques qu'à petites doses, répétées. Cet inconvénient n'est pas à craindre dans les terres franches, qui peuvent être ainsi fumées, de temps en temps, à doses massives.

La nitrification est très lente dans les terres fortes et ne se produit pas dans les terres privées de chaux, dans les terres tourbeuses ou très argileuses. Dans ces catégories de sols, il ne doit pas être fait usage d'engrais organiques.

L'épandage de ces engrais se fait au printemps dans les sols légers ou à l'automne, dans les autres sols. L'opération s'effectue à la main ou au semoir quand c'est possible et l'engrais doit toujours être enfoui par le labour.

Un mélange de superphosphate, de nitrates et d'engrais organiques élève la température au point de détruire la partie combustible de l'engrais ainsi obtenu ou de provoquer un incendie; il faut donc l'éviter.

Utilisation des engrais nitriques

Dans les nitrates, l'azote se trouve sous une forme directement assimilable et c'est pour cette raison que ces engrais sont si actifs. Comme d'autre part ils sont très solubles, on ne les emploie qu'au printemps alors que la végétation est assez avancée pour en faire son profit immédiat.

Les nitrates sont caustiques et pour éviter qu'ils n'agissent défavorablement sur les graines ou sur les racines on recommande, avant leur épandage qui doit se faire en couverture, de les réduire à l'état pulvérulent et même de les mélanger à deux ou trois fois leur poids de terre fine et sèche ou de cendres, de chaux, de sable, de plâtre, etc...

Lorsque des pluies, pas trop abondantes, surviennent après l'épandage, le nitrate se dissout rapidement et se répartit régulièrement sur le sol ; dans le cas contraire, l'abondance des eaux l'entraîne dans le sous-sol.

Il est perdu pour la récolte si les pluies persistent, car alors l'évaporation ne peut se produire et le nitrate n'est pas ramené vers le sol.

Le nitrate peut être mélangé au phosphate de chaux et aux sels potassiques. Il l'est quelquefois au superphosphate, mais il y a lieu, dans ce cas, de craindre une déperdition d'azote. C'est pourquoi le mélange ne doit être fait que le jour de l'emploi et de préférence avec un superphosphate, sans excès d'acide sulfurique.

L'agriculteur qui fait l'épandage des nitrates à la main doit l'avoir bien saine car ces substances provoquent sur les plaies des inflammations longues à disparaître et douloureuses.

Utilisation des engrais ammoniacaux

L'azote sous forme ammoniacale, équivaut le plus généralement à la forme nitrique quant à son action sur les plantes.

Il a même sur cette dernière l'avantage de coûter moins cher et de ne pas être si rapidement entraîné dans les profondeurs du sol.

L'azote ammoniacal s'utilise en agriculture sous une forme unique qui est le sulfate d'ammoniaque. Ce sel est susceptible de subir l'action des ferments et d'être nitrifié, c'est une des raisons pour lesquelles on l'emploie au printemps et non à l'automne.

Mis au contact d'un sol calcaire, il forme avec ce

dernier du sulfate de chaux et il y a déperdition d'azote sous forme de carbonate d'ammoniaque.

M. M. Müntz et Girard ont montré que cette perte était très faible surtout si le sel ammoniacal a été enfoui dans la terre par la charrue.

Le sulfate d'ammoniaque doit toujours s'employer au printemps, enfoui dans le sol par le dernier labour, dans les terres calcaires, les terres franches ou les sols légers. On perdrait de l'azote si on agissait autrement.

L'inconvénient serait moindre si on avait à fumer des terres compactes, argileuses, mais à ce genre de sol, il vaut mieux des engrais organiques qui puissent le diviser et l'aérer.

En ce qui concerne les terres acides comme les terres de bruyères, les sables des landes, les terres tourbeuses, elles ne doivent pas être fumées aux engrais azotés, car elles sont assez riches en azote organique.

Le sulfate d'ammoniaque peut être mélangé à du sable sec et fin, à de la terre peu calcaire, mais il y aurait déperdition d'azote ammoniacal si on le mettait en contact avec d'autres matières contenant de la chaux (scories), du calcaire, ou des carbonates basiques (carbonate de potasse par exemple)

Utilisation des engrais phosphatés

Les engrais phosphatés comprennent plusieurs catégories : 1° les phosphates minéraux qui proviennent des gisements naturels;

2° les scories de déphosphoration résidus du traitement des fontes riches en phosphore;

3° les superphosphates minéraux et autres;

4° les phosphates précités.

Dans les phosphates minéraux l'acide phosphorique est à l'état de phosphate tricalcique, insoluble dans l'eau et lentement assimilable.

Cette assimilation se produit sous l'action de l'acide

carbonique de l'air dissous dans les eaux du sol, des carbonates alcalins et alcalino-terreux, ainsi que des matières organiques. C'est pourquoi les phosphates agissent plus efficacement quand le sol est riche en humus, ou qu'il a été chaulé et marné.

L'acide phosphorique se combine, dans de pareilles conditions, pour donner lieu à des formes facilement assimilables par les plantes.

Pour obtenir ce même résultat on recommande aussi de saupoudrer le fumier de phosphate, dans la proportion de 1 de phosphate pour 25 de fumier. Le phosphate mélangé aux composts se solubilise également d'une façon partielle.

Dans les scories, l'acide phosphorique est à un état rapidement assimilable par la plante si mélangé à de la chaux et à de la magnésie.

Les superphosphates et les phosphates précipités ont également leur acide phosphorique à un état très soluble et conviennent comme les scories dans les cas où on veut avoir des effets rapides de végétation.

Les phosphates naturels conviennent aux sables des Landes, aux terres de bruyères, aux prairies. Dans ces sortes de sols, qui sont pauvres en chaux, on procède d'abord au phosphatage puis au chaulage. L'inverse serait une mauvaise opération car l'amendement calcaire saturerait l'acidité du sol de sorte que les phosphates ne seraient pas attaqués.

Dans les terres argileuses, on ne sait pas trop quelles sont les réactions qu'ils produisent, et on suppose qu'ils améliorissent surtout ce genre de sol, en coagulant une partie de l'argile.

Par contre on sait qu'ils donnent peu de résultats dans les terres calcaires et sablonneuses, pauvres en matières organiques où les phosphates transformés chimiquement ou les scories sont les engrais phosphatés à y utiliser.

Quand on emploie les phosphates minéraux pour les défrichements, il n'y a pas à craindre d'employer les hautes doses, 200 à 600 K par hectare la première année, et 200 à 300 K les années suivantes.

L'action des superphosphates dans le sol est assez complexe et il est utile de la considérer dans son ensemble pour être à même d'en faire un emploi judicieux.

L'acide phosphorique libre et l'acide phosphorique monocalcique qui tous deux existent dans le superphosphate frais, sont solubles dans l'eau et par conséquent très assimilables, mais le contact de ces corps avec le carbonate de chaux, l'oxyde de fer ou d'alumine qui existent soit dans le sol, soit dans l'engrais lui-même, les rétrogradent, c'est-à-dire les font passer à l'état insoluble dans l'eau; malgré tout, la réaction n'est pas immédiate et une grande partie de ces acides a le temps de se diffuser dans le sol après l'épandage et d'agir sur la végétation.

Il est utile, d'autre part, qu'il en soit ainsi et que la saturation du phosphate monocalcique soit rapidement assuré car autrement il agirait sur le végétal comme un toxique. C'est ce qui arrive dans les sols pauvres en chaux ou dans ceux qui sont acides.

Dans ces catégories de terres, les superphosphates ne sont pas à recommander et si on les utilise quand même, l'épandage doit précéder de beaucoup les semailles.

Dans le sol, les réactions qui ont été précédemment signalées pour les phosphates naturels se produisent aussi pour le phosphate bicalcique, soluble dans le citrate d'ammoniaque, qui existe dans les superphosphates ou dans les phosphates précipités. Il en est de même des phosphates de fer et d'alumine.

L'acide phosphorique à l'état soluble convient aux terres fortes, argilo-sablonneuses, argilo-calcaires et calcaires. Pour ces sols il faut des superphosphates ou des phosphates précipités. Pour les terres perméables, sablonneuses, sablo-argileuses, les phosphates d'os et les phosphates précipités sont très bons.

Les scories de déphosphoration et les phosphates naturels sont plutôt recommandés pour les terres tourbeuses, humifères, les vieilles prairies, les défrichements et les sols purement sablonneux ou très argileux.

Les guanos donnent les meilleurs résultats dans les terres sablo-argileuses et argilo-calcaires.

Dans les terres intermédiaires on emploie indistinctement les superphosphates ou les phosphates et pour l'agriculteur cela ne devient alors plus qu'une question de dépense.

Quant on veut un effet rapide, pour des plantes annuelles, le superphosphate est préférable, c'est lui qui avec les nitrates, relève le plus rapidement les récoltes languissantes.

Mais quand on veut augmenter le stock d'acide phosphorique du sol, quand on l'emploie pour des plantes de longue durée, comme la vigne, la luzerne, les prairies, ce sont les superphosphates et les scories qui doivent être préférés.

On peut encore utiliser les superphosphates pour remplacer l'acide phosphorique enlevé par les récoltes, (c'est alors une fumure de restitution) et se servir des phosphates et des scories comme fumure d'enrichissement.

Les engrais phosphatés doivent s'employer enfouis dans le sol par la charrue à une profondeur que l'on calcule suivant celle qu'atteindront les racines de la culture à laquelle on veut procéder.

Quant à l'épandage, il se fait au semoir ou à la main. Le semoir doit être préféré car dans l'autre genre d'épandage, il faut utiliser la pelle ou garnir ses mains de gants de cuir.

Utilisation des engrais potassiques

La potasse se trouve dans tous les engrais qui en renferment, sous forme soluble; la dissolution de ces sels, qui sont d'ailleurs hygrométriques, se fait donc rapidement dans le sol ainsi que la diffusion.

Cependant il faut pour cela que la terre soit suffisamment humide sans quoi les sels de potasse forment sur place une dissolution trop concentrée, et partant dangereuse pour les racines.

L'excès d'eau est également à craindre car, ici, la diffusion est trop rapide et il y a lieu d'éviter l'insolubilité de la potasse à la suite de réactions complexes avec les éléments du sol.

Les fumiers potassiques peuvent s'utiliser dès l'automne, même pour les récoltes de printemps et d'été, dans les terres argileuses, pourvues d'assez de calcaire. Il en est de même des terres humiques qui possèdent comme les terres fortes le pouvoir de fixer la potasse.

En revanche, dans les sols franchement calcaires, sablonneux silico-calcaires, tourbeux et même dans les terres argileuses ou humiques dépourvues de calcaire, il faut employer les sels potassiques, au printemps, en quantité qui sera nécessaire pour l'année.

Dans les terres dépourvues de calcaire la fumure aux engrais potassiques devra toujours être précédée d'un marnage ou d'un chaulage.

L'épandage des sels de potasse se fait bien avant les semailles pour éviter l'action caustique de ces corps sur les jeunes plantes et ils sont ensuite enterrés par un labourage car on ne les répand en couverture que lorsqu'il s'agit de prairies, en choisissant pour cette opération le commencement ou la fin de l'hiver, quand on peut espérer la venue de la pluie.

Pour faciliter l'épandage des sels de potasse on les pulvérise à l'aide d'un rouleau ou d'un maillet et on les mêle à des substances inertes qui ont l'avantage de permettre une distribution plus facile et d'atténuer la causticité de ces sels.

On peut mélanger presque tous les engrais aux sels de potasse sauf les engrais ammoniacaux quand les autres renferment un carbonate (salins, cendres, carbonate de potasse, potasses brutes ou raffinées) car il y aurait perte d'azote dans le mélange sous forme de carbonate d'ammoniaque.

Il en est de même des superphosphates si les sels de potasse sont alcalins tels que le carbonate, les salins et les cendres.

Les sels de potasse n'agissent bien dans un sol que si celui-ci est convenablement pourvu d'acide phosphorique et d'azote.

Quand on a affaire à un sel double de potasse et de magnésie, il est avantageux de lui adjoindre de la chaux qui précipite la magnésie en donnant lieu à des composés moins caustiques.

Doses des engrais

Dans les tableaux qui vont suivre nous donnerons les doses d'engrais que l'on pourra employer dans les terres de composition moyenne et de fertilité normale, mais il ne faudra pas perdre de vue que ces chiffres ne pourront pas convenir pour la culture scientifique qui demande que la formule d'un engrais soit déterminée d'après les exigences des plantes en éléments fertilisants et la richesse du sol.

Ce n'en seront pas moins des indications qui pourront être fréquemment utilisées et dans un chapitre spécial, nous ferons connaître le moyen d'établir la formule judicieuse et économique d'un engrais pour une récolte donnée.

Engrais azotés

Nom de l'engrais	Récolte	Doses par hectare
Boues et gadoues	"	50 à 60 m.c.
Sang sec	"	600 à 800 Kgs
Chiffons de laine	"	1500 à 1600 "
Cornes	"	20 à 25 hectolitres
Nitrate de soude ou Nitrate de chaux	Blé } Seigle } d'hiver	120 à 180 K.
	Blé de printemps	120 à 300 K
	Avoine	120 à 300 K
	Orge Sarrazin Maïs	100 à 200 K
	Pommes de terre	200 à 350 K en 2 fois
	Betteraves à fourrage	300 à 400 K " 3 "
	" sucrières	300 à 450 K " 3 "
	Turneps Navets Carottes Rutabaga	250 à 400 K en 2 fois à 15 jours d'intervalle

Nom de l'engrais	Récolte	Doses par hectare
Nitrate de soude ou Nitrate de chaux	Asperges Artichauts	200 à 250 K.
	Prairies	120 à 200 K. au printemps
	Houblon Lin Chanvre Tabac	120 à 350 K

Sulfate d'ammoniaque 100 à 400 K

Nom de l'engrais	Récolte	Doses par hectare
Phosphates minéraux	"	200 à 800 Ks.
" d'os	"	500 " 1000 "
Phosphate précipité	"	100 " 200 "
Superphosphate	"	200 " 500 "
Scories	"	200 " 600 "
Chlorure de potassium	"	100 " 150 "
Sulfate de potasse	"	100 " 200 "
Nitrate "	"	115 " 180 "
Kaïnite	"	200 " 800 "
Cendres de tourbe	"	40 " 270 hectolitres
Suie	"	20 " 30 "
Saumures	"	15 " 18 "
Noir animal	"	4 " 10 "
Guano	"	100 " 150 en pralinage
"	"	200 " 300 dél. do l'eau
"	"	300 " 500 enfoui
Goëmon ou varech	"	40 " 80 m. c.
Tourteaux	"	700 " 1500 Kgrs.
Tourraillons	"	35 " 40 hectolitres
Poudrette	"	15 " 20 "
Fiente de vache	"	20.000 Kgs
Fumier, très forte fumure	"	60.000 "
" forte "	"	50.000 "
" bonne "	"	40.000 "
" fumure ordinaire	"	30.000 "
Plantes d'enfouissage	"	30 à 40.000 "

Amendements

Chaux	en Angleterre	50 à 500	hectolitres
	en Allemagne	10 à 15	chaque 4 ans
	en France	5 à 6	par an
Marne	"	30 à 1200	m. c.
Faluns	"	10 à 60	m. c.
Tangues et trez	"	25 (moyenne)	m. c.
Plâtre	"	200 à 800	Kgs
Cendres de tourbe	"	40 à 250	hectolitres
Cendres lessivées	"	20 à 50	"
Cendres pyriteuses		4 à 6	"

Mélange des engrais

S'il y a avantage à mélanger les engrais entre eux, il est des cas où cette opération est à déconseiller en raison des réactions qui en seraient le résultat. On risquerait de perdre des doses appréciables d'éléments fertilisants, en agissant ainsi, ou de diminuer leur assimilabilité.

Quelquefois le mélange peut être envisagé, mais seulement au moment de l'emploi des engrais. Le schéma ci-dessous indiqué par M. G. Wéry, est un guide précieux pour ces diverses opérations.

Les engrais dont les noms se trouvent écrits aux extrémités d'un gros trait (—) ne doivent pas être

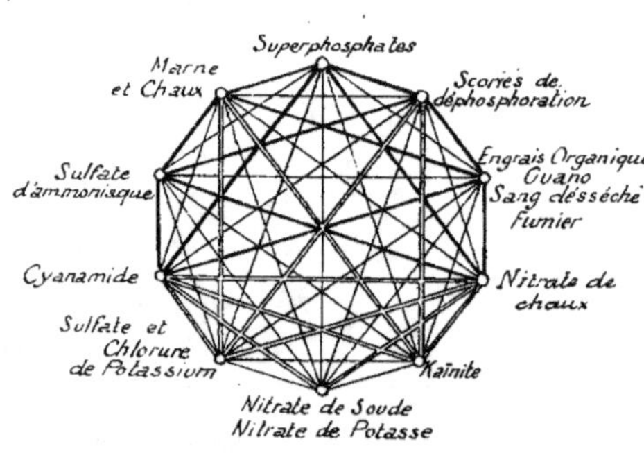

Fig. 60

mélangés entre eux.

Ex: La cyanamide et le fumier.

Les engrais dont les noms sont indiqués aux extrémités de 2 traits parallèles (=) ne peuvent être mélangés qu'immédiatement avant leur emploi.

Ex : Marne et Kaïnite

On peut en revanche mélanger, quand il plaira, ceux qui sont signalés aux extrémités des traits fins (—) exception faite cependant pour les nitrates et les superphosphates, qu'il vaut mieux utiliser à part, ou mélangés au moment de l'emploi.

Les besoins d'engrais déterminés d'après la végétation

L'examen des végétaux qui poussent dans une terre peut donner d'utiles indications, mais qui n'auront jamais la précision fournie par l'analyse chimique. Aussi y a-t-il lieu de ne pas leur donner plus de valeur qu'elles n'en ont en réalité. Dans l'examen rapide d'une propriété, pour le petit propriétaire rural, il peut rendre cependant des services.

Lorsque dans une culture prédominent les graminées dont la préférence en azote est très connue, on peut en conclure que le sol sur lequel elles poussent est suffisamment riche en azote.

La teinte jaunâtre des feuilles de céréales au printemps, l'accroissement limité des tiges et des feuilles, le faible développement des pailles, sont des indices de la pauvreté d'un sol en cet élément.

Si les plantes légumineuses (trèfles, luzernes, etc..) sont plus abondantes et plus nombreuses que les graminées, il y a lieu de supposer que l'acide phosphorique est en quantité insuffisante.

Il en est de même lorsque les céréales montent difficilement en épi, que les épis restent peu garnis et courts, que le grain est peu coloré, d'un faible volume, en un mot qu'il se nourrit mal. Ces remarques s'appliquent à l'avoine, au seigle et à l'orge.

Le manque de potasse, que l'on constate fréquemment dans les terrains calcaires, cause dans la végétation spontanée la prédominance exagérée des graminées dans les prairies naturelles ou dans les terres engazonnées.

Dans un terrain où, au contraire, la pomme de terre et la betterave viennent bien sans fumure, on peut conclure que la potasse ne manque pas. En pareil sol, le trèfle et le sainfoin procurent d'abondantes coupes.

D'autres indices caractérisent le manque de potasse ; c'est ainsi que des tâches apparaissent sur les feuilles de pommes de terre, de tabac, de betterave, de sarrazin, leur bordure devient de teinte jaunâtre et les parties vertes sont flasques et molles.

La poussée du coquelicot, du chardon et de la sauge annonce généralement que le sol contient une dose de calcaire libre suffisante. Certaines plantes redoutent la présence de la chaux ; telle est la petite oseille et le châtaignier qui ne s'adapte qu'aux terres ayant moins de 3% de calcaire fin. Ces sortes de plantes sont dites calcifuges.

Calcul des doses d'engrais

Le point de départ de pareil calcul est la teneur initiale du sol en principes fertilisants basée sur son analyse chimique et sur le poids d'éléments utiles contenus dans l'épaisseur de terre où sont implantées les racines.

À ce sujet on admet que cette épaisseur est de 20 centimètres et le poids du mètre cube de terre en place, de 2000 Kgs, ce qui correspond à un poids de 4.000.000 de Kgs. par hectare.

Comme terme de comparaison de la richesse d'un sol, on prend celle d'une terre normale qui contiendrait, par hectare :

Azote	4.000	Kgs
Acide phosphorique	4.000	"
Potasse	10.000	"
Chaux	200.000	"

De ce qu'une bonne terre contient une telle proportion d'éléments utiles, il ne s'ensuit pas qu'un autre sol, moins riche qu'elle, doit être ramené à cet état avant de pouvoir être apte, par l'addition d'engrais, à fournir des récoltes satisfaisantes, de sorte qu'en suivant la méthode de calcul préconisée par M. Joulie nous pourrons déterminer la quantité des éléments fertilisants strictement nécessaires pour obtenir une récolte d'un rendement déterminé à l'avance.

Pour exposer plus clairement sa méthode, prenons un exemple. Supposons que nous voulions faire pousser une récolte de blé dans une terre insuffisamment pourvue d'éléments fertilisants.

D'après les tables de Wolff, dont nous donnons plus loin un extrait, nous voyons que pour une récolte moyenne de blé, il faut par hectare : $57^K,6$ d'azote, $27^K,9$ d'acide phosphorique, $35^K,5$ de potasse et $14^K,2$ de chaux. Supposons en outre que d'après l'analyse chimique nous ayons pu calculer qu'un poids de la terre à ensemencer contienne par hectare : 2984^K d'azote, 964^K d'acide phosphorique, 1836 K de potasse et 11.660 K de chaux. Nous pouvons dès lors établir le tableau ci-après :

Composition	Azote	Acide phosphorique	Potasse	Chaux
D'une terre normale	4.000^K	4.000^K	10.000^K	200.000^K
De la terre à ensemencer	2.984^K	964^K	1.836^K	11.660^K
D'une récolte en blé de 2000^K de grain et de 5.000 K de paille	$57^K,6$	$27^K,9$	$35^K,5$	$14^K,2$
Différence de composition entre la terre normale et la terre à ensemencer	1.010^K	3.036^K	8.164^K	188.340^K

On ne peut évidemment pas songer à fournir au sol des engrais apportant 1010 K d'azote, 3036 d'acide phosphorique, 8164 de potasse et 188.340 de chaux. Cela représenterait une opération bien trop onéreuse.

Mais l'expérience a prouvé qu'une terre quelconque abandonne, en moyenne, aux cultures qu'on lui confie, une quantité d'éléments fertilisants à peu près proportionnelle à celle qu'il renferme.

Ainsi une terre normale peut abandonner à une récolte :

	Terre normale	Ce qu'elle peut donner
Azote	4.000	$57^K,6$
Acide phosphorique	4.000	$27^K,9$
Potasse	10.000	$35^K,5$
Chaux	200.000	$14^K,2$

Dans notre exemple la terre à ensemencer pourra par analogie, abandonner au blé, les proportions suivantes d'éléments fertilisants.

$$\text{Azote} \quad \frac{2984 \times 57,6}{4.000} = 42^k,9$$

$$\text{Acide phosphorique} \quad \frac{964 \times 27,9}{4.000} = 6^k,7$$

$$\text{Potasse} \quad \frac{1836 \times 35,5}{10.000} = 6^k,5$$

$$\text{Chaux} \quad \frac{11.660 \times 14,2}{200.000} = 0,82$$

Si cette terre peut abandonner de telles proportions d'éléments fertilisants et que d'autre part il faille se procurer, pour notre récolte de blé 57^k,6 d'azote, 27^k,9 d'acide phosphorique, 6^k,5 de potasse et 0^k,2 de chaux, les doses d'engrais à fournir seront respectivement de :

$$\text{Azote} \quad 57,6 - 42,9 = 14^k7$$
$$\text{Acide phosphorique} \quad 27,9 - 6,7 = 21^k20$$
$$\text{Potasse} \quad 35,5 - 6,5 = 29^k00$$
$$\text{Chaux} \quad 14,2 - 0,82 = 13^k38$$

Telles sont les quantités nécessaires à la production d'une récolte de blé de 2000 K de grain et 5000 K de paille. Pour d'autres récoltes, aux exigences différentes, on établirait d'une façon analogue les doses d'engrais qui seraient indispensables de fournir au sol.

Établissement de la formule de l'engrais à employer

Les quantités d'azote, d'acide phosphorique, de potasse et de chaux à employer étant connues, pour une récolte déterminée et un sol analysé, il y a ensuite lieu d'établir la formule de l'engrais à composer.

Tout d'abord on détermine d'après les résultats de l'analyse physico-chimique quelle catégorie de terre on a à fertiliser, et, d'autre part on considère quel genre de récolte on veut y faire végéter. Les indications qui ont été données à cet effet, dans les chapitres précédents, permettront de s'arrêter aux formes sous lesquelles les éléments fertilisants devront entrer dans l'engrais à composer.

Dans l'exemple précédent en supposant que la terre à ensemencer est une terre sablonneuse, nous pourrons choisir par exemple :

pour l'azote   _ le sulfate d'ammoniaque
pour l'acide phosphorique _ le phosphate de chaux
pour la potasse   _ le chlorure de potassium

Les proportions à employer de chacun de ces éléments est facile à calculer en se basant sur le tableau suivant :

Composition moyenne des principales matières fertilisantes

Nom de la matière	Azote %	Acide phosphorique %	Potasse %	Chaux %	Magnésie %
Azoture d'aluminium	34,14	"	"	"	"
Balles d'avoine	0,64	0,20	0,50	0,70	"
" de blé	0,72	0,40	0,84	0,19	0,12
Balayures de rues	0,38	0,44	0,08	"	"
Bruyères	0,90	0,10	0,40	"	"
Cendres de bois	"	2 à 9	2 à 15	7 à 18	0,5 à 1,00
" " houille	"	0,80	0,50	8,00	1,90
" " tourbe	"	"	"	37,00	"
" " goëmons ou varech	"	3,00	7,00	9,00	6,00
" " fougère	"	3,45	28,90	8,77	5,20
" " bruyère	"	1,42	16,50	10,28	6,90
" " genêt	"	13,19	31,26	13,45	7,28
" " feuilles	"	10,00	3,00	50,00	4,00
" lessivées	"	1,50	"	49,00	"
Chair fraîche d'animaux	3,00	0,40	0,40	"	"
" desséchée "	10,00	5,00	0,47	"	"
Chaux grasse	"	"	"	94,00	"
Chiffons de laine (suints)	2,5 à 3	"	"	"	"
Chlorhydrate d'ammoniaque	26,16	"	"	"	"
Chlorure de potassium	"	"	31 à 60	"	"

Nom de la matière	Azote %	Acide phosphorique %	Potasse %	Chaux %	Magnésie %
Cianamide	15,50	"	"	60,00	"
Carbonate de potasse	"	"	56,00	"	"
Colombine	2,00	4,50	1,50	"	"
Coquilles d'huitres	0,01	0,60	"	56,00	"
Corne torréfiée	7 à 14	"	"	"	"
... azotine	8 à 12	"	"	"	"
Crud d'ammoniaque	0 à 4	"	"	"	"
Cuir desséché moulu	5 à 9	"	"	"	"
Cuir déchets	4 à 11	"	"	"	"
Curures d'étangs, marcs, etc	0,20	0,50	0,40	"	"
Déjections solides (bœufs, vaches)	0,36	0,18	0,16	"	"
" liquides (id. id.) "	1,30	6,09	1,50	"	"
" solides (chevaux)	0,70	0,45	0,54	"	"
" liquides (")	2,00	"	"	"	"
" solides (humaines)	1,60	1,00	0,50	"	"
" liquides (")	0,90	0,20	0,17	"	"
" des poules, canards	0,70	1,80	1,00	"	"
" des porcs	0,37	0,28	"	"	"
Dolomie calcinée	"	"	"	50,00	35,00
Drêches (brasseries, distilleries)	0,80	0,50	0,050	"	"
Eaux ammoniacales du gaz	1,00	"	"	"	"
" d'égout à Paris	0,008	0,005	0,005	0,035	"
" vannes des dépotoirs	0,23	"	"	"	"
Engrais des salins du midi	"	"	9,00	"	10,00
Engrais verts (vesces, lupins, trèfle, colza, sarrazin)	0,48	0,13	0,44	0,45	"
Extrait fécal (traité par l'acide sulfurique)	6,50	3,00	3,50	"	"
Feuilles mortes	0,80	0,20	0,25	0,50	"
Fougères	2,40	0,45	2,40	"	"
Fumier de ferme	0,47	0,28	0,52	0,55	"

Nom de la matière	Azote %	Acide phosphorique %	Potasse %	Chaux %	Magnésie %
Fumier de chevaux	0,48	0,32	0,84	0,50	"
" " vaches	0,57	0,26	0,87	6,50	"
" " moutons	0,64	0,39	1,50	"	"
Gadoues	0,6 à 1	0,5 à 0,8	0,4 à 0,6	4 à 5	"
" de Paris (noires)	0,45	0,59	0,42	2,57	"
Genêts à balais	2,50	0,23	0,80	"	"
Grugite (engrais potass.)	"	"	10,00	"	3,50
Grignons d'olives	0,78	0,09	0,40	"	"
Guanos	3 à 9	8 à 11,5	1,5 à 4	"	"
Guanos dissous	5 " 7	10,00	"	"	"
Guano du Chili	4 " 9	14 à 22	"	"	"
" de chauve-souris	3 " 9	3 " 5	"	"	"
" " poissons	5,00	30 " 50	de phosphate	"	"
" phosphaté	1,00	65 " 80	" "	"	"
Joncs	"	0,35	1,67	"	"
Kaïnite (engrais potass.)	"	"	13,00	"	5,00
Lies de vin	2,00	3,50	0,10	"	"
Marc de café (desséché)	1,85	12,00	"	"	"
" " pommes	1,00	0,40	1,20	"	"
" " raisin	1,20	0,25	1,00	"	"
" d'olives (séché)	1,35	0,25	0,81	0,63	"
Mousse des forêts	1,00	0,15	0,34	0,20	"
Nitrate de potasse (96 %)	13,00	"	42,50	"	"
" de soude	16,50	"	"	"	"
" d'ammoniaque	40,00	"	"	"	"
Noir vierge	"	40,00	"	50,00	"
" en grains	"	35,00	"	45,00	"
" des sucreries	"	30,00	"	40,00	"
Os verts ou bruts	4,50	25,00	0,20	30,00	1,10
" dégraissés	3,50	20,00	0,20	32,00	1,10
" dégélatinés	1,00	30,00	"	35,00	1,10
" calcinés	"	40,00	"	35,50	1,10

Nom de la matière	Azote %	Acide phosphorique %	Potasse %	Chaux %	Magnésie %
Phosphates minéraux	»	8 à 75	»	»	»
Phosphate précipité (os)	»	30 » 40	»	»	»
» d'os dégélatinés	1,00	30,00	»	»	»
» de magnésie	»	59,20	»	»	33,30
» amm. magn.	10,00	50,00	»	»	28,00
Poudre d'os du commerce	1,00	30,00	0,08	55,00	»
Plâtre	»	»	»	34,50	»
» phosphaté	»	2,50	»	33,00	»
Potasse (carbonate)	»	»	44,00	»	»
» sulfate (Stassfürt)	»	»	43,00	»	»
» salins du midi	»	»	41,00	»	»
» (chlorure)	»	»	31 à 60	»	»
» (nitrate) 95 %	13,00	»	45,00	»	»
Poudre de cornes	13,00	»	»	»	»
Poudrette de Boudy	1,60	4,10	1,20	»	»
» riche à l'acide	4,50	6,00	1,50	»	»
Pulpe de betteraves	0,29	0,10	0,36	»	»
Purin	0,15	0,10	0,49	0,03	0,04
Roseaux	1,10	0,12	0,43	»	»
Sang frais	3,00	0,04	0,06	»	»
» desséché	11,00	0,50	0,60	»	»
Sauterelles (fraîches)	8,00	1,50	0,96	0,91	»
» (sèches)	11,00	2,00	1,30	1,23	»
Sarments de vigne	0,20	0,04	0,30	0,52	»
Scories de déphosphorat⁷	»	10 à 18	»	»	»
» » » (ordinaire)	»	14,50	»	50,00	3,00
Sulfate d'ammoniaque	20 à 21	»	»	»	»
Suies de cheminées	1,30	0,40	2,40	10,00	1,50
Superphosphates d'os	»	10 à 12	»	»	»
» minéral	»	10 » 16	»	»	»
» d'os verts	2 à 4	10 » 12	»	»	»
Touraillons (brasseries)	4,50	1,50	2,25	»	»

Nom de la matière	Azote %	Acide phosphorique %	Potasse %	Chaux %	Magnésie %
Tourbe	1 à 2	"	"	"	"
Tourteaux d'arachides	4 " 5	0,6	"	"	"
" de colza	4,9	2,83	1,36	"	"
" " " indig.	4,5 à 5,5	2 à 4	1 à 2	"	"
" " " Guzérat	5,4	1,9	1,2	"	"
" " Cameline	5,5	1,9	"	"	"
" " coton décortiqué	6,55	3,05	1,58	"	"
" " coprah	3,90	1,12	2,54	"	"
" " chanvre	4,91	1,89	"	"	"
" " chènevis	4,20	"	"	"	"
" cotonneux	3,50	1,60	"	"	"
" de lin	5,04	2,15	1,29	"	"
" " maïs	2,56	3,42	"	"	"
" " noix	5,40	1,40	1,54	"	"
" d'œillette	5,88	2,53	1,98	"	"
" de pavot blanc	5,5 à 6	2,75 à 3,50	"	"	"
" " ravison de Russie	4,5 à 6	1 à 2	"	"	"
" " ricin	3 " 5,5	1,2	1,30	"	"
" " sésame	6,00	2,00	1,40	"	"
" " moura	2,90	0,80	2,50	"	"
" " Niger	5,00	1,80	"	"	"
" " moutarde	5,80	2,00	"	"	"

Dans ce tableau, nous voyons que le sulfate d'ammoniaque contient 20 % d'azote, que le phosphate de chaux renferme 8 à 75 % d'acide phosphorique, et le chlorure de potassium 31 à 60 %. Si d'autre part le marchand d'engrais peut mettre à notre disposition des phosphates titrant 25 % d'acide et du chlorure à 35 % de potasse, nous établirons ainsi les doses de ces diverses substances à utiliser :

Sulfate d'ammoniaque : $\dfrac{100 \times 14,7}{20} = 73^{k},50$

Phosphate de chaux $\dfrac{100 \times 21,20}{25} = 84,80$

Chlorure de potassium $\dfrac{100 \times 29}{35} = 82,85$

Telles sont les proportions à mélanger des éléments fertilisants pour avoir l'engrais.

La plupart du temps le problème est plus complexe car l'engrais chimique est employé comme complément du fumier. Dans ce cas, on calculera comme précédemment les doses des éléments fertilisants à se procurer ; on en retranchera les proportions d'azote, d'acide phosphorique, de potasse et de chaux que le fumier contiendra dans la quantité que l'on se propose d'utiliser et ce sont les différences entre les premières et les secondes qui constitueront les proportions des éléments nutritifs qu'il faudra se procurer sous forme d'engrais chimiques.

Syndicats agricoles

Les proportions de l'engrais à composer ayant été déterminées, il sera toujours avantageux d'acheter les engrais isolément, par l'intermédiaire d'un syndicat agricole de préférence, qui obtient des concessions de prix et des garanties de titre que des particuliers n'ont que plus difficilement.

Les engrais seront ensuite bien mélangés à la pelle ou mieux mécaniquement, après avoir été incorporés à trois ou quatre fois leur volume de sable sec ou de toute autre matière inerte convenablement choisie.

La loi sur les syndicats agricoles date du 21 mars 1884. Il y a à l'heure actuelle 2525 syndicats agricoles en France, groupant environ 1.000.000 de membres.

Exigences des principales récoltes en éléments fertilisants

Pour permettre au chimiste agricole comme à l'agriculteur de composer judicieusement ses engrais, le tableau ci-après a été créé pour indiquer les exigences des principales récoltes en éléments fertilisants. Il repose sur les indications fournies par M. M. Boussaingault Wolff, Müntz, Girard et A. Xivier

Désignation des Récoltes		Richesse moyenne en :				Rendements à obtenir par hectare
		Azote %	Acide phosphorique %	Potasse %	Chaux %	
Blé	grain	20, 80	8, 20	5, 50	0, 60	2000 K
	paille	3, 20	2, 30	4, 90	2, 60	5.000 "
Avoine	grain	17, 90	5, 50	4, 20	1, 00	2.000 "
	paille	4, 00	1, 80	9, 70	3, 60	4.000 "
Seigle	grain	17, 60	8, 20	5, 40	0, 50	1.800 "
	paille	2, 40	1, 90	7, 60	3, 10	4.500 "
Orge	grain	15, 20	7, 20	4, 80	"	} 25 hectolit
	paille	4, 80	1, 90	9, 30	"	
Maïs	grain	-16, 00	5, 50	3, 30	0, 30	2.000 K
	fourrage vert	3, 20	0, 70	2, 40	1, 20	50.000 "
	tiges	4, 80	3, 80	16, 60	5, 00	5.000 "
Millet	grain	24, 00	9, 10	4, 70	0, 40	1.500 "
	paille	"	"	"	"	3.000 "
Haricots	grain	41, 50	9, 40	14, 00	"	} 16 hectolit.
	paille	10, 40	3, 80	10, 70	"	
Pois	grain	35, 80	8, 80	9, 80	"	} 18 hectolit.
	paille	10, 40	3, 80	10, 70	"	
Sarrazin	grain	-14, 40	4, 40	2, 10	0, 30	1.500 K
	paille	13, 00	6, 10	24, 10	9, 50	2.250 "

Désignation des Récoltes		Richesse moyenne en				Rendements à obtenir par hectare
		Azote %	Acide phosphorique %	Potasse %	Chaux %	
Féverolles	grain	40,60	11,60	12,00	"	} 20 hectol.
	paille	16,30	4,10	20,00	"	
Lentilles	grain	38,10	5,20	"	"	} 15 hectol.
	paille	10,10	4,80	"	"	
Pomme de terre		3,20	1,80	5,60	0,20	50.000 K
Topinambour	tubercules	3,20	1,60	6,70	0,40	35.000 "
	tiges sèches	7,60	2,60	3,60	8,40	8.000 "
Carottes	racines	2,10	1,10	3,20	"	} 30.000 K
	feuilles	5,10	1,10	3,70	"	
Betterave	racines	1,70	1,00	4,00	"	} 35.000 K
	feuilles	3,00	1,00	4,00	"	
Navets	racines	1,30	1,10	3,10	0,80	} 30.000 K
	fourrage vert	3,00	1,30	3,20	1,10	
Trèfle incarnat	foin	23,80	8,50	10,60	19,40	4.000 K
	fourrage vert	5,60	2,00	2,40	1,30	16.000 K
Rutabaga racines		1,60	1,00	3,00	0,80	50.000 K
Choux fourragers		2,40	2,00	6,00	1,90	60.000 "
Luzerne	feuilles	20,00	5,10	15,20	"	10.000 (sec)
Sainfoin	feuilles	18,00	4,70	17,90	"	4.500 (")
Vesces	foin	22,70	9,40	30,90	-19,30	4.000 K
	fourrage vert	4,80	2,00	6,60	4,10	16.000 "
Trèfle commun	foin	21,30	7,60	19,50	19,20	6.000 "
	fourrage vert	5,90	1,30	4,60	4,60	25.000 "
Prairies	foin	13,10	4,10	17,10	7,70	5.000 "
	fourrage vert	4,40	1,50	6,00	2,70	20.000 "
Vigne	vin	0,20	0,30	-1,00	0,20	6.000 "
	marc (60 % d'eau)	10,00	3,00	3,00	5,20	18.000 "
	feuilles vertes	8,00	1,60	2,80	5,00	18.000 "
	sarments	2,00	0,40	5,00	5,00	900 "

Désignation des Récoltes		Richesse moyenne en				Rende-ments à l'hec-tare
		Azote %	Acide phosphorique %	Potasse %	Chaux %	
Colza	grain	31,00	16,40	8,80	"	} 30 hectolit.
	paille	5,00	2,70	9,70	"	
Lin	grain	32,00	13,00	10,40	"	} 4000 K récolte sèche
	paille	4,80	4,30	10,00	"	
Chanvre	grain	26,20	17,50	9,70	"	
	paille	"	3,50	"	"	

Le tableau suivant de M. Lecouteux permettra d'établir les formules d'engrais quand il s'agira d'obtenir des récoltes maxima, dans la culture à grands rendements, et selon la qualité des terres.

Poids de l'hectolitre	Nature des fourrages (Produits des cultures intérieures)	Produit en poids normal
Kilos	Récoltes hors-ligne	Kilos
"	Rays grass d'Italie, 5 à 7 coupes vertes	100.000
"	Prés d'hiver milanais à 6 coupes	80.000
"	Luzerne du midi, irriguée, 5 coupes en sec	15.300
"	Prés arrosés du midi, 3 coupes en sec	15.000
"	Betteraves et maïs géant	100.000
	Très bonnes récoltes	
"	Maïs	60.000
50	Betteraves sur fumure de 50.000 K	50.000
"	Rutabagas	48.000
75	Pommes de terre	30.000

Poids de l'hectolitre	Nature des fourrages	Produit en poids normal
"	Carottes	30.000 ᴷ
"	Topinambours	36.000
"	Choux	40.000
50	Avoine { grain	2.500
	{ paille	4.000
65	Orge { grain	2.600
	{ paille	4.000
75	Seigle { grain	2.250
	{ paille	5.000
88	Pois gris { grain	1.500
	{ paille	3.000
88	Féveroles { grain	2.100
	{ paille	2.000
80	Vesces d'hiver { grain	2.000
	{ paille	3.600
"	Trèfle à deux coupes et luzerne en plein rapport	6.000
"	Prés à une coupe	5.500
"	Seigle, trèfle, luzerne, vesces, en vert, du 1 mai au 15 octobre	20.000
"	Navets en culture dérobée	20.000
"	Minette en vert, pature, sainfoin à 1 coupe	3.500

Récoltes de terres pauvres

Poids de l'hectolitre	Nature des fourrages	Produit en poids normal
"	Prés secs à une coupe	3.000
"	Paturage de la Crau d'Arles (M. de Gasparin)	2.448
"	Paturages de gazons durant 2 ou 3 mois par an	1.000

À titre d'indication, nous donnons ci-après quelques formules d'engrais qui pourront convenir au terres de jardiniers ou aux sols. de moyenne composition. Elles sont dues à un savant français, M. Grandeau.

Nature de la culture	Engrais à utiliser par hectare.
Pois, haricots et plantes de la famille des papilionacées	Superphosphate _______ 550 ᴷ Chlorure de potassium _______ 200 ᴷ
Choux, choux frisés, choux-fleurs, choux-raves et autres choux	Superphosphate _______ 550 ᴷ Chlorure de potassium _______ 250 ᴷ à l'automne ou au début du printemps puis: Nitrate de soude après mise en place des plantes _______ 250 ᴷ
Carottes, navets, radis noirs, salsifis, raifort et plantes analogues	Même engrais que précédemment, mais on emploie 450 ᴷ de nitrate de soude en trois fois en laissant 3 semaines d'intervalle entre chaque épandage.
Concombres, oignons, etc...	à l'automne : superphosphate _______ 550 ᴷ chlorure de potassium _______ 200 ᴷ et avant la plantation des pépins, on met : Nitrate de soude _______ 100 ᴷ 15 jours après la levée _______ 150 ᴷ 2 semaines après _______ 50 ᴷ
Salades _______	Superphosphate _______ 400 ᴷ Chlorure de potassium _______ 100 ᴷ On répand l'engrais et on bêche pour l'enfouir. Au moment de la plantation, on ajoute 100 ᴷ de sulfate d'ammoniaque et quelques semaines après 30 ᴷ de nitrate de soude, à la volée. Au besoin, trois semaines après, 30 ᴷ de nitrate. Les salades craignent l'excès de nitrate.

Nature de la culture	Engrais à utiliser par hectare
Pommes de terre	Scories de déphosphoration — 300 ^{K} Chlorure de potassium — 200 ^{K} Nitrate de soude — 300 ^{K}
Asperges	Pour cette culture la fumure est épandue en mars ou à l'automne, dans ce cas on l'enfouit dans le sol légèrement par un binage. Superphosphate — 550 ^{K} Chlorure de potassium — 200 ^{K}
Pelouses et gazons	Dans 100^l d'eau on fait dissoudre 1 ^{K} d'engrais et on arrose 1 ^{mq} de surface toutes les quatre semaines avec 20 litres de la dissolution. Acide phosphorique soluble — 14 % Azote soluble — 20 % Potasse — 12 % On fait l'épandage par temps sec quand la pelouse est sèche.
Fleurs de pleine terre	Dose : 3 ^{K} d'engrais par 100 ^{mq} de jardin. L'été, fumure complémentaire par arrosements : Azote — 12 % Acide phosphorique — 14 — Potasse — 20 — le tout à l'état soluble
Rosiers, fuchsias, géraniums, ricin, calla, coleus, palmiers, héliotrope, camélias, azalées, gloxinias, etc...; boutures, semis	Arroser le sol avec une dissolution de : Phosphate d'ammoniaque — 25 ^{K} Nitrate de potasse — 45 — " d'ammoniaque — 30 — soit : Acide phosphorique — 12 % Potasse — 19 — Azote — 17 — le tout à un état soluble. Dose 5 ^{K} d'engrais par 100 ^{mq}

Nature de la culture	Engrais à utiliser par hectare
Fleurs d'appartement et serres froides ————	L'arrosement ne se fait que d'Avril à Septembre
	Fumure annuelle à l'automne ou à la fin de l'hiver.
Prairies naturelles ————	Scories ———————————— 600 à 1000ᴷ
	Kaïnite —————————————— 400 à 500ᴷ
	Nitrate de soude —————— 60 à 80ᴷ

Quantités de matières fertilisantes à restituer au sol chaque année par hectare pour une terre de moyenne composition (Hélouis)

Nature des Cultures	Azote	Acide phosphorique	Potasse	Chaux et Magnésie
Avoine, seigle, orge, maïs ————	20	40	25	20
Blé ————————————	40	60	25	25
Betteraves, Carottes, Choux, Colza chanvre, lin, houblon ————	40	65	50	60
Légumineuses (haricots, pois, féverolles, lentilles) ————	0	40	40	40
Maïs, fourrages et autres ————	30	85	50	30
Navets, rutabagas ————	10	70	60	80
Prairies humides ————	15	100	0	10
" sèches ————	15	45	25	30
Sarrazin ————————————	15	50	30	35
Tabac, pommes de terre, topinambours ————	25	55	50	30
Trèfle, sainfoin, luzerne ————	0	40	50	180
Vigne et arbres fruitiers ————	20	40	50	20

Détermination du prix d'un engrais

La valeur d'un engrais dépend de sa teneur en éléments fertilisants et de la plus ou moins grande facilité avec laquelle ils sont absorbés dans le sol, par les plantes.

Hors donc le cas exceptionnel où la composition d'un engrais sera parfaitement connue, sera-t-il nécessaire de faire précéder tout achat d'un engrais, d'une analyse chimique qui en déterminera la nature et le pourcentage en éléments utiles.

A ce sujet, il faut remarquer que dans la pratique on se borne à demander la détermination de quelques-uns d'entre eux ainsi qu'il est dit dans le tableau suivant :

Nom de la matière fertilisante	Éléments à doser
Fumiers et composts	Eau, matières organiques - azote, acide phosphorique et potasse
Guanos	Eau - azote - acide phosphorique
Phospho-guanos	d°
Engrais composés pour la vigne	Azote - Acide phosphorique - Potasse
" " " cultures diverses	d°
Noir animal des raffineries	Azote - Acide phosphorique
Poudrettes, tourteaux	d°
Phosphates naturels	Acide phosphorique
" précipités	d° soluble au citrate
Superphosphates	
Scories de déphosphoration	Acide phosphorique total
Sels ammoniacaux	Azote
Nitrates alcalins	Azote
Sels de potasse	Potasse
Nitrate de potasse	Azote et potasse
Cendres de bois	Acide phosphorique et potasse
Gypse et plâtre	Sulfate de chaux
Marnes	Calcaire, Argile et Silice.

Nom de la matière fertilisante	Éléments à doser
Chaux ————————	Chaux libre
Fourrages ————————	Eau, azote, graisse, cellulose, matières minérales.

Le dosage de ces éléments n'est pas toujours suffisant et dans certains cas le chimiste doit procéder à une analyse plus complète pour déterminer sous quelle forme chaque élément se trouve dans la matière soumise à son examen.

Il ne le fait, le plus souvent, que sur demande. Des exemples en feront aisément comprendre l'utilité.

Supposons qu'un engrais renferme de l'azote sous ses trois formes : azote nitrique, azote ammoniacal, azote organique ; si nous voulons en connaître la valeur commerciale, il sera nécessaire de doser tel élément sous ces trois formes car l'azote organique se vend moins cher que l'azote ammoniacal et celui-ci, au-dessous de l'azote nitrique. Il en serait de même d'un engrais d'un engrais contenant de l'acide phosphorique sous les trois formes :

- acide phosphorique soluble seulement dans les acides
- acide soluble dans le citrate
- acide soluble dans l'eau

Attendu que l'acide phosphorique total se paie moins cher que celui qui est soluble dans le citrate et que ce dernier acide coûte moins cher que l'acide phosphorique soluble dans l'eau.

Ces considérations s'appliquent à la potasse qui coûte plus cher à l'état de nitrate et de carbonate, qu'à l'état de chlorure ou de sulfate.

Admettons qu'un engrais composé, pour la commodité de nos calculs renferme les éléments de fertilité dans les proportions suivantes. Que vaut-il commercialement ?

Nous disposerons ainsi nos calculs :

Composition %	Valeur approximative de l'unité	Coût	
Azote organique 3	6ᶠ 00	6 × 3 = 18	
" ammoniacale 4	1, 50	1,50 × 4 = 6	28
" nitrique 2	2, 00	2 × 2 = 4	
		Valeur totale de l'azote : = 28	
Acide phosphorique soluble seulement dans les acides 6	0, 40	0,4 × 6 = 2,40	
Acide phosphorique soluble au citrate 8	0, 80	0,8 × 8 = 6,40	10, 80
Acide phosphorique soluble dans l'eau 2	1, 00	10 × 2 = 2,00	
		Valeur totale de l'acide phosphorique : = 10, 80	
Carbonate de potasse 4	1, 80	18 × 4 = 7, 20	9, 20
Sulfate de potasse 5	0, 40	0,4 × 5 = 2, 00	
		Valeur totale de la potasse : = 9, 20	
		Prix de 100 ᵏ de l'engrais 48ᶠ 00	

Dans l'établissement de la valeur commerciale d'un engrais il y a lieu de considérer que le prix d'un même élément peut varier selon le degré de concentration auquel il s'y trouve.

Ainsi, de l'acide phosphorique soluble dans le citrate pourra coûter plus cher dans un superphosphate titrant 14 à 16 % d'acide que dans un autre au titre de 12 à 14 % seulement. Les premières choses à considérer pour l'établissement de la valeur d'un engrais, sont donc sa composition chimique et le prix de chaque élément. Il existe aussi un autre facteur sur lequel l'acheteur devra aussi porter son attention : c'est le degré de la mouture.

C'est fort important, surtout quand il s'agit de scories ou de phosphates, car, en effet, plus le grain sera fin et plus facilement assimilable sera la matière utilisée.

Avant de prendre livraison de l'engrais, on doit le faire analyser afin de se rendre compte si les conditions du marché, qui doit comporter qu'un minimum de teneur pour chaque élément fertilisant devra tout au moins être atteint, ont été respectées par le vendeur.

Législation des engrais

C'est la loi du 4 février 1888, modifiée par celle du 1er Août 1905, qui régit le commerce des engrais. Il est utile d'en connaître le texte, ainsi que celui des décrets subséquents, parcequ'ils intéressent dans leur ensemble le chimiste, le vendeur et l'acheteur.

Loi du 4 Février 1888

Art. 1 _ Seront punis d'un emprisonnement de 6 jours à un mois et d'une amende de 50 à 2.000 francs, ou de l'une des deux peines seulement :

Ceux qui, en vendant ou mettant en vente des engrais ou amendements auront trompé ou tenté de tromper l'acheteur, soit sur leur nature, leur composition ou le dosage des éléments utiles qu'ils contiennent, soit sur leur provenance, soit par l'emploi, pour les désigner ou les qualifier, d'un nom qui, d'après l'usage, est donné à d'autres substances fertilisantes. [1]

---

[1] Ce ne serait pas une tromperie que d'appeler du nitrate de potasse, nitrate de potassium ; du sulfate d'ammoniaque, sulfate d'ammonium, etc.. car on utiliserait ainsi la notation atomique admise dans les milieux scientifiques.

En cas de récidive dans les trois ans qui ont suivi la première condamnation, la peine pourra être élevée à 2 mois de prison et 4.000 frs. d'amende.

Le tout sans préjudice de l'application du paragraphe 4 de l'article 1 de la loi du 1er Août 1905 relatif aux fraudes sur la question des choses livrées et des articles 78 et 79 de la loi du 23 Juin 1857, concernant les marques de fabrique et de commerce.

Art. 2. — (remplacé par l'article 7 de la loi du 1er Août 1905, ainsi conçu).

Le Tribunal pourra ordonner, dans tous les cas, que le jugement de condamnation sera publié intégralement ou par extraits dans les journaux qu'il désignera et affiché dans les lieux qu'il indiquera, notamment aux portes du domicile, des magasins, usines et ateliers du condamné, le tout aux frais du condamné, sans toute fois que les frais de cette publication puissent dépasser le maximum de l'amende encourue.

Lorsque l'affichage sera ordonné, le Tribunal fixera les dimensions de l'affichage et les caractères typographiques qui devront être employés pour son impression.

En ce cas et dans tous les autres cas où les tribunaux sont autorisés à ordonner l'affichage de leur jugement à titre de pénalité, pour la répression des fraudes, ils devront fixer le temps pendant lequel cet affichage devra être maintenu, sans que la durée en puisse excéder sept jours.

Au cas de suppression, de dissimulation ou de lacération, totale ou partielle des affiches ordonnées par le Jugement de condamnation, il sera procédé de nouveau à l'exécution intégrale des dispositions du Jugement relatives à l'affichage.

Lorsque la suppression, la dissimulation ou la lacération totale ou partielle aura été opérée volontairement par le condamné, à son instigation ou par ses ordres, elle entraînera contre celui-ci l'application d'une peine d'amende de 50 à 1000 frs.

La récidive de suppression, de dissimulation ou de lacération volontaire d'affiches par le condamné à son instigation ou par ses ordres, sera punie d'un emprisonnement de 6 jours à un mois et d'une amende de 100 à 2000 frs.

Lorsque l'affichage aura été ordonné à la porte des magasins du condamné, l'exécution du jugement ne pourra être entraînée par la vente du fonds de commerce réalisée, postérieurement à la première décision qui a ordonné l'affichage.

Art. 3 - Seront punis d'une amende de 11 à 15 fr. inclusivement ceux qui, au moment de la livraison, n'auront pas fait connaître à l'acheteur, dans les conditions indiquées à l'art. 4 de la présente loi, la provenance naturelle ou industrielle de l'engrais ou de l'amendement vendu et sa teneur en principes fertilisants.

En cas de récidive dans les trois ans, la peine de l'emprisonnement pendant 5 jours au plus pourra être appliquée.

Art. 4 - Les indications dont il est parlé à l'art. 3 seront fournies, soit dans le contrat même, soit dans le double de commission délivré à l'acheteur, au moment de la vente, soit dans la facture remise au moment de la livraison.

La teneur en principes fertilisants sera exprimée par les poids d'azote, d'acide phosphorique et de potasse contenus dans 100 kilogrammes de marchandise facturée telle qu'elle est livrée, avec l'indication de la nature ou de l'état de combinaison de ces corps, suivant les prescriptions du règlement d'administration publique dont il est parlé à l'art. 6.

Toutefois, lorsque la vente aura été faite avec stipulation du règlement du prix d'après l'analyse à faire sur échantillon prélevé au moment de la livraison, l'indication préalable de la teneur exacte ne sera pas obligatoire, mais mention devra être faite du prix du kilogramme de l'azote, de l'acide phosphorique et de la potasse contenus dans l'engrais tel qu'il est livré, et de l'état de combinaison dans lequel se trouvent en principes fertilisants.

La justification de l'accomplissement des prescriptions qui précèdent sera fournie, s'il y a lieu, en l'absence du contrat préalable ou d'accusé de réception de l'acheteur, par la production soit du copie de lettres du vendeur, soit de son livre de factures régulièrement tenu à jour, et contenant l'énoncé prescrit par le présent article.

Art. 5 - Les dispositions des art. 3 et 4 de la présente loi ne sont pas applicables à ceux qui auront vendu sous leur dénomination nouvelle, des fumiers, des matières fécales, des composts, des gadoues ou boues de villes, des déchets de marchés, des résidus de brasserie, des varechs et autres plantes marines pour engrais, des déchets frais d'abattoirs, de la marne des faluns, de la tangue, des sables coquillers, des chaux, des plâtres, des cendres ou des suies provenant des houilles ou autres combustibles.

Art. 6 - Un règlement d'administration publique prescrira les procédés d'analyse à suivre pour la détermination des matières fertilisantes des engrais et statuera sur les autres mesures à prendre pour assurer l'exécution de la présente loi.

Art. 7 - La loi du 27 Juillet 1867 est et demeure abrogée.

Art. 8 - La présente loi est applicable à l'Algérie et aux colonies.

———

Le décret du 10 mai 1889 servant de règlement d'administration publique de la loi précédente a été remplacé par le suivant :

Décret du 3 mai 1911

Vu la loi du 4 février 1888 et notamment son article 6.
Vu les décrets des 10 mai 1889 et 31 Juillet 1906
Le Conseil d'État entendu :
Est décrété :

Art. 1 - Tout vendeur d'engrais ou amendement autre que l'un de ceux mentionnés à l'art. 5 de la loi du 4 février 1888 est tenu d'indiquer, soit dans le contrat de vente, soit dans le double de la commission délivré à l'acheteur au moment de la vente, soit dans une facture remise ou envoyée à l'acheteur au moment de la livraison ou de l'expédition de l'engrais ou amendement :

1° - le nom dudit engrais ou amendement ;

2° - sa nature ou la désignation permettant de le différencier de tout autre engrais ou amendement ;

3° - sa provenance, c'est-à-dire le nom de l'usine ou de la maison qui l'a fabriqué ou fait fabriquer, s'il s'agit d'un produit industriel ou le lieu géographique d'où il est tiré, s'il s'agit d'un engrais naturel, soit pur, soit simplement titré et pulvérisé.

Art. 2 - Les indications prescrites par l'article qui précède doivent être complétées par la mention de la composition de l'engrais ou amendement.

Cette composition doit être exprimée par les poids des éléments fortifiants contenus dans 100 Kgs de la marchandise facturée, telle qu'elle est livrée et dénommée ci-après :

- azote nitrique
- azote organique
- azote ammoniacal
- acide phosphorique en combinaison soluble dans l'eau.
- acide phosphorique en combinaison soluble dans le citrate d'ammoniaque
- acide phosphorique en combinaison insoluble dans l'eau
- potasse en combinaison soluble dans l'eau.

Pour l'azote organique, l'azote ammoniacal et la potasse en combinaison soluble dans l'eau, l'origine ou l'indication de la matière première dont ils proviennent doit être mentionnée.

Dans tous les cas, la teneur par 100 Kgs. d'engrais ou amendement est exprimée en azote élémentaire (Az) en acide phosphorique anhydre (P^2O^5) et en potasse anhydre (K^2O)

Les mots " pour cent " dans l'indication du dosage doivent être exprimés en toutes lettres.

Art. 3 - Lorsque la vente est faite avec stipulation du règlement du prix d'après l'analyse à faire sur règlement du prix d'après l'analyse à faire sur échantillon prélevé au moment de la livraison, l'indication de la composition de l'engrais ou amendement, telle qu'elle est exigée par l'art. 2 qui précède, n'est pas obligatoire, mais le vendeur est tenu de mentionner, en outre des prescriptions de l'art. 1 :

Le prix du kilogramme d'azote ammoniacal

———————— " ———————— —·— organique

———————— " ———————— —·— nitrique

———————— " ———————— d'acide phosphorique en combinaison insoluble

———————— " ———————— " ———————— " ———————— " ——— soluble

———————— dans le citrate d'ammoniaque.

———————— " ———————— d'acide phosphorique en combinaison insoluble

———————— " ———————— de potasse en combinaison soluble dans l'eau

Pour l'azote organique, l'azote ammoniacal et la potasse en combinaison soluble dans l'eau, l'origine ou l'indication de la matière première dont ils proviennent doit être mentionnée.

Les prix se rapportent toujours au kilogramme d'azote élémentaire (Az), d'acide phosphorique anhydre (P^2O^5) et de potasse anhydre (K^2O).

Art. 4 – La Commission permanente instituée par le décret susvisé du 31 Juillet 1906, pour l'examen des questions d'ordre scientifique que comporte l'application de la loi du 1ᵉʳ Août 1905 sur la répression des fraudes, est chargée également de l'étude des questions techniques concernant l'exécution de la loi du 4 Février 1888 sur les engrais.

Art. 5 – Les infractions aux dispositions de la loi du 4 Février 1888 et à celles du présent règlement d'administration publique sont constatées par tous officiers de police judiciaire et par les autorités qui ont qualité, aux termes du décret susvisé du 31 Juillet 1906, pour opérer des prélèvements en matière de fraude.

Art. 6 – Des prélèvements d'échantillons peuvent, en toutes circonstances, être opérés d'office dans les magasins, boutiques, ateliers, voitures servant au commerce, ainsi que dans les entrepôts, halles, foires et marchés et dans les gares ou ports de départ et d'arrivée.

Les administrations publiques sont tenues de fournir aux Officiers de police judiciaire et agents désignés à l'art. 5 ci-dessus, tous éléments d'information nécessaires à l'exécution de la loi du 4 février 1888.

Les entrepreneurs de transports sont tenus de n'apporter aucun obstacle aux réquisitions pour prises d'échantillons et de représenter les titres de mouvement, lettres de voiture, récépissés, connaissements et déclarations dont ils sont détenteurs.

Art. 7 – Tout prélèvement comporte 4 échantillons : l'un destiné au laboratoire pour analyse, les trois autres éventuellement destinés aux experts.

Art. 8 – Tout prélèvement est constaté par un procès-verbal dressé sur papier libre.

Ce procès-verbal doit porter les mentions suivantes :

1°.- les nom, prénoms, qualité et résidence de l'agent verbalisateur ;

2°.- la date, l'heure et le lieu où le prélèvement a été effectué ;

3°.- les nom, prénoms, profession, domicile ou résidence de la personne chez laquelle le prélèvement a été opéré.

Si le prélèvement a lieu en cours de route, les noms et domiciles des personnes figurant sur les lettres de voiture ou connaissements comme expéditeurs et destinataires ;

4°.- la signature de l'agent verbalisateur.

Le procès-verbal doit, en outre, contenir un exposé succinct des circonstances dans lesquelles le prélèvement a été opéré, relater les marques et étiquettes apposées sur les enveloppes ou récipients, l'importance du lot de marchandise à échantillonné, ainsi que toutes les indications jugées utiles pour établir l'authenticité des échantillons prélevés et l'identité de la marchandise.

Une copie du contrat de vente, du double de la commission ou de la facture est annexée au procès-verbal.

Le propriétaire ou détenteur de la marchandise ou, le cas échéant, le représentant de l'entreprise de transport peut, en outre, faire insérer au procès-verbal toutes les déclarations qu'il juge utiles. Il est invité à signer le procès-verbal ; en cas de refus, mention en est faite par l'agent verbalisateur.

Art. 9.- Les prélèvements doivent être effectués de telle sorte que les quatre échantillons soient autant que possible identiques.

À cet effet, des arrêtés du Ministre de l'Agriculture, sur la proposition de la commission permanente, déterminent pour chaque produit ou marchandise, la quantité à prélever, les procédés à employer pour obtenir des échantillons homogènes, ainsi que les précautions à prendre pour le transport et la conservation de ces échantillons.

Art. 10.- Tout échantillon prélevé est mis sous scellés. Ces scellés sont appliqués sur une étiquette composée de deux parties pouvant se séparer et être ultérieurement rapprochées, savoir :

1°.- un talon qui ne sera enlevé que par le chimiste au laboratoire après vérification du scellé, le talon ne doit porter que les indications suivantes : nom, nature et composition du produit, date du prélèvement et numéro sous lequel les échantillons sont enregistrés au moment de leur réception par le service administratif mentionné à l'art. 12 ci-après ;

2°. - un volant qui porte ces mêmes mentions, mais où sont inscrits, en outre, les nom et adresse du propriétaire ou détenteur de la marchandise ou, en cas de prélèvement en cours de route, ceux des expéditeurs et destinataires.

Ce volant est signé par l'auteur du procès-verbal.

Art. 11 _ Aussitôt après avoir scellé les échantillons l'agent verbalisateur, s'il est en présence du propriétaire ou détenteur de la marchandise, doit le mettre en demeure de déclarer la valeur des échantillons prélevés.

Le procès-verbal mentionne cette mise en demeure et la réponse qui a été faite.

Un récépissé détaché d'un livre à souche est remis au propriétaire ou détenteur de la marchandise. Il y est fait mention de la valeur déclarée.

En cas de prélèvement en cours de route, le représentant de l'entreprise de transport reçoit, pour sa décharge, un récépissé indiquant la nature et la quantité des marchandises prélevées.

Art. 12 - Le procès-verbal et les échantillons sont, dans les 24 heures, envoyés par l'agent verbalisateur à la préfecture du département où le prélèvement a été effectué et, à Paris ou dans le ressort de la préfecture de police, au préfet de police.

Toutefois, en vue de faciliter l'application de la loi, des décisions ministérielles pourront autoriser l'envoi des échantillons aux sous-préfectures ou à tout autre service administratif.

Le service administratif qui reçoit ce dépôt l'enregistre, inscrit le numéro d'entrée sur les deux parties de l'étiquette que porte chaque échantillon et dans les 24 heures, transmet l'un de ces échantillons au laboratoire dans le ressort duquel le prélèvement a été effectué.

Le talon seul suit l'échantillon au laboratoire.

Le volant préalablement détaché est annexé au procès-verbal. Les trois autres échantillons sont conservés par la préfecture.

Art. 13 - L'analyse des échantillons d'engrais et amendements est assurée par les laboratoires de l'État, des départements et des communes, dans les conditions prévues à l'art. 11 du décret susvisé du 31 Juillet 1906.

Art. 14 - Pour l'analyse des échantillons, les laboratoires ne peuvent employer que les méthodes indiquées par la Commission permanente.

Ces méthodes sont décrites en détail par des arrêtés pris par le Ministre de l'Agriculture après avis de la Commission permanente.

Art. 15 - Le laboratoire qui a reçu pour analyse un échantillon dresse, dans les 8 jours de la réception, un rapport où sont consignés les résultats de l'examen et des analyses auxquels cet échantillon a donné lieu.

Ce rapport est adressé au préfet du département d'où provient l'échantillon ; à Paris et dans le ressort de la préfecture de police, le rapport est adressé au préfet de police.

Art. 16 - Si le rapport du laboratoire ne relève aucune infraction à la loi du 4 février 1888, le préfet en avise, sans délai, l'intéressé.

Dans ce cas, si le remboursement des échantillons est demandé, il s'opère d'après leur valeur au jour du prélèvement aux frais de l'État, au moyen d'un mandat délivré par le préfet, sur représentation du récépissé prévu à l'art. 11.

Art. 17 - Dans le cas où le rapport du laboratoire signale une infraction à la loi du 4 février 1888, le préfet transmet sans délai ce rapport au procureur de la République.

Il y joint le procès-verbal et les trois échantillons réservés.

Art. 18 - Des arrêtés du Ministre de l'agriculture déterminent dans quelle forme les laboratoires doivent rendre compte périodiquement aux préfets du nombre des échantillons analysés, du résultat de ces analyses et signaler les nouveaux procédés de fraude révélés par l'examen des échantillons.

Art. 19 - Le procureur de la république informe l'auteur présumé de la fraude qu'il est l'objet d'une poursuite. Il l'avise qu'il peut prendre communication du rapport du directeur du laboratoire et qu'un délai de 3 jours francs lui est imparti pour faire connaître s'il réclame l'expertise contradictoire.

Art. 20 - S'il y a lieu à expertise, il est procédé à la nomination de deux experts, l'un désigné par le Juge d'instruction, l'autre par la personne contre laquelle l'instruction est ouverte. Celle-ci a toutefois le droit de renoncer à cette désignation et de s'en rapporter aux conclusions de l'expert désigné par le Juge.

Les experts sont choisis sur les listes spéciales de chimistes experts dressées, dans chaque ressort, par les Cours d'Appel ou les Tribunaux civils.

L'inculpé pourra toutefois choisir son expert sur les listes dressées par la Cour d'Appel ou le Tribunal Civil du ressort d'où il aura déclaré que provient la marchandise suspecte.

Art. 21 - Chaque expert est mis en possession d'un échantillon.

Le Juge d'instruction donne communication aux experts des procès-verbaux de prélèvement ainsi que des factures, lettres de voiture, contrats de vente, commissions et, d'une façon générale, de tous les documents que la personne mise en cause a jugé utile de produire ou que le juge s'est fait remettre.

Aucune méthode officielle n'est imposée aux experts. Ils opèrent à leur gré, ensemble ou séparément, chacun d'eux étant libre d'employer les procédés qui lui paraissent les mieux appropriés.

Leurs conclusions sont formulées dans des rapports qui sont déposés dans le délai fixé par l'ordonnance du Juge.

Art. 22 - Si les experts sont en désaccord, ils désignent un tiers expert pour les départager. A défaut d'entente pour le choix de ce tiers expert, il est désigné par le Président du Tribunal Civil.

Le tiers expert peut être choisi en dehors des listes officielles.

Art. 23 - En cas de non lieu ou d'acquittement le remboursement de la valeur des échantillons s'effectue dans les conditions prévues à l'art. 16

ci-dessus.

Art. 24 - Le décret du 10 mai 1889 est abrogé.

Art. 25 - Il sera statué par des décrets ultérieurs en ce qui concerne l'Algérie et les Colonies.

Art. 26 - Le ministre de l'agriculture est chargé de l'exécution du présent décret, qui sera publié au Journal officiel.

Prélèvement des échantillons

Arrêté du 15 Mai 1911

Vu la loi et le décret ci-dessus
Vu la loi du 4 Août 1903 sur le commerce des produits cupriques et et anticryptogamiques.
Vu le décret du 9 Octobre 1906 sur les procédés analytiques relatifs à à ces produits.
Vu la loi du 1ᵉʳ Août 1905.
Le Ministre arrête :

Art. 1 - Chaque prélèvement comporte toujours la prise de 4 échantillons identiques.
Art. 2 - Les quantités à prélever et les procédés à employer pour obtenir des échantillons homogènes sont les suivants :

I - Produits anticryptogamiques.

Sulfate de cuivre
   "   " fer
Soufre
Bouillies cupriques
Verdet
Et produits hétérogènes.

Chaque échantillon de 250 gᵣ environ est placé dans un vase de verre propre et sec, lequel est immédiatement bouché avec un bouchon de liège et scellé.

En ce qui concerne les bouillies cupriques, les verdets, et en général, les poudres formées par le mélange de produits différents, la prise d'échantillons doit être faite en observant rigoureusement les précautions suivantes :

Lorsque le produit est contenu dans un seau ou vendu en paquet, répandre la totalité du contenu du seau ou du paquet sur une feuille de papier, étaler en mélangeant la matière en couche uniforme et prélever dans les divers points de la masse une quantité de produit d'environ 1 Kilog.

Cette quantité est, à son tour, placée sur une feuille de papier, mélangée et partagée en quatre tas égaux constituant chacun l'un des 4 échantillons.

Lorsque le produit est contenu dans un sac qu'il est pratiquement impossible de vider complètement, on prélève à la sonde, dans les différents points de la masse, une quantité de produit d'environ 1 Kilog. puis on mélange les prises sur une feuille de papier, et on opère comme précédemment.

II — Engrais pulvérulents ou ayant l'aspect du sol

Chaque échantillon de 250 gr. environ est placé dans un vase de verre propre et sec, lequel est immédiatement bouché avec un bouchon de liège et scellé.

Lorsque le produit est en sac, le prélèvement doit être opéré sur un échantillon moyen obtenu de la façon suivante :

On ouvre un des angles d'un sac et l'on y plonge une sonde, en la dirigeant en diagonale vers l'angle opposé ; on répète la même opération successivement sur chacun des 4 angles du sac et on réunit sur une toile ou sur une feuille de papier le produit ainsi obtenu.

On opère de la même façon sur un certain nombre de sacs pris au hasard et on réunit toutes les prises qu'on mélange soigneusement, à la main ou avec une spatule et qu'on réunit en un seul tas.

La matière rendue, de cette façon, aussi homogène que

possible est étalée en couche uniforme.

On prélève systématiquement dans les divers points de celle-ci de quoi remplir les 4 flacons.

Lorsque les engrais pulvérulents sont en tonneau, on perce les deux fonds du tonneau de deux trous, au moyen d'une vrille ; ces trous doivent être assez grands pour qu'on puisse y introduire la sonde, ce qu'on fait en s'éloignant autant que possible de l'axe du tonneau. Le mélange se fait d'ailleurs comme précédemment.

Lorsque l'engrais est en tas, on peut également se servir de la sonde pour y prélever l'échantillon moyen ; mais il faut avoir soin de faire pénétrer cet instrument jusque dans les parties centrales du tas, de même que jusque dans les parties inférieures. Si le tas est trop volumineux pour qu'on puisse arriver à ce résultat, le meilleur moyen consiste à faire une tranchée vers le centre du tas et à prélever ensuite, dans un grand nombre de points placés dans les diverses parties du tas (en y comprenant ceux que la tranchée a rendus libres), les échantillons au moyen de la sonde

III - Engrais non pulvérulents

La quantité à prélever par échantillon est d'autant plus grande que la matière est moins homogène. Lorsque l'engrais est en masse pâteuse ou compacte et qu'il se trouve en sacs ou en tonneaux, il est indispensable de vider plusieurs sacs pris au hasard sur un plancher ou sur des dalles préalablement balayées ; on mélange alors à la pelle le tas obtenu et l'on prélève en différents points de ce tas des pelletées de l'engrais.

Ce nouvel échantillon formé est divisé et mélangé, pulvérisé ou concassé, autant que possible à l'aide d'une batte ou d'un marteau ; on mélange finalement à la main cette matière plus ou moins pulvérulente et l'on introduit dans un flacon ou dans une boîte métallique.

Quand l'échantillon est primitivement en tas, on procède de la même manière en pratiquant une tranchée comme il a été dit plus haut.

On ne doit, dans aucun cas, dans l'une ou l'autre de ces opérations, éliminer les pierres ou les parties étrangères de l'engrais, telles doivent entrer dans l'échantillon prélevé dans une proportion autant que possible égale à celle dans laquelle elles existent dans l'engrais.

Les matières peu homogènes, rognures, chiffons, etc... sont disposées en tas et bien mélangées à la pelle ; sur ce mélange, on prélève, à la main, dans un très grand nombre d'endroits, une poignée de matière, on réunit le produit de tous ces prélèvements qu'on mélange à nouveau avec la main et sur lequel on prend finalement l'échantillon destiné à l'analyse. Moins la matière est homogène, plus grand devra être l'échantillon destiné à l'analyse ; dans quelques cas, il faut prélever jusqu'à 3 et 4 Kgs de matière. Cet échantillon est introduit dans une boîte en métal ou dans une caisse en bois hermétiquement fermée.

Les engrais qui sont en pâte plus ou moins liquide (par exemple les vidanges) peuvent présenter deux cas ; ou bien ils sont homogènes et alors il suffit de les mélanger à la pelle et d'en remplir un flacon, ou bien ils se séparent en deux parties (l'une plus fluide, l'autre plus consistante) ; dans ce cas, il est indispensable de prélever de l'une ou de l'autre dans une proportion égale à la proportion dans laquelle elles existent dans le lot à examiner.

Les parties liquides sont remuées et aussitôt sans laisser le temps de déposer, on en prélève une quantité proportionnelle.

Les parties solides sont divisées à la bêche ; on y prélève un échantillon égal proportionnel et l'on réunit les deux lots dans un grand flacon à large goulot hermétiquement bouché.

<u>Art. 3</u> - Le Chef du service de la répression des fraudes est chargé de l'exécution du présent arrêt.

Paris 15 Mai 1911

Le Ministre :
J. Pams

————

Circulaire du 16 Mai 1911 de M. J. Pams sur le prélèvement des engrais et des produits anticryptogamiques et insecticides

————

Par une circulaire n° 6 en date du 28 Juin 1908, l'un de

mes prédécesseurs appelant votre attention sur ce fait que les règles générales fixées par le décret du 31 Juillet 1906 et suivies pour le prélèvement des échantillons de boissons, denrées alimentaires et produits agricoles, étaient applicables aux produits anticryptogamiques (les bouillies cupriques ou les soufres, par exemple), mais qu'il n'en était pas ainsi à l'égard des engrais (phosphates, superphosphates, scories, nitrates, sulfate d'ammoniaque, sels potassiques, etc...) pour lesquels une procédure spéciale avait été instituée par le décret du 10 mai 1889.

J'ai l'honneur de vous informer que désormais, cette exception n'existe plus, car ce dernier règlement vient d'être abrogé et remplacé par un décret en date du 3 mai 1911, instituant pour le prélèvement et l'analyse des engrais et amendements, une procédure qui fait entrer ces opérations dans le cadre général tracé pour l'application de la loi du 1er Août 1905.

Par la lecture du décret du 3 mai 1911, vous vous rendrez compte en effet, que ses dispositions sont celles du décret du 31 Juillet 1906, à quelques différences près résultant simplement du fait de leur adaptation à un objet spécial.

Par conséquent, le prélèvement des échantillons d'engrais, amendements, produits anticryptogamiques et insecticides employés en agriculture s'opérera désormais uniformément suivant les règles habituelles.

Cependant, je vous signale que, pour ces produits, la rédaction du procès-verbal de prélèvement présente des particularités que certaines indications doivent être portées sur les étiquettes et que la prise d'échantillons doit être entourée de précautions spéciales.

1°. - Rédaction du PV de prélèvement

Il ne vous a pas échappé que la loi générale du 1er Août 1905 n'oblige nullement le vendeur d'une marchandise quelconque, à faire connaître la nature, la qualité, la composition ou l'origine de la dite marchandise ; elle s'oppose seulement à ce que la dénomination de vente, librement choisie, par le vendeur, ne contiennent des affirmations trompeuses.

Mais cette obligation de faire connaître la nature et la composition du produit vendu, existe en vertu de lois spéciales, pour certaines marchandises.

Les produits cupriques, anticryptogamiques et les engrais et amendements sont dans ce cas.

Produits cupriques et anticryptogamiques

En ce qui concerne ces produits, la loi du 4 août 1903 oblige le vendeur à faire connaître à l'acheteur, sur le bulletin de vente, en même temps que sur la facture, la teneur en cuivre pur contenu par 100 Kilogrammes de matière facturée, telle qu'elle a été livrée.

Il n'est dispensé de cette obligation que si la vente a été faite avec stipulation du prix d'après l'analyse à faire sur un échantillon prélevé par les soins des intéressés au moment de la livraison auquel cas, il doit indiquer sur la lettre d'avis ou sur la facture le prix du kilogramme en cuivre pur.

De l'ensemble de ces dispositions, il résulte que lorsqu'un produit cuprique est mis en vente en détail, en seaux ou en paquets, l'emballage doit porter l'indication de la teneur centésimale du produit en cuivre pur.

Cette indication peut évidemment être accompagnée d'une mention indiquant la teneur du produit en sulfate de cuivre, mais en aucun cas celle-ci ne peut tenir lieu d'indication réglementaire.

L'omission de la teneur en cuivre pur suffit, à elle seule, sans qu'il soit besoin d'opérer un prélèvement, à constituer une infraction à la loi du 4 août 1903.

En tout cas, il importe que le procès-verbal de prélèvement relate ce fait avec soin.

Engrais et amendements

La loi du 4 février 1888, qui concerne ces produits, est beaucoup plus rigoureuse :

Il importe donc de rechercher avec un soin particulier au moment du prélèvement d'un engrais, si le vendeur s'est conformé à la loi précitée et au décret du 13 mai 1911, rendu pour son application, en fournissant à l'acheteur les renseignements sur la nature, la provenance et la composition de l'engrais qu'il est dans l'obligation de donner, soit dans le contrat de vente, soit dans le double de la commission délivrée à l'acheteur au moment de la vente, soit dans une facture remise ou envoyée à l'acheteur au moment de la livraison ou de l'expédition de l'engrais ou amendement.

Dans ces conditions, vous voyez qu'il est indispensable d'annexer au procès-verbal rédigé dans la forme habituelle la copie de ces dernières pièces. Aussi l'article 8 du décret du 3 mai 1911 ne diffère-t-il de l'article correspondant du décret du 31 Juillet 1906 que par ce point, sur l'importance duquel j'appelle, d'ailleurs, toute votre attention.

Il me paraît donc nécessaire de vous donner quelques explications relatives aux indications qui doivent figurer sur les pièces dont il s'agit :

1° - le nom du dit engrais ou amendement ;

2° - sa nature ou la désignation permettant de le différencier de tout autre engrais ou amendement ;

3° - sa provenance, c'est-à-dire le nom de l'usine ou de la maison qui l'a fabriqué ou fait fabriquer, s'il s'agit d'un produit industriel ou le lieu géographique d'où il est tiré, s'il s'agit d'un engrais naturel, soit pur, soit simplement trié et pulvérisé ;

4° - sa composition.

Il importe de définir ces différents termes.

<u>Nom</u> - Par nom il faut entendre la désignation sous laquelle l'engrais ou l'amendement est connu.

L'article premier de la loi considère comme une tromperie ou une tentative de tromperie l'emploi pour désigner ou qualifier un engrais, d'un nom qui, d'après l'usage, est donné à d'autres substances fertilisantes.

<u>Nature</u> - Par nature, il faut entendre l'ensemble des propriétés qui caractérise la marchandise et la différencient de tout autre.

Il y a tentative de tromperie sur la nature d'un engrais quand l'indication fournie soit dans le contrat, soit dans le double de commission, soit dans la facture, s'applique à une marchandise différente de celle qui est vendue ou mise en vente.

Ainsi la désignation du cuir torréfié sous le nom de sang desséché, de la poudre de corozo sous le nom de poudre d'os, de la tourbe torréfiée ou coke de Boghead sous le nom de noir, de schistes pulvérisés sous le nom de phosphates, de terre rougeâtre sous le nom de guano, constitue une tromperie sur la nature de l'engrais parce que ces divers ma—

tières ne possèdent pas l'ensemble des propriétés des engrais sous le nom desquels elles sont vendues ou mises en vente bien qu'elles en aient plus ou moins l'aspect extérieur.

De même le mot noir ne peut-il sans tromperie s'appliquer à autre chose qu'au noir d'os, la dénomination de phosphate vert ne peut-elle s'employer que pour des phosphates naturellement verts, le nom tourteau animal que pour désigner un engrais d'origine exclusivement animale et l'adjectif organique pour indiquer un produit provenant exclusivement d'une manière organisée animale ou végétale.

<u>Provenance</u> - S'il s'agit d'un produit naturel, soit vendu en nature (guano) soit simplement tiré et pulvérisé (phosphates minéraux, sels de potasse, nitrate de soude), la provenance est le lieu géographique d'où est tiré le produit.

S'il s'agit d'un engrais fabriqué (superphosphates, scories de déphosphoration, cyanamide, nitrate de chaux, engrais complexe) c'est le nom de l'usine ou de la maison qui le fabrique ou le fait fabriquer.

<u>Composition</u> - En outre le vendeur est tenu d'indiquer la forme sous laquelle se trouvent l'azote (Az), l'acide phosphorique (P^2O^5) ou la potasse (K^2O) contenus dans l'engrais, et il ne peut se servir pour cela que des seules indications suivantes :

Azote nitrique

Azote ammoniacal

Azote organique

Acide phosphorique soluble dans l'eau

Acide phosphorique soluble dans le citrate d'ammoniaque

Acide phosphorique insoluble

Potasse soluble dans l'eau.

Il doit aussi faire connaître la quantité de chacun de ces éléments contenue dans 100 Kgs d'engrais, c'est-à-dire le dosage pour cent, les mots "pour cent" étant exprimés en toutes lettres, l'art. 3 du décret indiquant dans quelles circonstances le vendeur est dispensé de fournir cette indication.

Afin qu'aucune confusion ne se produise sur la portée de la classification précédente, je vous signale que les mots :

- Azote nitrique désignera l'azote des nitrites et des nitrates.

- Azote organique désignera l'azote des matières organisées (sang, cuir, laines, cornes, tourteaux).

- Azote ammoniacal désignera l'azote de tous les autres produits azotés (sulfate d'ammoniaque, crud ammoniac, cyanamide etc...).

L'adjectif soluble peut être employé par abréviation de "soluble dans l'eau" mais ne peut dans aucun cas signifier "soluble dans le citrate d'ammoniaque" ou "dans les acides".

En dehors de ces indications, qui sont obligatoires, le vendeur reste évidemment libre de faire connaître que l'engrais contient en outre de la potasse insoluble dans l'eau, mais soluble dans les acides étendus.

De même, il peut indiquer la teneur en azote total, en acide phosphorique total et en potasse totale, et enfin se prévaloir de la présence dans l'engrais de tous les autres éléments fertilisants tels que la chaux, le manganèse, le fer, etc...

Enfin le vendeur est tenu de faire connaître l'origine ou l'indication de la matière première dont proviennent :

L'azote organique par exemple : sang, cuir, tourteaux corne torréfiée, corne crue, laine, etc...

L'azote ammoniacal par exemple : sulfate d'ammoniaque, crud ammoniac, cyanamide, etc...

La potasse soluble, par exemple : kaïnite.

2°- Indications à porter sur les étiquettes

Lorsqu'il s'agit d'un engrais ou amendement, il est nécessaire d'indiquer avec soin sur le talon de l'étiquette : le nom la nature et la composition du produit prélevé, afin que le chimiste chargé de l'analyse du premier échantillon (auquel le procès-verbal n'est pas transmis) puisse reconnaître si les affirmations du vendeur sont conformes à la réalité. En l'absence de ces indications, il lui serait impossible de reconnaître qu'une fraude a été commise.

Pour la même raison la teneur du produit en cuivre métallique doit être indiquée lorsqu'il s'agit d'un produit cuprique.

Précautions à prendre pour opérer le prélèvement

L'arrêté du 15 mai 1911 contient à cet égard tous les renseignements utiles, et je ne saurais insister trop sur la nécessité qu'il y a de prendre les précautions indiquées, lorsqu'il s'agit de prélever des échantillons de poudres, résultant du mélange de produits différents et dont la composition, malgré une homogénéité apparente peut être différente dans les divers points. On sait, en effet, que par suite de chocs répétés résultant du transport, les éléments les plus denses d'un mélange se séparent peu à peu pour gagner la partie inférieure des sacs.

Prélèvements d'office — Les prélèvements d'engrais ou amendements et de produits anticryptogamiques peuvent avoir lieu, d'office, en manière de contrôle, et sans que le fait puisse être considéré comme résultant d'une suspicion, c. à d. qu'ils peuvent avoir lieu dans les même conditions que pour les boissons et les denrées alimentaires.

Toutefois, comme pour des raisons budgétaire le nombre doit en être limité, l'administration préfectorale vous fournira à cet égard les indications utiles.

En conséquence, j'estime que vous devez autant que possible réserver ces prélèvements pour les cas ou la demande vous en sera faite par un acheteur, particulier ou syndicat, ayant quelque raison de soupçonner la loyauté de son vendeur, d'autant plus que les pièces dont la copie doit être jointe au procès-verbal lorsqu'il s'agit d'un prélèvement d'engrais, sont entre les mains de l'acheteur.

Le Ministre

Pams

Le décret du 3 mai 1911 porte à l'art. 14 que la Commission permanente indiquera les méthodes d'analyses à suivre, mais en attendant que le règlement d'administration publique les fasse connaître ce sont les méthodes décrites dans l'ancien règlement d'administration publique qui restent en vigueur.

L'arrêté du 7 Septembre 1911 donne la liste des laboratoires français qui ont été désignés, pour chaque département, pour opérer l'analyse des échantillons d'engrais et de produits anticryptogamiques ou insecticides prélevés par le service des fraudes.

Loi du 8 Juillet 1907

Cette loi a été créée dans le but de réprimer les vols, sur le prix de vente ; elle complète la loi du 4 février 1888 dont l'article 3 exige qu'au moment de la livraison, le vendeur fasse connaître à l'acheteur, dans les conditions formulées à l'art. 4 de la loi de 1888, la provenance de l'engrais ou de l'amendement, de même que sa teneur en éléments fertilisants.

Ces articles 3 et 4 sont de la compétence des tribunaux cantonaux de simple police. La peine est une amende de 11 à 15 fr. et, en cas de récidive, un emprisonnement de 1 à 5 jours.

La loi du 8 Juillet 1917 traite de la vente des engrais dans ses articles 1, 4 et 5 que nous donnons ci-dessous :

Art. 1 - La lésion de plus d'un quart dans l'achat des engrais ou amendements qui font l'objet de la loi du 4 février 1888 et des substances destinées à l'alimentation des animaux de la ferme donne à l'acheteur une action en réduction de prix et en dommages-intérêts.

Art. 2 - Cette action doit être intentée, à peine de déchéance, dans le délai de 40 jours à dater de la livraison. Ce délai est franc. Elle demeure recevable nonobstant l'emploi partiel ou total des matières livrées.

Art. 3 - Nonobstant toute convention contraire qui sera nulle de plein droit, cette action est de la compétence du Juge de paix du domicile de l'acheteur quelque soit le chiffre de la demande et sous réserve du droit d'appel au-dessous de 300 francs.

Art. 4 - Les indications dont il est parlé à l'art. 3 seront fournies soit dans le double de commission délivré à l'acheteur au moment de la vente, soit dans le contrat même, soit dans la facture de remise au moment de la livraison.

La teneur en principes fertilisants sera exprimée par les poids d'azote, d'acide phosphorique et de potasse contenus dans 100 kgs de marchandise facturée, telle qu'elle est délivrée, avec l'indication de la nature ou de l'état de combinaison de ces corps, suivant les prescriptions du règlement d'administration publique dont il est parlé à l'art. 6.

Toutefois lorsque la vente aura été faite avec stipulation du règlement de prix d'après l'analyse à faire sur échantillon prélevé au moment de la livraison, l'indication préalable devra être faite du prix du kilogramme de l'azote, de l'acide phosphorique et de la potasse contenus dans l'engrais, tel qu'il est livré et de l'état de combinaison dans lequel se trouvent les principes fertilisants.

La justification de l'accomplissement des prescriptions qui précèdent sera fournie, s'il y a lieu, en l'absence de contrat préalable ou d'accusé de réception de l'acheteur, par la production soit du copie de lettres du vendeur, soit de son livre de facture régulièrement tenu à jour et contenant l'énoncé prescrit par le présent article.

__Art. 5__ — Les dispositions des articles 3 et 4 de la présente loi ne sont pas applicables à ceux qui auront vendu, sous leur dénomination nouvelle, des fumiers, des gadoues ou boues de ville, des déchets de marchés, des résidus de marché, des varechs et autres plantes marines pour engrais, des déchets frais d'abattoirs, de la marne, des faluns, de la tangue, des sables coquilliers, des chaux, des plâtres, des cendres et des suies provenant des houilles ou autres combustibles.

Commentaire et Jurisprudence

Au sujet de la lésion du quart, voici ce qu'a dit M. Martin rapporteur de la loi :

"Il faut entendre le préjudice causé à l'acheteur dans le cas "où le prix d'un engrais ou d'une substance destinée à l'alimentation "des animaux de la ferme dépasse de un quart sa valeur commerciale "établie par l'expertise en tenant compte de la mercuriale à la date de "la convention, des frais de mélange et de broyage, s'il y a lieu, des frais "d'emballage et des frais généraux. Il s'agit donc d'une exagération "supérieure à un quart, non pas du prix strict, de la valeur intrinsèque "mais de la valeur commerciale, c'est-à-dire de la valeur établie, en tenant "compte des frais divers et du bénéfice légitime du commerçant."

Au Sénat, il fut ajouté par M. Leydit :

Tout doit entrer en compte : courtage loyal et honnête laissé à l'appréciation de l'expert, frais de transport et emmagasinage, s'il y a lieu. Il est nécessaire que l'on évalue complètement la valeur commerciale de l'engrais au moment de la livraison.

La jurisprudence en vigueur annule pour cause de vice du consentement une vente d'engrais, lorsque l'acheteur a été trompé par le vendeur, sur le coût et l'efficacité réels de la marchandise ou bien encore lorsque les proportions des éléments fertilisants ne correspondent pas aux promesses faites.

Il a été jugé qu'un acheteur qui a pris possession de l'engrais vendu pour éviter sa détérioration, mais en faisant toutes ses réserves, ne pouvait être considéré comme l'ayant accepté.

Les experts ont admis que lorsque le prix perçu par un vendeur d'engrais se compose pour les quatre cinquièmes : de la valeur intrinsèque, des frais de broyage et de mélange, frais d'emballage, de transport et que le dernier cinquième reste pour représenter en bloc les frais généraux, la commission du représentant, le crédit accordé à l'acheteur, le bénéfice du vendeur, il n'y a pas lésion.

Pour un engrais simple, le prix peut se composer du prix de revient industriel, des frais généraux et du bénéfice du fabricant ou de celui qui a extrait l'engrais.

S'il s'agit d'un engrais complexe, le vendeur peut comprendre les frais d'emballage, de mélange, de transport, la commission, et une certaine somme pour remboursement de ses avances, lorsqu'il a acheté les éléments constituant l'engrais et pour son bénéfice personnel. On a admis même qu'il avait droit au frais d'un broyage des matières premières, une fois mélangées.—

Table analytique des matières

	Pages

Table alphabétique

	Pages
Quotient chlorophyllien	105

R

S

	Pages
Tournesol (teinture de)	311
Transpiration chez les végétaux	184-189
Transport des aliments à travers le végétal	239
Travertins	18
Trèfle	460
" incarnat	461
Trez	348
Trisoes	136
Tubercules	456
Turneps	456
Tyrosine	215
Tyrosinase	46
Tourteaux	391

U

	Pages
Urée	215
Uréase	50

V

	Pages
Valeur d'une terre	332
Vasculose	154
Végétal (analyse d'un)	251
" (étude chimique)	95
Vernis	149
Vesces	461
Viande	384
Vidanges	388
Vigne	464
Vitelline	212

X Y

	Pages
Xanthophyle	127
Zymaze	133